U0294211

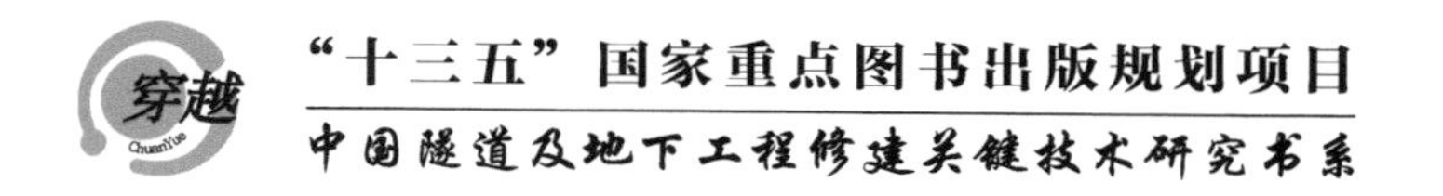

地下工程安全风险智能化监测与管控

朱瑶宏 张付林 何 山 吴 波 

Intelligent Monitoring and Control on
Safety & Risk
of Underground Works

人民交通出版社股份有限公司
China Communications Press Co.,Ltd.

内 容 提 要

本书结合地下工程技术特点和大量工程实例,详细介绍了地下工程安全风险智能化监测与管控的相关理论与技术方法。全书共分7章:第1章介绍了地下工程风险监测管控基本理论;第2章介绍了地下工程安全风险智能化监测技术;第3章介绍了地下工程安全风险管控大数据云计算技术;第4章介绍了地下工程安全风险管控仿真模拟技术;第5章介绍了地下工程智能化风险管控信息平台;第6章介绍了地下工程安全风险管控智能反馈技术;第7章介绍了地下工程安全风险智能化监测管控实例。

本书内容丰富、全面,突出学科交叉,反映前沿技术,密切联系实际,可供从事地下工程设计、施工、管理和科研人员使用,同时,可作为高等院校地下工程及相关专业的参考书。

图书在版编目(CIP)数据

地下工程安全风险智能化监测与管控 / 朱瑶宏等编著. — 北京:人民交通出版社股份有限公司, 2018.1

ISBN 978-7-114-14406-6

Ⅰ. ①地… Ⅱ. ①朱… Ⅲ. ①地下工程—工程施工—安全管理 Ⅳ. ①TU94

中国版本图书馆CIP数据核字(2017)第306128号

中国隧道及地下工程修建关键技术研究书系

书　　名:地下工程安全风险智能化监测与管控
著 作 者:朱瑶宏　张付林　何　山　吴　波
责任编辑:王　霞　谢海龙
出版发行:人民交通出版社股份有限公司
地　　址:(100011)北京市朝阳区安定门外外馆斜街3号
网　　址:http://www.ccpress.com.cn
销售电话:(010)59757973
总 经 销:人民交通出版社股份有限公司发行部
经　　销:各地新华书店
印　　刷:北京建宏印刷有限公司
开　　本:787×1092　1/16
印　　张:21
字　　数:485千
版　　次:2018年1月　第1版
印　　次:2023年7月　第2次印刷
书　　号:ISBN 978-7-114-14406-6
定　　价:138.00元

编 委 会

序 一

Intelligent monitoring and control on safety & risk of underground works

风险管理最早源于20世纪30年代的美国。近几十年来，随着世界经济的蓬勃发展，有关风险识别、风险评估和风险管理等在各行各业都有极其丰富的内涵。近年来，由于地下工程施工事故不断增多，对地铁工程的风险管理已经引起了国内业界同仁的普遍关注。在我国以城市地铁、大型地下空间等为代表的地下工程领域，风险管理的研究已经广泛涉及项目的前期规划、设计、施工、运营等各个阶段，无论是理论研究还是实践应用都取得了长足的进展。今见《地下工程安全风险智能化监测与管控》一书，不仅提出了一系列解决地下工程风险问题的对策和新技术，基于相关课题研究成果，以丰富、翔实的经验数据和资料对各种理论的科学性和各种方法的有效性做出考证和检验，对于促进该领域相关研究以及工程实践应用有重要意义。

首先，该书对各种类别地下工程风险监测管控的基本理论做了简扼的阐介；研发了一些新型智能化的风险监测管控方法；进而应用云计算、物联网、大数据等新兴技术，建立了智能化地下工程安全风险管理系统，使今天的地下工程的风险监测管控技术可逐步实现以信息化手段进行技术管理，这是该书的新贡献和新亮点。它对地下工程风险监测管控和预防预警，定将具有重要的实用和指导价值。

本书内容紧密结合地下工程技术特点和一系列工程实例，所自行研发的新型智能化风险监测管控系统，对提高地下工程风险监测的准确性和工作效率，提供了一种崭新的理论和方法，为工程安全施工建设提供了有力的技术保障。书中所研究的问题在理论上属于本门子学科前沿，研究成果十分丰硕，并在实际工程中获得了显著的技术效益和经济效益。该书是作者们多年来研究成果和宝贵实践经验的系统总结，将必然使广大读者深受助益，相信该书的出版将有助于推动我国地下工程技术的进步和发展。

以城市地铁、大型地下空间等为代表的地下工程受周边环境限制、不良地质条件与施工技术等影响，存在大量的工程建设安全风险。在目前地下工程建设高速发展的背景下，安全风险控制形势日趋严峻。因此，建立适合于国情的风险管理学科理论框架体系，推动地下工程风险管理应用最大程度的规范化、程序化和标准化，这是摆在工程风险管理的理论工作者和工程师们面前的当务之急。

本书的出版,凝聚了作者团队创新发展的心血和智慧,仅此与广大工程技术人员共勉之,是为序。

中国科学院院士

2017 年初冬佳日于上海

序二

Intelligent monitoring and control on safety & risk of underground works

近年来，国家基础设施规模日益庞大，其中城市地下空间开拓，特别是轨道交通建设蓬勃发展，全国已有近四十个大中城市开展这项建设。此外，地下综合管廊、地下快速路、地下物流系统、地下仓库（地下油库）、地下车库、地下文化娱乐设施、地下商场等地下工程方兴未艾。

地下工程具有体量大、规模广、工艺难、工期长与投资大这五个特点，特别是对上、下及周边甚至较远与较深处的地质环境具有迅速不良的效应。采取工程措施不及时的话，还会产生灾害性的影响。地下空间开拓，涉及对水圈、大气圈、岩石圈的表层至深层，以及对生物圈的影响。当然，影响到岩土的量、质、水-气的流态和水-土、水-岩、水-生等作用。

地下空间开拓中，若对地质条件与环境的调查研究不够，必然会出现系列事故，所以，在规划初期，就需建立有关风险意识、风险机制。

2003年，上海地铁四号线产生大管涌与多栋地表建筑毁坏。当时结合其他地区地下空间开拓中出现的问题，我曾上书温家宝总理，强调地下空间开拓（地铁类）建设中，应加强统一规划、地质先行，并强调要有风险意识，建立风险施工与管理机制。

目前，在大数据计算、人工智能等技术大发展的背景下，研发新型智能化的风险监测管控技术，必将成为地下工程风险管控的重要方向和解决途径，以更好进行有关地质环境的评判与防治。

作者们长期从事地下工程实施和科研方面的工作，理论研究紧密联系工程实践，成绩斐然。结合本次承担的住房和城乡建设部有关科研项目，在开展有关理论研究和系列工程实践的基础上，进行深入总结而提炼其中精华内容，创写出内容丰硕的这本书，其中特别就地下工程风险监测管控的相关课题，进行了新的探索，并取得了可喜的成就。

本书另一特点在于紧密结合地下工程技术设施和工程实例，首先对地下工程风险监测管控基本理论做了简要的阐述，其次应用云计算、物联网、大数据等技术而研发了新型智能化元器件，进而总结建立系列智能化地下工程安全风险管理系统，使地下工程风险监测管控技术居于行业的制高点，这是该书所做出贡献的一个重要亮点，为提高地下工程风险监测的准确性和工作效率，提供了新的理论和方法。

本书所研究问题,在理论上属于学科前沿,更重要的是丰富的研究成果在实际工程中产生了显著的技术和经济效益。该书是著作者们的研究成果和宝贵实践经验的总结。相信该书的出版将受到读者欢迎,并有助于推动我国地下工程技术的进步。

城市地下空间开拓在我国蓬勃发展的同时,还将面临很多挑战,研究与实践的任务仍然艰巨,需要广大科技工作者继续努力研究和不断实践,争取更大的突破。特别是,在地下工程开拓与地质环境效应方面,我国的地下工程技术应得到更大的提升,不仅为实现伟大的中国梦贡献力量,还要在国际上产生积极引领效应。

谨此与作者们共勉之,是以为序。

中国工程院院士

2017 年 10 月 16 日

前言

国际隧道协会提出“大力开发地下空间，开始人类新穴居时代”的倡议得到了国际社会广泛的响应。世界各国都日益重视地下空间的开发与利用。地下空间利用是解决城市化进程所引起的人口爆炸、破坏性建设、资源短缺，以及越来越严重交通问题的有效途径，可以说地下空间的利用，已扩展到各个领域，带来了显著的社会和经济效益。进入21世纪以来，随着高层建筑不断向上部拓展，开发利用城市地下空间的步骤也进行得如火如荼，地下车库、高层建筑地下室、人防工程、地铁工程、地下商场及多种工业与民用等地下工程相继出现，作为一种重要的自然资源，三维城市空间已经开始被大量的开发和利用。

然而地下工程项目具有隐蔽性大、技术复杂、作业循环性强、建设工期长、作业空间有限等特点，而且动态施工过程中的力学状态是变化的，围岩的力学物理性质也在变化，在实施过程中存在着许多不确定的风险因素，使得地下工程成为一项高风险的工程项目。对于这些不确定的风险因素，如果未引起足够重视并进行科学管理就可能酿成重大灾害事故，造成重大损失。譬如，2003年7月，上海地铁某工程发生特大涌水事故，造成周围地区地面沉降严重，周围建筑物倾斜、倒塌，事故造成直接经济损失约1.5亿元人民币；2004年4月的新加坡地铁车站基坑塌方事故，造成4人死亡，紧邻道路下陷以及周围一些城市生命管道严重损毁；2006年1月，北京污水管线发生漏水断裂事故，污水灌入地铁正在施工的隧道区间，导致京广桥附近部分主辅路坍塌，造成了重大经济损失和恶劣的社会影响……从这些事故中，可以清晰地认识到地下工程建设中面临的巨大风险，亟须开展增强工程风险预防能力的风险监测技术和风险管理技术。

风险监测为保证工程安全提供了科学保障，为动态设计和反馈施工提供了可靠资料，在出现纠纷时为业主提供证据，同时，监测成果还深化了对岩土介质物理力学性质的认识，为促进地下工程理论发展和提高地下工程技术水平积累了丰富经验，是实现信息化施工的关键。

在实施国家大数据战略加快建设数字中国的新时期，工程监测风险信息对于解决大体量、长周期的建设项目所带来的工程风险管理难题有着更重要的意义，掌握丰富的动态信息能够提高工作效率，节约人工成本，加快企业和员工成长速度，帮助构建企业核心竞争力。因此，智能化风险监测监控技术无论对单个企业还是整个监测行业的发展都非常重要，面临庞大的历史信息和不断更新的资讯，单依靠人力难以完成信息的整理分析，所以需要借助信息化技术、智能化技术来协助工程风险监测监控管理。

本书通过建立软土地区地下工程及周边环境监测大数据云计算技术，推动了新型监测技术和云计算技术在工程风险管控领域的探索和综合应用，为多工点数据集中管理提供了技术基础，利用人工报送、巡视信息、GIS展现、监测曲线等多种手段相结合，形成物联网技术，为风险控制提供有力保障；同时完善了地下工程风险管理模型，与传统的管理方式相比，能更加有效防范施工风险。可以预见随着计算机和网络技术的发展以及今后智能化监测的进步，合理地利用图形监测技术将会大大提高工程监测效率并降低监测成本，并有效保障工程建设施工的安全。

本书结合宁波市轨道交通集团有限公司朱瑶宏牵头的住建部科研项目（2017-K4-018）的实施同步编写，由建设分公司张付林、何山、石雷具体分工组织；广西大学吴波和建设分公司何山负责统稿工作；全书由朱瑶宏负责审定。其中前言、第一章和第四章由广西大学吴波教授组织编写，蒙国往博士和研究生黄惟、赵勇博参与了编写。第二章由宁波市轨道交通集团有限公司建设分公司张付林和浙江华展工程研究设计院有限公司吴才德组织编写，江西飞尚科技有限公司（基础设施安全监测与评估国家地方联合工程研究中心）的刘国勇、孔禹、彭自强、骆成，福建汇川物联网技术科技股份有限公司的郑文、林升、潘志鸿，北京城建勘测设计研究院张建全、郑有常、曹宝宁，中电建华东院郭剑锋、赵焕，上海华测创实测控科技有限公司赵建周、姜建萍、薛甲山，深圳大铁检测装备技术有限公司周浩、王义、马传松、陈起金也共同参与了第二章部分编写工作。第三章由同济大学胡群芳组织编写，刘少飞、何山、邱波、熊欢欢参与编写。第五章由何山组织编写，北京城建勘测设计研究院王思锴、黄伏莲、郭士朋、钱峰编写“远程监控管理信息系统”，鲍春林、张雷、张力文、李军编写“自动化监测智能集成系统平台”；北京安捷吕培印、米保伟、林茂克、宋帅编写“隐患排查治理信息系统”；福建汇川郑文、林文及福州地铁陈开端参与编写“HMS物联网远程大数据监管平台”。第六章由浙江华展工程研究设计院有限公司成怡冲、陈国芳、胡斌、谢长岭负责编写。第七章由华东勘测设计研究院陈文华、吴勇组织编写，钟聪达、黄江华参与编写。本书在编写过程中参考了大量的相关文献和有关研究成果，在此谨向这些文献和成果的作者致以真诚的感谢。

此外，还得到了同济大学白云、黄宏伟，福州地铁集团有限公司陈开端、广州地铁集团有限公司宋娱、佛山铁路投资建设集团有限公司周振华等专家学者的大力支持，在此一并表示感谢！

本书的出版还得到国家自然科学基金项目（NO. 51478118，NO. 51678164）、广西岩土与地下工程创新团队项目（2016GXNSFGA380008）、广西大学科研基金项目（XTZ160590）、广西特聘专家专项经费（20161103）的资助，在此深表感谢！

智能化监测与物联网大数据云计算技术正在改变人们的生活与生产实践理念，以本书为起点，随着相关研究的深入，智能化、物联网技术将极大推进地下工程风险管控技术的创新与变革。本书旨在抛砖引玉，由于时间仓促，一定存在诸多瑕疵，有待编著者与广大读者共同雕琢，希望再版时得以更正完善。

作　者

2017 年 12 月

Intelligent monitoring and control on safety & risk of underground works

目录

第1章　地下工程安全风险监测管控基本理论

1.1　地下工程风险管理基本理论

1.1.1　地下工程风险及其特点

在地下工程中,风险是指事故发生的可能性(概率)及其损失(后果)的组合。事故,是指可能造成工程发生人员伤亡、伤害、职业病、设备或财产损失、环境影响、经济损失等的不利事件,也称为风险事件、风险事故。损失,是指工程建设中任何潜在的或外在的负面影响或不利的后果,包括人员伤亡、经济损失、环境影响、社会影响或其他等。

风险具有概率和后果的双重性,风险 R 可用不利事件发生概率 P 和后果或损失程度 C 的函数来表示,即:

$$R = f(P, C) \tag{1-1}$$

这一定义不仅确认风险是客观存在的,而且说明其大小也是可以科学度量的。根据定义可知,风险的存在与客观环境有关,与一定的时空条件有关,与人们对某一事件所抱的期望值有关。当这些情况发生变化时,风险也可能发生变化。地下工程风险的特征主要表现为:

1)地下工程的复杂性

地下工程建设过程中要经历多次周边荷载、地下水情况、工况转变、降雨等不确定的因素,这些因素都影响着风险的发展,且互相影响,可能造成严重的后果。同时,地下工程包括多种专业施工,交叉作业,施工组织复杂且施工难度大。

2)地下工程的时空效应

软土地区地下工程因其水文地质条件的不同,其工程风险表现出极大的差异性,特别是在宁波、杭州、上海等地淤泥质土层中,因其土层渗透系数较低,无法实现排水固结改良其力学性能,土层的蠕变效应极为明显,致使在基坑开挖中,支护结构完成前,围护结构持续变形,引起自身结构及周边环境的风险不断加大,体现出极强的时空效应特点,所以需要严格控制基坑土体开挖后的基坑支护体系的无支撑暴露时间,控制围护结构变形及周边土体的沉降。

3)地下工程的环境敏感性

地下工程往往处于城市中心,周边建(构)筑物很多,地上交通系统和地下管道管线分布复杂。地下工程基坑施工过程中若打破了原状土的平衡,改变了地下水的径流路径或者围护结构损坏都将导致周边土体发生变形,若变形过大就会产生各种环境问题。

4)基坑支护体系的临时性

地下工程基坑支护工程往往是临时性工程,在建设中一旦资金投入不足或进度安排过紧忽视客观的规律和相关的工程规范的约束,将埋下重大的安全隐患,最终导致事故的发生。

5)勘察设计的局限性

地下土层性质多变,水文地质条件复杂,但是目前的勘察技术水平还不能完全正确、全面地反映地下情况,随之给基坑的设计也带来了影响,不能提供准确的土质参数。而目前基坑的设计本身处于半经验半理论的状态,对基坑稳定性等计算理论和方法系统的研究还不完善,难以保证其结果的准确性。

1.1.2 地下工程风险管理的内容

1)制订风险管理计划

工程风险管理计划是工程风险管理组织进行风险管理的重要工具,是全部风险管理过程的基础环节。施工阶段的风险管理应针对工程特点、设计阶段风险评估成果、施工水平,在对风险进行再识别、再评估的基础上等制订风险管理计划。风险管理计划中明确相关人员及组织机构,制订计划和策略,确定风险评估对象及目标、风险等级标准和接受准则,收集基本资料,提出风险识别和评价方法等。制订风险管理计划应包括下列内容:①确定风险目标、原则和策略;②规定相关报告的内容及格式;③提出阶段性工作目标、范围、方法与评估标准;④明确工程参与各方的职责;⑤组织开展各方自身与相互之间的风险管理及协调工作。

2)风险辨识

风险管理的第二步是风险辨识。工程风险辨识就是明确风险辨识对象,选取适当的风险辨识方法,按照一定原则辨识出工程施工环节中可能存在的风险,哪些风险可能影响项目的进展,并记录每个风险因素所具有的特点。风险辨识是一个连续的过程。项目建设是一个发展的过程,情况在不断地变化,风险因素当然也就不会一成不变,即使某工程进行了一次大规模的风险识别工作,但在一段时间后,旧的风险可能消失或减少,新的风险可能出现,因此,风险识别是持续不断的。

3)风险估计

在辨识出工程存在的主要风险后,接下来需要进行工程风险估计,对识别出来的风险尽可能量化,估算风险事件发生的概率,估计风险后果的大小,确定各风险因素的大小,对风险出现的时间和影响范围进行确认。或者说,风险估计是对个别风险因素及其影响进行量化并以此为基础形成风险清单。衡量工程风险时,可以采用模糊评估方法,根据风险属性将其定级,以不同的风险级别区分风险大小。风险因素的发生概率估计分为主观和客观两种。客观的风险估计以历史数据和资料为依据;主观的风险估计无历史数据和资料可参考,而凭借人的经验和判断力。一般情况下,这两种估计都要做。

4)风险评价

风险评价就是对各风险事件的后果进行评价,并确定不同风险的严重程度顺序,重点是综合考虑各种风险因素对项目总体目标的影响。确定对风险应该采取何种应对措施,同时也要

评价各种处理措施可能需要花费的成本,也就是综合考虑风险成本效益。风险评价方法有定性和定量两种。进行风险评价时,还要提出防止、减少、转移或消除风险损失的初步办法,并将其列入风险管理阶段要进一步考虑的各种方法之中。在实践中,风险识别、风险估计、风险评价绝非互不相关,而常常是互相重叠,需要反复交替进行。

5)风险处理

在明确了工程所有存在的风险,并估计和评价了风险损失对项目目标的影响程度之后,应该采取一定的风险处置对策来避免风险的发生或减少风险造成的损失。处置工程风险的方法有风险接受、风险减轻、风险转移、风险规避。根据工程风险环境的不同,每类工程风险处置方法中的具体处置措施是不同的,工程风险安排方案也是不同的。

6)风险监控

风险因素以及风险管理的过程并非一成不变,随着工程项目的进展和相关措施的实施,影响项目目标的各种因素都会发生变化,只有适时地对风险的变化进行跟踪,才可能发现新的风险因素,并及时对风险管理计划和措施进行修改和完善。

1.1.3　地下工程风险管理流程

工程风险管理内容根据不同建设阶段分步实施。隧道安全风险管理内容与过程包括:风险界定或风险计划、风险识别、风险分析、风险评价、风险控制等。风险管理技术部分可以归结为主要由风险识别、风险评估、风险控制三大部分组成,具体关系见图1-1。

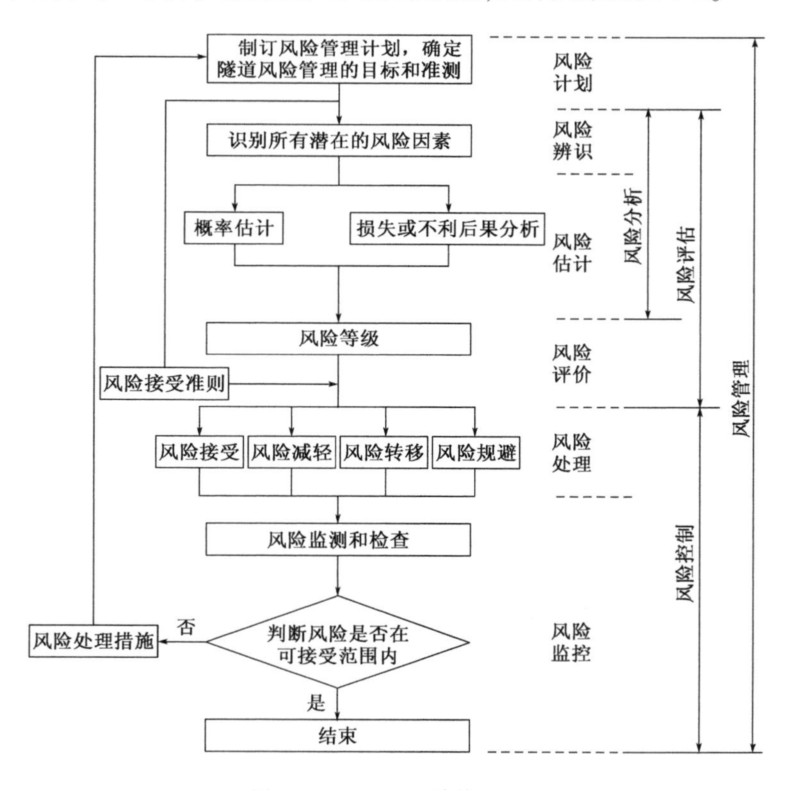

图1-1　地下工程风险管理流程

1.2 地下工程监测的研究与应用

监测可以理解为监视、测定、监控等,具体是指长时间的对同一事物进行实时监视而掌握它的变化。监测广泛应用于生产生活的各个方面,如大家常见的水质监测、医学胎儿发育监测、地质灾害监测等。

工程监测是指采用仪器量测、现场巡查或远程视频监控等手段和方法,长期、连续地采集或收集反映工程施工、运营线路结构,以及周边环境对象的安全状态、变化特征及其发展趋势的信息,并进行分析、反馈的活动。

地下工程监测是近年来工程监测的重要领域。由于地下工程施工技术复杂,事故频发,因此在施工过程中必须进行监测。在地下工程施工期间对地下工程主体结构及周边环境进行监测,预警并防范过大位移、变形与工程事故的发生,地下工程因其复杂性,还需要对地质、水文进行密切监测。通过地下工程监测掌握周围边坡施工和使用过程状况,了解地下工程支护结构受力状况及其变形情况,为优化和修正设计提供可靠依据,达到动态设计与信息化施工的目的。地下工程监测也是地下工程结构长期安全运营维护的重要技术保障之一。

1.2.1 地下工程监测的基本内容

地下工程监测对象的选择应在满足工程支护结构安全和周边环境保护要求的条件下,针对不同的施工方法,根据地下工程支护结构设计方案、周围土体及周边环境条件综合确定。因此,监测的内容应该包括以下内容:

(1)基坑工程中的支护桩(墙)、立柱、支撑、锚杆、土钉等结构。

(2)盾构法隧道工程中的管片等支护结构,以及矿山法隧道工程中的初期支护、临时支护、二次衬砌等。

(3)地下工程周围岩体、土体、地下水及地表。

(4)地下工程周边建(构)筑物、地下管线、高速公路、城市道路、桥梁、既有轨道交通及其他城市基础设施等环境。

1.2.2 地下工程监测监控的基本方法

地下工程监测方法的选择应综合考虑各种因素。如工程类别不同,对工程及周边环境安全要求不同,相应的监测要求也不同;设计会根据工程类别和特点对监测方法提出相应的要求;而场地条件可能会适合或限制某种监测方法的应用;当地经验情况可能使某些监测方法更容易接受;监测方法对气候、环境等(宜调查当地的气象情况,记录雨水、气温、热带风暴、洪水等情况,监测自然环境条件对基坑的影响程度)的适应性也有所差别。综合考虑这些因素后选择的监测无疑具有更好的科学性、可行性和合理性。监测方法合理进行有利于适应施工现场条件的变化和施工进度的要求。

根据《城市轨道交通工程监测技术规范》(GB 50911—2013),地下工程监测的基本方法如下:

1)水平位移监测

测定特定方向的水平位移宜采用小角法、方向线偏移法、视准线法、投点法、激光准直法等大地测量法。当监测点与基准点无法通视或距离较远时,可采用全球定位系统(GPS)测量法或三角、三边、边角测量与基准线法相结合的综合测量方法。

2)竖向位移监测

竖向位移监测可采用几何水平监测、电子测距三角高程测量、静力水准测量等方法。

3)深层水平位移监测

支护桩(墙)体和土体的深层水平位移监测,宜在支护桩(墙)体或土体中预埋测斜管,采用测斜仪观测各深度处的水平位移。深层水平位移监测前,宜采用清水将测斜管内冲刷干净,并采用模拟探头进行试孔检查。

4)土体分层竖向位移监测

土体分层竖向位移监测可埋设磁环分层沉降标,采用分层沉降仪进行监测;也可埋设深层沉降标,采用水准测量方法进行测量。采用磁环分层沉降标监测时,应对磁环距管口深度采用进程和回程两次观测,并取进、回程读数的平均数,每次监测时均应测定分层沉降管管口高程的变化,然后换算得到分层沉降管外各磁环的高程。

5)倾斜监测

倾斜监测应根据现场观测条件和要求,选用投点法、垂准法、倾斜仪法或差异沉降法等观测方法。

投点法应采用全站仪或经纬仪瞄准上部观测点,在底部观测点安置水平读数尺直接读取偏移量,正、倒镜各观测一次取平均值,并根据上、下观测点高度计算倾斜度。

垂准法应在下部测点安装光学垂准仪,激光垂准仪或经纬仪、全站仪加弯管目镜法,在顶部测点安置收靶,在靶上读取或量取水位位移量与位移方向。

倾斜仪法可采用水管式、水平摆、气泡或电子倾斜仪等进行观测,倾斜仪应具备连续读数、自动记录和数字传输功能。

差异沉降法应采用水准方法测量沉降差,经换算求得倾斜度和倾斜方向。

6)裂缝监测

建(构)筑物、桥梁、既有隧道结构等的裂缝监测宜采用裂缝观测仪进行测度,也可在裂缝两侧贴、埋标志,采用千分尺或游标卡尺等直接测量,或采用裂缝计、粘贴安装千分表及摄影量测等方法监测裂缝宽度。

7)净空收敛监测

矿山法初期支护结构和盾构法管片结构的净空收敛可采用收敛计、全站仪或红外激光测距仪进行监测。

8)爆破震动监测

爆破震动监测系统由速度传感器或加速传感器、数据采集仪及数据分析软件组成,速度传感器或加速传感器可采用垂直、水平单向传感器或三矢量一体传感器。爆破震动监测传感器与被测对象之间刚性连接,并应使传感器的定位方向与所测量的震动方向一致。

9)孔隙水压力监测

孔隙水压力应根据工程测试的目的、土层的渗透性和测试期的长短等条件,选用封闭或开口方式埋设孔隙水压力计进行监测。孔隙水压力计的埋设可采用钻孔埋设法、压入埋设法、填埋法等。当在同一测孔中埋设多个孔隙水压力计时,宜采用钻孔埋设法;当在黏性土层中埋设单个孔隙水压力计时,宜采用不设反滤的压入埋设法,在填方工程中宜采用填埋法。

10)地下水位监测

地下水位监测宜通过钻孔设置水位观测管,采用测绳、水位计等进行量测。地下水位应分层观测,水位观测管的滤管位置和长度应与被测含水层的位移和厚度一致,被测含水层与其他含水层之间应采取有效的隔水措施。

11)岩土压力监测

基坑支护桩(墙)侧向土压力、盾构法及矿山法隧道围岩压力宜采用界面土压力计进行监测。基坑开挖前,应至少经过一周时间的监测并取得稳定初始值;隧道工程土压力计埋设后应立即进行检查测试,并读取初始值。

1.2.3 地下工程监测监控的预警指标

工程预警指标一般指为保证工程安全而预先设定的通过监测、检测及巡检所获取的工程结构本体及周边环境的相对位移及应力变化量的警戒值。

软土地区轨道交通工程单位进行了大量的探索实践。宁波轨道交通集团根据《城市轨道交通工程监测技术规范》(GB 50911—2013)以及《宁波市轨道交通测控量测技术准则》,确定了地下工程监测监控的基础预警指标,作为工程实施中的参考,并结合每个工点自身地质条件差异和周边环境确立个性化的边界条件,进行动态控制和调整,必要时进行设计控制值比对反演计算。具体内容将在后续篇幅中详细介绍。

1.3 地下工程安全风险管控体系

1.3.1 施工风险管理组织结构

城市轨道交通工程监测监控管理实行分层管理,即建设分公司指挥层、中间管理层和现场执行层三级管理体制。在中间管理层组建监测监控管理中心,由安全质量部、项目建设部、第三方监测单位组成,安全质量部是监测监控管理中心的归口管理部门,安全质量部监测监控科负责对监测监控管理中心日常工作统筹管理。在现场执行层组建现场监测监控分中心,由监理单位、施工单位、设计代表、业主代表组成,日常工作由监理单位监督执行。三级组织机构图如图 1-2 所示。

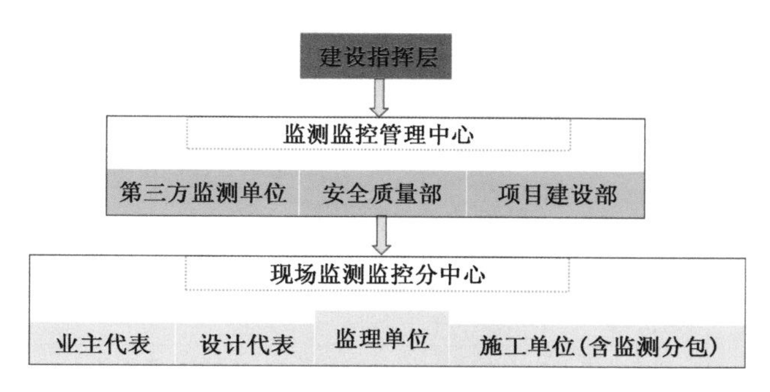

图 1-2　三级组织机构图

1.3.2　施工风险分级管控体系

城市轨道交通工程预警管控制是结合现场监测数据、巡视信息,通过核查、综合分析和专家咨询等,由监测监控管理中心及时判定工程风险大小,确定相应预警级别。预警级别按工程风险由小到大分为:蓝色预警、黄色预警、橙色预警和红色预警。监测监控管理中心发布的预警为综合预警信息。

(1)蓝色预警:当日施工监测数据达到监测预警要求,需提醒各方关注该监测数据的持续变化状况。

(2)黄色预警:当日施工监测数据达到监测预警要求,综合判断为可接受风险,现场须采取防范措施。

(3)橙色预警:当日施工监测数据达到监测预警要求,且周边环境复杂,综合判断为不愿接受风险,工程处在不安全状态,现场须立即采取措施。

(4)红色预警:当日施工监测数据达到监测预警要求,且无有效措施,综合判断为不可接受风险,工程处在抢险状态。

第三方监测单位根据现场工点每日监测上传数据和日常巡视情况或结合现场施工单位、监理单位、业主代表等意见提出预警建议,通过综合了解现场工况及数据异常原因,根据警情情况分级判定,发起预警。第三方监测单位负责向参建单位相关人员发送预警短信。四级预警分级管控体系见表 1-1。

四级预警分级管控体系表　　表 1-1

级别	参会单位及人员		参会相关工作
	参会单位	参会人员	
蓝色	施工单位	项目总工	介绍承包情况及风险状况,参与对警情原因的分析,及时落实相关措施
	监理单位	总监	主持会议,参与对数据变化原因分析,督促施工单位落实措施,编制、上传会议纪要
	施工监测分包	项目负责人	加密监测频率,跟踪数据变化,监测成果应及时报送给各相关参建单位的责任人
	第三方监测单位	岗位工程师	复核施工监测数据,参与对警情原因的分析

续上表

级别	参会单位及人员		参会相关工作
	参会单位	参会人员	
黄色	施工单位	项目总工	介绍承包情况及风险状况，参与对警情原因的分析，及时落实相关措施
	监理单位	总监	主持黄色预警会议，参与对警情原因的分析，督促施工单位落实措施，编制、上传会议纪要
	施工监测分包	项目负责人	加密监测频率，加测成果应及时报送给各相关参建单位的责任人
	设计单位	设计代表	参与对警情原因的分析
	第三方监测单位	项目/技术负责人	复核施工监测数据，参与对警情原因的分析
	建设单位	监测监控科 线路工程师	参与对警情原因的分析
		业主代表	参与对警情原因的分析，根据会议纪要督促相关部门落实措施
橙色	施工单位	项目经理	介绍承包情况及风险状况，参与对警情原因的分析，及时落实相关措施
	监理单位	总监	主持橙色预警会议，参与对警情原因的分析，督促施工单位落实措施，编制、上传会议纪要
	施工监测分包	项目负责人	加密监测频率，加测成果应及时报送给各相关参建单位的责任人
	设计单位	设计代表	参与对警情原因的分析
	第三方监测	项目负责人	复核施工监测数据，参与对警情原因的分析
	建设单位	安全质量部部长	参与对警情原因的分析
		项目建设部部长	参与对警情原因的分析，督促相关部门落实措施
红色	施工单位	项目经理/ 公司领导	介绍承包情况及风险状况，参与对警情原因的分析，及时落实相关措施
	监理单位	总监/公司领导	主持红色预警会议，参与对警情原因的分析，督促施工单位落实措施，编制、上传会议纪要
	施工监测分包	项目负责人	加密监测频率，加测成果应及时报送给各相关参建单位的责任人
	设计单位	本地院总工	参与对警情原因的分析
	第三方监测	项目负责人	复核施工监测数据，参与对警情原因的分析
	建设单位	主管领导	参与对警情原因的分析，督促相关部门落实措施

1.3.3 全方位风险管控体系

城市轨道交通工程建设参建各方应对自身业务范围内的安全风险自行辨识、评估、控制，并负有相应的安全风险管控责任，建立全方位的风险安全管控体系。

依据当前《城市地铁地下工程建设风险管理规范》（GB 50652—2011）要求，轨道交通工程建设安全风险技术管理工作贯穿工程建设土建实施阶段的全过程，即规划、可行性研究、勘察与设计、招投标与合同签订、施工及工后阶段，各阶段有针对性地开展安全风险技术管理工作，并采取有效的预防和控制措施。参建各方建立自身的安全风险技术管理体系，以确保各建设阶段的安全风险技术管理工作的有效开展（图 1-3）。

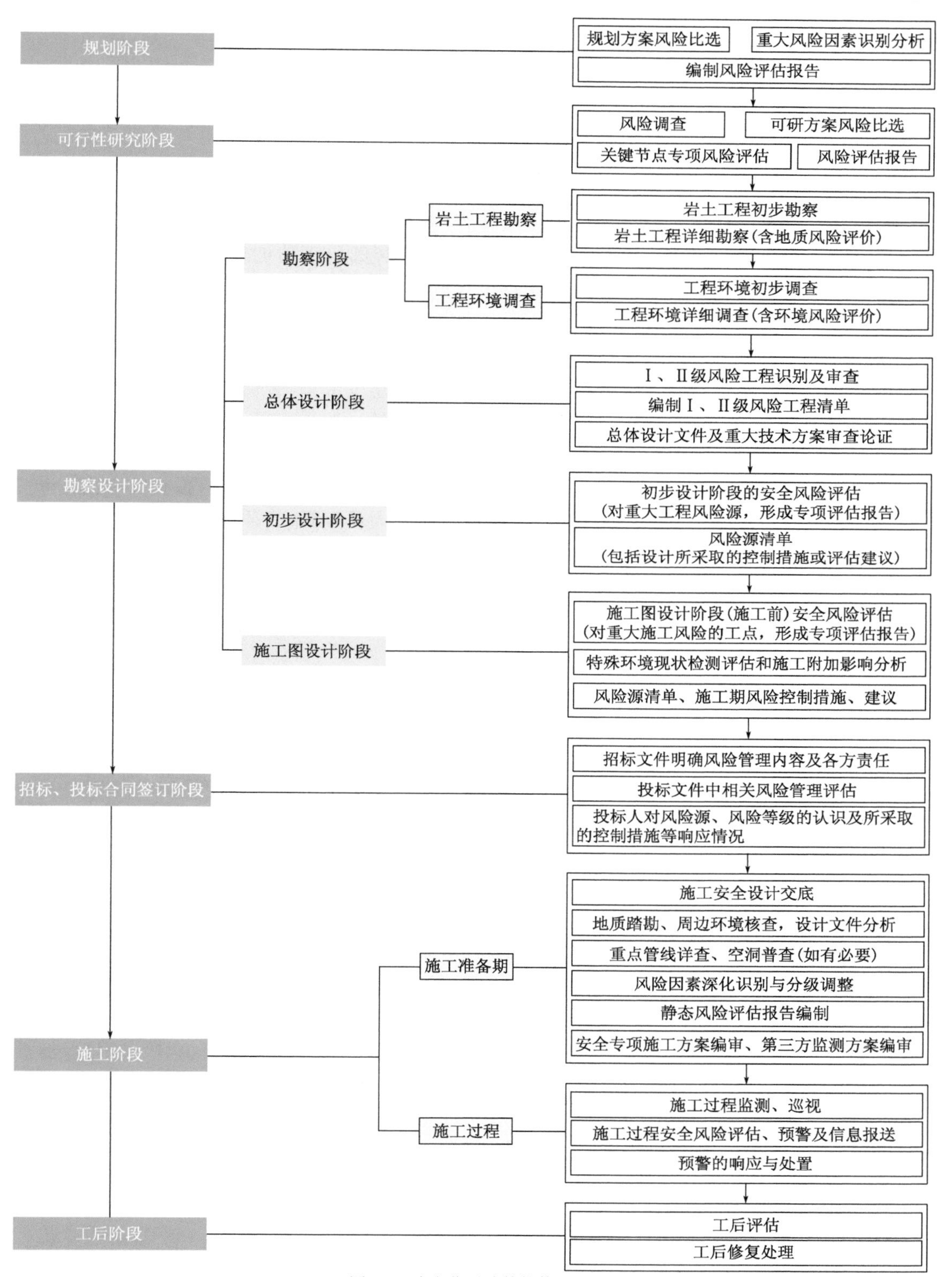

图1-3　全方位风险管控体系图

城市轨道交通工程风险自辩自控责任主体单位主要包括建设、勘测、设计、施工、监理、第三方监测等单位。其中各参建单位职责如下：

(1)建设单位职责

①负责建立健全工程风险管理体系，并监督体系的运行情况；制定和修订发布相关管理办法及技术标准。

②负责全面组织和监督工程建设期各阶段的风险管理工作。各部门负责职能范围内的风险管理工作并督促、检查、考核各参建单位风险管理落实情况。

③组织工程建设各方建立风险管理培训制度；开展风险管理培训教育工作。

④定期组织工程建设各方开展风险管理工作的沟通和交流，并对风险状况进行记录。

⑤负责组织重大风险工程的设计方案、安全专项方案、应急预案和风险事务处理等方案的论证以及过程监督、协调。

⑥组建监测监控管理中心，组织风险管理信息系统建设工作；督促并组织开展施工阶段的安全风险监控与管理工作。对施工过程中安全风险监控、评估预警、风险事务处理和信息报送、反馈及其执行情况进行监督指导。

⑦制定和修订有关招投标文件和合同条款的安全风险管理内容；在招投标文件和合同条款中明确各投标单位的风险管理内容、目标、费用、机构人员配置、资质资格要求、责任约束、奖惩条款等相关内容。

⑧负责向政府部门汇报工程建设期安全风险管理情况和重大突发风险事件，配合政府主管部门、相关管理部门和产权单位对安全风险管理活动的检查、监督和重大突发风险事件的处理、决策。

(2)第三方监测及风险咨询单位职责

负责合同范围内工程施工阶段第三方监测、监测管理及风险咨询服务工作。确保监测数据和信息的及时、准确、真实、有效，对监控信息及预警信息的完整性、可追溯性负责，必要时刻提供作为有关机构评定和界定相关单位责任的依据；对施工监测数据进行复核，保证施工监测数据的准确性；对工程本体和周边环境安全风险状态做出判断，对施工风险源进行动态评估和监控工作。

负责对现场监测监控分中心的运行情况进行监督、检查和指导，协助组织并参与对施工监控实施方案、风险处理方案的评审。

作为监测监控管理中心实施主体之一，具体职责如下：

①报审备案：项目中标后，将单位资质、人员、仪器等按第三方监测单位报审表上报建设单位审查。

②工作交底：在施工单位、监理单位进场后，按建设单位要求向施工单位、监理单位进行监测监控工作交底。

③静态风险评估：指导编制现场监测监控分中心的静态风险评估报告，组织专家评审各标段静态风险评估报告；汇编线路总体静态风险评估报告，提交建设单位组织专家评审。

④方案管理：编制第三方监测单位总体方案，并完成单位内部审查，经建设单位组织专家评审，按监测方案报审表报审备案。

⑤向建设单位提交第三方监测单位工点监测方案，并配合专家评审工作；督促、指导施工单位编制监测方案，经监理审查通过后组织专家评审。

⑥测点验收及初始值采集：督促现场严格按照方案进行布点。参加测点验收会，提出验收意见；测点验收通过后方与施工单位同步进行初始值采集，会同监理单位对施工单位初始值成果审核。

⑦现场监测监控分中心管理：验收分中心硬件设施，对分中心人员出勤做好记录，指导监测监控分中心日常工作的正常运转。

⑧监测抽检及信息报表：按照方案要求对开工站点开展日常抽测工作，监测数据应在13:00之前上传至监测监控管理信息平台；第三方监测单位周报于每周五上午11:00前上传建设单位OA平台，月报于每月26日（周末除外，时间后推）上午11:00前上传建设单位OA平台。

⑨监测数据管理：督促施工单位及时上传监测数据；对比施工单位和第三方监测单位数据，分析施工监测数据的准确性和真实性，如发现数据造假问题，及时上报建设单位根据具体情况严肃处理。

⑩现场巡检：每周现场巡检不少于2次（不包含视频监控巡检），巡检当日完成巡视简报编制，并上传至监测监控信息管理平台。每周与监理单位、施工单位（含监测分包）进行一次现场联合巡检，做好文字、照片等记录，并填写联合巡检现场记录表；通过现场巡检、月度及专项检查等形式，发现问题并督促整改。

⑪动态风险评估：结合现场巡检情况及工况图表，每天分析监测数据，判断工点的安全状态，填写"每日动态风险评估表"，并在每日16:00前上传至监测监控信息管理平台。定期发布报告，包括但不限于安全风险监控与管理工作的周报、月报、年报及总结报告。

⑫预、消警管理：提出预警建议，报建设单位审批后向各参建方发出预警短信，参加预警会议并提出合理化建议，同时对参会人员情况进行监督考核。预警会议后，及时跟踪、反馈预警工点的风险情况，督促、检查预警措施的落实情况，直至警情消除，完成消警程序。当发生橙色预警时，联系至少2名本地专家到场参会；当发生红色预警时，联系至少2名国内知名专家和5名本地专家参会。

⑬监测监控周例会：参加现场监测监控分中心周例会，将一周监测数据及巡检情况提前反馈至监理单位；参加监测监控管理中心周例会，汇报周总结及计划情况。

⑭信息化工作督导：负责监测监控管理信息平台标段信息日常维护，负责信息平台参建各方资料上传的日常督促与考核；发生施工监测信息变更时，负责审核并现场确认。

⑮工后监测：对周边环境及结构本体实施工后监测，直至满足停测条件。

⑯停测申请：对于满足停测条件的工点，及时向建设单位提交监测工作停测申请单，附监测项目成果报表，经批准后方可停测。

（3）监理单位职责

建立自身的安全风险管理体系；负责按照国家、行业和有关法律、法规和工程建设标准，以及合同要求，开展监理工作，重点加强对施工单位安全风险管理实施的监管工作，全面掌握现场安全风险状态。

监督、检查施工单位安全风险管理体系的建立和落实情况，评估施工监控的组织、人员、资质、设备和监测实施的有效性。

全面负责现场施工的监督管理，全过程监督施工单位安全风险监控、处置，监测数据和信息的及时上报，风险事务处理的执行情况，并接受监测监控管理中心的监督、检查。

作为现场监测监控分中心主要实施单位，具体职责：

①资质审查：认真审查施工单位的监测分包。

②参加交底：参加建设单位组织的监测监控工作交底，做好相关记录。

③静态风险评估报告管理：参加由第三方监测单位组织召开的施工准备期风险评估工作交底；协同施工单位完成静态风险评估报告的编制，组织会审并审批备案。

④方案管理：对施工监测方案进行初审，参加施工监测方案专家评审会，督促施工单位监测分包在一周内按照专家评审意见对方案进行完善，并审批备案。

⑤测点验收及初始值采集：旁站监督测点布设，进行测点预验收。在关键节点验收前至少3天向施工单位、第三方监测单位各方下发测点验收会议通知，组织各方进行测点验收会议，会后督促施工单位完成整改销项；组织第三方监测单位与施工单位同时进行初始值采集，审查双方初始值成果。

⑥监测数据及工况图表审查工作：监理单位每日审查施工单位上报的监测日报及填报的现场工况图表，如数据异常，督促施工单位落实对异常数据签署的应对措施。

⑦现场巡检：组织施工工点的每日巡检，参加第三方监测单位组织的联合巡检。对于巡检发现的问题，督促施工单位整改。对于巡检中发现的现场不规范施工行为以及突发险情，应立即上报监测监控管理中心。

⑧组织现场监测监控周例会：每周组织施工单位、第三方监测单位及业主代表召开监测监控周例会。负责对第三方监测单位和施工单位两方数据进行比对分析，汇报数据比对分析结论。反馈一周现场监测及巡检存在的问题，督促施工单位落实整改。填写现场监测监控周例会记录表，并按时上传平台。

⑨预消警管理：收到监测监控管理中心的预警通知后主持召开现场预警分析会，组织与会各方分析讨论预警原因、相应措施等，并编写预警会议纪要，会后及时上传至系统平台，监督施工单位措施的落实情况。数据稳定后督促施工单位及时消警。

当出现数据超标但工程安全可控时，总监工程师可组织现场监测监控分中心进行数据分析，并留存会议纪要。

当发生突发险情时，总监工程师应快速组织现场监测监控分中心进行警情分析，督促施工单位采取控制措施。

⑩信息上传与查阅：在基坑开挖、盾构始发前，监理单位应将监理实施细则上传至监测监控管理信息平台；施工过程中应上传现场监测监控周例会会议纪要、预警会议纪要、日常巡检记录表等资料；每日登录监测监控管理信息平台查看当天现场情况及安全评估。

(4)施工单位职责

建立健全自身的安全风险管理体系；负责按照国家、行业及合同要求，落实以项目经理为第一责任人的现场安全风险处置和监控管理机制，编制风险管理制度，全面实施和执行施工阶段安全风险监控、信息报送和风险事务处理。

施工准备期开展地质踏勘和环境核查等补充工作，施工过程中进行现场(作业面等)巡视和地质超前探测、预报工作。

编制安全专项施工方案、应急预案(含监控实施方案)和环境保护措施并组织实施。

加强施工监测专业分包管理，采集、汇总并及时上传监测数据、工况和环境巡视信息，确保监控数据、巡视信息的及时、准确和真实有效；执行预警处置措施及相关风险事务处理，并及时

反馈处理结果和变化情况。

作为现场监测监控分中心主要实施主体，具体职责：

①参加交底：施工单位进场后应及时联系建设单位进行监测监控工作交底。

监测分包报审备案：施工单位及时向建设单位进行专业分包申请，附上监测单位资质、人员、仪器及业绩等报审资料，审查通过后及时向参建各方备案。

施工单位的监测人员变更：施工单位监测作业人员发生变更时，按照人员更换申请表要求提前一个月向监理单位、建设单位提出变更申请，经审核同意后方可变更，更换人员资质不得低于原岗位人员。

②现场监测监控分中心：施工单位落实分中心独立办公室，配置会议桌、档案柜、计算机等标准办公软硬件设施；配合确定监测监控分中心的人员及联系方式。同时完成相关工况图表制作，经监理单位、第三方监测单位审核通过后在分中心办公室上墙。

③施工期间进行每日工况图表更新，并在每日10:00前上传至监测监控管理信息平台。

④静态风险评估：按照监测监控管理中心要求编制静态风险评估报告，编制内容详见施工期风评报告编制要素表，编制完成后组织讨论修订，定稿后报审。

⑤方案管理：施工单位应将重大风险源情况、设计资料、勘察资料等反馈专业监测分包单位，督促监测分包单位在工程开工前编制监测方案，通过企业技术负责人审核并盖企业公章后，上报监理单位进行审查，审查通过后协助第三方监测单位进行监测方案专家评审；专家评审费用首次由第三方监测单位承担，若发生复审，评审费用由施工单位承担。

⑥在测点验收前，施工单位应将施工监测方案、静态风险评估报告等相关资料上传至监测监控管理信息平台。

⑦测点验收：严格按照方案进行测点布设；测点验收前施工单位准备测点验收记录表及清单、各监测项目测点埋设记录表等相关资料，上报监理单位确认；在关键节点验收前至少3天向监理单位申请召开测点验收会，对验收过程中发现的问题督促并协助监测分包单位在2天内完成整改，并经监理单位、第三方监测单位签字确认后予以销项。

⑧初始值采集：认真审核监测分包单位提交的初始值数据报表，填报监测初值复核意见表，按审批流程报第三方监测单位复核、监理单位审批，审批完成通过后提交备案。

⑨监测数据审查：施工单位每日审核监测分包单位上报的监测日报，并根据每日上传的监测数据填报日报信息会审表，意见签署完成后报送至监理单位。

⑩参加巡检：参加监理单位组织的每日巡检和第三方监测单位组织的每周联合巡检，针对巡检中发现的问题应及时整改。

⑪动态风险评估：加强现场巡检，严格按照施工方案进行施工；结合现场巡检情况及工况图表，每天分析监测数据，判断工点的安全状态；对预警措施落实后的风险状态进行跟踪评估并采取有效防治措施。

⑫预、销警管理：发生预警后，施工单位根据现场情况积极采取必要的快速临时应对措施；并为现场预警会准备工况图表、监测报表等会议材料，预警会上汇报现场情况，分析预警原因，提出控制措施并落实。

⑬施工单位督促监测分包进行预警后跟踪加密监测及数据反馈。

在现场采取有效措施的情况下，连续多日监测数据显示收敛趋势，警情得到有效控制或解除后，施工单位应及时提交销警申请单，按照销警流程完成消警工作。

⑭监测监控周例会：施工单位应对参会单位提出的问题给予答复，并对存在的问题落实整改。

⑮测点保护及修复：负责监测点保护，严禁覆盖，施工中避免机械破坏测点，对已破坏测点及时修复。

⑯监测信息变更：发生监测信息变更时，填报监测信息变更报审表，按审批流程报监理单位、第三方监测单位审批，审批完成通过后方可变更。

⑰工后监测：结构施工完成后，施工单位应开展工后监测，并将每次监测成果资料及时上报监理单位、第三方监测单位。

⑱停测申请：对于满足停测条件的工点，施工单位应及时提交监测工作停测申请单，附工后监测项目成果报表，报监理审核后上报至建设单位审核，同时第三方监测单位复核并附第三方监测项目成果复核报表，审核通过后方可停测。

(5)勘察单位职责

建立健全安全质量责任制和管理制度，设置或明确安全风险管理机构，配备满足安全风险管理人员，明确职责分工。

负责按照国家、行业和宁波市有关法律、法规和工程建设标准，以及合同要求，开展勘察和环境调查工作，编制相应阶段的勘察和环境调查报告，内容涵盖安全风险分析评价的专项内容。

确保提供的岩土工程勘察和工程环境调查成果的真实、准确，对勘察和工程环境调查的质量负责。

接受业主的监督、检查，配合其组织的对勘察和环境调查实施纲要的技术论证和报告成果的验收。

负责根据勘察和环境调查成果(纲要和报告)的技术论证意见和勘察强审意见，对成果进行修改和完善。

参与施工验槽工作，并根据实际地质情况，对勘察成果进行修正和完善。

参与重大安全风险评估、风险处置方案的技术论证、预警判定、事务处理方案的论证和评审，并提供合理建议。

(6)设计单位职责

设计单位(含总体设计单位、设计咨询及工点设计单位)负责风险工程设计，参与风险工程分级调整、安全专项方案施工、重大工程环境施工过程评估、预警处理方案的论证及处理等，具体职责如下：

①建立自身的风险管理体系和相关制度。

②负责按照国家、行业以及合同要求，开展设计及咨询工作。进行风险工程设计，编制不同阶段的设计成果文件，内容应涵盖安全风险识别、分级、分析评价、控制措施及建议的相关内容。

③参与并配合风险辨识、风险分级及相关专项设计、评估成果的技术论证、成果验收。

④参与重大安全风险专项设计的技术交底、参与安全专项施工方案、监测实施方案、预警建议和风险事务处理方案的论证评审，并提供相关建议。

⑤负责施工阶段的设计交底，派出设计代表参与，并配合监理、施工单位施工过程中的现场安全风险管理活动。

⑥负责施工过程中设计方案变更，在分析监控数据、预警信息和专家意见的基础上，优化设计方案，并反馈施工单位及其相关部门。

(7)专业应急抢险队伍

服从建设公司的统一管理和调配，协助组织各标段施工单位的应急演练，制定常见生产安全事故的抢险救援方案。

根据险情事件的程度和发展速度，为出险单位提供专业设备、应急材料和抢险技术支持。

执行合同期间的所有在建工程的应急抢险任务、应急抢险设备维修保养、抢险人员业务培训、抢险演练、抢险施救、配合抢险设备的采购等工作。

1.3.4　全过程风险管控体系

各参建单位应根据工程实际，建立全过程的安管管控体系，明确组织机构、人员和职责分工，确保安全风险管控工作有效开展。安全风险管控体系应实现全员参与、涵盖各参建主体、贯穿工程建设全过程和各建设环节、预防与预控为主、过程控制、动态和闭合管理等。

1)规划阶段风险管控

通过辨识和评估工程建设风险，优化规划方案，规避和降低由于线位、站位和施工方法等规范方案不合理所带来的重大安全风险，为工程设计、施工及保险做好前期准备，初步制定工程风险控制措施，编制工程建设风险评估报告。

2)勘察与设计风险管理

岩土工程勘测应该按工程建设各阶段的要求，正确反映工程地质条件，重点查明不良地质作用和地质灾害，提供资料完整、评价正确的勘察报告。

设计阶段安全风险控制应贯穿轨道交通工程设计全过程，包括总体设计阶段、初步设计阶段和施工图设计阶段。设计阶段的安全风险控制工作主要由设计技术部负责组织开展，施工图设计阶段应在初步设计的基础上深入分析工程存在的风险，预测并评估工程施工的影响，本着控制风险的原则制定工程监测控制指标，提出可操作性、经济合理的具体技术措施。

3)施工阶段风险管理

施工阶段风险管理是工程风险管理的核心阶段。

在施工准备阶段，施工单位、监理单位、第三方监测单位及风险咨询单位根据现场地质、环境的调查及核查结果、设计文件、施工条件等，深入识别各种风险因素，确定施工阶段主控重大风险源并采取相应的控制措施，根据风险源确立针对性的施工监测方案，布点动态监测及分析。根据工程的进展，风险会不断地发生调整，根据监测数据及工程施工的进展和施工巡查情况动态分析工程所处的安全状态。

对每个工点施工期主要风险阶段进行重点控制。如以某基坑为例，在开挖阶段对每个阶段实施动态分析，形成“每日动态风险评估表”，详见表1-2。该表结合监测方案的监测点平面布置图，工程的进度反映图包含施工平面图、基坑开挖支撑纵剖面图、区域地质柱状图，以及工程监测报表(挖掘出本体结构、周边环境及巡视的最不利数据信息)反映的基坑本体及周边环境和巡视巡查发现的非正常情况等因素，结合工程下一步施工进展及天气气候因素等进行系统分析，预测主要监测的数据发展趋势和工程安全状态的演变情况，从而发出实用性强的综合预警，通过预警会议决策出施工应对措施，参建单位共同落实相应措施并跟踪监测直至消警，如此循环保证每个工点的每个施工部位每个阶段的施工安全。

表 1-2

每日动态风险评估表

序号	分项	主控监测数据					对应工况		原因分析	数据趋势	综合预警结论	施工处置意见	备注
		项目名称	测点编号	今日累计值	今日速率	本周(月)速率	开挖支撑	受力改变					
1	本体	测斜	测点布置图	监测数据特征值			工况		原因分析		预警建议	预警处置	
2													
3													
4		轴力											
5													
6													
7		格构柱沉降											
8		其他关键											
9	环境	地表沉降											
10		建筑											
11		管线											
12		其他关键											
13	地质水文	水位(承压)											
14		土体测斜											
15		其他关键											
16	其他	渗漏水	现场巡视										
17		坑外堆载											
18		其他关键											
第一方监测单位：			施工单位：				监理单位：			第三方监测单位：			

4)运营阶段风险管理

在运营阶段,根据《城市轨道交通工程监测技术规范》相关规定,应对隧道和轨道结构及重要的附属结构进行监测,必要时还要对隧道结构进行净空收敛监测,实时动态分析地下结构监测数据及安全状态,确保结构运营安全。

1.3.5 地下工程风险管控创新体系

近年来发生的一系列重大基坑安全事故暴露出传统基坑监测工作的许多弊端,主要表现在:

(1)从现场监测数据的应用来看,主要停留在文件管理的方式上。监测数据的计算通过人工提取和计算来实现的,无法实现数据库管理、共享和原始数据溯源,导致工作效率的低下,监测数据得不到真实性保证。

(2)从监测数据的分析流程来看,普通技术人员在获得监测数据后,要经过层层上报的流程,人为影响因素非常明显,导致监测数据的真实可靠性大打折扣。另外,层层上报的流程也严重影响了监测报告出具的时效性,严重影响了重大危险事故的及时处理。

(3)目前个别工程采用了传感技术,并建立了监测系统,实现了监测数据的信息化采集和分析,在时效性和数据管理上迈出了一大步,但是,由于传感器等监测元件价格昂贵,不适宜大规模推广使用。

鉴于地下工程风险监测监控技术存在以上缺点,本书通过对新型智能化监测技术的研发与运用,并结合大数据、云计算以及物联网等技术在地下工程风险管控中的应用,推动了新型监测技术和云计算技术在地下工程风险管控领域的探索和综合应用。同时通过构建自动化监测智能集成系统平台、城市轨道交通工程建设远程监控管理信息系统、隐患排查治理信息系统、HMS 物联网远程大数据监控平台等共同完善地下工程风险管控体系,为地下工程风险控制提供了有力保障。

本小节所提到的新型智能化监测技术的研发与应用,大数据、云计算及物联网等技术在地下工程风险管控中的应用以及自动化监测智能集成系统平台、城市轨道交通工程建设远程监控管理信息系统、隐患排查治理信息系统、HMS 物联网远程大数据监控平台四大系统平台将会在本书后续篇幅中做详细介绍。

第2章　地下工程安全风险智能化监测技术

随着我国城市化进程的加快，地铁建设热潮已覆盖众多省会城市和沿海较发达城市。地铁建设规模的扩大和密度的提高，随之而来的技术挑战和施工风险也越来越大，建设难度剧增。近年来，地铁建设的工程事故屡见不鲜，仅在2003～2010年期间，国内地铁建设共发生118起地铁施工事故，分布在14个城市，北京的事故总量居首，深圳、南京、上海和广州分别居二、三、四和五位。

其中，基坑事故占大多数，因为基坑工程不确定性因素多。但基坑工程事故都有预兆，特别是软土地基基坑，都有一个从量变到质变的过程，做好施工过程中的监测工作，实施信息化施工，可有效避免发生灾难性事故。

宁波市轨道交通深基坑工程施工不仅需要保护周边密集的建筑群和纵横交错的管线网，同时还要面对具有低强度、高压缩性以及显著流变性的软土这一特殊地质条件，工程难度和风险巨大，工程周边环境保护形势十分严峻。

基坑监测系统的实施，通过掌握施工现场各监测方各监测项的数据，对现场风险进行综合评估，保障现场施工的安全状态，已经成为地铁施工风险控制不可或缺的一环。

软土地区城市地下工程所处环境日益复杂，监测从业人员明显不足，传统监测设备日益落后于生产需求。如基坑的围护结构变形的测斜工作，传统的预埋测斜孔及人工采集的方法，测定和计算统计都需大量时间，耗时耗力，开挖期间每天仅能捕捉到几次数据，而光纤光栅技术可以按需设定非常短间隔时间实时多次采集用于分析，弥补了人工采集的不足，彻底改善了地下工程风险安全数据源的采集难题。

随着风险管控对于云计算大数据技术发展，要求更高频次、更加准确、更加普遍、全过程、全方位实时监测数据，能实时反映施工现场风险状态的基于物联网技术的智能化监测监控技术成为地铁项目风险控制的应用方向。监测数据采集工作只有通过适应人工智能的物联网技术特别是自动化新型元器件来实现，本章介绍以宁波为代表的软土地区风险监测监控新技术实践。

2.1　光纤光栅自动化监测

围护结构深层水平位移的传统监测方法为人工手动提拉测斜仪线缆进行监测。监测时，将测斜仪探头放入测斜管底，恒温一段时间后自下而上以0.5m间隔逐段测量，测斜原理图如图2-1所示。每个测斜孔人工监测需耗时约15min，而对于布设了几十个测斜孔的基坑在施工实施时需消耗大量的人力和时间，很难保证实时、快速地提供监测数据。随着地铁施工风险控制信息化水平的不断发展，传统人工监测无法满足风险控制需求。

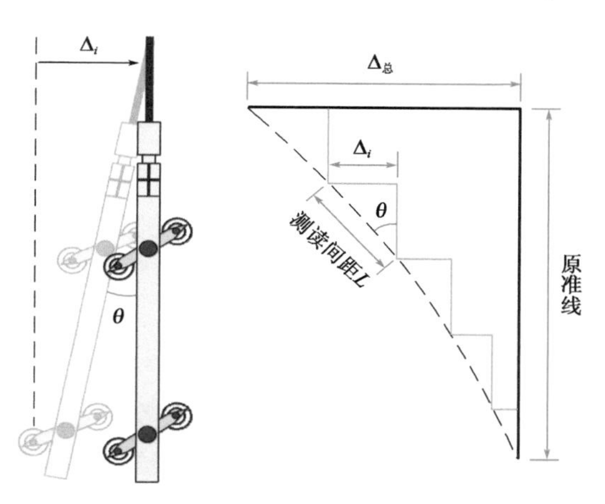

图2-1　测斜原理图

近年来，光纤光栅传感技术被引入工程中，使得基坑监测实现自动化、集成化和远程控制成为一种可能。基于光纤光栅原理的新型智能化测斜，可以提高工作效率，实时反映施工现场风险状态，成为地铁项目基坑监测的应用方向。

2.1.1　监测应用项目及原理

光纤光栅智能测斜管可应用于城市轨道交通基坑工程墙体深层水平位移监测。

光纤布拉格光栅测试位移量是通过对测斜管的应变进行监测后计算得出的。用光纤光栅解调仪对事先安装在测斜管壁的光栅进行监测，测斜管变形后光栅的中心波长会发生偏移，根据光纤光栅应变测量原理计算出各测点的应变，根据位移与应变的关系式，就可得到测斜管的变形量。

2.1.2　监测仪器及设备

光纤光栅智能测斜管如图2-2所示，用于位移测试，全波长便携式光纤光栅解调仪(图2-3)进行数据处理及采集(人工调试用)，多通道光纤光栅解调网络一体机(图2-4)进行数据处理、采集及传输(自动化集成)，综合测试精度为0.1nm/m。

2.1.3　监测点安装埋设与保护

安装埋设：现场根据设计图纸上测斜孔位置，在相应地下连续墙安装埋设光纤光栅智能测斜管。采用光纤光栅智能测斜管逐节连接，每个标准件为4m长PVC材质的测斜管。假设地下连续墙深度为36m，则每个测斜孔需连接9根光纤光栅智能测斜管，顶部接0.25m测斜管，以保持与测斜仪测试的测点一致。具体安装步骤如下。

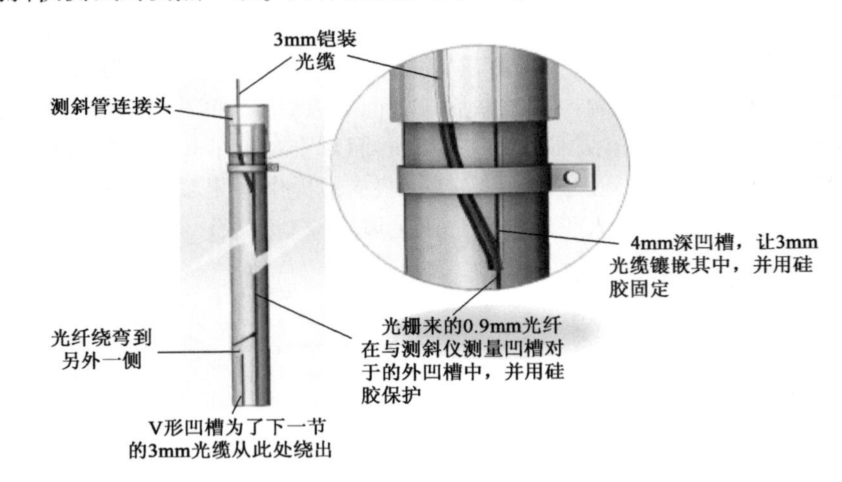

图2-2　光纤光栅智能测斜管

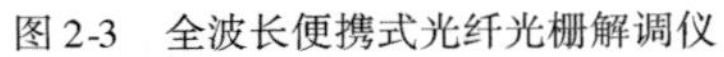

图2-3　全波长便携式光纤光栅解调仪

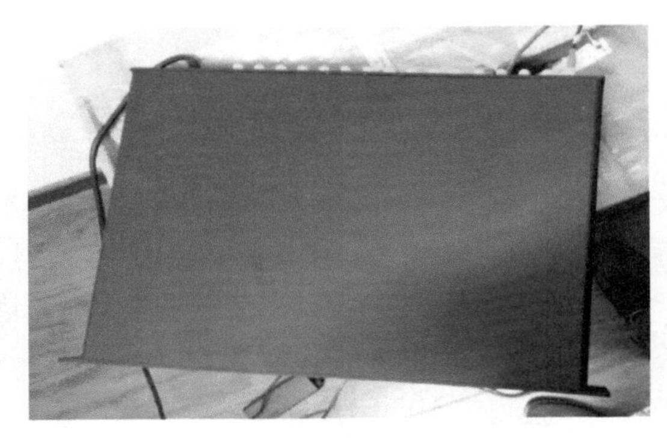

图2-4　多通道光纤光栅解调网络一体机

1）测斜管连接

在施工现场空地，在测斜管外侧连接部位涂上PVC胶水后将4m一节的智能测斜管用束节逐节连接在一起，且在束节连接处两边各用4只M4×10自攻螺丝紧固束节与测斜管，按此方法一直连接到设计长度；完后在管底、管口分别加上圆锥形底盖和圆柱形口盖。

接管注意事项：

（1）注意胶水不要涂得过多，以免挤入内槽口结硬后影响以后测试。

（2）接管时要检查两根测斜管连接处内、外槽口是否对齐。

（3）束节连接处一定要将两根测斜管插到管子端平面相接为止。

（4）自攻螺丝位置要避开内槽口且不宜过长。

2）测斜管连接处防水

在每个束节接头两端用防水胶布包扎密封，防止水泥浆从接头处渗入测斜管内。

3）光纤线缆整理

从最底部一根测斜管的光纤线缆梳理，梳理后在每根线缆端头4m涂上不同颜色对各管子位置进行标识区分位置，且管头设置两个标记用热缩管进行保护。从上到下各测斜管管子出管口后线缆长度及颜色建议见表2-1。

线缆长度及颜色　　表2-1

管子位置	第1根	第2根	第3根	第4根	第5根	第6根	第7根	第8根	第9根
线头颜色	红	黄	蓝	绿	白	橙	青	紫	黑
线缆长度（m）	2	6	10	14	18	22	26	30	34

完成后将各根测斜管的光纤线缆沿着测斜管方向，紧贴测斜管壁拉伸到最上一根测斜管管口，并用透明胶带将光纤线缆缠绕到测斜管上。

4）测斜管绑扎

将测斜管在纵向沿钢筋笼中间一条主筋方向垂直向下布置，并需要把管内的已对凹槽垂直于测量面，见图2-5。管的底端短于钢筋端面0.5m，防止孔底渣土对测斜管产生挤压。并每隔1m用扎丝抱箍绑在钢筋笼主筋上。绑扎过程中注意测斜管顺直，以保证测斜管的垂直度。

5）测斜管端头保护

将加工好的端头及线缆外套保护套（图2-6）套在测斜管上端口，要求外套保护装置最顶部低于导墙面10～20cm。将线缆整理在外套保护装置的保护盒中，用防水海绵塞紧保护管与测斜管之间的缝隙，用橡胶垫片密封保护盒上盖之间的缝隙，完成后用透明胶带将保护套和测斜管包裹成一个整体，并用扎丝固定在钢筋笼的主筋上。

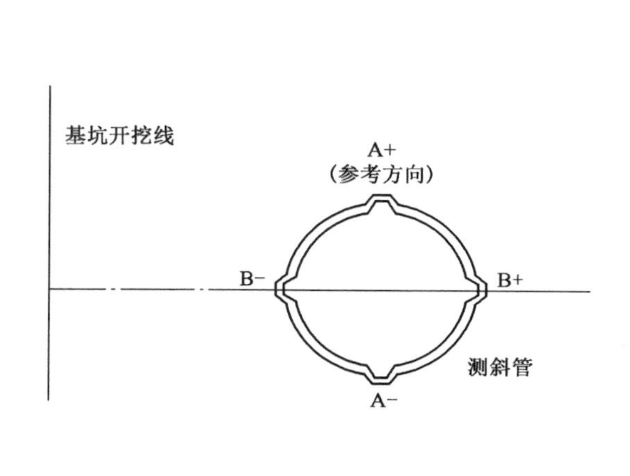

图2-5　测斜管布置方向示意图

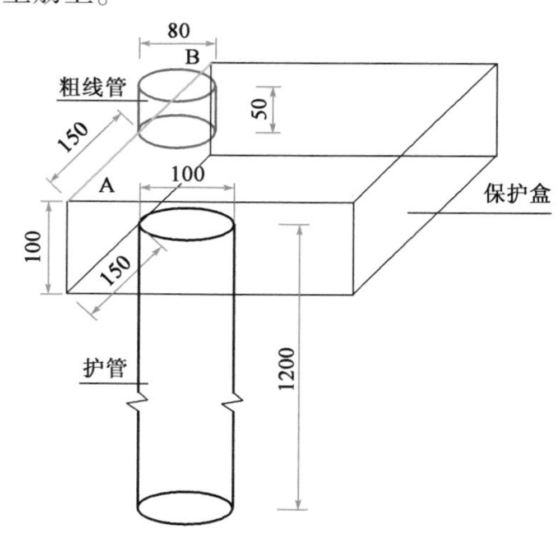

图2-6　端头及线缆保护装置（尺寸单位：mm）

6）测斜管吊装下笼保护

绑扎在钢筋笼上的测斜管随钢筋笼一起放入地槽内，待钢筋笼就位后，在测斜管内注满清水，然后封上测斜管的上口。在钢筋笼起吊放入地槽过程中要有专人看护，以防测斜管意外受损。如遇钢筋笼入槽失败，应及时检查测斜管是否破损，必要时须重新安装。

7）测斜管位置标示

在设置测斜管的位置处施工影响不到的地方设置标记，以便在破除桩头时知道测斜管在哪幅墙内。

8)破墙顶及浇筑冠梁时的保护

指派专人在地下连续墙墙顶破除时到现场查看,墙顶混凝土破除后,用手持式切割机割除桩顶上面的钢管,用接头管接长测斜孔,使孔口顶面高出冠梁顶20cm左右,并加设顶盖,后续在冠梁钢筋绑扎及混凝土浇筑过程中指派专人负责查看保护。

测斜管现场埋设及保护步骤如图2-7所示。

a)测斜管管顶保护　b)测斜管放入钢筋笼

c)测斜管固定　d)光纤信号检测

e)测斜管已安设完成　f)测斜管随钢筋笼起吊入槽

图2-7　测斜管现场埋设及保护步骤

2.1.4　数据处理方法

当光纤布拉格光栅(简称"FBG")受拉、受压,在光纤的轴向产生应变时,光栅的应变将导致光栅栅距的变化,同时光纤的光弹效应会使光栅的有效折射率发生变化。由光纤光栅应变产生的波长偏移量$\Delta\lambda_B$,计算FBG的应变灵敏度约为:

$$\Delta\lambda_B = (1 - P_e)\varepsilon\lambda_B \tag{2-1}$$

式中：ε——光栅的轴向应变；

P_e——光栅的有效光弹系数，通常可认为 P_e 为一常数，对于典型石英光纤，其值约为0.22。

当 FBG 中心波长 $\lambda_B = 1310\text{nm}$ 时，可计算出 FBG 的应变灵敏度约为 1.02pm/με。

从固定端到自由端，位移与传感器测点的应变关系为：

$$\begin{Bmatrix} f_1 \\ f_2 \\ \cdots \\ f_n \end{Bmatrix} = \frac{h^2}{R} \begin{bmatrix} 1 & 0 & \cdots & \cdots & 0 \\ 2 & 1 & 0 & \cdots & 0 \\ 3 & 2 & 1 & \cdots & 0 \\ \cdots & \cdots & \cdots & \cdots & 0 \\ n & n-1 & n-2 & \cdots & 1 \end{bmatrix} \begin{Bmatrix} \varepsilon_1 \\ \varepsilon_2 \\ \cdots \\ \varepsilon_n \end{Bmatrix} \tag{2-2}$$

式中：h——光栅距；

R——测斜管半径。

2.2 光电式双向位移计自动化监测

地铁基坑墙顶水平位移传统监测采用全站仪测量。视准线法、单站改正法、极坐标法是常用的方法。在地铁基坑施工中，施工现场经常会摆放材料，停放施工机械。所以视线经常是受阻而不通视的。在这种条件下，视准线法和单站改正法实施起来非常困难。极坐标法虽然可以有效地避开遮挡，但是对仪器精度的要求较高，使其应用受到限制。

相比于传统的人工监测方法，光电式双向位移计具有不受电磁干扰影响、无接触等优点，而且可以保证很高的测量精度，在30m有空气影响下，测量精度小于1mm。基坑施工发生险情需要连续观测时，该方法有迅速获得监测成果的优势。

2.2.1 监测应用项目及原理

光电式双向位移计可应用于城市轨道交通基坑工程墙顶竖向及水平位移监测。

采用激光光斑成像技术，是将激光准直技术、光电成像技术、图像处理技术融合在一起的变形测量技术。它是利用激光的单向性，从一个测点将激光对准另外一个测点的成像靶面，在固定成像光电器件、激光器和成像靶面的情况下，在成像靶面上显示激光光斑，将初始的光斑位置拍照后，经过图像处理的方法找出激光光斑的中心位置，信号处理系统可以通过无线网络将数据发送到服务器，以记录其初始的光斑位置。当测点2相对于测点1发生位移，那么在成像靶面上的激光光斑发生位移，系统再次拍照，经过同样的处理，将数据记录，根据两次的测量数据，从而可以得到两测点的相对位移 ΔX、ΔZ。

2.2.2 监测仪器及设备

JPLD-1000 光电式双向位移计由激光发射器和二维图像传感器组成，由激光发射器投射激光光斑到二维图像传感器的成像面上，由二维图像传感器识别激光光斑的二维位置，从而使测量激光发射器和二维位移传感器之间的相对位移。产品带有两个安装底座，用于安装激光发射器和二维图像传感器。通过调节安装底座的位置，从而使激光光斑成像于二维图像传感器上，二维图像传感器采用 RS485 作为通信协议，产品提供软件编程指导，便于系统集成。产品可用于任何测量两点之间有相对位移的场合，配合一定的光路保护措施，可以实现很高的测量精度。仪器示意图见图 2-8、图 2-9。

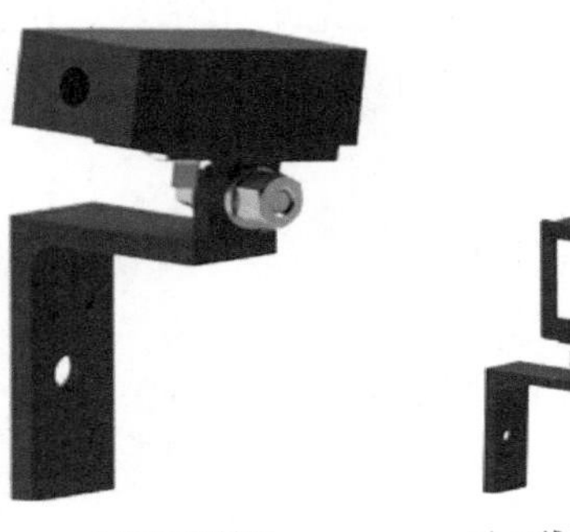

a)激光发射器

b)二维图像传感器

图 2-8　JPLD-1000 光电式双向位移计

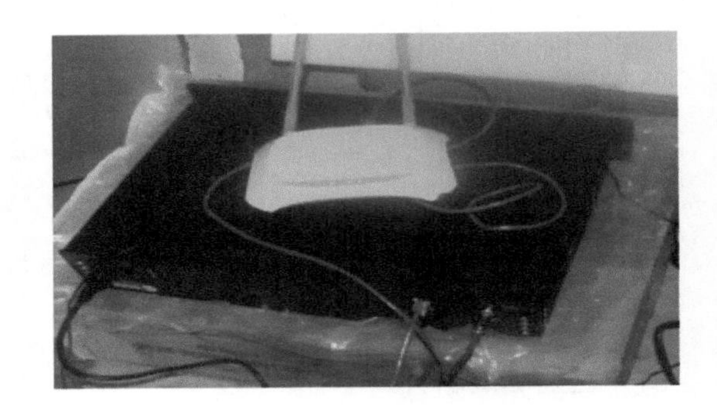

图 2-9　光电式解调仪

JPLD-1000 光电式双向位移计主要技术指标如下：

量程：0 ~ 50mm（可定制其他量程）；

分辨率：0.1mm（无空气影响下），30m 有空气影响，测量精度 <1mm；

接口方式：RS 485；

使用温度：-40 ~ +85℃；

工作电压：200VAC；

外形尺寸激光发射器：D（120mm）×H（50mm）；

二维图像传感器：D（150mm）×H（100mm）。

2.2.3　监测点安装埋设与保护（图 2-10）

(1)在基坑端头处安装一个观测墩，安装一个激光发射器，作为测试的基准点。

(2)根据设计文件与现场条件，利用水准仪或全站仪放样确定测点位置。

(3)在放置设备安装支架之前，利用水平尺检查安装位置地面水平情况。若地面不平整，利用打磨机、铁锤等工具打磨（确保光电式双向位移计接收器水平，提高测试精度）。

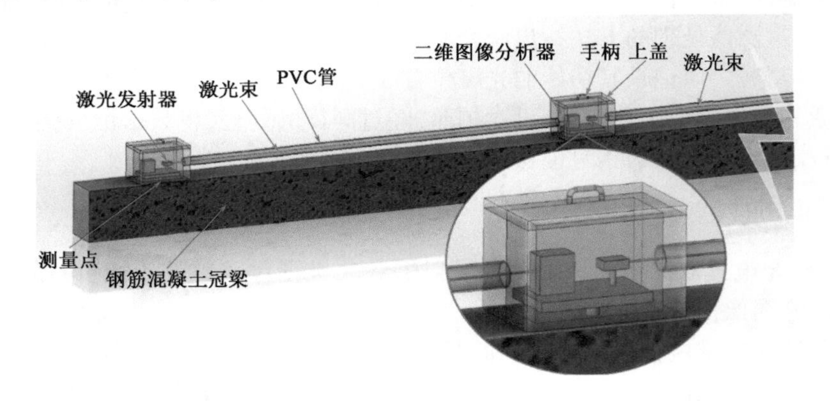

图 2-10　测点安装示意图

(4)放置设备安装支架,标记锚固螺丝孔位,采用 ϕ12mm 钻头钻出一定深度孔后,把膨胀螺栓打到孔中后,用可调扳手拧紧膨胀螺栓上的螺母。膨胀螺栓自由端长度需大于安装支架钢板厚度,确保放置安装支架后可顺利拧紧螺母固定。

(5)将膨胀螺栓上的螺母拧出,放置设备安装支架,使膨胀螺栓自由端穿过固定架上的孔,最后用卸下的螺母拧紧使安装支架固定。

(6)将 ABS 防水盒放置在安装支架上,将信号线预留孔与安装支架上的孔对齐即可。光电式双向位移计发射器(激光发射器)安装:先在 ABS 防水盒对应的固定螺孔上放置调节弹簧,激光发射器与钢板固定后,再用普通螺栓通过调节弹簧固定在安装支架上。固定时注意激光发射方向,单个螺孔一端为发射方向,对准下一个接收器,注意仪器安装需水平;光电式双向位移计接收器安装:不同测点的接收器根据仪器编号(仪器背后的 ID)按照顺序安装,传感器感应一面朝向上一个激光放射器,再用普通螺栓将接收器固定在固定架上。

(7)将安装完成的光电式双向位移计用信号线串联,信号线双线端与本测点接收器连接,信号线单线头端与下一个测点的发射器连接。串联所有测点后,将信号采集端连接解调仪测试各测点是否工作,是否可以采集监测数据;同时通过调节发射器弹簧使各发射器激光光斑打到接收器中间,盖上防水盖板并固定。

(8)在相邻两个无盖保护盒的 8cm 洞中间分别安装薄 PVC 管用于保护光路,每隔 2m 安放 PVC 管支架,塑料保护盒如图 2-11 所示,PVC 管支架托架如图 2-12 所示。

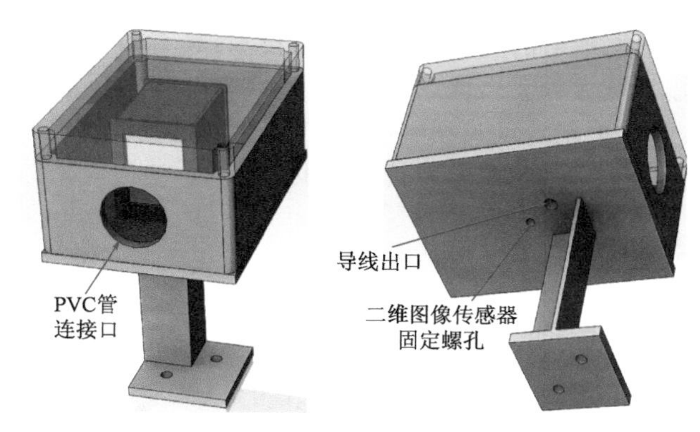

图 2-11　塑料保护盒

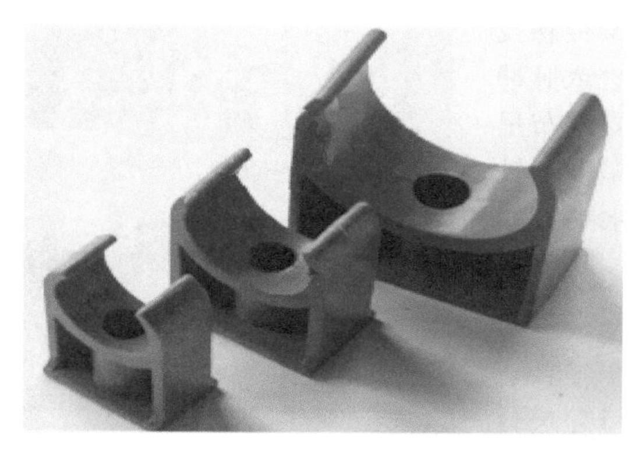

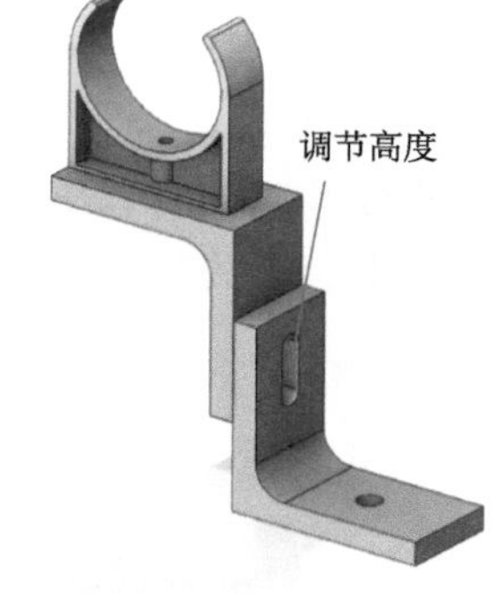

图 2-12　PVC 管支架托架

(9)将信号采集端通过网线连接入机房,检查自动化采集数据是否稳定并与工程实际相一致。

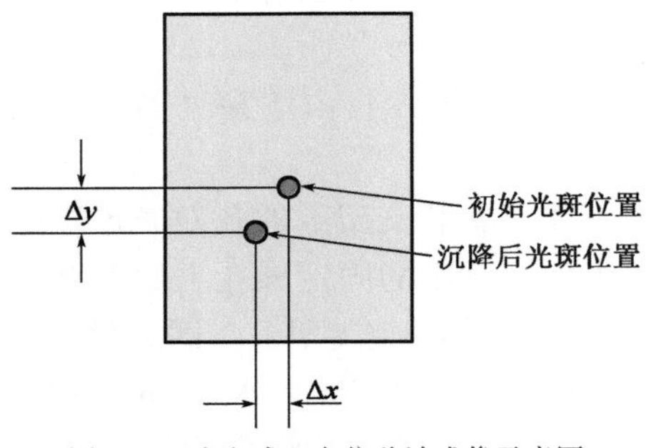

图 2-13 光电式双向位移计成像示意图

2.2.4 数据处理方法

设 xy 为成像靶面局部坐标系,且初始激光光斑在靶面上成像的中心点坐标为(x_0,y_0),变形后激光光斑在靶面上成像的中心点坐标为(x',y'),则激光发射器和图像传感器的水平错动距离为 $x'-x_0$,沉降差为 $y'-y_0$。光电式双向位移计成像示意图如图 2-13所示。

2.3 分布式光纤自动化监测

围护结构深层水平位移的传统监测方法为人工手动提拉测斜仪线缆自下而上以 0.5m 间隔逐段测量。围护结构变形主要基于点式测量成果,因测量点位较少且测量频率较低,不能实现地下连续墙墙体的全断面变形分析。

随着光纤传感解调技术的不断发展,一根传感光缆既能感应应变又能传输信号,形成分布式应变传感器。基于布里渊散射的分布式光纤传感技术,具有耐久性好、无零点漂移、不带电工作、抗电磁干扰、传输带宽大等突出优点,能够用一根光纤测量其沿线上空间多点或者无限多自由度的参数分布,弥补了现有点式测试技术的不足,满足基坑围护结构深层水平位移监测的要求,为进一步分析围护结构应变、应力状态提供依据。

2.3.1 监测应用项目及原理

1)监测应用项目

基坑工程围护结构深层水平位移。

2)原理

BOTDR/BOTDA 是在光导纤维及光纤通信技术的基础上发展起来的一种以光为载体、光纤为媒介,感知和传输外界信号的新型传感技术。它的工作原理是分别从光纤两端注入脉冲光和连续光,制造布里渊放大效应(受激布里渊),根据光信号布里渊频移与光纤温度和轴向应变之间的线性变化关系计算出水平方向位移。

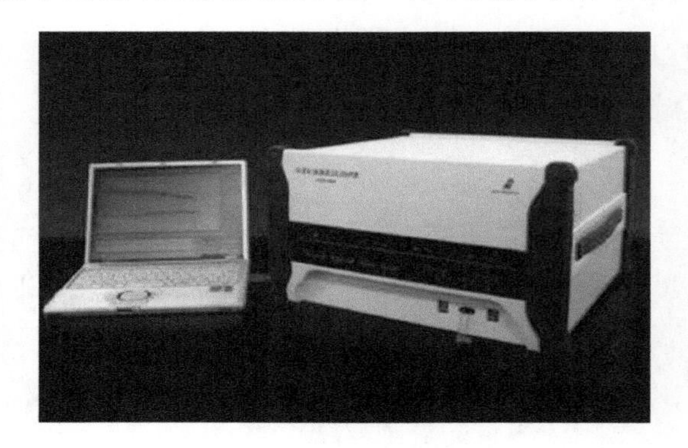

图 2-14 Neubrex 光纳仪测试仪

2.3.2 监测仪器及设备

采用 Neubrex 光纳仪测试仪(图 2-14)进行数据采集。

名称：Neubrex 光纳仪；

型号：NBX-6070；

用途：该光纳仪为诱导布里渊光计测系统，利用普通的通信用光纤作为传感器敷设在被监测物上，就能同时测定光纤上每一点的应变分布和温度分布。广泛应用于电力、石油、通信、航天航空、土木等诸领域。

Neubrex 的 PPP-BOTDA 技术成功将空间分辨率和应变精度比以往的产品提高了一个数量级，这是世界上领先的技术。

2.3.3 监测点安装埋设与保护

地下连续墙两侧对称布置两根内径为60mm、壁厚6mm 的预埋钢管，预埋钢管可以为不锈钢钢管或厚壁镀锌钢管，预埋钢管通过铁丝绑扎（或点焊）在地下连续墙钢筋笼上，预埋钢管两端均伸出地连墙端部。预埋钢管制作示意图见图 2-15。

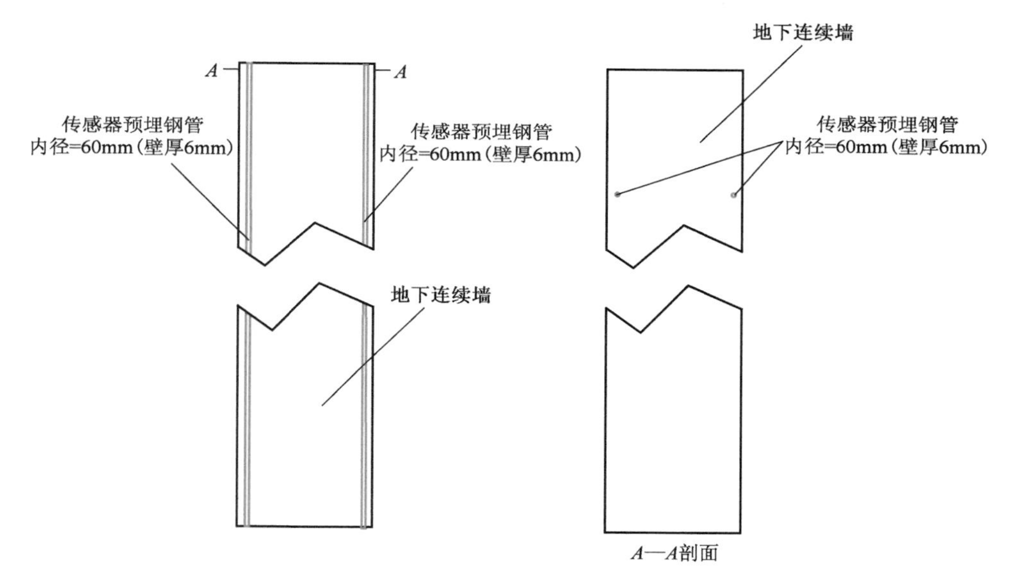

图 2-15 分布式光纤传感器预埋管安装示意图

进行地下连续墙下钢筋笼施工过程中，在位于最底端的预埋钢管底部，以及位于最顶端的预埋钢管顶部分别设置底盖和顶盖。

将传感光缆（紧套光纤）从中部弯折 180°，并将该折弯部通过胶带固定于钢丝绳上使其平滑过渡，其中折弯部呈水滴状。在折弯部绑扎一根短钢筋，短钢筋用胶带缠绕在钢丝绳端部作为吊重。该吊重直径小于预埋钢管的内径。

待地下连续墙混凝土硬化后，将传感光缆（紧套光纤）及一根注浆软管一同放入预埋钢管内，直到传感光缆的折弯部伸至预埋钢管底部。

通过注浆软管（铝塑管）向预埋钢管内注水泥浆液（水灰比 1∶0.5），直至水泥浆液溢出钢管，待管内浆液凝固后即完成传感光缆的埋设，见图 2-16。

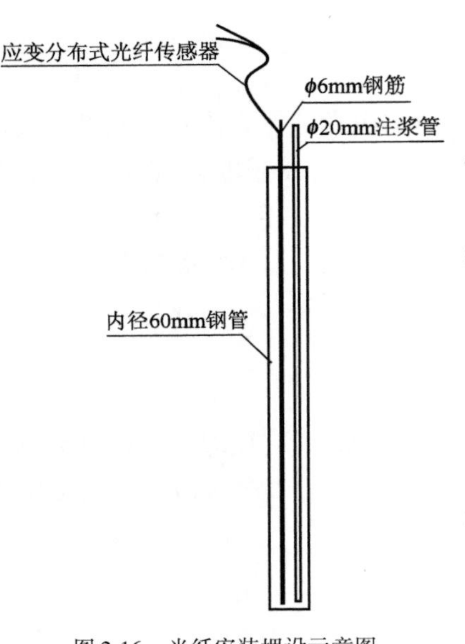

图 2-16　光纤安装埋设示意图

2.3.4　数据处理方法

光信号布里渊频移与光纤温度和轴向应变之间的线性变化关系，如式(2-3)。

$$\Delta v_B = C_{vt} \cdot \Delta t + C_{v\varepsilon} \cdot \Delta \varepsilon \tag{2-3}$$

式中：Δv_B——布里渊频移量；

C_{vt}——布里渊频移温度系数；

$C_{v\varepsilon}$——布里渊频移应变系数；

Δt——温度变化量；

$\Delta \varepsilon$——应变变化量。

在地墙下连续墙某一截面上，温度是相同的，则单根测斜管一组对称布置的分布式光缆在某一截面上量测到的应变差 $\Delta\varepsilon_{Di}$ 可按式(2-4)计算。

$$\Delta\varepsilon_{Di} = \frac{1}{C_{v\varepsilon}}\Delta\nu_{BDi} = \frac{1}{C_{v\varepsilon}}(\Delta\nu_{BDi,1} - \Delta\nu_{BDi,2}) \tag{2-4}$$

式中：$\Delta\varepsilon_{Di}$——某一截面上对称两点的应变差；

$\Delta\nu_{BDi}$——某一截面上对称两点的布里渊频移量差。

若不计剪力对基桩挠度的影响，则由材料力学理论可得：

$$\theta = \frac{df}{dx} \approx \frac{\Delta f}{\Delta x} \tag{2-5}$$

式中：f——挠度；

θ——转角。

测斜管截面转角 θ_i 与该截面上对称两点的应变差 $\Delta\varepsilon_{Di}$ 的关系为：

$$\theta_i = \frac{\Delta x_i}{R}\Delta\varepsilon_{Di} \tag{2-6}$$

式中：Δx_i——沿测斜管长度上下两测量截面的间距；

R——某截面上对称两应变测点距离的一半。

结合式(2-5)和式(2-6)，假设基桩底部的挠度为0，则达到基桩某截面挠度 f_i 为：

$$f_i = \sum_{i=1}^{N}(\theta_i \times \Delta x_i) = \sum_{i=1}^{N}\left[\frac{(\Delta x_i)^2}{R}(\Delta\varepsilon_{DBi})\right] \tag{2-7}$$

2.4　三弦轴力计

众所周知，现代传感监测技术应用中，传感器的安装工艺是影响传感器本身能否达到使用功能的一个重要方面，比如，钢支撑轴力计在监测轴力过程中，由于安装过程中对中误差、接触表面不平整、其他安装误差、局部变形等方面，极易导致钢垫板和轴力计接触面局部脱空，直接影响为轴力计有一定的偏心受压，传统的单弦轴力计难以克服偏心受压带来的测量误差，在小量程范围内影响更为明显。如图 2-17 所示，所施加力值并未直接反映到轴力计钢弦上，不能

真实反映钢支撑受力状况。

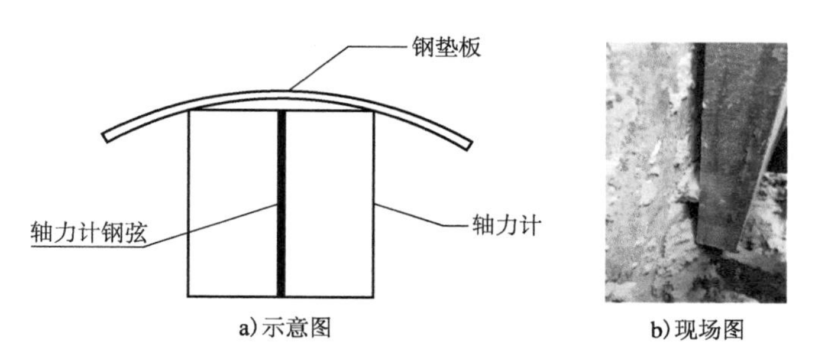

图 2-17　钢垫板和轴力计接触面图

如图 2-18 所示为轴力计安装示意图，当钢支撑吊装完后，预压之前，由于没有吊索的竖向拉力平衡钢支撑的重力以及支撑活络头与钢支撑之间伸缩缝隙的存在，导致支撑活头钢板不完全竖直，产生一定的转角 θ，从而发生轴力计偏压的情况，如图 2-19 所示。

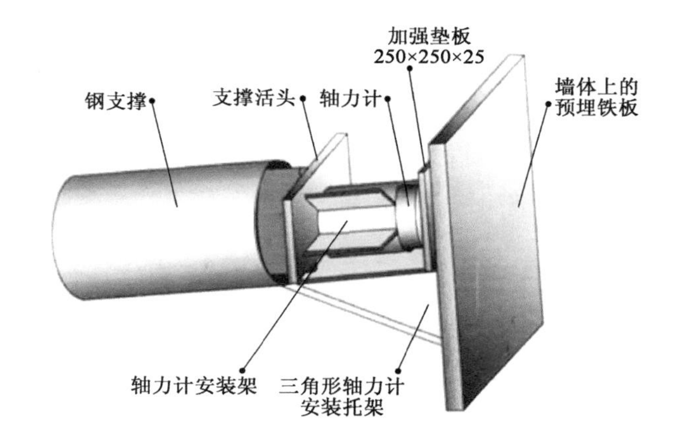

图 2-18　轴力计安装示意图（尺寸单位：mm）

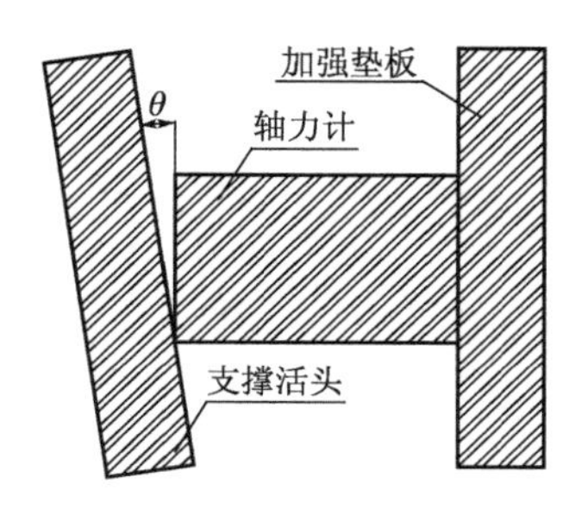

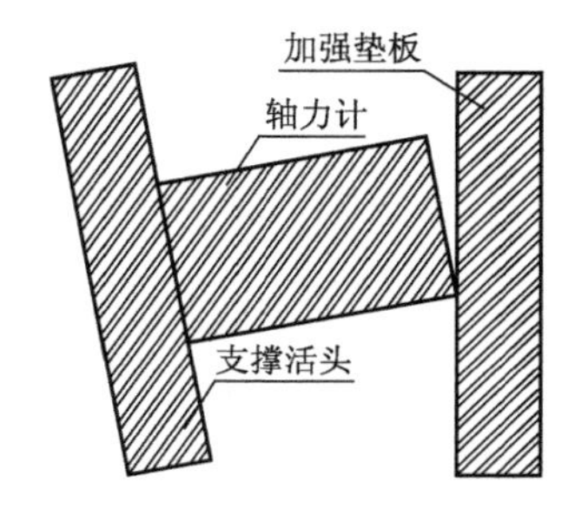

图 2-19　偏心受压示意图

由于单弦轴力计在偏心受压情况下，测值会偏离现场实际，表现为远小于实际轴力，现场参考价值较小。三弦轴力计通过增加钢弦数量，可以有效减小或消除偏心受压的影响，从而得到更加准确的监测数据，对基坑开挖过程支护体系的安全有实际参考价值。

综上所述，钢支撑轴力监测优化方法研究旨在对传统单弦轴力计进行改型设计，并辅助研究安装工艺，减小和消除在钢支撑安装过程中轴力计可能存在偏压导致支撑轴力测试不准的不利影响。因此主要从理论研究、数值模拟和试验研究三方面来阐述论证三弦轴力计的理论和实践可行性。

2.4.1 轴力计改型理论分析研究

1）振弦式轴力计工作原理

振弦式轴力计主要由钢支架、钢弦、夹线器和线圈组成，如图2-20所示为轴力计内部结构图。

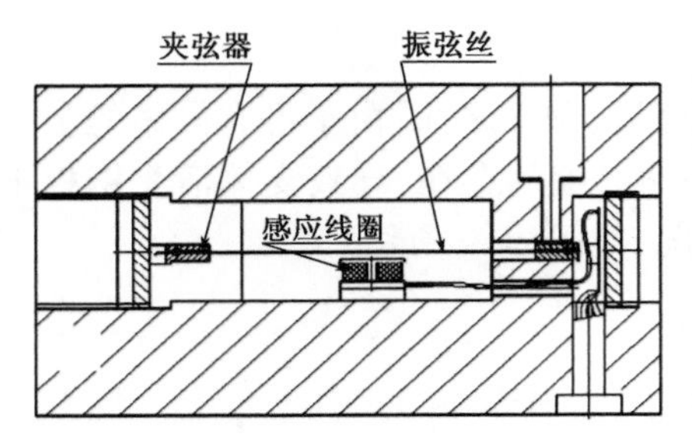

图2-20 振弦式轴力计内部结构示意图

从图2-20中可以看出，轴力计承压底面与钢弦相连，钢弦上被预加一定张力固定于传感器内。根据经典弦原理，钢弦在弦长及受力一定情况下，其固有频率是固定不变的。当弦长一定时，钢弦固有频率的平方只与弦的张力成正比关系。

当钢支撑受力作用于轴力计承压面上使其发生微小变形时，从而导致与承压底面相连接的钢弦长度发生变化，即张力发生变化，其固有频率亦随之改变。钢弦固有频率的平方与承压面上所受压力成反比关系，通过监测钢弦频率的变化，即可得到被测钢支撑的轴力大小。

2）数据采集原理

通过振弦式轴力计内的激振电路，驱动感应线圈产生磁场，从而触发钢弦，使其产生振动。钢弦产生振动后会按照一定的频率切割感应线圈产生的磁场，并在感应线圈中生成相同频率的感应电势，传感器内的拾取电路能拾取这组信号，经由滤波电路、信号放大电路和整形电路传输给单片机，最后由单片机对信号进行分析处理，得出振弦式轴力传感器的输出频率。

3）三弦轴力计计算公式

结合振弦式轴力计工作原理，可得出应用三弦轴力计的钢支撑轴力的计算公式。如式(2-8)和式(2-9)所示。

$$P_n = K_n(f_{n0}^2 - f_{ni}^2) + K_T(T_0 - T_i) \tag{2-8}$$

$$P = \frac{\sum_1^3 P_n}{3} \tag{2-9}$$

式中：P_n——当前时刻第 n 根弦相对初始时刻的累计轴力变化量kN，$n=1,2,3$；

P——当前时刻相对初始时刻的累计轴力变化量，kN；

K_n——第 n 根弦标定系数，kN/Hz²；

f_{ni}——第 n 根弦当前时刻的输出频率，Hz；

f_{n0}——第 n 根弦初始时刻的输出频率，Hz；

K_T——振弦式轴力计温度修正系数，kN/℃；

T_i——振弦式轴力计当前时刻的温度值，℃；

T_0——振弦式轴力计初始时刻的温度值，℃。

从上述 2 个公式中可以看出，三弦轴力计通过测量每根弦的频率，取平均值，得出钢支撑的轴力，从而减小因偏压引起的测量误差。

2.4.2 轴力计改型—数值模拟研究

单弦轴力计在偏心受压情况下，测值会偏离现场实际，表现为远小于实际轴力，现场参考价值较小。为验证增加钢弦数量，采用取平均值的方法消除或减小偏心受压影响的改型方法可行，利用有限元软件 Midas 建立了量程为 0～300t 的三弦轴力计的偏心受压数值模型，如图 2-21 所示。

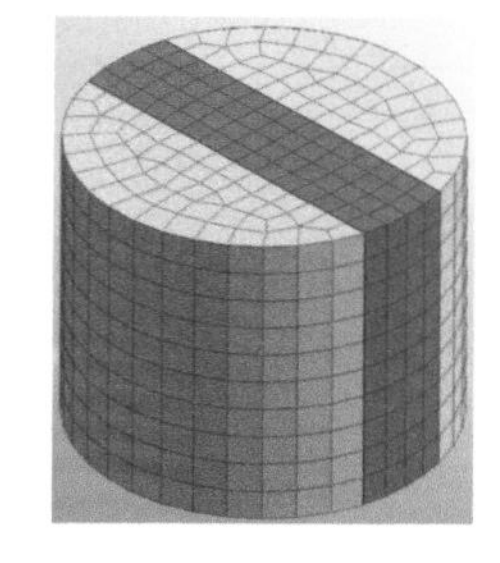

图 2-21 1/2、1/3 和 2/3 面积偏压实体模型

图 2-21 为偏心受压实体力学模型，分别可进行 1/3、1/2 和 2/3 面积的偏压模拟计算。三弦轴力计所采用的材料为 45 号钢，直径 140mm，高度 122mm，忽略传感器内部钢弦及走线等空间，假设为实心体进行三维建模。采用 Midas. GTS 自动网格划分，为实现 1/3、1/2 和 2/3 面积的偏压，把底面圆分为三个面积相等的部分，再利用拉伸方法形成三维网格。

图 2-22 所示为不同程度偏心受压加载情况，即不同工况，分为 1/3、1/2 和 2/3 面积偏压，底部均采用固结节点边界条件。

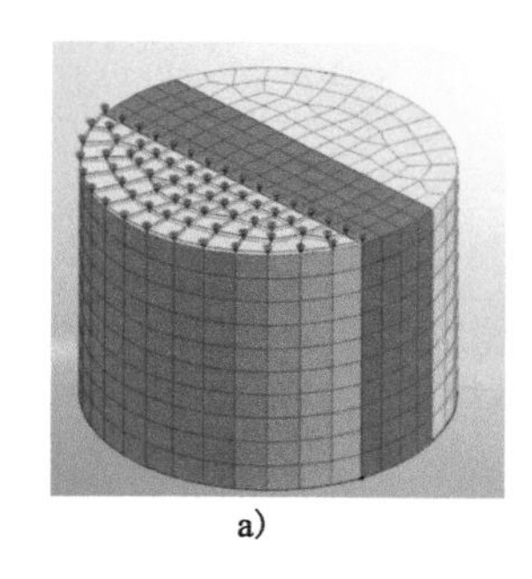

a)

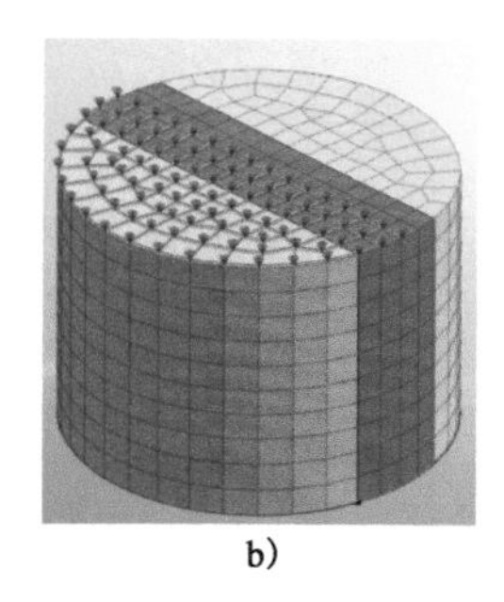

b)

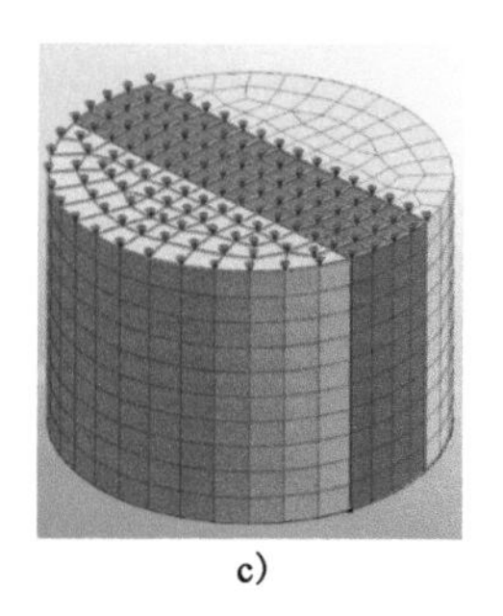

c)

图 2-22 计算工况示意图

为分别模拟单弦轴力计和三弦轴力计在偏心受压情况下监测数据与真实值的接近程度，弦位选取如图 2-23 所示。

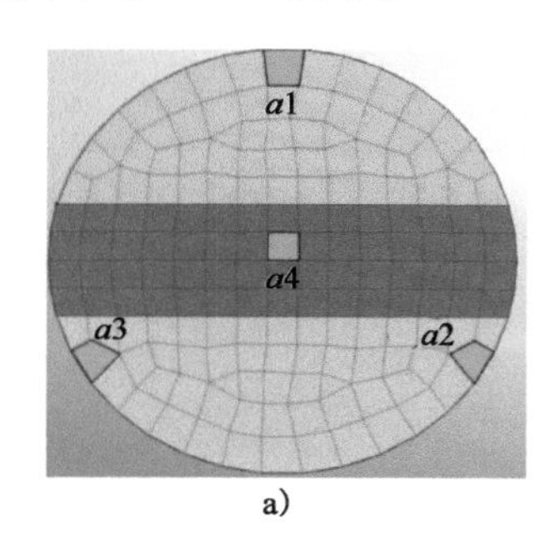

a)

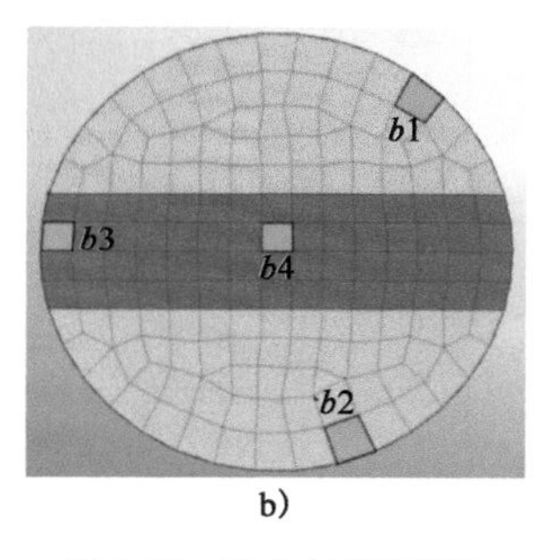

b)

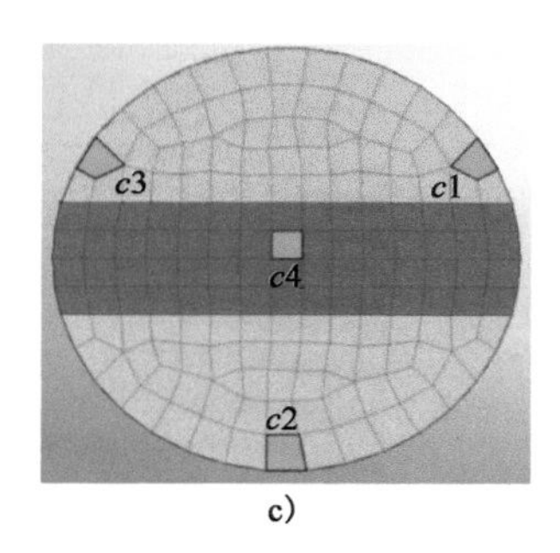

c)

图 2-23 取点方式示意图

从图 2-23 中可以看出，用中心点的取值来模拟单弦轴力计测得的轴力值，用外围等边三角形 3 顶点来模拟三弦轴力计 3 根弦的位置，验证是否可以通过取平均值的方法消除或减小

偏压的影响。

取点方式 a 为有一根弦位于受压区最底部，取点方式 b 为在 a 的基础上沿顺时针旋转 60°，取点方式 c 在 b 的基础上沿顺时针旋转 60°。这样取点的原因是为了研究在相同偏压情况下，钢弦的位置，即三弦轴力计放置角度对监测数据的影响。如表 2-2 所示为计算结果统计表。

数值模拟计算结果参数表

表 2-2

偏载程度	弦序	a(kPa)	b(kPa)	c(kPa)
1/3 面积	1	-125693	-81802	-103758
	2	-515	17463	-103659
	3	-434	-25965	19976
	三弦平均值	-42214	-30102	-62480
	单弦平均值	-20929		
	理论值	-38978		
	三弦相对误差	8.3%	22.7%	60.3%
	单弦相对误差	46.3%		
1/2 面积	1	-93900	-73389	-79102
	2	-6663	7822	-79061
	3	-6563	-54835	9797
	三弦平均值	-35709	-40134	-49455
	单弦平均值	-48823		
	理论值	-38977		
	三弦相对误差	8.4%	3.0%	26.9%
	单弦相对误差	25.26%		
2/3 面积	1	-73061	-64906	-64028
	2	-12484	-1644	-64009
	3	-12421	-54441	-243
	三弦平均值	-32655	-40330	-42760
	单弦平均值	-47949		
	理论值	-38977		
	三弦相对误差	16.2%	3.5%	9.7%
	单弦相对误差	23.0%		

如图2-24所示为不同程度偏压下三弦轴力计的相对误差拟合曲线图。从中可以看出，横轴为钢弦沿顺时针的转角，纵轴为三弦轴力计的相对误差。对于大偏心，这里指1/3偏压及以下，效果最好的转角在0°附近；对于小偏心，这里指1/2或2/3及以上，效果较好的转角在10°～40°之间，在偏压的情况下相对误差可以控制在10%以内，效果最好的在30°左右，相对误差可以控制在3%以内。

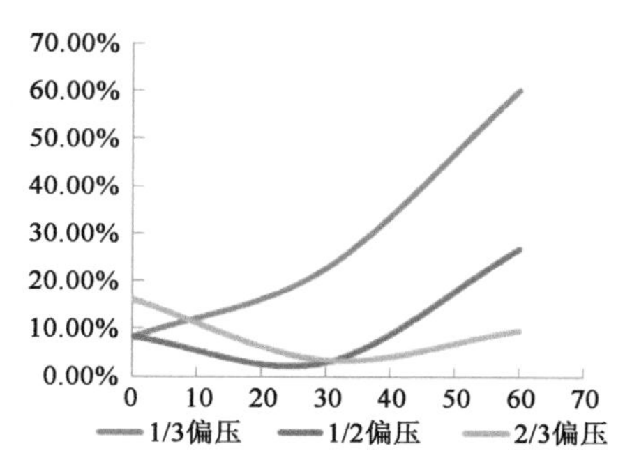

图2-24　不同偏压下三弦轴力计的相对误差拟合曲线图

通过数值模拟分析得出，三弦轴力计可以利用三弦设计减小安装工艺引起的偏压影响，得到更为准确的监测数据，对基坑开挖过程支护体系的安全有实际参考价值。

2.4.3　轴力计改型试验研究

试验研究主要是通过标定试验验证三弦轴力计系统的稳定性，保证其在现场能高效、稳定地运行。振弦式轴力计可以用线性度 R^2 和 K 值等指标来评价，标定试验就是为了标定三弦轴力计的拟合优度 R^2 和 K 值。K 值计算公式如式(2-10)所示，线性度 R^2 计算公式如式(2-11)所示。

1) K 值计算公式

$$K = \frac{m\sum_{i=1}^{m}(x_i F_i) - \sum_{i=1}^{m}x_i \sum_{i=1}^{m}F_i}{m\sum_{i=1}^{m}x_i^2 - (\sum_{i=1}^{m}x_i)^2} \tag{2-10}$$

$$x_i = f_i^2 - f_0^2$$

式中：K——振弦式反力计输出的频率值与荷载力的线性关系系数，kN/Hz²；

f_i——振弦式反力计第 i 个测点下的输出频率，Hz；

f_0——振弦式反力计初始状态的频率，Hz；

F_i——对振弦式反力计施加的第 i 个荷载力值，kN；

m——对振弦式反力计施加荷载力的测点个数。

2) 拟合优度 R^2 计算公式

$$R^2 = 1 - \frac{\sum_{i=1}^{m}(y_i - \overline{\overline{y_i}})^2}{\sum_{i=1}^{m}(y_i - \overline{y_i})^2} \tag{2-11}$$

$$\overline{\overline{y_i}} = a + Kx_i, a = \overline{y} - K\overline{x}$$

式中：R^2——振弦式反力计输出的频率值与荷载力的拟合优度；

K——振弦式反力计输出的频率值与荷载力的线性关系系数，kN/Hz²；

$\overline{y}$——对振弦式反力计施加荷载力的平均值，kN；

y_i——对振弦式反力计施加的第 i 个荷载力，kN。

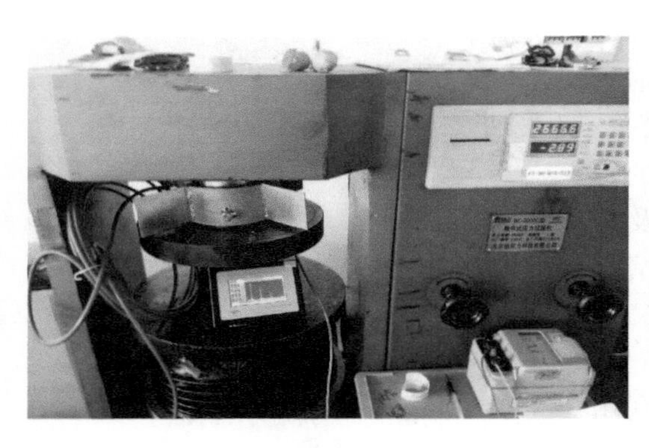
图 2-25　三弦轴力计标定试验图

标定试验照片如图 2-25 所示。试验标定过程严格按照《土工试验仪器　岩土工程仪器　振弦式传感器通用技术条件》(GB/T 13606—2007)和《振弦式轴力计》(Q/JFS 006—2015)相关规定执行。

根据《振弦式轴力计》(Q/JFS 006—2015),选取 6 个三弦轴力计进行标定试验,通过分级加载,分别得出 0、20%、40%、60%、80% 和 100% 的满量程频率和相应外力,得出线性度 R_2 和 K 值。试验数据如表 2-3 所示。

三弦轴力计标定试验表　　表 2-3

传感器号	三弦线序	0 (Hz)	20% (Hz)	40% (Hz)	60% (Hz)	80% (Hz)	100% (Hz)	K 值 $(kN/Hz)^2$	$R^2/1$
1 号	1	1080.3	1028.7	969.6	894.7	830.7	740.6	0.0041	0.9994
	2	1068.0	982.8	901.5	766.0	739.1	660.1		
	3	1058.4	956.1	857.6	821.6	641.5	545.9		
2 号	1	1092.1	1012.3	947.8	872.0	807.9	728.1	0.0041	0.9994
	2	1016.8	933.3	856.8	775.3	681.9	589.9		
	3	1086.6	1005.8	925.4	848.6	730.8	662.1		
3 号	1	1076.7	962.7	865.8	741.3	640.8	472.12	0.0041	0.9997
	2	1043.6	987.8	922.8	854.7	784.4	728.2		
	3	1075.9	1013.5	943.8	881.5	794.7	751.0		
4 号	1	1089.9	984.9	904.5	811.7	735.2	639.8	0.0041	0.9996
	2	1038.8	947.8	868.6	775.7	668.9	567.8		
	3	1092.1	1024.6	951.3	888.1	798.2	743.8		
5 号	1	1084.6	1036.3	989.2	934.4	887.9	836.3	0.0041	0.9994
	2	1058.8	950.6	840.9	712.5	557.5	383.4		
	3	1044.1	974.9	895.5	822.7	732.1	669.2		
6 号	1	1067.6	975.0	890.2	800.2	711.2	610.7	0.0041	0.9994
	2	1081.3	975.7	889.2	808.6	718.3	658.8		
	3	1045.2	999.9	932.7	871.3	780.1	714.4		

注:标定时间为 2015 年 7 月 17 日。

通过表 2-3 可知,随着压力的增大,振弦的频率越来越小。K 值均为 0.0041,R^2 均大于 0.999,均满足《江西飞尚科技有限公司企业标准》(Q/JFS 006—2015)的规定,同时,对 300t 和 400t 量程的三弦轴力计送往江西省计量测试研究院进行检验,确保三弦轴力计用于实际工程的技术要求。

结合轴力计安装工艺优化,通过理论分析、数值模拟分析和实验研究分析得出三弦轴

力计不仅在技术上满足基坑支护结构支撑轴力监测项目，还可以利用三弦设计减小安装工艺引起的偏压影响，得到更为准确的监测数据，对基坑开挖过程支护体系的安全有实际参考价值。

2.5　坑底隆起监测新方法研究

从图2-26中可以看出，挖掘机在土方开挖施工过程中，履带下方垫设了钢板，软土地基的承载力可见一斑。特别是在软土地区深度达到20～30m的深基坑，因土方开挖而引起的坑底竖向回弹变形可达数厘米甚至超过10cm，导致了无法计算土方开挖工程量，不利于项目成本控制；另外，研究坑底隆起（回弹）与周边地表及建筑物沉降、坑内外水位场、周围岩土体深部位移场的耦合关系和规律具有重大的科研价值。

图2-26　软土地区基坑明挖法施工现场图

分析国内外研究和应用现状，实现坑底隆起（回弹）监测并保证相应的监测频率和精度，还没有较好的解决方法。因此，设计新的方法，提高监测频率和精度具有重要的工程现实意义，在大量的基础性实际验证及理论分析基础上，研究提出了基于压差传感技术的实时自动化监测系统。

为保证该系统数据的连续性和准确性，分别从理论研究、试验研究、实践研究和案例研究等4个方面阐述基于压差传感技术的坑底隆起（回弹）监测方法。

2.5.1　理论分析研究

1）压差传感技术原理分析

几个底部互相连通的容器，注入同一种液体，在液体不流动时连通器内各容器的液面总是保持在同一水平面上，该原理称为连通管原理。基于该原理的压差沉降系统可以描述为：使水箱、基点传感器、测点传感器和连接水管成为底部和开口分别相通的连通器。

利用同一连通器保持相同水平液面的原理，将两点间竖直方向上的相对位置变化转换成连通器内液面的变化，然后根据系统采集到的压强值，利用阿基米德公式，见式（2-12），反算出各测点在竖直方向相对于基准点的液位高。

$$p=\rho gh \tag{2-12}$$

式中：p——对应深度的液体压强；

ρ——液体密度；

g——重力加速度；

h——对应液体深度。

根据式（2-12）可以得出压强和液位高的关系。因为压强只与系统内液体密度、重力加速度和液位高有关，可以认为压差系统的液体密度和重力加速度不变，则压强和液位高可以表示为一个简单的对应关系，如式(2-13)所示。

$$0.01\text{kPa} \leftrightarrow 1\text{mm} \tag{2-13}$$

2)坑底隆起值计算公式分析

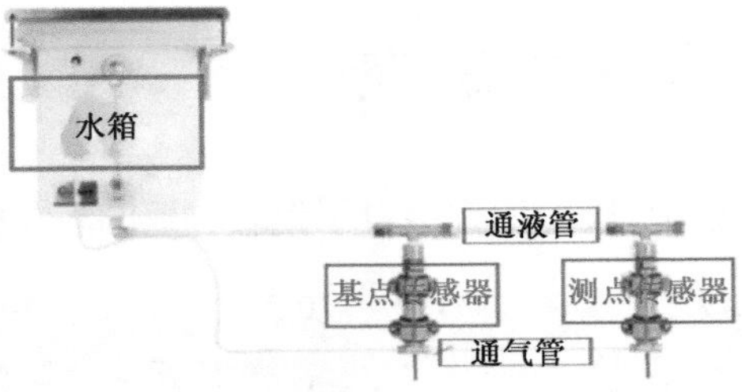

根据连通管原理，系统搭建完成后各测点基本处于同一标高，当连通管一端（末端）密封后，整个通液管路中的液体是不流动的，当测点随结构变形（沉降或隆起）时，测点相对于储液罐中的液面（相对高差）产生的变化，测点测出的压强值相应改变，此改变量即为该测点的相对沉降量。系统模型如图2-27所示。

图2-27　压差沉降系统示意图

另外，为避免因水箱液面变化引起的测点传感器压强变化，不以水箱为基准点，而是把坑底隆起影响范围外的传感器设为基点。沉降值可由式(2-14)得出。

$$\Delta h = \frac{(P_i' - P_R') - (P_{i0} - P_{R0})}{\rho g} \tag{2-14}$$

式中：Δh——压差式变形测量传感器测得的沉降变化值，mm，Δh 为负值时，表示沉降；为正值时，表示隆起；

P_R'——压差式变形测量传感器基准点测得的值，Pa；

P_{R0}——压差式变形测量传感器基准点的初值，Pa；

P_i'——压差式变形测量传感器的测量值，kPa；

P_{i0}——压差式变形测量传感器的初值，kPa；

ρ——压差式变形测量系统使用的液体密度，通常取水的密度，若水中掺有其他介质，应从试验或其他方式中得到准确值，kg/m^3；

g——重力加速度，计算时取 $10m/s^2$。

3)测量精度分析

压差沉降监测系统的测量精度取决于采用何种压力传感器，本研究采用的压力传感器技术指标表如表2-4所示。

压力传感器技术指标表　　表2-4

规格代号		FS. LTG-Y200	FS. LTG-Y500	FS. LTG-Y1000	FS. LTG-Y2000
尺寸参数	外径×长(mm)	ϕ27×(125～135)			
性能参数	量程(mm)	200	500	1000	2000
	灵敏度(mm)	0.2			
	综合精度(mm)	±0.1%F·S			
	工作温度(℃)	-20～80			
	供电电源(VDC)	12～30			
	输出信号	RS485接口			
	绝缘电阻(MΩ)	100			

从表2-4中可以看出，随着传感器量程的增大，综合精度呈线性增大，不利于掌握坑底隆起真实状况，《城市轨道交通工程监测技术规范》（GB 50911—2013）关于竖向位移监测精度的要求，如表2-5所示。

竖向位移监测精度表　　表2-5

工程监测等级		一级	二级	三级
竖向位移控制值	累计变化量 S（mm）	$S<25$	$25\leqslant S<40$	$S\geqslant 40$
	变化速率 v_s（mm/d）	$v_s<3$	$3\leqslant v_s<4$	$v_s\geqslant 4$
监测点测站高差中误差（mm）		≤0.6	≤1.2	≤1.5

规范中对监测点测站高差中误差的定义是，相应精度与视距的几何水准测量单程一测站的高差中误差。由于压差沉降监测系统不同于一般的光学水准测量，偏安全考虑，认为“单程一测站”为传感器采集一次数据，根据中误差的定义，见式（2-15）。可以确定一级基坑需要满足的测量精度应小于0.6mm，即压差传感器的综合精度应小于0.6mm，所以选用FS. LTG-Y500型号压力传感器，其综合精度为0.5mm，满足规范要求。

$$\sigma=\sqrt{D(\Delta)}=\sqrt{E(\Delta^2)}=\lim_{n\to\infty}\sqrt{\frac{[\Delta\Delta]}{n}}\cong\sqrt{\frac{[\Delta\Delta]}{n}}=m \tag{2-15}$$

式中：σ——测量值的标准差；

$D(\Delta)$——测量值的方差；

$E(\Delta)$——测量值的期望；

Δ——测量值的真误差；

m——测量值的中误差估值。

综上所述，压差沉降监测系统是利用压力传感器捕捉到的相对液位差的变化，来反算传感器，即建筑物的竖向位移，且满足规范的精度要求，从而达到监测软弱土层基坑开挖过程中坑底隆起值的目的。所以，压差沉降系统具备理论可行性。

2.5.2　试验分析研究

为探究压差系统稳定性影响因素并确定相应对策，在科研验证阶段，进行了大量的试验验证和分析，确定出影响压差传感器系统高精度稳定性影响因素定位振动（干扰）和温度两个主因，两者的影响机理有所不同，振动属于外界振动干扰源，通过影响水管和传感器的水路直接影响压力波，通过严格的施工工艺和安装方式可以实现规避和减小；温度的影响有两个路径——气泡（水管或者传感器内部）和密度，其中前者有一定的间接性，通过较严格的施工方式和传感器改型能够实现尽可能排干气泡，后者的触发影响有一定的条件，比如需要有一定的水路差，且水路差温度场不一致时，上行管使压强数据和温度呈正相关，下行管呈负相关，通过限制上下行管的允许高度予以减小和规避。

1）影响因素分析

压差沉降监测系统由压力传感器、通液管、通气管和水箱组成，由于系统集成度较高，为了验证并提高该系统的稳定性，结合科研验证准备阶段的研究成果，对影响因素进行如下分析，为试验研究确定方向，表2-6所示为压差沉降系统稳定性影响因素分析表。

压差沉降系统稳定性影响因素分析表　　表 2-6

影响因素	影响介元	施工现场/保护	影响因素消除
外界干扰	温度	日照	设置遮罩
		水管上下行	尽量减少水管上下行
	振动	碾压通液管	与施工方协调和注意走线及线路保护
		传感器振动	固定
		镀锌管保护	周围 1m 范围内不宜采用机械开挖
系统组成部件	压力传感器	无意识损坏	与施工方协调和及时巡查保护
	储液箱		
	通液管		
	通气管		
系统安装	通液管中气泡	主要取决于安装工艺	形成安装工艺规范
	各元件的固定		

如表 2-6 所示，压差沉降监测系统的稳定性主要有外界干扰、组成部件和安装工艺等三方面决定，基于单因素变量控制，在确定试验研究方案之前，对可控因素进行控制，如严格遵守安装工艺规范，减小安装造成的系统不稳定，也有利于单因素试验的开展。振动造成的数据波动可以通过后期的数据处理解决，所以，试验研究对象主要集中在温度对压差沉降系统的影响。

2）试验方案设计

拟用内场测试的无水管上下行的粗管子系统来模拟温度变化对于系统数据稳定的影响。系统设置有 3 个测点，分别为新 1、新 2、新 3。新 1、新 2 处于阳面，属于同一温度场，新 3 处于阴面，具体的测点布置如图 2-28 所示。

从图 2-28 可以看出：

（1）新 2 测点与新 3 测点对比（处于不同温度场）

新 2 测点处于阳面，新 3 测点处于阴面，新 2 测点的昼夜温差变化大于新 3 测点，拟对新 2、新 3 测点的数据进行对比单因素考虑温度变化对于系统数据稳定性的影响程度。

（2）所有测点加盖防晒盒与不加防晒盒进行对比

对系统的所有测点进行加盖防晒盒处理，加盖防晒盒可以对传感器起到防嗮隔热的作用，减小温差变化，拟对所有测点加盖防晒盒之后的数据与未加防晒盒盒时的数据进行对比，单因素考虑温度变化对于系统数据稳定性的影响。

3）试验数据分析

（1）新 2 测点与新 3 测点的数据对比分析

取安心云上 7 月 31 日至 8 月 2 日连续 3 天、每天 24h 的压强数据的方差值进行对比分析，具体对比数据见表 2-7。

测点新 2 和新 3 方差对比分析表　　表 2-7

测　　点	7 月 31 日方差	8 月 1 日方差	8 月 2 日方差
新 2	5.16E-05	5.28E-05	2.76E-05
新 3	2.80E-05	1.68E-05	1.88E-05

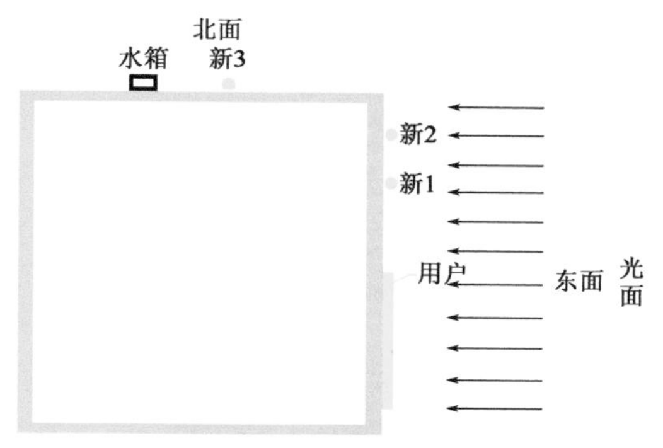

● —— 无水管上下粗管子系统压差传感器测点

a)平面布置图

b)试验现场测点新3布置图

c)试验现场测点新1和新2布置图

图 2-28 压差沉降系统试验研究现场图

从表 2-7 中的数据可以看出新 2 测点的压强方差值明显大于新 3 测点的压强方差值,推测原因是新 2 测点处于阳面,新 3 处于阴面,新 2 测点的温差变化大于新 3 测点。

(2)加盖防晒盒与未加盖防晒盒的所有测点数据对比分析

选取安心云上 7 月 31 日至 8 月 4 日连续 5 天(8 月 1 日对系统测点加盖防晒盒),每天 24h 的压强数据的方差值进行对比分析,具体对比数据如表 2-8 和图 2-29 所示。

测点新 1、新 2 和新 3 方差对比分析表 表 2-8

测点	7 月 31 日方差	8 月 1 日方差	8 月 2 日方差	8 月 3 日方差	8 月 4 日方差
新 1	7.99E-05	7.30E-05	2.14E-05	1.71E-05	1.91E-05
新 2	5.16E-05	5.28E-05	2.76E-05	2.31E-05	2.53E-05
新 3	2.80E-05	1.68E-05	1.88E-05	1.59E-05	1.86×10^{-5}

从图表的数据中可以看出,8 月 1 日未加盖防晒盒之前 3 个测点的方差值明显大于 8 月 1 日之后各测点的方差值,8 月 2 日之后系统压强方差值趋于稳定,说明加盖防晒盒之后的系统数据的稳定性优于未加防晒盒之前。

从以上的数据图表对比分析中可以看出,阳面温差变化大的新 2 测点的压强数据稳定性不如温差变化小的新 3 阴面测点。加盖防晒盒的所有测点数据的稳定性强于未加盖防晒盒之前(无论是阳面测点还是阴面测点)。把系统的原始压强数据换算成沉降值进行分析,系统测点未做防晒隔热处理之前各测点的沉降值在1.5mm左右波动,经防晒隔热处理之后,各测点的沉降值在0.5mm左右波动。

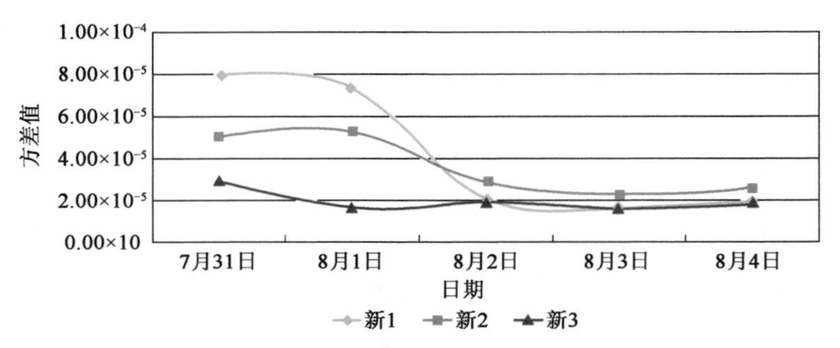

图2-29　各测点压强方差曲线图

满足技术可行性要求。

2.5.3　案例分析研究

以青岛地铁2号线一期工程土建某标段区间隧道下穿某过街通道监测项目为例,验证压差传感系统的稳定性和准确性。

该通道为框架结构,过街通道平面呈"∠"形,地下一层(局部二层)。且通道下有很多商铺,日常人流量极大,有必要随时了解地铁施工对过街通道的影响,因此有必要采取先进科技手段对该建筑的健康状态进行实时监测,以保护商户和人民的生命财产安全不受地铁施工影响。用于监测过街通道的压差式变形测量传感器布置在梁、柱等主要受力位置,监测点共计57个,其分布于地铁隧道平面位置如图2-30所示。

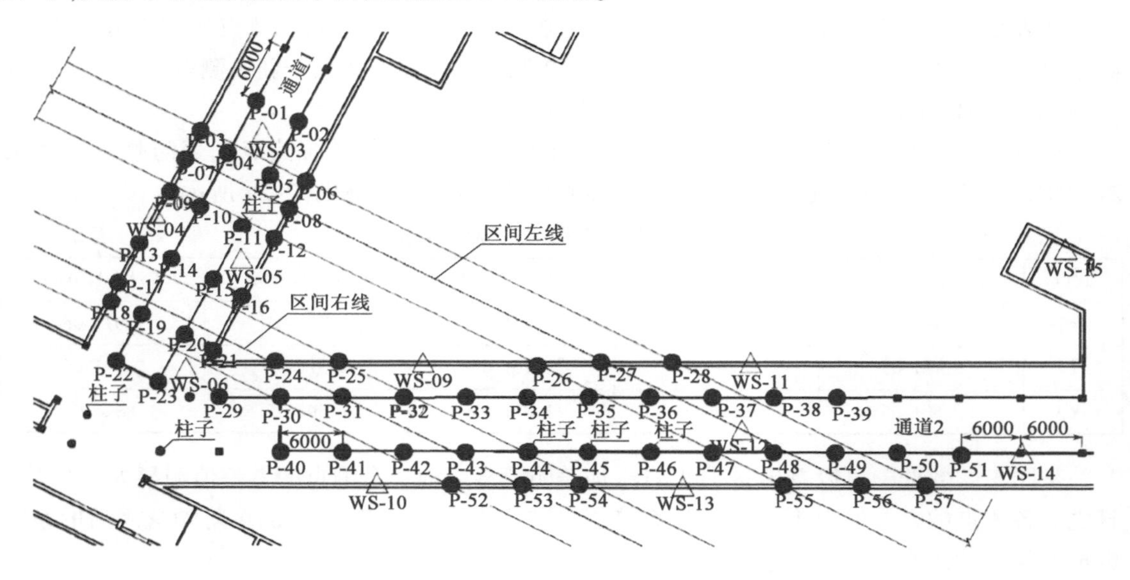

图2-30　压差传感系统测点布设示意图(尺寸单位:mm)

根据监测时间、测点左右线布置及测点在过街通道所处位置情况,将57个测点分为4组

进行分析,数据从 1 月 24 开始累计。

第一组:P-01、P-02、P-03、P-04、P-05、P-06、P-07、P-08、P-09、P-10、P-11、P-12,监测日期为 2015 年 1 月 24 日 ~2015 年 7 月 28 日,此组测点分布在区间左线,在监测开始时此测点所处位置已经基本全部开挖通过,左线 1 月 24 日具体开挖里程为上台阶 ZSK30 +972-5,下台阶 ZSK30 +967-5。

第二组:P-13、P-14、P-15、P-16、P-17、P-18、P-19、P-20、P-21、P-22、P-23,监测日期为 2015 年 1 月 24 日 ~2015 年 7 月 28 日,此组测点分布在区间右线,在监测开始时此测点所处位置未进行开挖,右线 1 月 24 日具体开挖里程为上台阶 YSK30 +952,下台阶 YSK30 +947。

第三组:P-24、P-25、P-29、P-30、P-31、P-32、P-33、P-40、P-41、P-42、P-43、P-44、P-45、P-52、P-53、P-54,监测日期为 2015 年 1 月 24 日 ~2015 年 7 月 28 日,此组测点分布在区间右线,在监测开始时此测点所处位置未进行开挖。

第四组:P-26、P-27、P-28、P-34、P-35、P-36、P-37、P-38、P-39、P-46、P-47、P-48、P-49、P-50、P-51、P-55、P-56、P-57,监测日期为 2015 年 1 月 24 日 ~2015 年 7 月 28 日,此组测点分布在区间右线,在监测开始时此测点所处位置未进行开挖。如图 2-31 所示为第一组测点 2015 年 1 月 24 日至 2015 年 7 月 28 日期间数据变化趋势及其左线施工进度图。

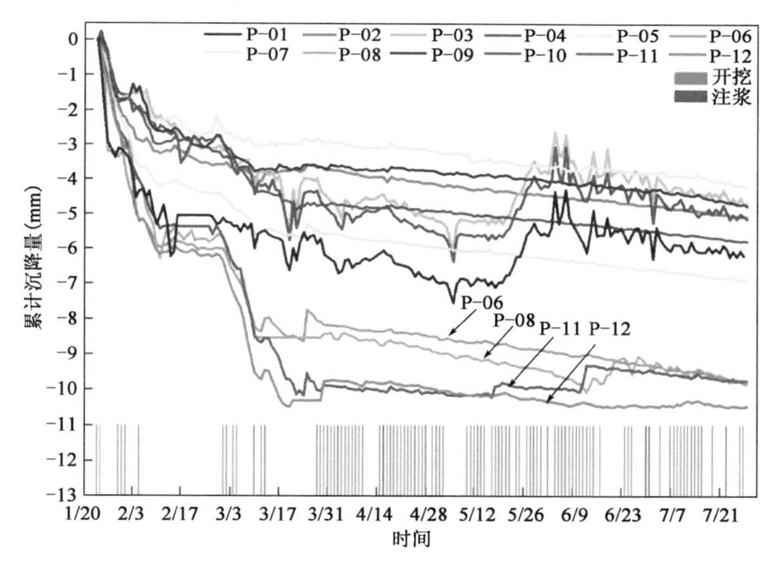

图 2-31 第一组测点 2015.1.24 ~2015.7.28 期间数据变化趋势及相关施工进度图

从图 2-31 可以看出,第一组测点的数据变化符合施工规律,在监测时间段 1 月 24 日至 3 月 31 日左右,随着开挖施工的进行,云平台实时数据反映该过街通道在第一组测点位置呈沉降趋势,此时开挖面在 ZSK30 +985-5 处,此时掌子面据最近测点位置约 20m。

而在 4 月 1 日后整体表现出稳定的沉降趋势,但是其沉降趋势明显平缓,说明开挖施工包括后期的注浆对第一组测点影响不大。但是测点 P-01、P-03、P-04 存在一定的异常波动,此三个测点布点较近且数据波动规律一致,可能与现场环境干扰有关,而从趋势反馈上来讲是正确的。

且值得注意的是在开始自动化监测之初,测点所处位置已经基本全部开挖通过,只有

P-06、P-08、P-12 距离开挖掌子面较近，因此开挖施工对其影响较大，在图中有明显表现且最终沉降量较其他测点偏大，由此可见测点距离隧道开挖面距离直接影响其对施工的反映和最终沉降量。

如图 2-32 所示为第二组测点 2015 年 1 月 24 日至 2015 年 7 月 28 日期间数据变化趋势及相关施工进度图。

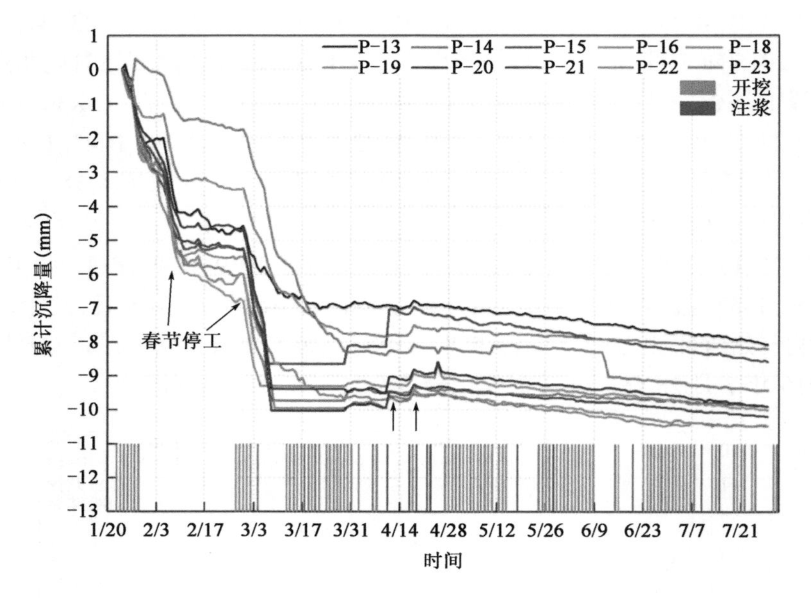

图 2-32　第二组测点 2015.1.24～2015.7.28 期间数据变化趋势及相关施工进度图

从图 2-32 可以看出，第二组测点的数据变化规律如下，由于在监测开始时此测点所处位置未进行开挖，在刚开始监测时间段 1 月 24 日至 3 月 31 日左右，随着开挖施工，测点数据沉降趋势明显。

可以看出，此区间压差沉降系统对现场施工的反应能力出色，1 月 24 至 2 月 11 日对于持续开挖导致通道表现持续沉降的趋势，且在日开挖进度为 1m 时，测点反馈出的沉降速率较快；在日开挖进度为 0.5m 时，沉降相对平缓。

2 月 11 日至 2 月 27 日期间为春节停工阶段，现场无施工进度，整体数据平稳。4 月 11 日起区间右线开始有注浆加固施工作业，此时掌子面在 YSK30 + 976 − 3，距离第二组测点相对较远，因此测点受注浆影响较小。仅有 4 月 11 日、4 月 17 日、4 月 19 日注浆使测点有小幅度隆起，如图中箭头所示，之后由于掌子面的远离，开挖及注浆对第二组测点的影响已经很小，呈现稳定小幅度沉降过程，并逐渐趋于稳定。

如图 2-33 所示为第三组测点 2015 年 1 月 24 日至 2015 年 7 月 28 日期间数据变化趋势及相关施工进度图。

从图 2-33 可以看出，其沉降量主要分为如下阶段：第一阶段为均匀沉降阶段(1 月 24 至 2 月 11 日)，其距开挖面较远，因此测点沉降速度相对较慢。而 P-24、P-25、P-29 三个测点距离开挖面相对较近，所以在相同的施工时间内，所表现出的沉降速度和沉降量也都较大，但基本都保持在 −4mm 以内。

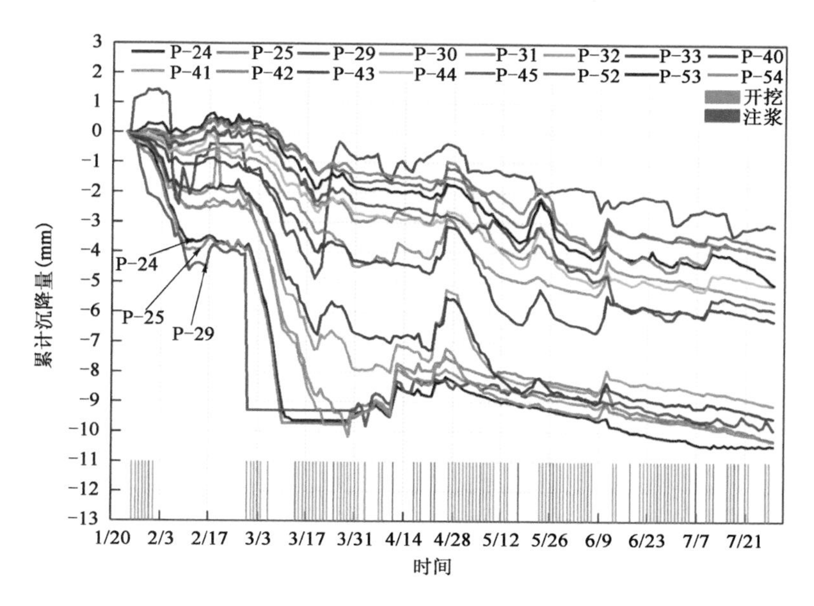

图 2-33 第三组测点 2015.1.24～2015.7.28 期间数据变化趋势及相关施工进度图

第二阶段为春节放假稳定变化阶段(2 月 11 日至 2 月 27 日),测点数据整体表现比较稳定。第三阶段持续开挖阶段(2 月 28 日至 3 月 20 日),在此阶段过程中由于持续的开挖施工,导致测点沉降量持续增大,且沉降速率较快,最大累计沉降量已经接近－10mm。第四阶段开挖与注浆加固交替进行阶段,在 3 月 20 日左右进行注浆加固施工,此次注浆隆起量基本保持在 0.5mm 以下,并且在 4 月 17 日、4 月 18 日也有注浆施工,但注浆量较少且注浆压力控制较好,未发生大量级隆起。而在 4 月 22 日、4 月 23 日两天的连续注浆量应该较大,导致在注浆点附近测量隆起量较大,多个测点超过 1mm,需要适当注意控制注浆工艺及注浆量,但日变化量均在设计范围以内。

此后也有多次注浆,同样由于测点离注浆位置的不用表现出不同的变化,在 6 月中旬后掌子面已经全部通过测点位置,其后的注浆及开挖对测点数据并未引起大的波动,且测点由于下方土体开挖导致承载力下降表现出稳定沉降趋势,符合工程经验及现场实际工况。如图 2-34 所示为第四组测点 2015 年 1 月 24 日至 2015 年 7 月 28 日期间数据变化趋势及相关施工进度图。

从图 2-34 可以看出,在 3 月 1 日前,由于测点距离掌子面较远,故开挖对数据影响较小,随后的持续开挖对测点的影响逐渐增大,并于 3 月 20 日存在小幅度隆起,4 月 15 日、4 月 16 日注浆并未对数据产生大的波动。

而在 5 月 2 日 ZSK31＋004 进行掌子面加固注浆,从数据反馈应该是注浆量较大且注浆压力大导致存在较大隆起量,特别是掌子面附近 P-28、P-36、P-37、P-48 等测点。且 6 月 2 日、6 月 30 日的注浆都能够在数据趋势图中反馈出来,在随后的监测时间内,测点均表现稳定的沉降趋势,且同样逐渐趋于稳定,第四组测点数据沉降量均小于 9mm。压差系统能够准确地反馈数据的波动情况,从而判断过街通道的沉降量,为结构物的安全状态给出良好的评估依据。

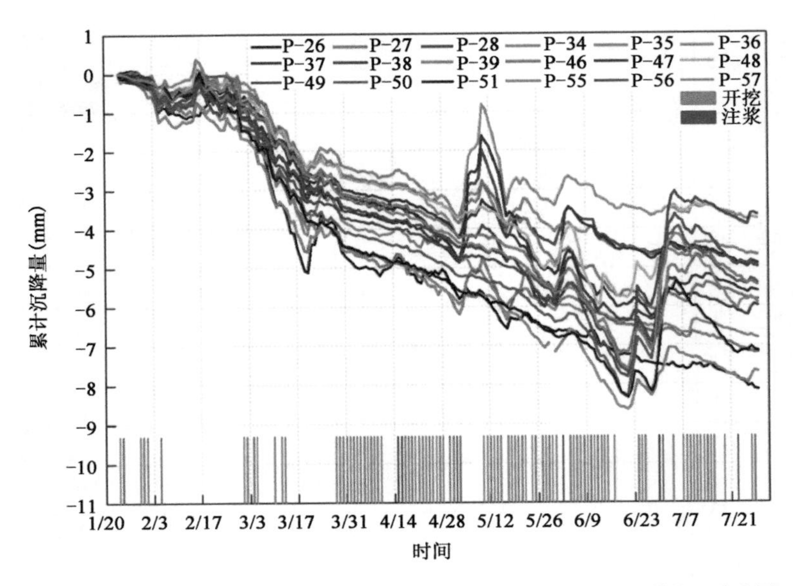

图 2-34　第四组测点 2015.1.24～2015.7.28 期间数据变化趋势及相关施工进度图

分析监测数据可知：

(1)压差系统能够准确地测量和反馈实际工况对该过街通道沉降量的影响，且通过监测数据可知，测点距离隧道开挖面的距离直接影响其沉降速率和最终沉降量，离施工区越近数据表现越明显。

(2)压差系统能够准确地反馈数据的波动情况，从而判断过街通道的沉降量及结构物的安全状态给出良好的评估依据，各测点沉降量在设计值以内，比较符合工程经验及现场实际工况。

(3)数据为 30min 采集一次，连续性强，有利于分析施工现场的实时变化趋势，对指导施工有重要的现实意义。

2.5.4　实践分析研究

1)辅助系统设计

针对现场复杂的施工环境，以尽量不影响施工为基本原则，搭建基坑隆起(回弹)辅助系统。本系统取消镀锌管的竖向约束，使镀锌管能够准确传递土体竖向位移。如图 2-35 所示为基于压差传感技术的基坑隆起(回弹)监测方法辅助系统示意图。

如图 2-35a)所示中可以看出，每个监测断面的 2 根临时立柱埋设在混凝土支撑的同侧，管内浇筑 C25 混凝土，增大镀锌管的刚度抵抗外界环境对其造成的振动等影响。

随着基坑的开挖，为避免临时立柱形成悬臂梁结构，影响系统的稳定性，在混凝土支撑上用抱箍固定镀锌管，起到约束镀锌管的作用，使其只能传递竖向位移。

如图 2-35b)所示为临时立柱立面图，临时立柱由三种形式的直径为 80mm，长度为 2m 的镀锌管组成。1 号管位于最底部，在下端开若干小圆孔，以增加和土体的黏结力，使土体和管一起运动，可以得到更为准确的坑底隆起值，每个监测点只需要一根；2 号管位于中部，不做特殊处理；3 号管位于顶部，压力传感器布设在 3 号管内，所以，为了方便走线，在顶端开一小口。

如图2-35c)所示为纵剖面示意图,从图中可以看出,为了尽可能地监测到开挖面的隆起值,镀锌管长度从基坑一端到另一端呈递增/递减趋势,为5个长度,分别为第1、2、3道钢支撑、坑底设计标高20~30cm和连续墙底。不仅可以适应基坑普遍开挖模式,还能更好地反映深层土体位移变化规律,有利于坑底位移场的研究。

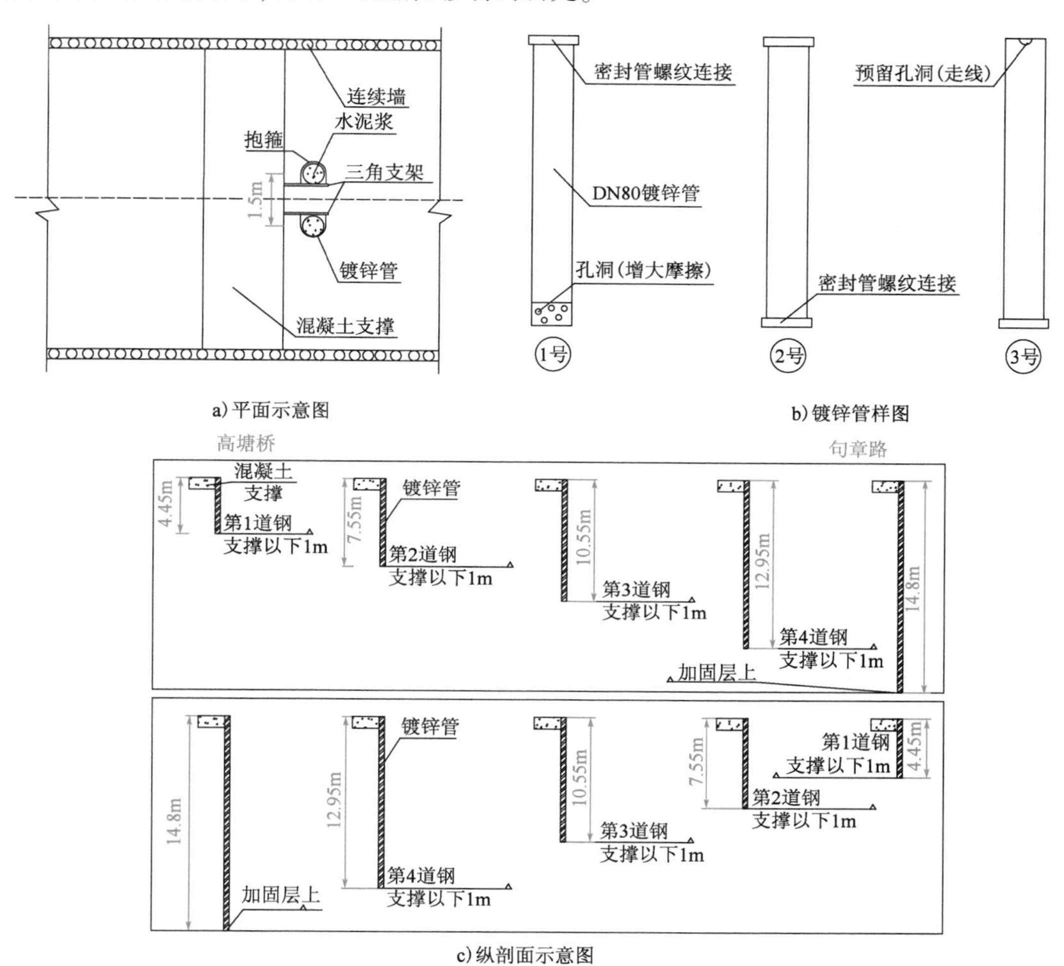

图2-35　基坑隆起(回弹)监测辅助系统构成示意图

2)压差传感系统设计

如图2-36所示,压差传感系统设计平面示意图下部为安装2个压力传感器(标号2和3)的镀锌管,为了避免因冠梁和混凝土支撑上升而导致的坑底隆起测量值误差,在冠梁上的基点(测点1)附近,布设了校核测点,可以用支护桩(墙)顶竖向和水平位移监测点替代,定期复核基点传感器的高程。

为保证压差系统的稳定性,通液管必须在同一水平面内,采取的走线方式是,从临时立柱预留的缺口中引出,然后固定在混凝土支撑上部,最后接入储液箱,这样就可以使通液管基本保持在同一水平面上;通气管、通液管、数据线和电源线均布设在同一线槽内,无线节点也布置在冠梁上。

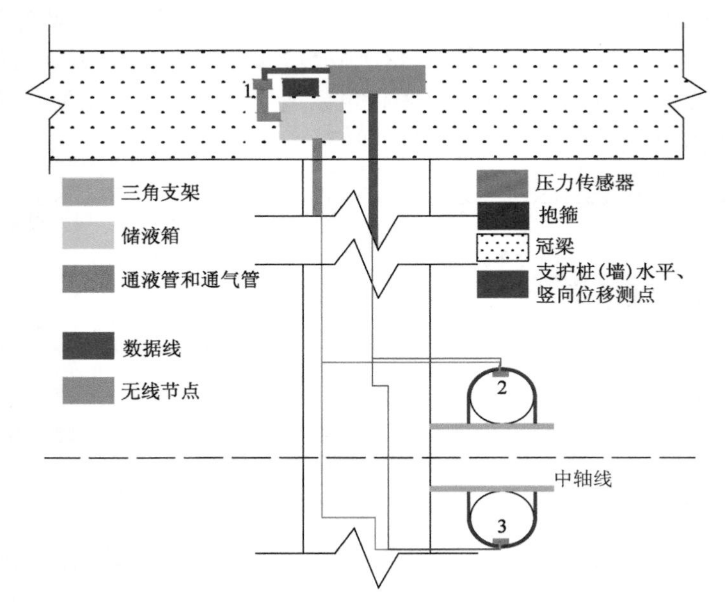

图2-36　压差传感系统设计平面示意图

2.6　3D数字摄影测量监测技术应用

采用经纬仪、水准仪和全站仪等常规的测量仪器进行变形监测工作周期长,不能满足实时性的需要,而且对于某些不易达到的危险部位,观测变得十分困难甚至不能实现。摄影测量是利用摄影手段获得被测物体的图像信息,它不需要接触被检测的变形体、能够同时测定变形体上任意点的变形信息、观测时间短、外业工作量少等优势。

传统的地面摄影测量技术虽然克服了这些困难,但是由于摄影距离不能过远,加上绝对精度较低,使得其应用受到局限,过去仅大量应用于高塔、烟筒、古建筑、船闸、边坡体等的变形监测。尽管从原理上讲,常规摄影测量可用于各种目的的测绘,但由于存在:①设备过于专业化、价格昂贵;②所需工作环境在工程中往往难以满足,如地下空间测量既难于设置摄站,又不易布设物方控制;③数据处理技术复杂;④数据处理周期长、信息反馈慢等原因,因而该法难于推广。近几年发展起来的数字摄影测量和实时摄影测量为地面摄影测量技术在变形监测中的深入应用开拓了非常广泛的前景。

2.6.1　数字摄影测量简介

数字摄影测量(Basic concept of digital photogrammetry)是基于数字影像和摄影测量的基本原理,应用计算机技术、数字影像处理、影像匹配、模式识别等多学科的理论与方法,提取所摄对象以数字方式表达的几何与物理信息的摄影测量学的分支学科。

目前,一些国外的专业公司已经向世人呈现了几款摄影测量系统,著名的有AICON,Tritop和PhotoModeler等系统,而国内还没有成熟的商业应用出现,武汉大学研究人员推出的全数字摄影测量系统VirtuoZo促进了我国一些传统测绘模式的变革,促进了一些行业工作效率的提升。

2.6.2 数字摄影测量优势

与常规传统的测量技术手段相比,数字摄影测量技术在地下工程安全风险监测中的应用具有以下五大优势:

(1)监测工作方式快捷、简便、安全。瞬时精确地获得目标的各种信息,可以得到瞬时的点位关系,这是其他测量方法无法做到的。

(2)照片蕴含各种信息,包括没有挖掘的信息,数字图像显示直观,可同时获得监测体上大批目标点的三维信息,也可以获取任意感兴趣点的左边信息。

(3)对控制点的布设形式以及精度要求较高,但现场工作量小,劳动强度较低。

(4)照片能够完整地记录被摄目标的视觉信息,为后来的认证检验提供直观的观测信息。

(5)避免进入危险区域测量,由于近景摄影测量非接触式遥感决定了测量人员无须进入危险区域测量,只要选择合适的可视区域即可。

因为这种新技术在工程安全监测方面的潜力,为克服目前实践中的困难,国内外许多研究者已经在数字摄影测量体系建设与数据处理理论方面做出了不少的突出的贡献。但由于存在精度和可靠性的问题,数字摄影测量在工程安全监测中尚未推广。

2.6.3 3D 数字摄影测量监测系统组成及理论方法

3D 数字摄影测量监测系统(图 2-37)主要包括:一台(或多台)高精度测量相机、长度基准尺、回光反射靶标和编码标志、配套软件组成四大部件。其中,高精度测量相机是整个系统的核心部件。

1)常见的数码相机

在现今的社会生活中,我们可以将数码相机大致分为卡片相机、长焦相机及数码单反三类。

(1)卡片相机。卡片相机到目前为止还没有明确的概念,从主观上来讲那些小而且轻便,造型时尚的数码相机都可称得上卡片相机。虽然它们拥有的性能一般,但是其仍然拥有最基本的曝光补偿功能,再加上点(区域)测光模式,这些产品还是能满足持有者最基本的需求的。卡片相机无法与其他相机相媲美,但是其小巧轻便、时尚新潮的优点也赢得了大众的青睐;然而其缺点也是显而易见的,在功能和对专业的要求水准上相形见绌,而且耗电量大和镜头性能不足。

(2)长焦数码相机。长焦数码相机,顾名思义,就是拥有长距离调焦功能的数码相机。相机镜头的焦距一般以 mm 为单位,根据焦距的大小可将其分为广角镜、标准镜头和长焦镜头等等,实质上和镜头的放大倍数相关。

(3)数码单反相机。数码单反相机就是使用了单镜头反光,即 SLR(Single Lens Reflex)的取景系统的数码相机。在这种系统中,反光镜和棱镜的独到设计使得摄影者可以从取景器中直接观察到通过镜头的影像。

普通数码相机的出现为数字近景摄影测量技术进入非地形测量领域创造了很好的条件,但同时带来了一定的局限性。由于普通数码影像不具有量测性而且精度不可控,从而导致它在测量领域的应用较少,尤其在建筑工程的监测领域使用的非常少。但是随着近些年来数字近景摄影测量理论的不断发展和完善，作为硬件的普通非量测数码相机其影像质量及分辨率也在不断提高，极大地提高了以数码相机为影像采集工具的近景摄影测量技术的精度。也是因为如此，数码相机在近景摄影测量中使用的越来越广泛，成为主要的影像采集设备。

a）高精度测量相机

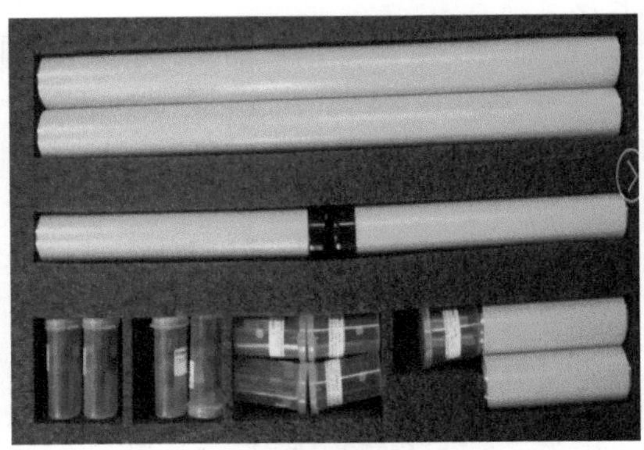

b）长度基准尺

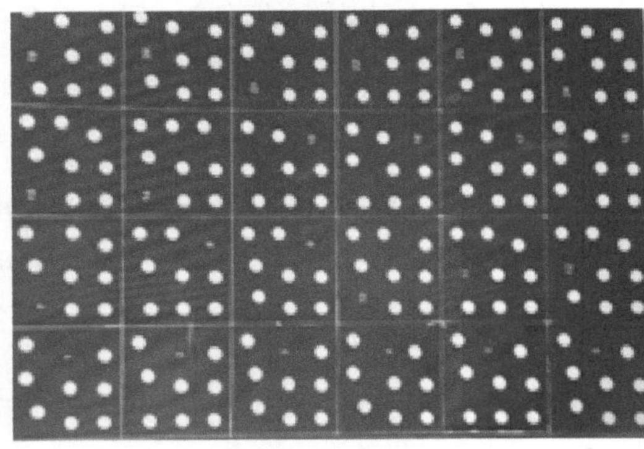

c）回光反射靶标

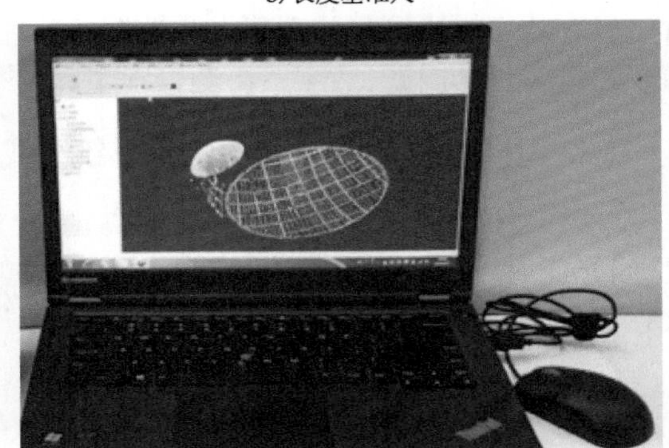

d）配套软件

图 2-37　3D 数字摄影测量监测系统

2）数码相机的基本构像原理

（1）当使用数码相机进行摄影时，物体的反射光线通过镜头透射到 CCD 上进行曝光，此时光电二极管受到光线的激发而释放出电荷，生成感光元件的电信号。

（2）CCD 控制芯片对发光二极管产生的电流进行调控，其核心控制区是感光元件中的控制信号线路，而电流从电流传输电路输出，它会将每次成像产生的电流信号收集起来，统一输出到放大器。由 ADC 将经过放大滤波的电信号（模拟信号）转换为数字信号，数值的大小和电信号的强弱与电压的高低是成正比例的，送些数值其实也就是图像的数据。

（3）这时候获得的图像数据还不能直接生成图像，还要被送到数字信号处理器（DSP）中，在数字信号处理器中，将会对这些图像进行彩色校正和白平衡处理，并压缩为数码相机所支持的形式，最后才会被保存为图像文件。

（4）通过以上步骤，图像文件就保存下来了，以供欣赏。

3）摄影测量常用坐标系

利用数字摄影测量系统对目标地物进行测量时，重点在于知道被测的物体所在的位置，它的形状和范围等信息。清楚测量的物体和影像之间存在的数学关系对影像资料的处理大有

帮助。

为了通过摄影测量系统得到的影像资料来解算出被测的物体在影像中的三维坐标，需要了解数字摄影测量中涉及的坐标系。当我们能够熟练转换各种坐标系之间的数据，就能很好地解算出被测地物的空间三维坐标。常用的坐标系如下：

(1)像平面坐标系 *o-xy*：影像平面构成一个二维坐标系，像平面坐标表示为被测地物点在影像中的二维坐标(x,y)。

(2)像空间坐标系 *S-xyz*：表示被测地物点在像空间的位置，如某个地物点的像空间坐标。

(3)像空间辅助坐标系 *S-XYZ*：是用于物方空间坐标系 *D-XYZ* 和像空间坐标系之间相互转换的坐标系。

(4)物方空间坐标系 *D-XYZ*：通常被称为摄影测量坐标系(图2-38)，坐标轴与像空间辅助坐标轴平行，用来形容被测地物运动状态和形状。

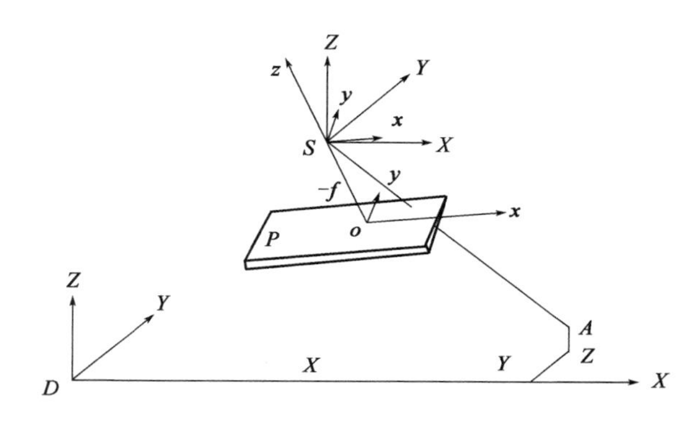

图2-38　3D摄影测量常用坐标系

4)内外方位元素

(1)内方位元素

在进行相片解算时，有一些要素可以帮助重现光束的形状，这些要素称为相片的内方位元素。在对相片进行解算时，为还原像点在空间中的位置，需要知道相片的内方位元素。内方位元素就是像主点在框标坐标系中的坐标(x_0,y_0)和主距f。通过内方位元素，能够还原在摄影时摄影中心在拍照瞬间和相片之间的关系。内方位元素示意图如图2-39所示。

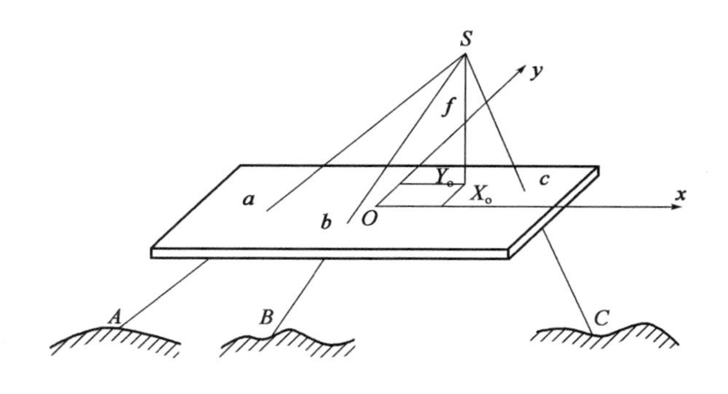

图2-39　摄影测量内方位元素示意图

(2)外方位元素

外方位元素是在相片解译中非常重要的要素,用来确定相片在物方坐标系中的位置。外方位元素有三个直线要素和三个角元素。摄影中心位置关系可以用坐标 $S(S_x,S_y,S_z)$ 来表示,即外方位的三个直线要素;摄影光束在 $D\text{-}XYZ$ 中的位置可以用角度(Ψ,ω,κ)来表示,即外方位元素的三个角元素。外方位元素示意图如图 2-40 所示。

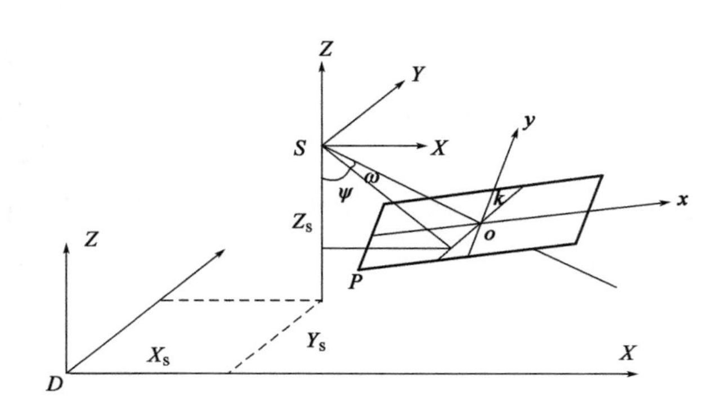

图 2-40　摄影测量外方位元素示意图

5)共线方程

共线条件方程是用来表示某种解析关系的方程,它是指在理想状态的前提下,相片点、投影中也和物方点处于一条相同的直线上的关系。共线条件方程式是摄影测量中其他方法的基础,很多其他算法都是由共线方程变异而来的,或者说是对共线方程的线性化和数学变换,例如摄影测量的空间后方交会算法、摄影测量的空间前方交会算法、摄影测量的多种光线束解法以至直接线性变换解法等。以上几种处理方法都具有一个共同的特点,就是以每根光束为单位进行处理。因此,摄影测量最根本的公式就是共线方程。

2.6.4　3D 数字摄影测量误差及检校

1)数字摄影测量误差组成

在实际摄影测量作业过程中,不可能保证有足够多的数码相机,同时有足够多固定的摄影基站,也就是摄影机并不固定,这时候为了节省成本,就会涉及相机的运动、旋转等问题,同时实际环境错综复杂,有可能会出现相机电池、镜头拆卸等问题,由于数码相机内部元素的不稳定性,在上述情况下,这些因素都可能会影响到检校参数的变化。

近景摄影测量的观测值误差组成主要有 3 种,它们分别为系统误差、偶然误差以及人工测量造成的误差。系统误差主要包括摄影测量相机的误差,比如镜头畸变差、分辨率低、物镜前面的保护物镜的玻璃偏离其正确位置所引起的误差,以及物方标志十字分画不正确而引起的误差。

一般来讲,系统误差不可避免,但是偶然误差我们可以尽量消除。影响相机检校结果精度的主要有:首先,调节光圈时,随着照片的清晰度的递减,会影响相机检校的结果;其次,更换镜头会严重影响相机检校的结果,并且镜头的晃动会影响到相机内部结构的稳定性,同样也会影响相机的检校精度;还有,在工作的过程中,更换电池同样会影响拍摄效果;进行近景摄影测量

时，一定要使用H脚架，不可手持拍摄，否则会大大影响精度。

2）数字摄影测量的检校

在数字摄影测量工作中，最基础的作业就是数码相机的检校，获取系统的内方位参数。我们在上一章中提到了影响点坐标量测精度的因素，而相机参数则是影响作业成果精度的一个重要因素。为保证作业成果质量满足任务中的精度要求，对非量测数码相机的各参数的检校成为一项重要工作。

影响数码相机拍摄精度的误差主要有光学误差、电学误差以及机械误差。这当中光学误差也即通常所说的光学畸变差，是由于在相机的生产制作过程中所造成的像点和其理想位置存在偏差而形成的点位误差，从畸变产生的方向性来看，又可细分为径向畸变差和偏心畸变差。场同步误差、行同步误差及采样误差构成了电学误差的三种基本类型的误差。机械误差是影像转化过程中所产生的，也就是由光学镜头采集的影像最终需要转换成CDD阵列影像这一过程中产生的误差。

数码相机的检校目的，是恢复摄影时相机的实时姿态，即摄影光束的正确形状为目的，即要通过非量测相机检校来获取影像的内方位元素和构像光学畸变系数，数码相机的检校工作主要有：像主点坐标（x_0，y_0）获得，像主距f的获得，CCD面阵内畸变系数（k_1，k_2）的测量以及光学畸变差（p_1，p_2）的测量。近景摄影测量相机检校工作主要有如下两个方面：

（1）测定光学畸变系数k_1、k_2、p_1、p_2；

（2）像主点位置与像主距的测定，即内方位元素x_0、y_0的测定。

2.6.5　案例分析

1）基坑监测

基于以上研究，在宁波进行了地铁3号线基坑的监测。四明中路站为宁波市轨道交通3号线中间站，车站标准段基坑宽19.70m，底板埋深为16.01m，南（北）盾构端头井基坑深17.71m。

在施工现场布设了形如图2-41所示的控制网。以半个月为周期，两次应用近景摄影测量手段对同一段冠梁进行了测量，与水准仪所测出的沉降变形进行对比，对比结果如表2-9所示，其中Δx、Δy为位移形变量，Δh为沉降变化量。

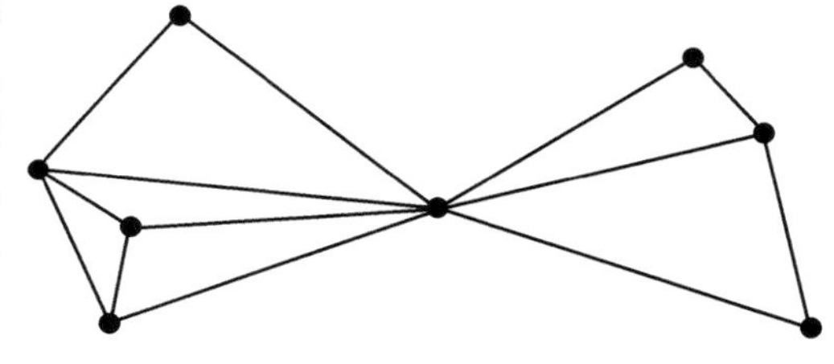

图2-41　控制点分布网型图

3D数字摄影测量与水准仪监测数据对比　　表2-9

位　置	摄影测量监测数据			水准仪数据
	Δx(mm)	Δy(mm)	Δh(mm)	Δh(mm)
J1	1.823	0.382	-1.274	-1.046
J2	1.283	0.442	-1.812	-1.01
J3	1.112	0.283	-1.455	-1.124
J4	1.032	0.745	-1.629	-1.823

由于基坑施工环境复杂，对测量会造成一定的影响。变形监测主要是为了发现不稳定因素，及时获取形变信息，保障施工安全。传统的监测手段是在基坑周围布设一些监测点，利用全站仪进行位移测量，而利用水准仪进行沉降的测量，二者分开作业。基坑冠梁沉降监测的日形变报警值为 3mm/d，累计沉降报警值为 10mm，从表中可以看出，近景摄影测量手段做基坑沉降监测与水准仪结果基本一致，可以达到亚毫米级的精度，远远小于报警值。

2）其他应用

（1）地铁隧道沉降监测（图 2-42、图 2-43）

a)

b)

图 2-42　摄影图像

点名称	DX	DY	DZ	总
TARGET1	0.038	0.006	0.042	0.057
TARGET2	0.048	-0.090	0.187	0.213
TARGET4	0.094	0.038	-0.482	0.493
TARGET5	0.178	0.206	0.029	0.274
TARGET8	-0.009	0.183	0.145	0.233
TARGET9	-0.053	-0.158	0.140	0.218
TARGET10	-0.076	0.027	-0.400	0.408
TARGET12	-0.013	-0.419	-0.205	0.466
TARGET13	-0.021	-0.369	0.020	0.371
TARGET14	-0.050	-0.347	0.101	0.365
TARGET15	-0.096	-0.061	0.054	0.126
TARGET16	-0.167	-0.324	0.045	0.367
TARGET17	-0.005	-0.020	-0.265	0.266
TARGET18	-0.014	0.092	0.009	0.094
TARGET19	0.006	0.195	0.096	0.217
TARGET20	-0.056	-0.381	0.063	0.391
TARGET33	-0.101	0.136	0.148	0.225
TARGET34	-0.123	-0.366	-0.086	0.396
TARGET35	-0.185	-0.059	0.086	0.212
TARGET36	0.038	0.334	0.007	0.336
TARGET37	0.250	0.138	-0.055	0.291
TARGET38	0.089	0.052	0.010	0.104
TARGET39	-0.099	0.239	0.009	0.258
TARGET40	0.009	0.124	-0.039	0.131
TARGET41	0.021	0.131	-0.010	0.133
TARGET43	-0.124	-0.094	0.002	0.155
TARGET44	-0.057	-0.008	-0.049	0.076

a)

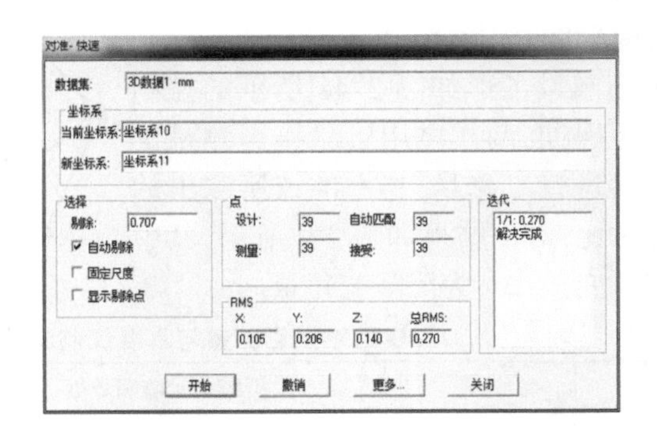

b)

图 2-43　数据处理

（2）建筑物变形监测（图 2-44）

（3）轨道板变形监测（图 2-45）

a)

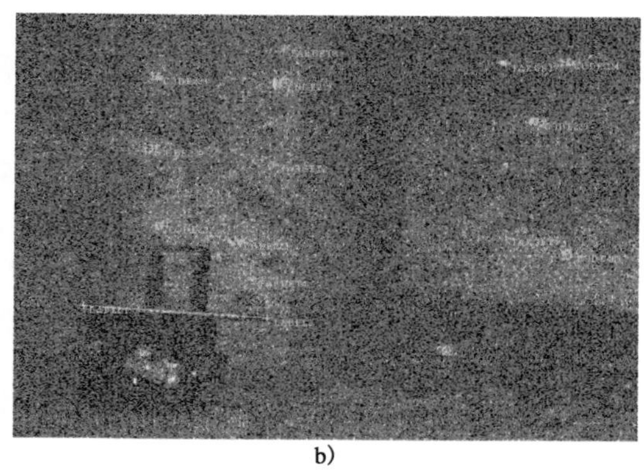
b)

图2-44 建筑物变形监测实景图

a)

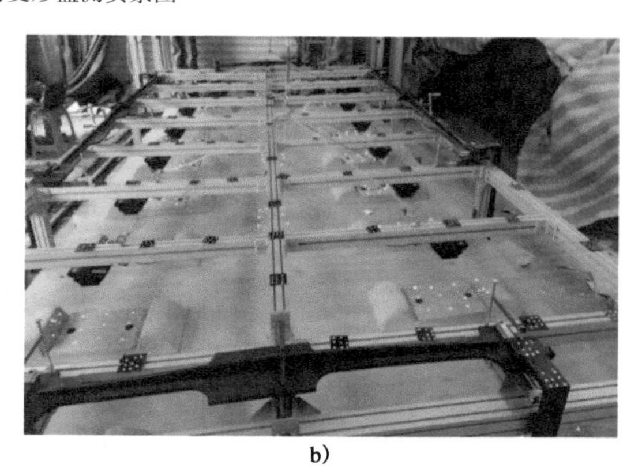
b)

图2-45 轨道板变形监测实景图

2.7 合成孔径雷达非接触自动化监测技术应用

合成孔径雷达(Synthetic Aperture Radar,简称SAR)是一种二维微波遥感成像雷达,由于具有远距离全天候高分辨力成像、自动目标识别、先进的数字处理能力等优点,使其拥有广泛的用途。20世纪50年代初美国科学家最先提出来"合成孔径"的概念,主要是为了满足军事侦察雷达对高分辨率的需求。经过多年的发展,SAR从开始的单波段、单极化、固定入射角、单工作模式,逐渐向多波段、多极化、多入射角和多工作模式方向发展,天线也经历了固定波束视角、机械扫描、一维电扫描及二维相控阵的发展过程。

合成孔径雷达系统采用地基重轨干涉SAR技术实现高精度形变测量,通过高精度位移台带动雷达往复运动实现合成孔径成像,再通过对同名点不同时相图像进行相位干涉处理提取出相位变化信息,实现边坡表面微小形变的高精度测量,可用于山体滑坡、大坝坝体、重大建筑设施的变形监测、预警、稳定性评估、结构测试、挠度监测等。

2.7.1 合成孔径雷达简介

合成孔径雷达是一种全天候、全天时的现代高分辨率微波成像雷达。它是20世纪高新科技的产物,是利用合成孔径原理、脉冲压缩技术和信号处理方法,以真实的小孔径天线获得距离向和方位向双向高分辨率遥感成像的雷达系统,在成像雷达中占有绝对重要的地位。近年来由于超大规模数字集成电路的发展、高速数字芯片的出现以及先进的数字信号处理算法的发展,使 SAR 具备全天候、全天时工作和实时处理信号的能力。它在不同频段、不同极化下可得到目标的高分辨率雷达图像,为人们提供非常有用的目标信息,已经被广泛应用于军事、经济和科技等众多领域,有着广泛的应用前景和发展潜力。

合成孔径雷达系统的成像原理简单来说就是利用目标与雷达的相对运动,通过单阵元来完成空间采样,以单阵元在不同相对空间位置上所接收到的回波时间采样序列去取代由阵列天线所获取的波前空间采样集合。只要目标被发射能量波瓣照射到或位于波束宽度之内,此目标就会被采样并被成像。利用目标—雷达相对运动形成的轨迹来构成一个合成孔径以取代庞大的阵列实孔径,从而保持优异的角分辨率。从潜在的意义上来说,其方位分辨率与波长和斜距无关,是雷达成像技术的一个飞跃。

2.7.2 合成孔径雷达的概念

合成孔径雷达是一种高分辨率相干成像雷达。高分辨率在这里包含着两方面的含义:即高的方位向分辨率和足够高的距离向分辨率。它采用多普勒频移理论和雷达相干理论为基础的合成孔径技术来提高雷达的方位向分辨率;而距离向分辨率的提高则通过脉冲压缩技术来实现。它的具体含义我们可以通过以下四个方面来理解:

(1)从合成孔径的角度。它利用载机平台带动天线运动,在不同位置上以脉冲重复频率(PRF)发射和接收信号,并把一系列回波信号存储记录下来,然后作相干处理,就如同在所经过的一系列位置上,都有一个天线单元在同时发射和接收信号一样,这样就在平台所经过的路程上形成一个大尺寸的阵列天线,从而获得很窄的波束。如果脉冲重复频率达到一定程度(足够高),以致相邻的天线单元间首尾相接,则可看作形成了连续孔径天线。诚然这个大孔径天线要靠信号处理的方法合成。这种解释方法给出了合成孔径的字面解释。

(2)从多普勒频率分辨的角度。如果我们考察点目标在相参脉冲串中的相位历程,求出其多普勒频移,对于在同一波束、同一距离波门内但不同方位的点目标,由于其相对于雷达的径向速度不同而具有不同的多普勒频率,因此可以用频谱分析的方法将它们区分开。这种理解又被称为多普勒波束锐化。

(3)从脉冲压缩的角度。对于机载正侧视测绘的雷达,地面上的点目标在波束扫描过的时间里,与雷达相对距离变化近似地符合二次多项式。点目标对应的横向回波为线性调频信号,该线性调频信号的调频斜率由发射信号的波长、目标与雷达的距离及载机的速度决定。对此线性调频信号进行匹配滤波及脉冲压缩处理,就可以获得比真实天线波束窄得多的方位分辨率。因此在 SAR 信号处理中,经常有纵向压缩、横向压缩的说法。

(4)从光学全息照相的角度。如果将线性调频信号作为合成孔径雷达的发射信号,则一个点目标的回波在记录胶片上将呈现 Fresnel 衍射图,这点和点目标的光学全息图很相似。因此可以用光学全息成像的步骤,来得到原目标的图像。这种与全息照相的相似性,启发了早期的研究者采用光学处理器来实现合成孔径雷达信号处理。

2.7.3 合成孔径雷达的分类

一般情况下合成孔径雷达根据雷达载体的不同,可分为星载SAR、机载SAR和无人机载SAR等类型。根据SAR视角不同,可以分为正侧视、斜视和前视等模式。根据SAR工作的不同方式,又可以分为条带式(Stripmap SAR)、聚束式(Spotlight SAR)、扫描式(Scan SAR)等(图2-46)。它们在技术上各具特点,应用上相辅相成。

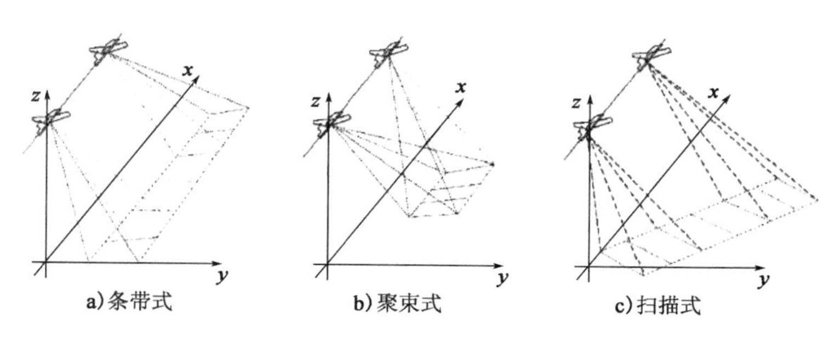

图2-46 SAR的三种工作方式

目前世界上能够使用的星载和机载SAR系统共有28个,其中处于使用状态的星载SAR系统共有5个,而处于使用状态的机载SAR系统有23个。多数系统具有多种极化方式,最大分辨力30cm×30cm,最大传输数据率100Mbyte/s。

2.7.4 合成孔径雷达的特点

(1)二维高分辨力。

(2)分辨力与波长、载体的飞行高度、雷达的作用距离无关。

(3)强透射性:不受气候、昼夜等因素影响,具有全天候成像优点;如果选择合适的雷达波长,还能够透过一定的遮蔽物。

(4)包括多种散射信息:不同的目标,往往具有不同的介电常数、表面粗糙度等物理和化学特性,它们对微波的不同频率、透射角及极化方式将呈现不同的散射特性和不同的穿透力,这一性质为目标分类及识别提供了极为有效的新途径。

(5)多功能多用途:例如采用并行轨道或者一定基线长度的双天线,可以获得包括地面高度信息在内的三维高分辨图像。

(6)多极化,多波段,多工作模式。

(7)实现合成孔径原理,需要复杂的信号处理过程和设备。

(8)与一般相干成像类似,SAR图像具有相干斑效应,影响图像质量,需要用多视平滑技术减轻其有害影响。

2.7.5 合成孔径雷达在地下工程监测中的应用

1)SAR技术获取DEM

(1)DEM的获取

SAR技术建立的主要步骤包括干涉雷达信号数据的处理、成像参数的统一化、数据的几何精配准、平坦地形相位纠正，以及相位的解缠，经过上述步骤的处理，即可获得斜距向的数字高程模型（DEM），再进行地学编码就可得到正射投影的数字高程模型 DEM，生成 DEM 的处理流程如图 2-47 所示。

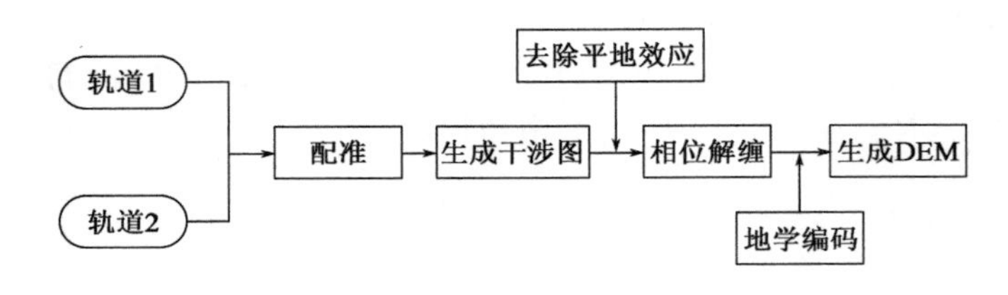

图 2-47　生成 DEM 的处理流程

（2）SAR 图像配准

图像数据的空间配准是 SAR 影像处理中关键的一步。由于地形对相位的影响非常敏感，如果两幅图像所对应的同名点有所错开，将会产生很大的测量误差。如果配准的误差大于或等于一个像元，则两幅图像完全不相干，图像为纯噪声。因此，要求主辅图像空间配准精度一定要达到亚像元级的水平。配准的关键在于计算两幅图像所对应的同名点的相对偏移量，一旦确定了两幅图像同名点之间的相对偏移量，就可以对一幅图像进行插值重采样，完成两幅图像的配准。

（3）图像的生成及相干性分析

图像生成以后其质量的好坏可以用相干系数来衡量。SAR 载体获取的同一地面场景的两幅图像数据之间需具有足够的相关性，否则将直接影响到形成干涉条纹的清晰度，进而影响到相位解缠，对 DEM 的精度将产生严重的影响。图像数据对之间的相干性是以相干系数为指标来衡量。

（4）去除平地效应

上一步得到的图像不能直接用来进行相位解缠，原因是成像时平坦的地面也会产生干涉条纹，这些条纹和地形起伏所引起的条纹迭加在一起，使得条纹更加复杂，增加了解缠的难度，没有反映真实的地形信息。

（5）相位解缠

相位解缠是 SAR 数据处理生成 DEM 的关键步骤之一。由于利用 SAR 数据计算出的相位差值，只是相位值的小数部分，而要建立地面的 DEM，必须通过相位解缠来恢复丢失的相位整数部分。在理想条件下，即没有噪声或混淆影响，相位解缠算法是非常简单直接的。只要提取出相位数据在水平和垂直方向的偏微分并求积即可得到整周数。然而，在实际的处理中，由于存在噪声和数据的不连续，导致了相位的不连续性，简单的积分方法不再适用。

（6）地学编码

经过相位解缠后，得到了全相位值。我们就可以进一步计算出各个像素点的高程值，但是这里得到的只是一个相应于参照影像每一点处的地面高程数值集合，还不能称为数字地面高程模型（DEM）。还需要把各种数据从影像坐标转换到地形图坐标系统，在此过程中进行几何校正，并对高程数据重采样，才能得到 DEM。地学编码中主要是几何纠正，这里的几何纠正就

是将具有几何变形的图像中的变形消除的过程。在此过程中关键问题就是建立纠正变换函数,从而建立起影像坐标和地面坐标间的数学关系,即影像和地面间的坐标关系。

2)误差源分析

影响 SAR 技术建立 DEM 精度的主要因素有斜距误差、飞行高度误差、基线矢量误差和相位噪声。但是最终影响 DEM 精度的决定性因素主要分为相位误差和成像几何误差两大类。这两种误差源本质上是不同的,对于生成的 DEM 而言,相位误差是一个统计量,它影响每一个点的精度;而基线估计误差是一个系统误差,它使得几乎所有的点都呈现出相同的误差,该误差可以通过地面控制点来校正。

图像的质量取决于相位噪声的数量,主要有以下几种来源:系统噪声(包括热噪声和光斑噪声)、地形去相关(来自非同时观测)、图像配准误差、不完全聚焦和空间去相关。系统噪声通常通过多视技术来消除。地形去相关主要是针对单天线双轨道方式的,由于两次观测期间,地形本身发生了变化,如冰川移动、植被生长、地表的隆起和下降,使得观测景物本身发生了改变,对此可以通过缩短两次成像时间间隔来尽量消除。图像配准误差来自干涉处理技术本身,一般可以通过前面所讲的配准技术将两幅图像配准至 0.1 个像素。空间去相关来自干涉系统本身,可通过预滤波技术来提高干涉图相关性。

成像几何误差主要是基线矢量误差,该项误差是系统误差,由于技术原因,卫星雷达图像中记载的参数并不能非常精确地反映轨道姿态,这同样造成了基线姿态的不准确性,也就是基线姿态误差。基线姿态误差导致 DEM 成果出现系统性误差。不过对于这种误差的影响,可以通过地面高程控制点来纠正。

2.7.6 案例分析

宁波市轨道交通 3 号线一期工程线路南起鄞州新城区南部高塘桥站,沿规划广德湖南路、鄞州大道、天童南路、天童北路、嵩江中路敷设,沿前塘河方向下穿杭甬高速、环城南路和铁路后,至儿童公园,然后沿中兴路下穿甬江后止于重点大通桥站,线路全长 16.719km,共设车站 15 座,其中换乘站 6 座,均为地下车站。

宁波地铁 3 号线一期工程二等水准网于 2016 年 3 月 ~4 月完成建网工作。1 年后于 2017 年 4 月 ~5 月,进行了宁波地铁 3 号线一期工程二等水准网的复测工作。通过对比原测和复测成果发现,沿线地面沉降相对稳定,数据无明显变化。如图 2-48 所示为采用水准测量方法获取的 2016—2017 年宁波地铁 3 号线一期工程沿线的地面沉降曲线图。

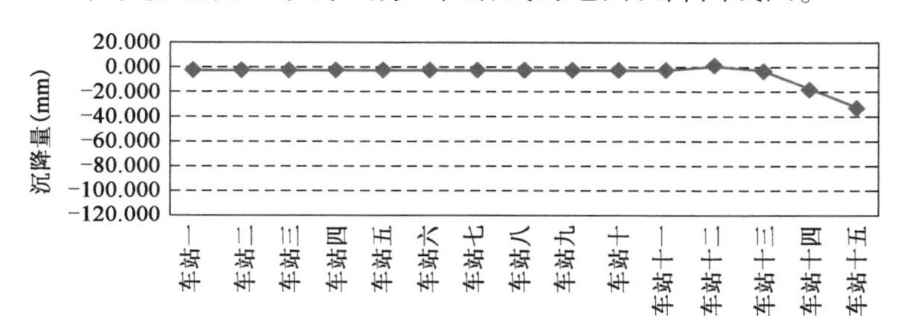

图 2-48 2016—2017 年水准复测沉降曲线

在本工程监测实验中引进了新的信息获取及处理技术，收集了52处覆盖宁波地铁3号线一期工程的ENVISAT SAR影像数据和SRTM4 90m分辨率的DEM数据。采用合成孔径雷达非接触自动化监测技术对数据进行处理，通过利用SBAS差分干涉测量方法对数据进行解算后，获得2016—2017年的宁波地铁3号线沿线地面累积沉降变化时间序列图(图2-49)。

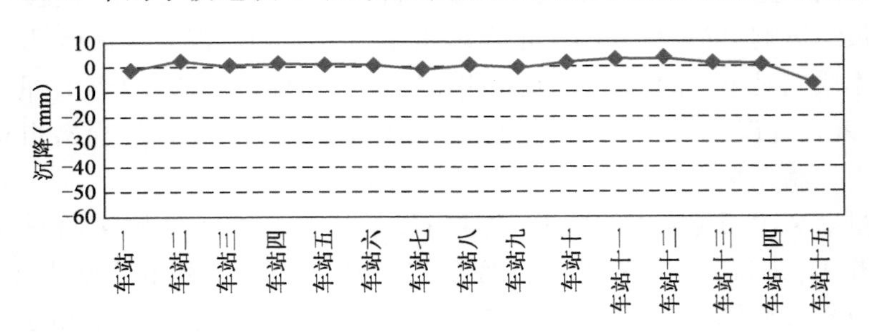

图2-49　采用合成孔径雷达非接触自动化监测技术获取的2016—2017年沉降曲线

通过将上述水准复测的沉降结果与用合成孔径雷达非接触自动化监测技术测得的沉降量进行对比，获得精密水准与合成孔径雷达非接触自动化监测技术的比较成果(表2-10)。

2016—2017年水准测量与SBAS-DInSAR监测结果对比(单位:mm)　表2-10

车　站	水准测量	SBAS-DInSAR	差　值
车站一	-2.6	-2.8	0.2
车站二	-0.7	-0.3	-0.3
车站三	-3.0	-0.6	-2.12
车站四	-2.6	1.5	-4.2
车站五	-3.3	2.2	-5.5
车站六	-3.3	2.12	-5.8
车站七	-0.7	4.1	-4.8
车站八	0.7	2.5	-1.9
车站九	-0.7	3.8	-4.5
车站十	-0.3	6.2	-6.6
车站十一	-0.3	8.5	-8.8
车站十二	2.0	3.9	-1.9
车站十三	-2.3	0.3	-2.5
车站十四	-18.0	-13.6	-4.4
车站十五	-32.0	-28.0	-4.0

从表2-10、图2-50可知，南部比较稳定的区域，其沉降差异还是没有明显区别，但是车站九以北的区域有一定的沉降差异，最大的差异沉降为-8.8mm。在地铁3号线的地面沉降监测中，水准测量取每个车站附近3个水准点的沉降平均值代表该车站区域的地面沉降，本工程实验采用的ENVISAT SAR影像数据分辨率较低(30m)，使得SAR影像的像元覆盖范围与水

准测量的均值范围在空间上有少许差异,因此造成合成孔径雷达非接触自动化监测技术与精密水准测量数据不一致的现象。

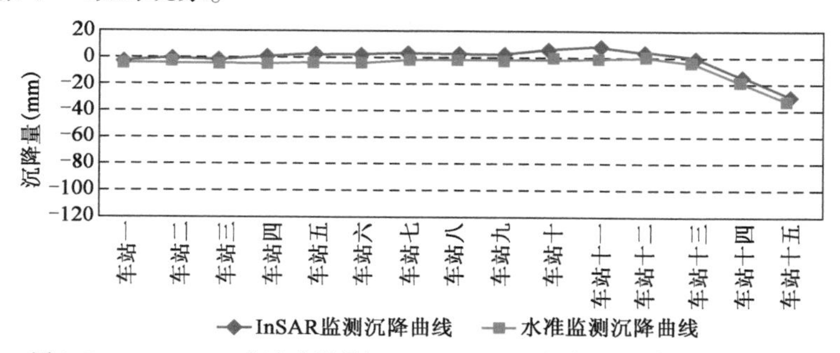

图2-50 2016—2017年水准测量与SBAS-DInSAR监测地表沉降成果对比曲线

2.8 三维激光扫描在隧道监测中的应用

传统的变形监测采用水准仪、全站仪和测量机器人等。高等级的精密水准测量虽然能满足隧道变形监测的精度要求,可是费时费力,效率极低。基于全站仪的隧道监测技术也存在类似的问题,操作效率低,自动化水平不足,无法完全满足隧道建设的需求。目前在隧道监测中,测量机器人得到了广泛的应用。相比于水准测量和全站仪,测量机器人自动化水平高,操作较为简单,精度高,但是存在着受制于监测断面间距的问题,并不能反映出相邻断面间地铁隧道结构的变形情况。

相比之下,采用三维激光扫描仪进行数据采集时在被测处不用放置特定的测量装置,实现了点对面的数据采集模式。克服了传统数据采集方法中速度慢、人力要求高等缺点,具有测量速度快、人力要求低、可靠性强等优点。并且可以对测量人员不能直接到达的地方进行扫描工作,相对于传统的数据采集方法具有作业周期快、容易操作、测量覆盖范围广等优点。在隧道监测中,利用三维激光扫描技术可以简单、快速、实时的获取高精度监测数据。

三维激光扫描仪是无合作目标激光测距仪与角度测量系统组合的自动化快速测量系统,在复杂的现场和空间对被测物体进行快速扫描测量,直接获得激光点所接触的物体表面的水平方向、天顶距、斜距和反射强度,自动存储并计算,获得点云数据。最远测量距离一千多米,最高扫描频率可达每秒几十万,纵向扫描角 θ 接近 90°,横向可绕仪器竖轴进行 360°全圆扫描,扫描数据可通过 TCP/IP 协议自动传输到计算机,外置数码相机拍摄的场景图像可通过 USB 数据线同时传输到电脑中。点云数据经过计算机处理后,结合 CAD 可快速重构出被测物体的三维模型及线、面、体、空间等各种制图数据。

2.8.1 三维激光扫描系统工作原理及特点

1)系统工作原理

三维激光扫描仪的原理是:经发射装置发射一束激光到达被测物体表面再按原路径返回,由时间计数器计算得光束由发射到被接收所用时间,然后算出仪器到被测点的距离在测量距离值时,扫描仪可同时记录水平和垂直方向角。由距离测量值 S、水平角 ∂ 和垂直角 θ,解算点

(X,Y,Z)的相对三维坐标。

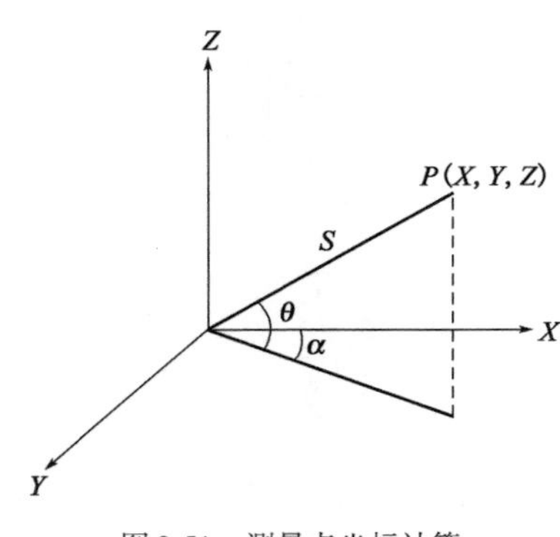

图 2-51　测量点坐标计算

如果测站空间坐标是已知的，那么则可以求得每一刻被测点的三维坐标。公式为扫描点的坐标的计算公式。把这些已知三维坐标的点传送到计算机等存储设备中予以存储。这些点根据各自的空间坐标位置排列开来，形成目标的空间数据点云。点云揭示了目标的形体和目标空间结构，测量点坐标计算如图 2-51 所示。

其中：

$$\begin{cases}X_{\mathrm{P}}=S\cdot\cos\theta\cdot\cos\alpha\\Y_{\mathrm{P}}=S\cdot\cos\theta\cdot\sin\alpha\\Z_{\mathrm{P}}=S\cdot\sin\theta\end{cases}\tag{2-16}$$

激光扫描系统的原始观测数据除了两个角度值和一个距离值，还有扫描点的反射强度 I，用来给反射点匹配颜色。拼接不同站点的扫描数据时，需要用公共点进行变换，以统一到同一个坐标系统中，公共点多采用球形目标。

2）系统特点

三维激光扫描系统的主要技术特点如下：

（1）快速性

可以快速采集隧道表面的特征点，提高了数据获取效率。因此对比传统的隧道变形监测，三维激光扫描技术可以快速采集隧道的整体变形信息，摆脱了传统隧道变形监测中的各种局限性。

（2）非接触性

测量过程中扫描仪发射激光束，通过被测物体反射，又被仪器接收，在这个过程中仪器无需与被测地物接触，只需被测地物在扫描仪的视线范围内即可，数据完全真实可靠。

（3）实时、主动性

仪器发射仪器本身可以识别的光束，激光经过被测物体反射，又被扫描仪接收、识别，仪器记录下激光从发射到反射回来所用的时间，这一切均在非常短的时间内完成。因此在对隧道进行变形监测的时候，不再受到空间和时间的限制，而且仪器具有的高扫描速率可以很好地描述目标的动态特征，便于对隧道的变形进行动态的监测。

（4）抗干扰能力强

仪器可以在环境较恶劣的地方工作，如在黑暗中工作。这大大解决了某些隧道昏暗的难题，有利于在昏暗的隧道中获取实验数据。可以看出，利用三维激光扫描仪对隧道进行变形监测对取代传统测绘方法提高工作效率和测量精度有着非常重要的作用。

（5）高精度性

仪器属于高精密的测量仪器，内部时钟能够准确记录激光发出与收回的时间，得到的数据精度非常高。

（6）直观性

在仪器工作时，扫描仪内置的 CCD 相机同时工作，拍摄被扫描地物的高分辨率影像。在

处理点云数据时,可将数码影像直接赋予点云上,看起来更加真实直观。

2.8.2 三维激光扫描系统分类及组成

1)系统分类

(1)地面型激光扫描系统

地面型激光扫描系统是一种利用激光脉冲获取地物的三维形态及坐标的测量设备。它具覆盖范围广、速度快、密度高,精度可靠等诸多特点。

目前,市场上地面型三维激光扫描仪的种类很多,用户可根据自身的需求选用合适的三维激光扫描仪。

(2)机载型激光扫描系统

机载型激光扫描系统是搭载在无人机或直升机上一种系统,它由三维激光扫描仪、全球定位系统(GPS)、内置三维数码相机、采集器、飞行惯导系统以及其他附件组成。该系统的特点是可以快速准确地获取海量的三维地物数据。

(3)便携式激光扫描系统

便携式激光扫描系统是一种轻便、自定位、灵巧、可用于室内的三维激光扫描系统,主要用于古文物等小型物体的扫描。

2)系统组成

三维激光扫描系统主要由扫描仪、笔记本电脑、配套的仪器操控、数据处理软件组成。

(1)三维激光扫描仪

主要由激光发射接收器、时间计数器、反射棱镜、可旋转的滤光镜、电脑、配套软件及充电器、电池等组成。有的三维激光扫描仪还配有内置的数字摄像机,这样就可以直接获得目标的图像。

(2)笔记本电脑

连接电脑与扫描仪,通过仪器操控软件对扫描仪进行操作,类似于测量机器人的手薄。扫描完成后,可运用传输装置将点云数据导入电脑中进行存储。

(3)仪器控制软件、数据处理软件

仪器操控软件是可以对扫描仪发布动作指令的软件等。数据处理软件是点云数据后续分析处理的软件,具有坐标系归化、点云压缩、断面提取、收敛变形分析、建模等功能。

2.8.3 点云数据的预处理

1)点云数据的误差及调整方法

在利用三维激光扫描仪进行外业数据采集时,会出现各种误差影响点云数据的精度。而点云数据的精度直接影响了模型的精度。明确点云数据的误差种类和成因可以从根本上避免点云数据精度的降低,提高模型的质量。点云数据的误差分为以下几类:

(1)系统误差

三维激光扫描仪的系统误差主要与仪器的生产制造有关,是不可避免的误差。同时,测量人员的熟练程度、操作经验也会对结果造成一定的影响。这种误差具有累积和传递性。

(2)偶然误差

外界环境如空气透明度以及人的感官能力各异,导致偶然误差的产生。偶然误差有单个或数个是不具有规律性的,但是从总体上对大量的偶然误差加以整理统计,则显示出一种服从正态分布的统计规律,而且观测次数越多,这种规律性表现得越明显。

(3)粗差

粗差不是误差,而是由于外在因素或人为因素造成的错误,因此粗差时可以避免的。在扫描过程中,不必要的树木、车辆、行人等都是场景里的粗差,甚至连空气中的灰尘颗粒都会对扫描数据造成很大影响。另外,过往车辆的振动会使扫描仪出现振动,使扫描仪偏离基准,造成影响。因此,为避免粗差的产生,测量者一定要认真操作,同时多积累经验,保证结果准确性。

为了减小仪器的误差,实验或作业过程应使用高精度的测量仪器,对其定期检验校正,定期清洁仪器,这样可以提高点云数据的精度,更加真实地重现被扫描的地物,尽量控制每次扫描的变量一致,减小可能造成点云精度降低的因素。

选择在天气晴朗、风小、空气湿度适中的时候进行测量,减小风力、气压等对扫描的影响。操作人员应分工明确,派专人负责控制测量、摆放与看护标志、扫描等工作。

测量时尽量在每天的相同时间测量,且保证实验的顺序基本不变。作对比实验时应采用相同的控制点,相同的标志位置和相同的测站仪器高等,这样才能控制实验因素没有太大变化。

2)点云数据的配准

点云数据的配准就是把采集的每站点云数据整理拼接,使其合并到相同坐标系统中,变成一个有序整体。在点云数据配准时应尽量降低每站拼接误差。经典的拼接方法有:有特征点拼接和无特征点拼接两种方式。

点云拼接至关重要,因为它是点云处理第一步,拼接的精度直接影像了后期建模的精度。点云拼接需要求解 7 个坐标转换参数:3 个平移参数、3 个旋转参数、1 个尺度参数。常见的配准算法有:四元数配准算法,七参数配准算法,迭代最近点法及其改进算法。

3)点云数据的去噪

扫描仪在作业时,难免有各种因素对扫描的点云数据造成影响,这样的点云数据通常成为噪声点,如果不对点云数据的噪声点进行剔除,这些噪声有可能会将必要的点云数据遮挡,也可能会对特征点造成遮挡,将会影响特征点的拾取,这对模型精度也同样会造成影响,因此在建模之前,应对点云数据进行去噪处理,将无用的点云进行剔除。

噪声点的产生大致有三个原因:被测物体表面粗糙引起的噪声;仪器系统误差引起的噪声;突发因素引起的噪声。

2.8.4 案例分析

以 Faro Focus 3D 三维激光扫描仪(图 2-52)为例,其特点如下:

(1)世界上最快的三维大空间激光扫描仪:以每秒最大 976000 点的速率可扫描最长为 153m(503ft)的文档。四种速度:97.6 万点/s;48.8 万点/s;24.4 万点/s;12.2 万点/s。

(2)三维虚拟重现:生成由三维测量点组成的逼真虚拟现实图像。

(3)速度控制:可按应用场合调节速度和扫描质量。

(4)高精确度:25m 内的系统距离误差不大于 ±2mm。

(5)视野范围大:水平 360°和垂直 305°。

三维激光扫描技术的优越性,保证了其能够进行隧道的断面检测工作。其主要工作流程分别为外业数据采集、数据预处理、三角网模型建立、隧道断面截取、成果输出、对比分析等。

1)外业数据采集(图 2-53)

根据现场环境复杂度以及不同仪器本身有效工作范围的不同,合理的设置测站和标靶球的位置。标靶球注意不要摆放在一个面内,以免影响拼站精度。如果需要将断面坐标统一到绝对坐标系中,需要用全站仪测出一些标靶球的绝对坐标,作为坐标转换的控制点。

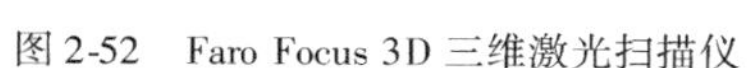
图 2-52　Faro Focus 3D 三维激光扫描仪

图 2-53　隧道原始数据采集

2)数据预处理

在点云后处理软件中,根据测站间共有的标靶球拼接各个测站的点云数据。原始的点云数据中存在噪声点及其他无用数据,比如工作人员、各类障碍物等,这些都需要在后处理软件中剔除,隧道点云视图如图 2-54 所示。

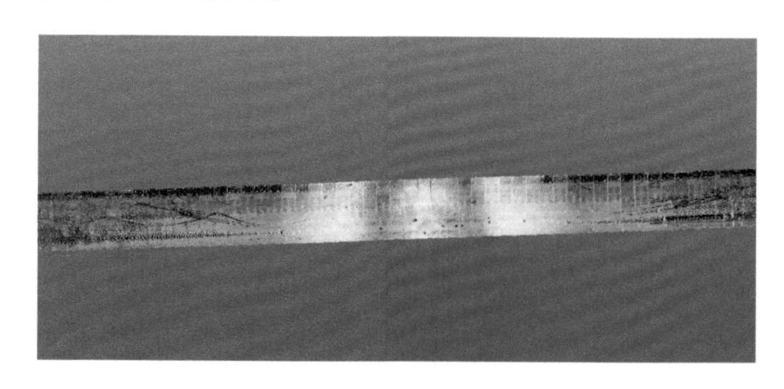

图 2-54　隧道点云视图

3)隧道断面截取(图 2-55)

在专业软件中,根据点云确定出隧道的中心线,并沿其法线方向按一定间隔截取隧道的断面图。

图 2-55　车站断面截图

4)成果输出(图 2-56)

将截取的断面图输出成 DWG 格式文件,以方便其进行量测分析。

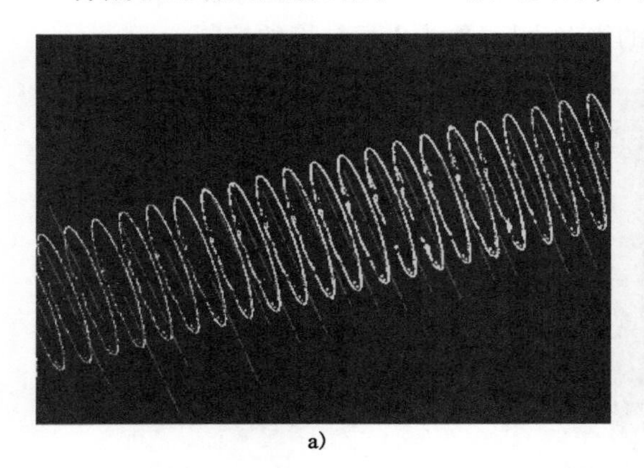

a)

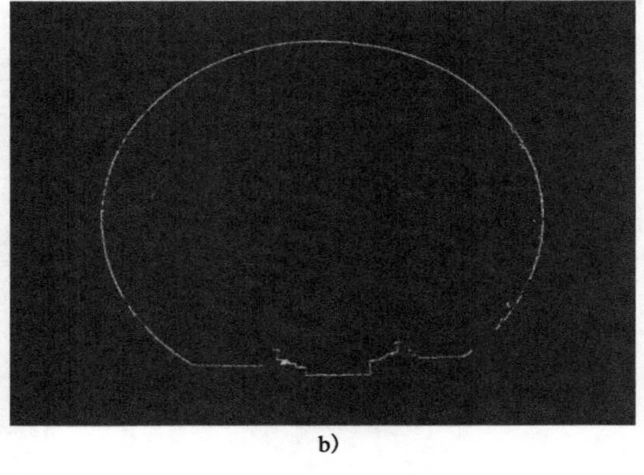

b)

图 2-56　输出成 CAD 格式的断面图

比较2D：3064/9

方法：三维编差

图 2-57　与原始数据对比图

5)对比分析

将断面成果数据与原始设计数据或多次监测的数据对比,生成对比成果图(图 2-57)和表格数据。

6)精度分析

(1)仪器本身精度:Faro Focus 3D 三维激光扫描仪 25m 内的系统距离误差不大于 ±2mm。

(2)对同一位置隧道分别用全站仪和扫描仪进行数据采集,进行数据分析,精度保持一致。

2.9　远程视频测量系统在地铁监测中的应用

地铁基坑监控监测是施工中重要的质量安全控制环节。随着物联网技术的不断发展,利用无处不在的网络将独立、分散的智能设备和各类传感器进行联网,通过与行业特点相结合,实现实时多角度地对基坑施工的质量安全进行综合监测监控,是近年来基坑施工管理的发展趋势。智能远程视频监控监测系统就是充分运用机器视觉、现代传感、网络通信等物联网技术在地铁基坑监控监测中的创新实践成果。

该系统基于信息传感设备和网络化自动控制技术，在远程视频监控的基础之上实现了激光测距和定位、巡航、扫描和数据信息采集功能，通过融合视频图像和三维空间集成算法，进行信息交换和通信，按约定的协议与互联网相连接，实现对监控目标的远程智能化测量、监控和管理。相较于传统监测方式，本系统无须人员进入实地现场进行监测，可通过前期在远离危险源处安装终端设备（智能测距摄像机），对目标物坐标数据和图像信息同时进行采集，信号、数据通过互联网传输，整个过程只需一次安装即可实现对于远程对基坑位移的网络化自动监控监测。管理人员可以在异地登录，随时查询系统的监测监控情况，也对于各个不同地域的任意点进行实时随机抽检、抽测、监控，极大的提升管理效能，同时也保证了数据的真实性与准确性。利用该系统收集到的图像、数据等信息，对结构的承载能力、运营状态，对基坑、边坡状态和安全进行评估，进而科学地指导工程决策，实施有效的维修与加固工作，以满足设计预定的功能要求。

2.9.1 远程视频测量系统组成

智能远程视频监控监测系统（图2-58）由三部分组成：前端施工现场监控监测终端、传输网络、中心管理云平台。结构示意图如图2-59所示。

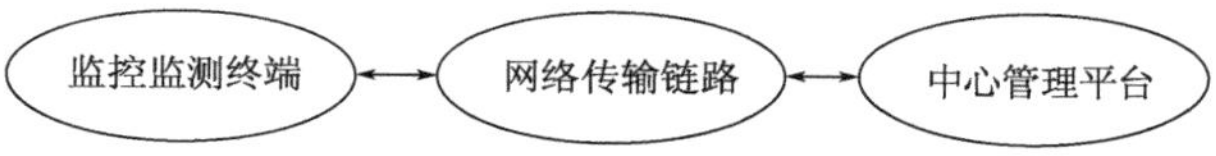

监控监测终端 ⟷ 网络传输链路 ⟷ 中心管理平台

图2-58 远程视频测量系统组成图

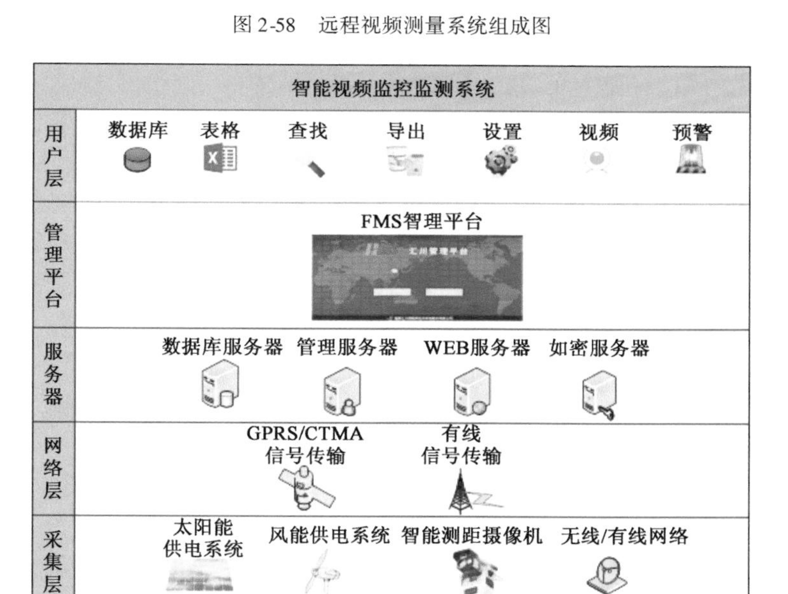

图2-59 结构示意图

工地前端监控监测终端系统：系统由智能测距摄像机（视频监控测量仪）和智能服务器组成。该系统是基于新一代物联网信息技术，利用高精密云台、图像传感器、激光距离传感器、光栅角度传感器等信息传感设备和网络化自动控制技术，对目标物体的数据信息进行采集，通过融合视频图像和三维空间集成算法，进行信息交换和通信，按约定的协议与互联网相连接，实现对监控目标的远程智能化测量、监控和管理。

网络传输链：兼容有线（光纤宽带）和无线传输（3G/4G）。

2.9.2 智能型测距摄像机介绍

智能测距摄像机（图2-60）（远程视频测量仪）由高精密云台、图像传感器、激光距离传感器、光栅角度传感器等构成。

a)

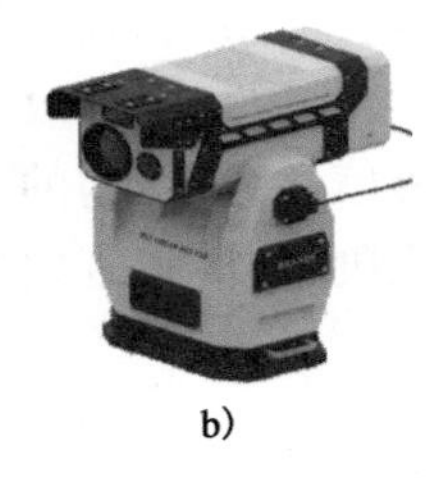

b)

c)

图2-60 智能测距摄像机

作为监控测量使用的高精密云台，区别于传统云台产品，对设备的结构设计精度、加工精度以及测试的标准都远超通用监控领域产品标准，智能测距摄像机主要结构件加工精度误差控制在0.001mm以内。

激光距离传感器为定制开发，带免棱镜测距功能，激光测程不小于100m，激光精度 $\pm(5\text{mm}+3\times10^{-6}\cdot D)$，适应高温、低温、潮湿等不同的工作环境并确保测量精度。结合使用条件的原因，将激光器测量频率控制在2～5Hz，在保证工程建设使用环境正常使用的情况下，又能兼顾到产品使用寿命，避免激光器长时间使用后出现故障。

光栅角度编码器采用定制开发的绝对编码器，配合软件算法，不论安装位置如何改变，都无需重新校准产品，角度测量的精度达到在2″，确保智能测距摄像机的测量精度。

图像传感器分辨率≥200万像素，光学变焦≥20X，最低照度：彩色0.1lx，黑白0.01lx以上。

智能测距摄像机的智能控制服务器集成多种不同应用的算法，主要包括云台精密控制算法、激光跟踪算法、空间坐标定位算法、尺寸测量的算法等，经过多年的实验和积累，不断的优化改进，可满足建设工程中多种应用环境。

为适应应用场景的网络特殊性，产品采用边缘计算技术让设备能够第一时间响应用户的操作，只要接收到简单的指令后就会自动执行的操作，尽量降低对网络的要求，测量信息和数据以图片和录像的方式实时存储到云平台。

2.9.3 远程视频监控监测系统的特点及功能

本系统在远程视频监控的基础之上实现了激光测距和巡航、扫描功能，借助于物联网技术实现了对基坑、边坡等监控区域的位移远程实时监测。对位移变化情况进行统计、分析、预警。

相比于传统测量方法，本系统设备无须人员进入危险源实地测量，可通过前期在远离危险源处安装智能测距摄像机。整个过程只需一次安装便可实现对于远程对基坑、边坡位移量的自动化监控。

系统采用远程网络化监控监测，通过子母机联机数据共享机制实现了对于目标物坐标数

据和图像信息的同时采集，测量过程无需再去现场，管理者可随时利用网络对监测监控进行查询，也对于各个不同地域的任意点进行实时随机抽检、抽测、监控，极大的提升管理效能，同时也保证了数据的真实性与准确性。

(1)利用互联网远程操作对需要监测的位置通过实时视频设置预置点，系统设备会保存该点的信息(包括角度、距离等)。

(2)将多个预置点编辑成测量运动轨迹，轨迹中预置点的先后顺序可以任意设置。

(3)开启轨迹巡航后，设备会在轨迹中预置的几个预置点不间断的做巡航监测，巡航过程中系统自动采集检测到的预置点监测数值，监测数值变化时，系统通过区域点位位移分析算法，判断监测点位移变化。超出设定阈值时系统会发出告警提示。

(4)实时查看告警监测点的告警信息和实时图像信息。

(5)检测数据实时保存在管理平台，数据安全可靠。

(6)通过系统在实时视频监控区域上设定自动扫描范围，系统会进行全区域自动扫描采集相关数据，进行节点截图并自动拼接融合成施工现场全景大图，系统按时间序列进行存储。

(7)可随时按时间检索全景图，在全景图上点击需检查的部位，调阅相应部位节点细节图。

智能远程视频监控监测系统具备远程控制、设备自动定位、预置位自动监测(由监管人员预选定的位置，自动进行定时巡航监测、采集数据、拍照截图)、自动拍摄整体监控面并进行自动全景图拼接(含项目名称、时间等基础信息)、扫描数据自动存储、智能分析处理、检索等功能，可对目标物任意点的空间坐标进行测定，可对目标物位移变化量进行监测(图2-61)，可计算出目标物的尺寸(如测量空间任意两点之间的距离)、面积、体积等。

a)

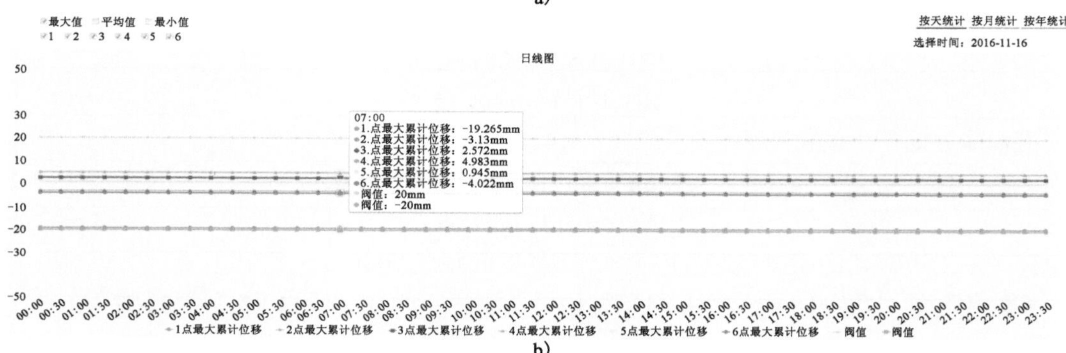

b)

图2-61 监测实景及测点位移示意图

利用系统实时监控及自动定位测量功能,可以自动形成施工项目实体施工全过程的影像日志(施工现场全景和施工节点),按时间序列进行存储,质量安全管理人员可随时回溯查看历史上某一天的项目实体现场大全景和任意节点施工情况,同时也可回溯查看某地理位置的节点的形成历史及情况,便于事中事后监督管理。

2.10 新型数字测斜仪

随着城市建设的发展,基坑施工的开挖深度越来越深,从最初的 5 ~ 7m 发展到目前最深已达 20 多米。由于地下土体性质、荷载条件、施工环境的复杂性,对在施工过程中引发的土体性状、环境、邻近建筑物、地下设施变化的监测已成了工程建设必不可少的重要环节。其中围护桩地下桩体的侧向位移、围护桩顶的水平位移以及基坑外侧的土体侧向位移都成为必不可少的检测项目。

测斜仪是基坑测斜常用仪器,它可精确地测量沿垂直方向土层或围护结构内部水平位移的工程测量仪器。测斜仪分为活动式和固定式两种,在基坑开挖支护监测中常用活动式测斜仪。活动式测斜仪按测头传感元件不同,又可细分为滑动电阻式、电阻片式、钢弦式及伺服加速度计式四种。

新型数字测斜仪主要以高精度伺服加速度计以及方位角传感器为敏感元件,要用于测量深基坑、边坡、地基等土体内部水平位移。广泛用于观测土石坝、堤防、山体边坡、建筑物基坑等土体内部的水平方向变化的大小、方向和速率。对于港口、铁路、公路、高层建筑等工程是一种必要的精密测量仪器。

HC-CX01B 型数字测斜仪具备自动寻北能力,可反映出测斜管自身的扭曲,更加科学直观地反映出位移的变化。

2.10.1 工作原理

1)仪器原理

新型数字测斜仪主要以高精度伺服加速度计以及方位角传感器为敏感元件。倾角传感器以水平面为参考,分别感应横滚轴 ROLL 和俯仰轴 PITCH(双轴测斜探头具备)的重力加速度 A,则相应轴的倾角为:

$$\mathrm{PITCH}=A\sin(Ay/1g) \tag{2-17}$$

$$\mathrm{ROLL}=A\sin(Ax/1g) \tag{2-18}$$

沿相应方向产生的位移为:

$$\Delta X=\sin(\mathrm{ROLL})\times L \tag{2-19}$$

$$\Delta Y=\sin(\mathrm{PITCH})\times L \tag{2-20}$$

式中:L——上下导轮的距离,新型测斜仪上下导轮间距为 500mm。

方位传感器采用各向异性磁阻(AMR)传感器感应 X,Y,Z 三分量磁场信号,则有:

$$Xh=X\times\cos(\mathrm{PITCH})+Y\times\sin(\mathrm{ROLL})\times\sin(\mathrm{PITCH})-Z\times\cos(\mathrm{ROLL})\times\sin(\mathrm{PITCH}) \tag{2-21}$$

$$Yh = Y \times \cos(\mathrm{ROLL}) + Z \times \sin(\mathrm{ROLL}) \tag{2-22}$$

Heading = arctan （Yh/Xh）；Heading 即为当前方位角，参考方向为正北；在计算出探头的位移方位后，能检测出测斜孔倾斜的日变规律，位移为正代表测斜孔向基坑方向倾斜，反之向相反倾斜。如配置双轴测斜探头，还可以监视测斜孔沿基坑平行方向的位移变化，并由此还可以绘制测斜孔的 3 维立体空间图形，更详细直观地反映测斜孔的倾斜变化。

测斜原理如图 2-62 所示。

注：ΔX 表示与相邻点比较，该点产生的位移量；$\sum\Delta X$表示该点与基准线总的位移量；L 表示测斜标距，取 500mm。

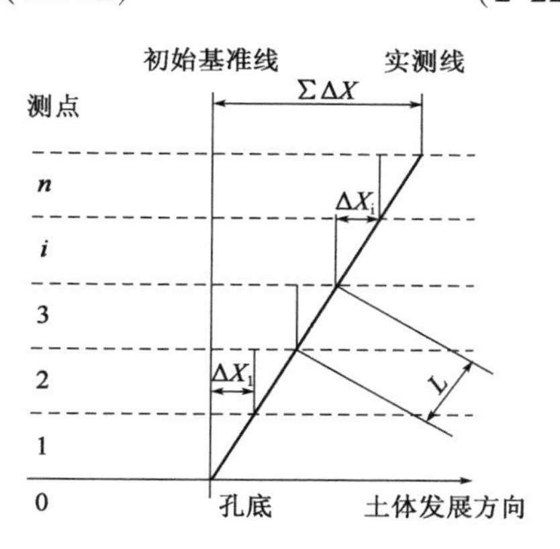

图 2-62　测斜原理图

在基坑开挖之前先将有四个相互垂直导槽的测斜管埋入围护结构或被支护的土体中。测量时，将活动式探头放入测斜管，使探头上的导向滚轮卡在测斜管内壁的导槽中，沿槽滚动，活动式探头可连续地测定沿测斜管整个深度的水平位移变化。由于测斜仪测得的是两对滚轮之间的相对位移，所以必须选择测斜管中的小动点作为量测的基准点，一般以管底端为小动点。如果桩、墙的插入比不大，不能保证底端不动，则必须以管顶为基准点，用经纬仪或其他手段测出该点的绝对水平位移，以推算出测管不同深度的绝对水平位移。当测斜管埋设足够深时，管底可以认为是位移小动点，管口的水平位移值就是各分段位移增量的总和。在测斜管两端都有水平位移的情况下，就需要实测管口的水平位移值，并向下推算各测点的水平位移值。

测斜管可以用于测单向位移，也可以测双向位移。测双向位移时，由两个方向的测量值求出其矢量和，得位移的最大值和方向。

2）测斜孔布设原则

（1）一般布置在基坑平面上挠曲计算值最大的位置，如悬臂式结构的长边中心，设置在水平支撑结构的两道支撑之间。

（2）基坑周围有重点监护对象[如建（构）筑物]、地下管线时，离其最近的围护段。

（3）基坑局部挖深加大或基坑开挖时围护结构暴露最早，得到监测结果后可指导后续施工的区段。

（4）测斜管中有一对槽口应自上而下始终垂直于基坑边线，以保证测得围护结构挠曲的最大值。

（5）因测斜仪的探头在管内每隔 0.5m（或 1.0m）测一读数，故对测斜管的接口位置应精确计算，避免接口设在探头滑轮停留处。

2.10.2　仪器构成与技术指标

1）仪器构成（图 2-63）

a)

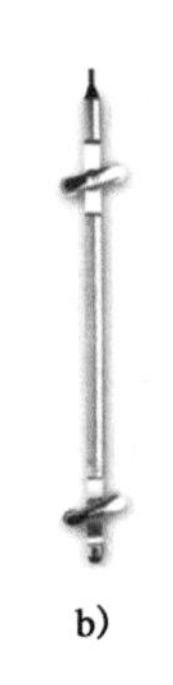
b)

c)

图 2-63　仪器构成

如图仪器主要由探头、深度计数器以及主机构成。技术指标见表 2-11。

仪器技术指标　　表 2-11

角度精度	0.003°	工作电压	DC12V ±5%
角度量程	±30°	整机功率	4.5W
位移精度	<0.02mm(间距 500mm)	工作时间	8h
方位精度	1°	充电时间	5h
记录方式	自动存储,连续采集	数据转存	无线/USB 可选
主机系统	Android.4.0 操作系统	抗震性	50000g
显示方式	640×480 TFT LED 型彩屏	电缆长度	50m(标配)
操作方式	触摸屏菜单式操作	主机尺寸	230mm×170mm×70mm
存储点数	1200000 个	探头尺寸	φ33mm×645mm
通讯方式	GPRS/4G/3G/2G 可选	GIS	实时定位

注:上海华测公司保留改进仪器,参数变化而通知不到所有客户的权利。

2)主要特点:

(1)现场成图,更加直观。

(2)告别传统的人工记录,人工计算的方式,采用自动存储,自动计算,自动成图数据自动上传云服务平台。

(3)自动生成规范化报表,提高工作高效率。

(4)高性能处理器,800MHz 主频,处理速度更快。

(5)自动寻北,能直观地反映测斜管的扭曲状态。

(6)系统支持数据现场查看以及实时同步上传云平台。

(7)支持 GIS 实时定位功能,支持自动化数据覆盖复测。

2.10.3　仪器操作

(1)仪器接通电源,进入现场操作系统后,仪器自动加载采集软件(图 2-64),采集软件自动加载。

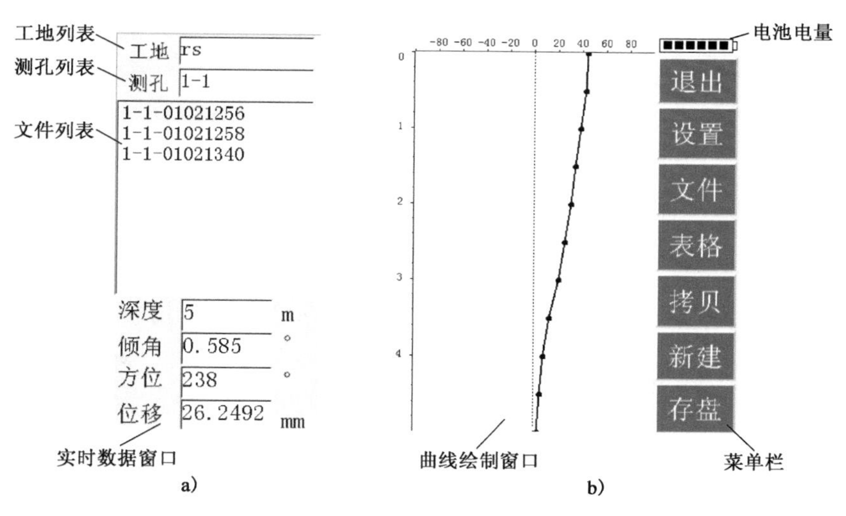

图 2-64　自动加载采集软件

将探头信号接头按槽对准插入仪器面板，将探头正方向对准基坑方向，顺槽管而下，放置孔底，读取孔深。

（2）点击 新建 菜单，按照如图 2-65 所示设置各项参数。

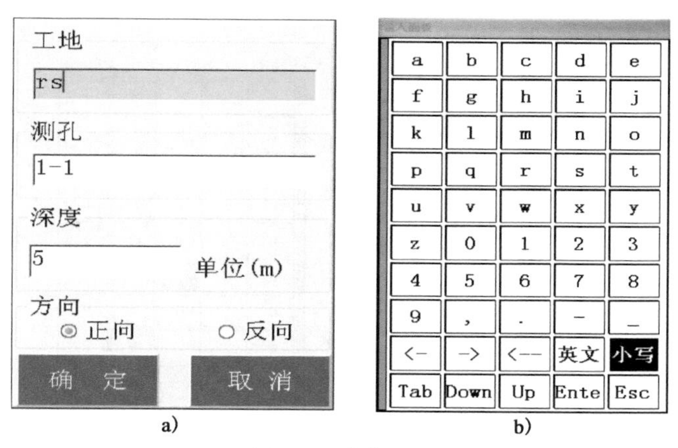

图 2-65　参数设置

请先进行正向检测，（探头正向对准基坑方向），点击 确定 键开始采集数据。采集过程中主机自动绘制水平位移 ΔX 与深度 H 变化曲线（图 2-66）。

如左图点击左图中横/纵坐标相应位置，可设置坐标最大值。

（3）点击 设置 菜单设置当前时间以及检测模式，如图 2-67 所示。

本系统提供全自动和手动控制两种模式。

①自动模式：为保证提升和下放电缆舒畅，设计专用的导向定位轮。采用变速装置，确保系统在低功耗的状态下保证足够扭力输出。传动电机设计有保护预警装置，防止测斜仪在测斜管中卡住，而导致系统损坏。

从下往上连续匀速提升探头，仪器默认为自动模式，此时仪器连续采样，自动存储测点数据,深度归零后自动保存文件。

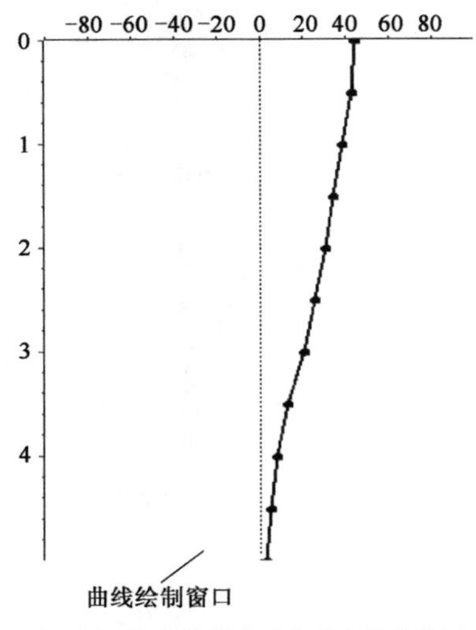

图 2-66　自动绘制水平位移变化曲线图

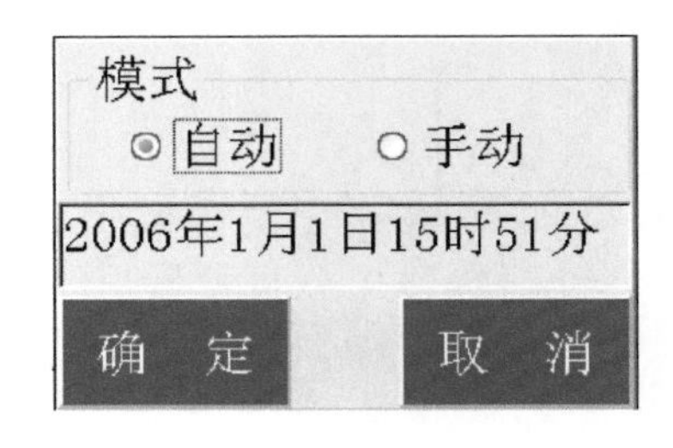

图 2-67　模式选择

②手动模式:每提升 0.5m,手动保存测点数据,当探头提升至孔口,手动保存文件。检测完成后,再进行反向检测(探头正向对准基坑相反方向),操作同上。将光标选中时间显示框,可设置当前时间,如图 2-68 所示。

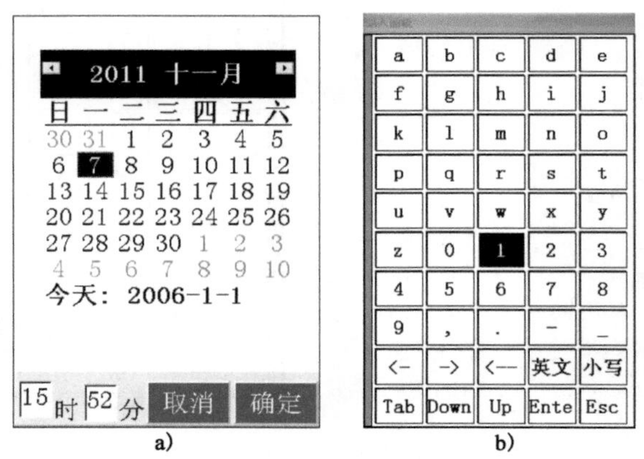

图 2-68　日期设置

(4)点击文件菜单进入文件管理窗口,如图 2-69 所示。

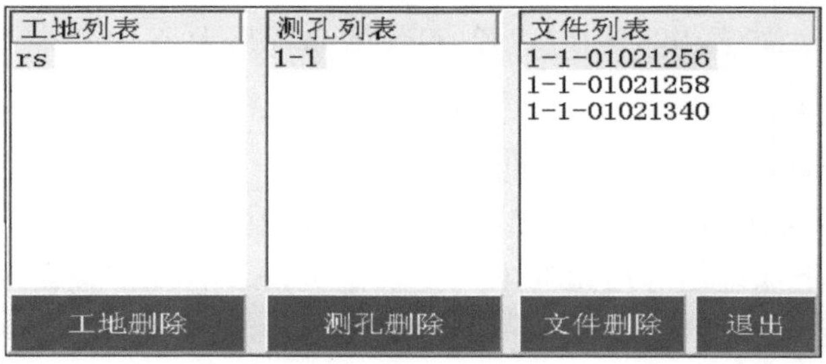

图 2-69　文件管理

(5)点击[表格]菜单,查看当前文件的原始数据,如图2-70所示。

(6)将光标选中工地列表,可切换当前工地,如图2-71a)所示,选中测孔列表,选择需要查看的测孔数据,如图2-71b)所示。

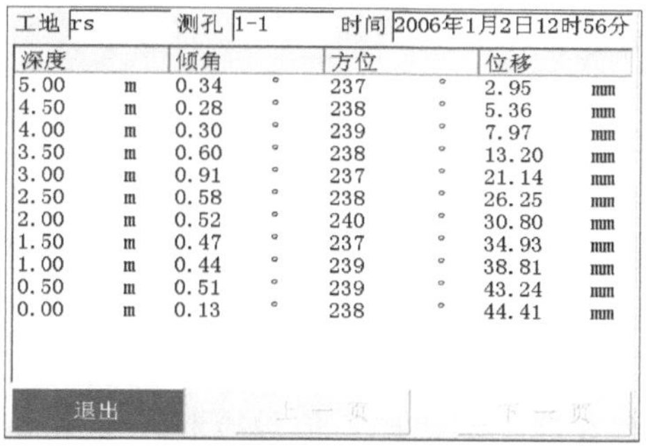

工地 rs　测孔 1-1　时间 2006年1月2日12时56分

深度		倾角		方位		位移	
5.00	m	0.34	°	237	°	2.95	mm
4.50	m	0.28	°	238	°	5.36	mm
4.00	m	0.30	°	239	°	7.97	mm
3.50	m	0.60	°	238	°	13.20	mm
3.00	m	0.91	°	237	°	21.14	mm
2.50	m	0.58	°	238	°	26.25	mm
2.00	m	0.52	°	240	°	30.80	mm
1.50	m	0.47	°	237	°	34.93	mm
1.00	m	0.44	°	239	°	38.81	mm
0.50	m	0.51	°	239	°	43.24	mm
0.00	m	0.13	°	238	°	44.41	mm

退出　上一页　下一页

图2-70　查看原始文件

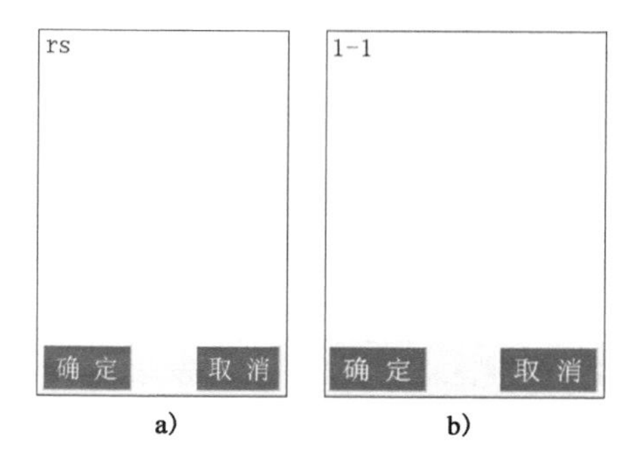

图2-71　工地列表

执行、拷贝、功能,可直接将当前工地数据拷贝到U盘。

(7)仪器计算方法。规定面对基坑方向倾斜为正方向值,背离基坑方向为负方向值。测孔时,正反方向各测一次,将正向测值V正、180°反方向值V负代入式(2-23)计算,即得到该点位置ΔV的数值。

$$\Delta i = 0.5(V_{正} - V_{负}) \tag{2-23}$$

本测斜仪,采用生产标准:《倾斜仪、水平仪通用规范》(SJ 20873—2003)基于高精度测斜传感器和温度补偿和滤波算法,实现高性能、高精度测量,通过自动化采集分析和实时显示、数据实时上报,节省大量的人力物力,提高作业效率。同时不受天气影响,适合各种野外环境,是目前基坑、边坡、地基测斜的专用测量仪器。

2.11　惯性导航系统在地铁轨道检测中应用

随着地铁运营里程不断增加,其运行安全性和舒适性挑战就越大,需要更先进的设备对运营线路的轨道质量状况进行检测。轨道会由于长期的使用造成的磨损、沉降、扣件松动等原因而发生变化,致使轨道局部位置发生改变,轻则影响列车运行舒适性,重则可能引发不可估量的安全事故。

目前地铁采用较普遍的轨道检测方式为:轨道几何状态沿用传统有砟轨道拉弦线的方式进行轨道检测,这种检测方式精度低;精度较高的管片(整个地铁隧道)监测方式为水准仪,效率低且无法对管片的平面变化进行高精度的监测。

而全站仪自动化监测系统,其成本高,且只适合一站通视的监测环境、小范围内三维位移监测。

地铁轨道检测面临的挑战:

(1)轨道控制网采用导线方式,精度较低,无法照搬使用常规轨检仪来完成地铁轨道的高精度检测。

(2)采用水准仪监测精度高,但效率低。因为天窗期作业时间非常短,仅需几小时。

(3)无法对轨道平面位置进行有效的监测。

(4)传统拉弦线的方式,无法全面的对轨距、水平(超高)、轨向、高低、三角坑进行检测。

利用惯性导航系统技术完成轨道的快速检测,更好地解决了地铁快速发展与运营维护技术设备落后的冲突,实现地铁线路全线检测完整化方案。

2.11.1 惯性导航系统的发展

将运动物体从起始点导引到目的地的技术或方法称为导航。自古以来,人们一直利用天上的星星进行导航,特别是利用北极星来确定方向。随着科学技术的发展,导航渐渐发展成为一门专门研究导航原理方法和导航技术装置的学科。

1949 年,J. H. Laning, Jr. 发表名为"The vector analysis of finite rotations and angles"的报告,建立了捷联式惯性导航的理论基础;同时,美国麻省理工学院德雷伯教授验证了平台式惯导系统的可行性。

1953 年,德雷伯教授作为将惯性导航系统用于飞机上的开拓者,将纯惯性导航系统安装到一架 B-29 远程轰炸机上,首次实现了横贯美国大陆的飞行,飞行时间长达 10h,证实了纯惯性导航在飞机上应用的技术可行性。但一直到 60 年代初才用于军用飞机,而直到 70 年代初期商用飞机还没有装配公认可行的惯性导航仪。

1958 年美国"鹦鹉螺"号装备液浮陀螺平台惯性导航系统的核潜艇,从珍珠港附近潜入冰层以下的深海进行远程航行,潜航 96h 顺利穿过北极点,到达欧洲波斯兰港,此次航行历时 21d,航程 1830 海里,露出水面时,其实际位置和计算位置仅差几海里。

1960 年,世界上第一套飞机惯性导航系统(LN-3)出厂,但当时美国空军可能出自谨慎考虑,把它装在了西德空军的一架 F-104 军用飞机上,试飞结果非常满意。自此以后,美国和西方发达国家的空军开始在各类军用机上装备惯性导航系统。静电陀螺出现后,先后在核潜艇和远程飞机上装备静电陀螺平台式惯性导航系统。其中 B-52 远程轰炸机上的 GEANS 惯性导航系统精度可达 0.04n mile/h。

在 60 年代末,一些机构进行从平台惯性导航系统到捷联式惯性导航系统的过渡研究。捷联式惯性导航系统将惯性传感器与载体固联,减少了框架式的平台结构,降低了重量、复杂性和成本,同时提高了可靠性。

在 70 年代计算能力提高,捷联速率敏感器件迅速发展,尤其是改进的环形激光陀螺(RLG)具有极好的标度因数线性度、对载体加速度敏感性低,适合于军事和商用飞机使用的动态范围。在霍尼威尔公司研制出 GG-1300 型激光陀螺仪以后,1975 年基于激光陀螺仪的捷联惯性导航系统在战术飞机上试飞成功,1976 年在战术导弹上试验成功,捷联惯性导航系统迅速发展,进入大量应用的时期。

80 年代后,在美国,空军把激光陀螺应用到空军系统中,海军把激光陀螺惯性导航系统用到舰载飞机中,陆军把激光陀螺用于陆军飞机的定位/导航、监/侦察、火控以及飞行控制系统。

90 年代,根据先进巡航导弹和战术飞机导航的要求,美国进行了激光陀螺捷联性能的研究。这一时期航空惯性导航的典型代表是 LITTON 公司的环形激光陀螺,捷联惯导系统 LN-93,美国霍尼韦尔(Honeywell)公司的环形激光陀螺,捷联惯导系统 H-423,这些系统作为通用导航系统,应用于多种武器系统。

惯性导航历经60多年的发展,其导航定位的精度也越来越高,但是它具有原理误差。惯性导航系统是一种推算式的导航定位系统,自主性强,工作环境不受限制,但定位误差随着时间积累,主要与陀螺和加速度计的精度有关。在要求自主性的应用场合,惯性导航系统是不可替代的。惯性导航系统鲜明的优缺点和巨大的需求,既促进惯性器件性能的不断提高和采用新原理的惯性传感器不断产生,也促进了惯性及其组合导航技术的发展。

我国的惯性导航系统的研制从20世纪70年代开始,经过三十多年的研究与技术攻关,走过了从液浮陀螺仪、加速度计到挠性、从平台到捷联、从纯惯性导航到惯性/GPS组合导航的过程。目前,我国自行研制的第一代机载中等精度、高等精度挠性平台式惯性导航系统已发展成一个系列,并已批量装机使用。低成本、中等精度的挠性捷联惯性已经完成试飞、试用,并进入生产。但由于受国内制造工艺水平的限制和国外技术先进国家的技术封锁,高等精度的激光陀螺、光纤陀螺还处在研制阶段。现在我国自行设计的导弹和卫星用的惯性仪表与系统已投入批量生产。1999年11月21日我国第一艘宇宙飞船试验飞行取得了成功,宇宙飞船的胜利升空、入轨、安全返回地面,标志着我国的惯性技术已经达到了相当的水平。尽管如此,我国与国外先进技术相比,还有相当大的差距。

2.11.2 惯性导航系统的原理

惯性导航是一种自主式的导航方式。组成惯性导航的设备都安装在载体上,和外界不发生任何光、电联系,因此隐蔽性好,工作不受气象条件的限制。它完全依靠载体上安装的传感器的测量信息,推算出载体瞬时的速度、位置和姿态信息,自主地完成导航任务。惯性导航的这一优点,使其成为一种广泛使用的主要导航方法,在导航技术中占有突出的地位。

惯性导航的基本工作原理是以牛顿力学定律为基础,利用加速度计连续的进行测量,从中提取运动载体相对导航坐标系的加速度信息;通过一次积分运算得到载体相对导航坐标系的即时速度信息;再通过一次积分运算得到载体相对导航坐标系的位置信息。通过陀螺仪测量和计算,可得到载体相对于导航坐标系的姿态信息,即航向角,俯仰角和横滚角。于是通过惯性导航系统的工作,可测得载体全部导航参数。

惯性导航的物理结构上分为两大类:平台式惯性导航系统和捷联式惯性导航系统,前者具有物理实体的导航平台,而后者则没有物理实体的导航平台,而将完成平台功能的职能存储在计算机里,构成了"数学平台"。如图2-72所示给出了平台惯性导航系统原理图。

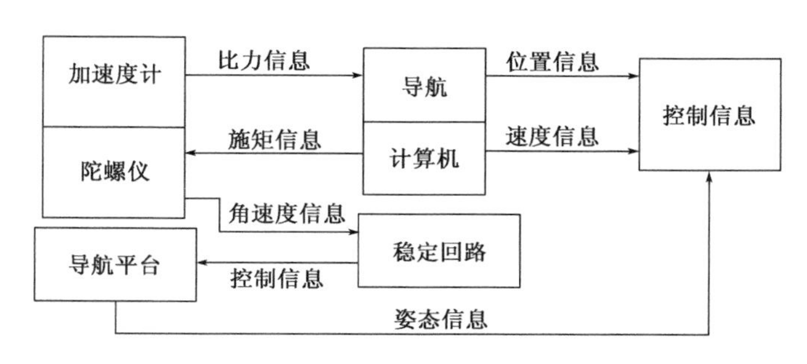

图2-72 平台式惯性导航系统原理图

由图可见,加速度计和陀螺仪安装在惯性平台上,加速度计为导航计算机的计算提供加速度信息。导航计算机根据加速度信息和由控制台给定的初始条件进行导航计算,得出载体的导航参数,一方面送去显示器显示,一方面形成对平台的指角速度信息,施加给平台上的一组陀螺仪,再通过平台的稳定回路控制平台精确跟踪选定的导航坐标系。另外,从平台框架轴上的角传感器可以获得载体的姿态信息并送往显示器显示。

在平台惯性导航系统中,惯性平台成为系统结构的主体,其体积和重量约占整个系统的一半,而陀螺仪和加速度计却只占有平台重量的1/7左右。平台本身又是一个高精度的结构十分复杂的机电控制系统,它所需要的加工制造成本大约要占整个系统费用的2/5。特别是由于结构复杂,故障率较高,使惯导系统工作的可靠性受到很大的影响。正是出于这方面的考虑,在20个世纪50年代发展平台惯性导航系统的同时,人们就开始了另一种惯性导航系统的研究,这就是捷联惯性导航系统。

捷联式惯性导航系统将陀螺和加速度计直接安装在载体上,惯性元件的敏感轴安置在载体坐标系三轴方向上。载体运动过程中,陀螺测定载体相对于惯性坐标系的运动角速度、并由此计算载体坐标系至导航坐标系的坐标变换矩阵。通过此矩阵,把加速度计测得的加速度信息变换至导航坐标系,然后进行导航计算,得到所需要的导航参数。

2.11.3 惯性导航系统在地铁轨道检测中产品实现

A-INS轨道检查仪(图2-73)是一款以带有辅助信息的惯性导航系统为核心测量单元,并辅以GNSS、全站仪、三维激光扫描仪、轨距尺、里程计、轨枕识别等多类高精度传感器对轨道进行动态精密测量的仪器。仪器在轨道上推行过程中即可测量出轨道的三维坐标及轨距等信息,极大提高轨道精密测量的速度;通过对数据的专业处理与分析,可直接获取轨距、水平、轨向、高低、正矢、扭曲、轨距变化率等各项轨道参数以进行轨道质量评估,对存在变形的轨道,可给出对应轨枕位置的调整量,用于指导轨道调整。

图2-73　A-INS轨道检查仪

以GNSS/INS及精密里程计/INS组合导航技术为基础,搭载多种传感器,采用多源数据融合技术,可推广应用至所有轨道及其周边的快速精密检测。

1)数据处理原理

A-INS系统配有全套数据处理软件,解决测量数据的处理算法。通过解决以下技术难点,将测量结果实现最优。①解决GNSS、全站仪、里程计等辅助信息对惯导运动状态的非完整性约束(NHC),以提高系统相对测量精度;②建立模型分析导航误差的时间相关性和时间/空间相对精度;③研究小车的运动速度和GNSS、全站仪、里程计位置辅助信息更新率对测量精度的影响,为实际系统硬件的结构设计和参数优化提供理论指导;④多传感器同时工作所产生的海量数据如何进行高速采集存储及同步融合以获得精准的多维轨道状态信息。

通过专业算法软件的解算后,数据精度可实现:①轨距重复性检测精度≤0.2mm;②水平

（超高）重复性检测精度≤0.2mm；③轨向检测重复性精度≤2mm；④高低检测重复性精度≤2mm；

2）数据处理结果

该线路为某地铁隧道。其线型复杂，水平方向包含直线、缓和曲线和圆曲线；垂向包含竖曲线和纵坡。现从短波不平顺（轨向和高低）两个角度来分析考察AINS与Amberg重复性。

如图2-74、图2-75所示，左轨轨向短波不平顺AINS与Amberg一致性非常好。将AINS与Amberg高低短波不平顺以里程对齐进行对比，为了看图方便，图中里程=实际里程-700m。

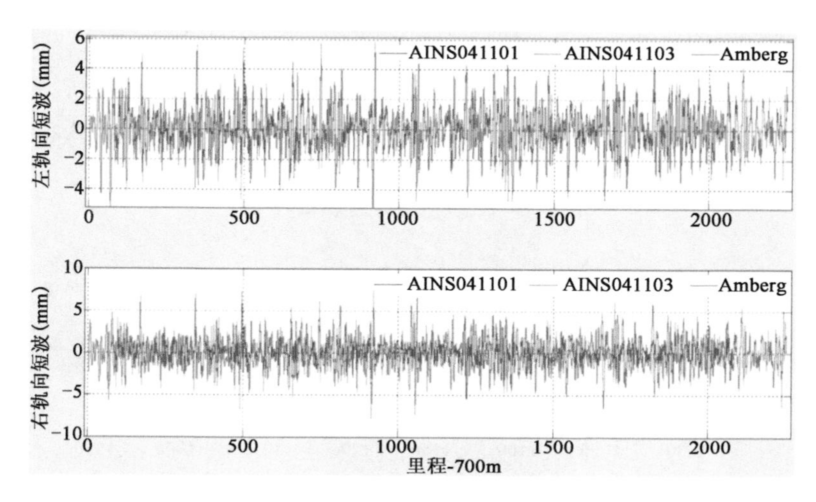

图2-74　轨向短波不平顺整体趋势图

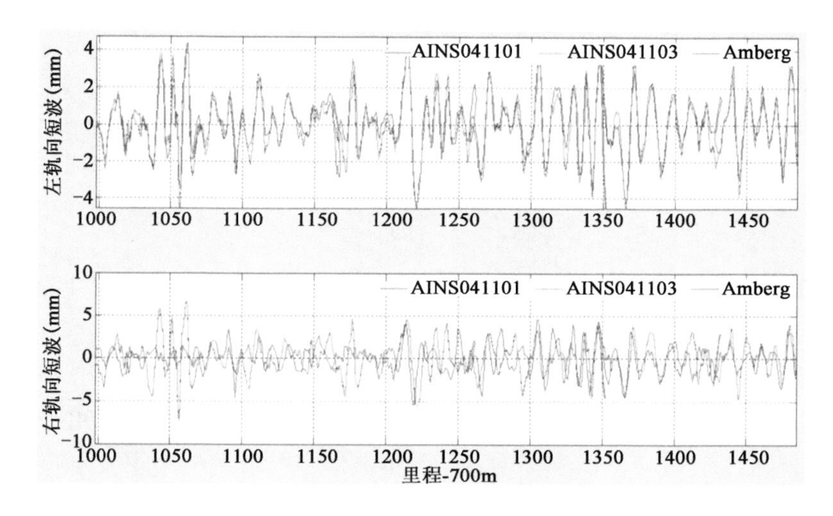

图2-75　轨向短波不平顺局部放大图

如图2-76、图2-77所示，左右轨高低短波不平顺AINS与Amberg一致性很好。但其中Amberg报表数据中存在较多的“里程重复”地段，这是搭接引起的，是采用这种测量方式的所有轨检小车的共性问题。

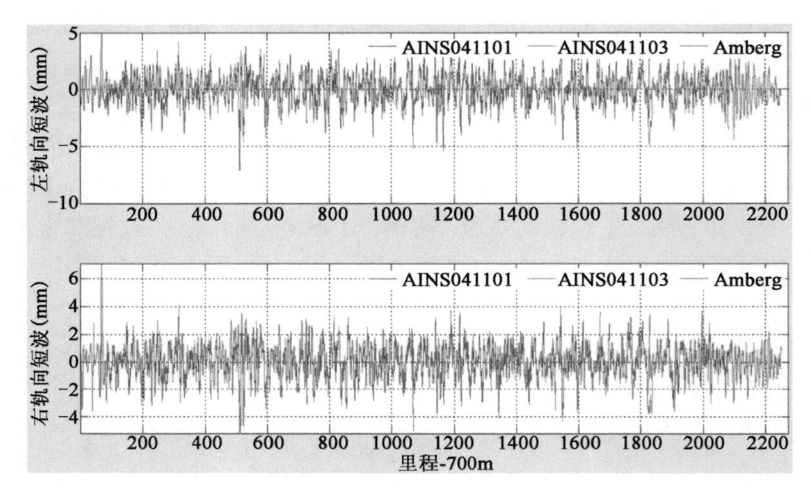

图 2-76　高低短波不平顺整体趋势图

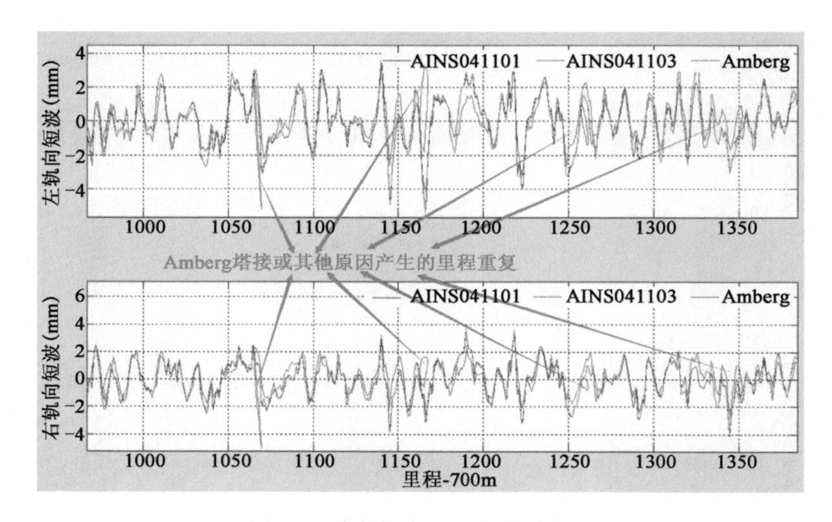

图 2-77　高低短波不平顺局部放大图

3）结论

采用惯性组合技术及先进的组合导航算法，精度高，速度快。从应用上丰富了地铁轨道检测方面的设备，解决了地铁轨道维护的难题，具有极高的推广价值。

2.12　测量机器人自动化监测系统

对地铁隧道的变形监测包括对周边环境、支护结构和周围岩土体等监测对象的竖向、水平、倾斜等变化所进行的量测工作。对地铁建设在地下空间的变形监测常采用以自动化全站仪为基础组成的自动化监测系统，在视野通透的情况下，对布设的监测点进行监测。要求采用全站仪的精度为 1″1mm + 2ppm，并具有自动跟踪锁定目标功能、边角后方交汇自由建站功能。

为满足亚毫米级的测量精度，全站仪设站测量的最长视距不大于150m。当左右两侧控制点的间距不超过300m时，全站仪前后视左右各4个控制点，得到全站仪的测站坐标，精度高。此时用全站仪获取监测点的坐标数据，监测点的数据精度也比较高。此测量方法可以有效地保证地铁地下空间监测点的高精度，在地铁隧道的变形监测中广泛应用。测量机器人自动化监测系统的工作示意图如图2-78所示。

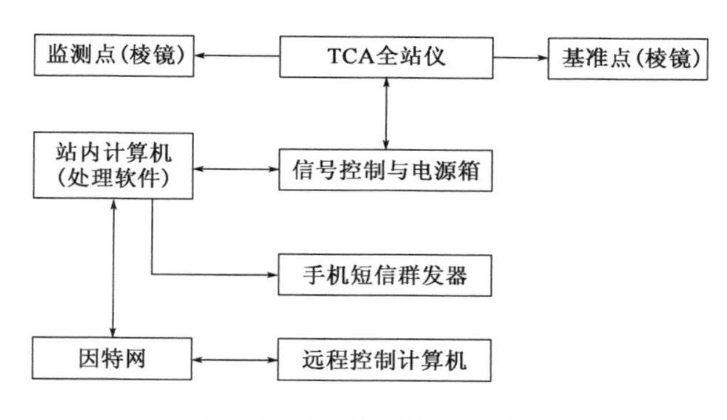

图2-78　安装好的系统示意图

此种方案适合全站仪监测一站通视的测量环境。当地铁监测环境受限，特别是遇到需要监测的线路过长或者监测区域处在曲线段的情况，一站式的全站仪自动化监测则不合适。

2.12.1　测量机器人自动化监测原理——全站仪联测

地铁运营时的自动化监测中，遇到需要监测的线路过长或者监测区域处在曲线段的情况，此时仅用一台全站仪是不能通视前后8个控制点，无法保证设站精度，也无法用一台全站仪测量所有的监测点。这是自动化监测中常面临的一个难点。

要解决地铁隧道的监测难题，必须要解决的技术难题是：①监测区域处于狭长地段，控制网形条件极差；②控制精度要求高；③算法要求整体平差、数据融合，数据精度一致；④使用两台甚至三台、四台全站仪及以上联测如何处理。全站仪联测自动化监测系统将引入高铁CPⅢ的测量原理，将联测技术运用到地铁隧道的测量，在技术上是可以实现的。

高速铁路无砟轨道施工建设需要布设高精度的轨道控制网（CPⅢ），轨道控制网（CPⅢ）是沿线路布设的三维控制网，起闭于基础平面控制网（CPⅠ）或线路控制网（CPⅡ），一般在线下工程施工完成后进行施测，为轨道施工和运营维护的基准。

采用后方交会法测量时，CPⅢ控制点的网型布设如图2-79所示。沿线路方向两侧，每隔约为50～60m设轨道控制点，每对轨道控制点的间距约为10～20m，沿线路方向在线路中间采用自由设站法观测设站点前后各3对轨道控制点。沿线路方向每隔500m左右，在线路旁边的转点上采用自由设站法，将离设站点最近的2～3个轨道控制点与事先布设的上一级精密控制点进行联测。在测量过程中，尽可能地在精密控制点上安置全站仪观测其他的精密控制点，以便得到方位约束条件。

地铁隧道监测遇到的难题与高速铁路CPⅢ测量中的问题和要求相似。高速铁路CPⅢ测量中，前后两段控制测量关系在搭接过程中，通过多对共点整体平差来实现前后段控制关系的连接,以满足工程施工需求。通过全站仪联测(图 2-80)自动化监测系统解决了地铁长隧道或监测区域处在曲线段的技术难题。

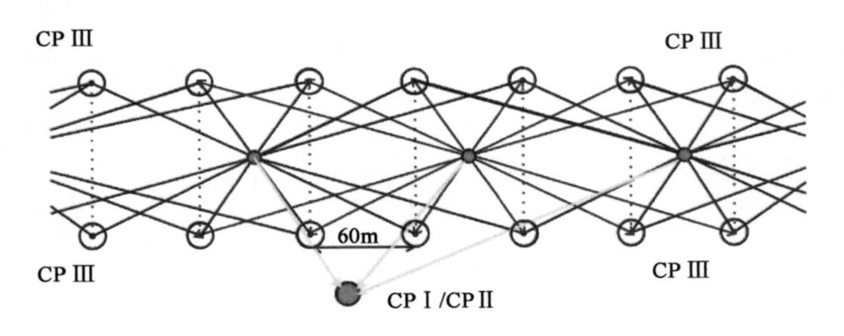

图 2-79 标准的 CPⅢ网网形与联测方法

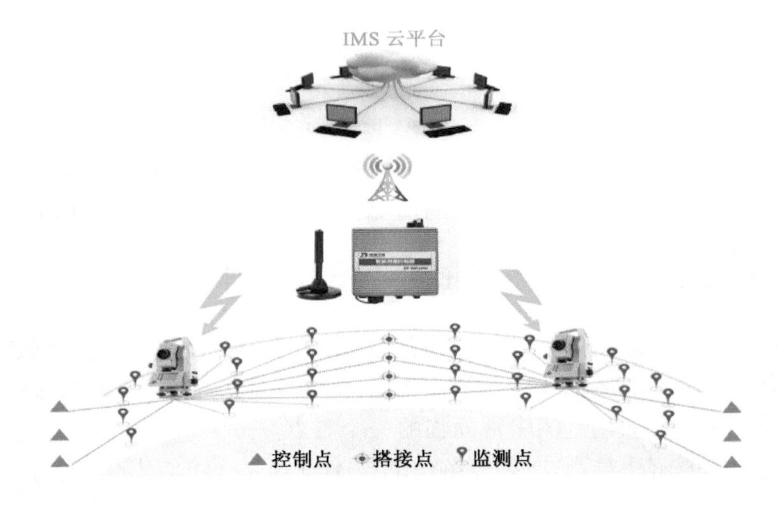

图 2-80 全站仪联测示意图

在地铁隧道监测里程内,由于现场测量机器人无法一站通视测得所有控制点及所有断面的监测点,故采取联测的方式对地铁轨道及隧道进行监测。自主研发的联测版自动化监测软件不受测量测量机器人的限制,现场仪器布设时,采用 1 号索佳 NET05X 全站仪,2 号采用徕卡 TS30。项目现场布设棱镜及仪器的安装如图 2-81 所示。

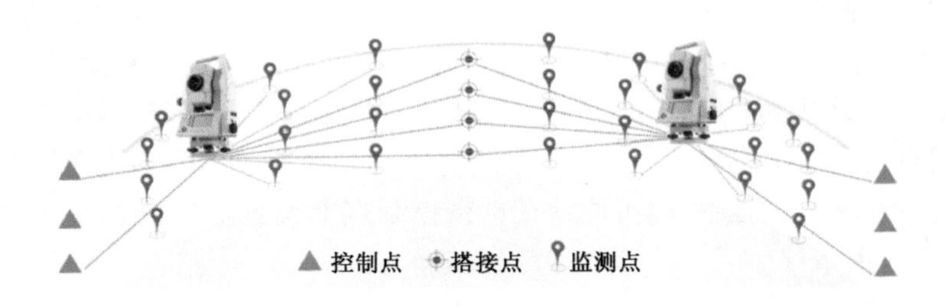

图 2-81 现场布设示意图

数据采集设备可由智能测量控制器DT-IMC-1000（图2-82）来完成，该控制器内置工业电脑系统，并具有RS485/RS422与现场各传感器进行数据传输与交互；同时设备内置WCDMA/GPRS模块，可通过移动/联通公网登陆Internet与数据服务中心进行交互。控制器可安装控制采集软件进行现场传感器的管理与控制，同时对上传数据进行预处理、分析及本地存储。

图2-82　智能测量控制器

该设备采用本地存贮+云端存贮双重保险措施，最大限度地保障监测数据的安全性和连续性。

现场数据与远程数据传输方式：

根据现场数据量的大小及整个监测系统的成本考虑，本系统中数据采集控制器与各节点传感器之间采用RS422/485的通讯方式，多节点串行组网，对于数据量不大，非实时性（<ms级的延时）系统是首选方案。该种传输方式可达到数百米甚至上千米的传输距离。

数据采集控制器与数据服务中心采用移动/联通公网无线传输的方式，该传输方式具有系统简单、安装方便的优势，同样由于本系统传输数据量小、实时性要求不高，运营成本（上网流量费）及网络小延时都可以忽略。

2.12.2　系统对于测量机器人的控制

测量机器人所获得原始监测数据，经过数据解算处理得到最终数据成果。以测量间接平差为基础，使监测结果达到最优，最终形成以全圆观测法和平差算法组合为基础的监测算法解决方案。该方案特点：

将网内所有点（包括测站点）都作为观测点，整体观测，整体平差。精度统一、平差效果最佳。自动探测网内所有点稳定性和位移量，方便数据分析。采集和解算信息丰富，原始观测值，观测质量判断信息（2C、I角、归零差、互差等）、点位中误差、平差改算值等所有信息齐备。

系统算法（全站仪）在监测应用中常见问题的处理简析见表2-12。

系统算法（全站仪）在监测应用中常见问题的处理简析　　表2-12

问　题	分　析	解决措施
监测点解算结果变化较大，整体突变，存在系统性的非真实位移，如何智能判断	仪器平台稳定性	远程读取仪器气泡值，判断仪器平台是否倾斜
	仪器测站位移	测站位移不影响监测结果，自动探测测站位移并给出测站位移值
	后视基准点不稳定	提供基准点观测信息及误差评估，综合判断基准点的稳定性
监测点的最大变形方向不一致，如何展示是难题	改算最大变形方向（基坑和地铁最普遍）	用坐标转换算法，建立与监测数据坐标相关联的最大位移方向展示坐标系

续上表

问题	分析	解决措施
大变形区域联测及联合解算	狭长区域的坐标基准传递	采用高速铁路控制测量算法，可高精度、长距离自动传递坐标基准
测量机器人型号太多，支持软件不统一	徕卡、索佳、拓普康多种型号	系统目前支持徕卡1800、2003、TS1200、TS15、TS30\50、TM30\50等；索佳拓普康NET05、SRX系列、DX系列

采用全圆观测法和先进的网内自探测算法技术，可自动探测网内所有点的观测质量及稳定性，保证监测网的成果解算稳定性。

系统（测量机器人）自动变形监测算法对比说明如表2-13所示。

系统（测量机器人）自动变形监测算法对比说明 表2-13

仪器设站区域	观测方法	测量算法	算法优势	算法劣势
测站在稳定区域	全圆观测	极坐标法	算法简单，易理解	检核条件少，难以探测后视及测站稳定性
	全圆观测	网内自探测技术	自动探测网内所有点观测质量及稳定性，误差评估、设站灵活、精度稳定	算法复杂
测站在变形区域	全圆观测	极坐标	测站处于变形区，无法单独使用此种算法	
	全圆观测	后方交会+极坐标	算法简单，易理解。 先进行后方交会计算测站坐标，再用极坐标法解算监测点坐标	无平差，误差累积效应导致数据结果误差大、稳定性较差，难以探测网内测站及控制点稳定性
	全圆观测	网内自探测技术	自动探测网内所有点观测质量及稳定性，误差评估、设站灵活、精度稳定	算法复杂

2.12.3 联测数据和数据解算处理

如表2-14、图2-83和图2-84所示，并结合车站内部结构联测数据图，表明用全站仪联测方案测量地下受限空间时，搭接点的累计变化量小、控制点的累积变化也小，这样有效地保证了每台全站仪测量时精确的设站坐标，从而得到更为准确的监测数据。全站仪的联测方案不仅在技术上满足地下受限空间的测量精度要求，而且对地铁隧道监测方法的技术创新有一定的实际参考价值。

某车站联测左线数据 表2-14

点名	周期	测回数	ΔE(mm)	ΔN(mm)	ΔP(mm)	ΔH(mm)	$\Sigma\Delta E$(mm)	$\Sigma\Delta N$(mm)	$\Sigma\Delta P$(mm)	$\Sigma\Delta H$(mm)
ZDJ1	945	2	-0.14	0.01	0.14	0.27	0.13	0.25	0.28	0.33
ZDJ2	945	2	-0.14	-0.04	0.15	0.22	0.25	0.17	0.3	0.28
ZDJ3	945	2	-0.17	-0.08	0.18	0.31	0.19	0.22	0.29	0.33
ZDJ4	945	2	-0.33	-0.03	0.33	0.2	0.23	0.15	0.28	0.05
ZDJ5	945	2	-0.28	-0.02	0.28	0.17	0.25	0.21	0.33	0.16

续上表

点名	周期	测回数	ΔE(mm)	ΔN(mm)	ΔP(mm)	ΔH(mm)	$\sum\Delta E$(mm)	$\sum\Delta N$(mm)	$\sum\Delta P$(mm)	$\sum\Delta H$(mm)
ZDJ6	945	2	-0.22	-0.06	0.23	0.18	0.23	0.13	0.26	0.09
ZDJ7	945	2	-0.19	-0.03	0.19	0.21	0.36	0.16	0.4	0.06
ZDJ8	945	2	-0.19	-0.05	0.19	0.28	0.2	0.14	0.25	0.37
ZDJ9	945	2	-0.18	0.01	0.18	0.26	0.2	0.19	0.28	0.27
ZDJ10	945	2	-0.3	0.04	0.31	0.21	0.2	0.21	0.29	0.2
ZDJ11	945	2	-0.32	0.08	0.33	0.19	0.16	0.29	0.33	0.11
ZDJ12	945	2	-0.33	0.07	0.34	0.13	0.21	0.23	0.31	0.1
ZDJ13	945	2	-0.27	-0.01	0.27	0.13	0.19	0.19	0.27	0.15
ZDJ14	945	2	-0.19	-0.13	0.23	0.13	0.26	0.17	0.31	0.2
ZDJ15	945	2	-0.17	-0.12	0.2	0.17	0.28	0.06	0.28	0.12
ZDJ16	945	2	-0.2	-0.03	0.2	0.21	0.23	0.21	0.31	0.12
ZDJ17	945	2	-0.19	0.01	0.19	0.12	0.33	0.28	0.44	0.17
ZD1-1	945	2	0.56	-0.15	0.58	0.56	0.41	0.22	0.47	0.22
ZD1-2	945	2	0.04	-0.04	0.06	0.08	0.37	0.22	0.44	0.22
ZD2-1	945	2	-0.75	-0.06	0.75	0.03	-0.31	0.16	0.35	-0.24
ZD2-2	945	2	-0.86	-0.19	0.88	-0.38	-0.31	0.17	0.36	-0.42
ZD2-3	945	2	-1.62	-0.14	1.62	-0.19	1.18	-0.02	1.18	-0.47
ZD2-4	945	2	-0.55	-0.25	0.6	0.2	0.09	-0.2	0.22	-0.19
ZD3-1	945	2	-0.36	0.04	0.36	-0.06	0.06	0.38	0.38	0.1
ZD3-2	945	2	-0.27	0.04	0.27	0.01	0.14	0.22	0.26	-0.5
ZD3-3	945	2	-3.9	-0.13	3.9	0.2	0	0.35	0.35	0.33
ZD3-4	945	2	-0.5	-0.05	0.5	0.14	-0.01	0.3	0.3	0.05
ZD4-1	945	2	-0.42	-0.03	0.42	0.1	0.06	0.26	0.27	-0.1
ZD4-2	945	2	-0.18	0.06	0.19	0.02	-0.77	0.25	0.81	-0.22
ZD4-3	945	2	-0.38	-0.07	0.39	0.09	-0.07	0.19	0.2	-0.1
ZD4-4	945	2	-0.38	-0.02	0.38	0.03	0.13	0.33	0.36	-0.33

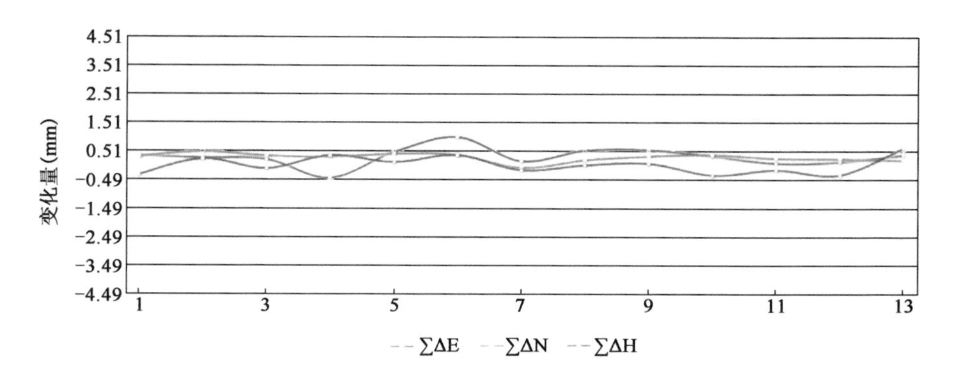

图2-83　左线控制点ZKZ1累计变化曲线图

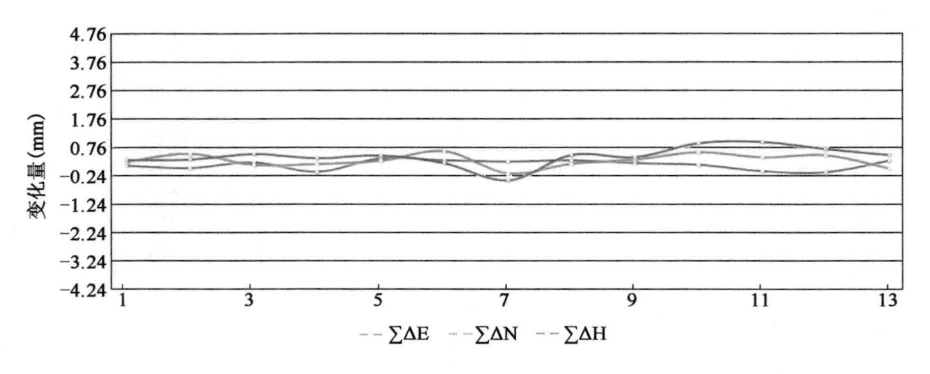

图 2-84　左线搭接点 ZDJ1 累计变化曲线图

2.13　围护结构变形控制与钢支撑伺服系统应用

从整个基坑支护体系分析,围护结构侧移主要与围护墙形式与刚度、支撑刚度以及土体性质相关。因此,一般工程中可通过增加围护墙深度与厚度、坑内外土体加固、增加支撑道数等措施来控制围护墙侧移。但对于轨道交通深基坑,一方面,以上变形控制措施的效费较低,通常需要增加较多的工程费用来达到变形控制的要求;另一方面,受邻近房屋、管线等施工场地条件的限制,一些措施常难以实施。总的来看,考虑到轨道交通深基坑自身特点及其周边环境条件,相对经济有效的变形控制手段十分有限。

事实上,轨道交通深基坑围护墙侧移明显大于计算值的情况,还与轨道交通深基坑普遍采用钢支撑作为支撑构件有关。一般轨道交通深基坑中,二道及以下支撑通常采用 ϕ609 或 ϕ800 的钢管支撑,其端部可复加轴力活络接头而起到支撑围护结构的作用,并满足基坑快速开挖施工的要求。钢支撑在支撑受力过程中会出现应力松弛带来的轴力损失,需要对其复加轴力而重新安装千斤顶并加载。但其工效低,每根钢支撑复加一次轴力需 2h,而几十根钢支撑的基坑在施工实施时很难做到及时复加轴力。同时普通钢支撑体系的轴力监测为人工监测,监测频率低且时效性差。因此,宁波地区地铁车站采用传统钢支撑体系的围护结构侧向变形介于 0.18%H 和 0.80%H 之间,平均值为 0.39%H,远超出规范允许值。

为克服钢支撑轴力损失问题,钢支撑伺服系统近年来在深基坑工程上取得了广泛应用。其由液压体系、支撑体系、测控体系三大体系构成。它的优势是可以实时自动化监测轴力,如果轴力损失低于轴力控制值下限,伺服系统会自动加压。其将深基坑钢支撑的轴力由被动受压和松弛的变形转变为主加压调控变形,根据紧邻深基坑保护对象的变形控制要求,主动进行基坑围护结构的变形调控,以满足紧邻深基坑保护对象的安全使用。

2.13.1　钢支撑伺服系统介绍

1)伺服系统原理

(1)钢支撑伺服系统通过油管输送,将油压泵液体原油输送到千斤顶中,驱动千斤顶伸缩,实现钢支撑加载。

(2)油泵工作压力由压力传感器检测,通过高压比例减压阀自动调定,组成闭环控制,保证千斤顶压力的连续可调性及控制精度。

(3)钢支撑轴力保持在设定压力下(此压力可调),当轴力下降至设定压力时能自动启动油泵(或蓄能器)进行补压,当轴力超过设定最大轴力值时,控制台可自动报警,由工作人员确认是否进行相关操作(保压或减压)。

(4)PLC 控制器是整个伺服系统的中枢,可实现电气系统的自动控制。操作面板上装有彩色触摸屏,可显示和设置系统工作状况、工作压力和超载报警等信息。

(5)PC 系统具有输入/输出/显示/操作/修改/存储/打印等功能。

(6)当动力电源断电时,整个电控系统由后备的 UPS 不间断电源供电,液压动力油源由手动泵提供,确保系统安全。

(7)在千斤顶顶升过程中,随时锁紧机械自锁装置,保证在自控系统突然失效情况下支撑不失效。

伺服系统流程图如图 2-85 所示。

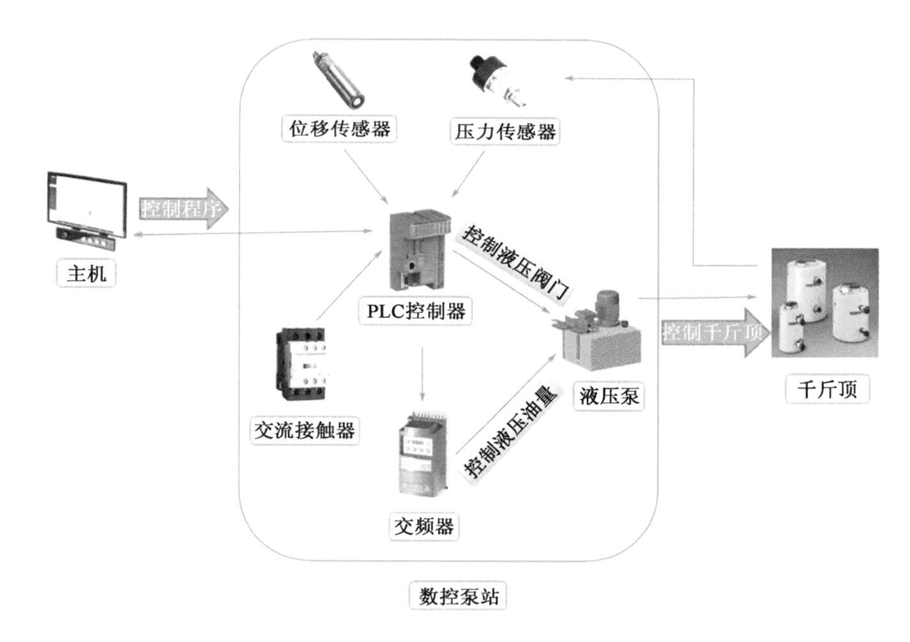

图 2-85 伺服系统流程图

2)TH-AFS(A)支撑轴力伺服系统相比传统轴力补偿系统的亮点

(1)采用了与千斤顶分离的双机械锁自锁装置(图 2-86)。具有以下优点:

①伺服端头和千斤顶独立工作,伺服端与千斤顶分离,故在千斤顶损坏需更换时,不会引起钢支撑的失压,降低了系统失效的可能性。

②双机械锁受力点分散,由于加设前端板,使受面积增大,降低冲切破坏的可能性。

③双机械锁提供双重保障,安全性能更高。

④伺服端头出厂之前进行了 50% 超载的预压试验,来进行伺服端头装置的可靠性能测试,确保了可靠性。

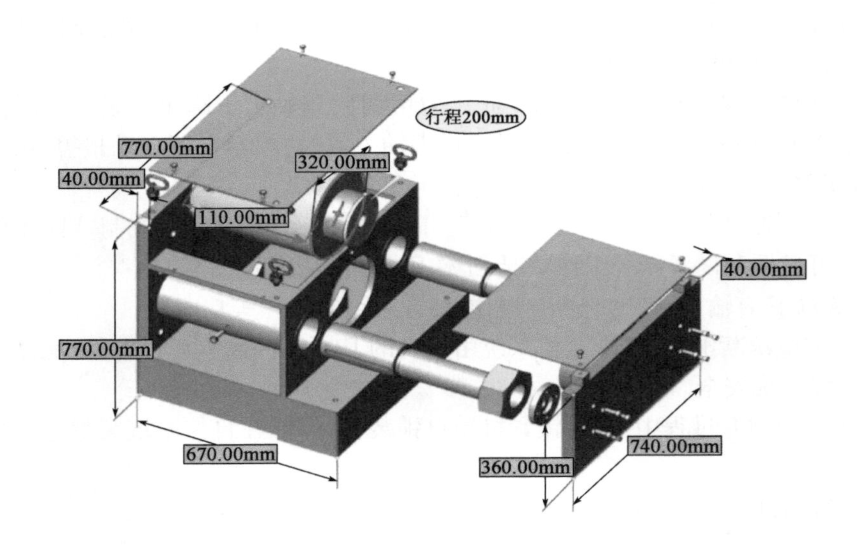

图 2-86　机械锁装置示意图

(2)液压系统内部安装了变频电机,通过控制变频电机的转速直接调整液压泵输出的液压油流量;并使用液控单向阀加三位四通带截止功能电磁换向阀对系统进行保压,提高了液压系统的精确性、稳定性及可靠性。

(3)电控系统失效或者系统断电时,液控单向阀为机械阀,与电无关,可以照常工作。三位四通(中位截止)电磁阀不通电时处于中位截止状态,油压不变。油缸内泄露时,千斤顶上下腔密封带隔离失效,但此时上腔仍处于封闭状态,由于上下腔面积差异大,下腔油液无法进入上腔,油缸位置不变,仍保持原先的轴力。

(4)TH-AFS(A)支撑轴力伺服系统的测控是以地连墙的位移变化为目标进行测控。数控泵站内置油压与位移传感器,能够实现轴力与位移双控,以位移控制为主控目标,提供轴力与位移的双重安全保障。

3)现场实施

(1)现场设备接电

施工用电采用 3 级安全用电(一级电箱、二级电箱、设备)。施工前需确定二级电箱的位置。与一级电箱连接前需报请总包方安全员(电工)批准,连接所用电缆必须使用国标三相五芯电缆。电箱就位后及时进行检测,确保现场的正常供电。

(2)设备调试(图 2-87)

调试之前,伺服泵站需添加 46 号抗磨液压油。每台泵站油箱容量约为 155L。系统上电后,分别测试系统上压、保压、电磁阀切换、手动加载、自动加载、通讯距离。

(3)捆扎油管和位移线

将位移线接上超声波传感器测试,确认正常后和两条油管一起用扎带绑扎,捆扎距离 50cm 左右。且位移线的两端要用电工胶带缠起来,防止进入异物。油管与油管连接采用对丝接头,每一处连接都要添加一个垫片。进油、回油管路应做好明显的标识,便于区分,捆扎油管及线缆现场图如图 2-88 所示。

图2-87 设备调试

图2-88 捆扎油管及线缆

(4)钢支撑及伺服头拼装

支撑头总成与钢支撑端面法兰使用高强度螺栓进行连接,支撑头总成连接面厚度为40mm,螺栓长度应不小于100mm。钢支撑拼接前,应测量支撑位置实际基坑宽度,并根据实测宽度进行配料。609支撑头长度为670mm,800支撑头长度为765mm。各型号千斤顶活塞行程均为200mm,考虑工作中的安全性,可工作行程 <180mm。由于后续加载及测控需预留部分行程,支撑头总成端面与地连墙之间距离须 <100mm。钢支撑拼装需符合以下要求:

①表面处理:在安装支撑之前,需对安装支撑部位的围护体表面进行处理,在以支撑为中心点的800×800范围内的围护突出部分混凝土凿平,平整度不小于2%,然后安装三角形支撑托架。

②支撑拼装连接:就位前,钢支撑先在地面预拼装到设计长度以检查支撑的平直度,其两端中心连线的偏差控制在20mm以内。拼装连接采用支撑钢管与钢管之间通过法兰盘以及螺栓连接(图2-89)的方法,由50t履带吊整体起吊安装。由于构件较长,采用四点吊,用短钢管在地面拼装时采用吊车配合。

③拼装好后放在坚实的地坪上用线绳两端拉直或用水准仪检查支撑管的平直度,若不平直要进行矫正。用钢尺检查钢支撑的长度,钢支撑拼接后的总长宜比设计长度小50~100mm,并检查支撑连接是否紧密、支撑管有无破损或变形、支撑两个端头是否平整,接头箱的焊缝是否饱满,经检查合格后用红油漆在支撑上编号,标明支撑的长度、安装的具体位置。

图2-89 支撑头与法兰盘连接

钢支撑及伺服端头的拼装需在钢支撑安装前2h前完成。

(5)钢支撑吊装与安装

每节段分层开挖至钢支撑架设的高度后(一般为钢支撑底标高以下0.5m左右),暴露出围护体上预埋件,立即放出支撑位置线及标高线。保证支撑与墙面垂直,位置适当。量出两个相对应接触点之间距离以校核已在地面上拼装好的支撑长度。

图 2-90　伺服端头安装完成示意图

在预埋板以及中间立柱上上焊接(托架)牛腿。然后将已拼装好的伺服端头与钢支撑用吊车水平吊放,在伺服端头与钢支撑活络头没有施加预应力之前,吊车不准松开钢支撑与伺服端头。吊装过程应缓慢下放,伺服端头与钢支撑不准碰到基坑围护结构以及其他钢支撑。钢支撑就位后,其轴线与定位轴线重合,竖向偏差控制在 20mm 内,水平偏差控制在 30mm 内。支撑两端的标高差和水平面偏差不大于 20mm 或支撑长度的 1/60。钢支撑需垂直于地下连续墙,伺服端头安装完成示意图如图 2-90所示。

(6)油管及数据线的安装(图 2-91)

油管与数据线从泵站上对应的油路及数据接口接出来,沿着地连墙墙边到达千斤顶上方。人员下坑后,安装超声波传感器,其端面与安装端面平齐,然后连接位移线,观察超声波传感器的指示灯是否正常。再连接油管,进油管连接千斤顶的下腔,回油管连接千斤顶的上腔,并添加垫片。然后用扎带将位移线和油管捆扎在支撑头上,使其接头处不要处于受力状态。

a)

b)

c)

图 2-91　现场安装图

(7)施加轴力

施加轴力应分级缓慢加压,支撑施加压力过程中,当出现钢支撑弯曲、焊点开裂等异常情况是应及时卸除压力,查明原因并采取适当措施后方可继续施加压力。轴力施加完成后需对所有的螺栓进行复紧。此时钢支撑整个架设过程完毕,从土方开挖完成至钢支撑架设完毕时间应不大于 6h。如轴力施加过程中出现千斤顶活塞行程不足的情况(千斤顶活塞行程 > 180mm),应停止加载,通知钢支撑施工单位添加垫块后方可继续加载。

(8)锁定机械锁

轴力施加到设计值的100%后持荷5min,人工锁住机械锁。机械锁首先锁到底位置,然后反转1/3圈,使机械锁与支撑头保留约2mm的间隙。完成后对机械锁添加护套,避免机械锁被现场泥浆、水泥浆污染。

(9)线缆的整理与保护

轴力施加完成后对油管线缆进行梳理,油管线缆应固定绑扎在预先埋设的线缆支架上,同一根支撑的油管走向应保持在同一水平面上,多余的线缆应卷曲绑扎。不同的线缆之间应留有一定的空隙,线缆严禁打结、缠绕。线缆固定完成后应对总包单位现场负责人进行交底,提醒工作到位,加强保护工作。

(10)钢支撑卸载

在接到总包单位的钢支撑拆除指令后对钢支撑进行拆除。拆除前先松开机械锁。拆除时为避免瞬间预加应力释放过大而导致结构局部变形开裂采用逐级卸载的方式,卸载分为三级,卸压至零时收回千斤顶活塞。接下来拆除油管及传感器接线,将超声波传感器拆除(超声波必须提前拆除,严禁在有超声波传感器的情况下对支撑头总成进行吊装作业)。油管接头和千斤顶接头用堵头旋紧,防止液压油泄漏。卸载中随时观察油泵邮箱的油尺,若液压油充满应及时将液压油抽取到油桶中。

4)测控方法及系统管理平台

(1)测控方法

传统的钢支撑轴力伺服系统仅以轴力控制变形量,由于力与位移的关系不明确,因此控制效果存在偏差。

TH-AFS(A)支撑轴力伺服系统的测控是以地连墙的位移变化为目标进行测控。数控泵站内置油压与位移传感器,能够实现轴力与位移双控,以位移控制为主控目标,提供轴力与位移的双重安全保障。

当钢支撑架好位移趋稳时,系统采集钢支撑的初始位移 S_0,并对系统中的位移传感器采样频率进行设置以定时地测定位移值。系统同时记录初始设计轴力,当钢支撑轴力或者位移超出设定值时,系统发出报警。当钢支撑的轴力及位移都在设定值范围内时,系统通过分析其位移变化速率及轴力变化来进行油压的控制,如果位移发生突变或者轴力急剧增大,系统将自动报警请示主机指示工作。整套系统通过位移与压力两个测量指标进行双控与修正,以位移变化为主控目标形成闭环控制,且在程序中考虑了温度变化引起钢支撑热胀冷缩带来的轴力与位移变化,提高了系统的精密程度。

(2)钢支撑伺服系统管理平台

支撑轴力伺服系统的轴力与位移数据物联网管理平台是基于Web技术的网络化行业应用程序,为土木工程深基坑开挖施工提供的一套系统化的安全控制及解决方案。平台将钢支撑的轴力与位移数据统一管理,系统化分析施工工程安全性,提供全方位全天候管理,确保工程风险快速展现,并进行及时应急处理,防患于未然。系统的架构图如图2-92所示。

①主要功能

支撑轴力伺服系统的物联网平台主要功能包括5个方面,如图2-93所示。

浏览器
手机APP
云数据库
云数据接口
3G
现场总控
3G
泵1
3G
泵2
3G
泵N
泵1
泵2
泵N

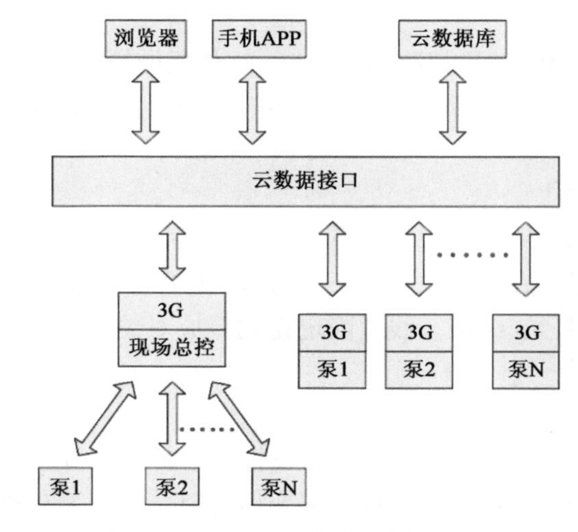

图 2-92 TH-AFS(A)控制系统软件界面

主要功能
数据查看
报表与统计
报警设置
事件记录
用户管理

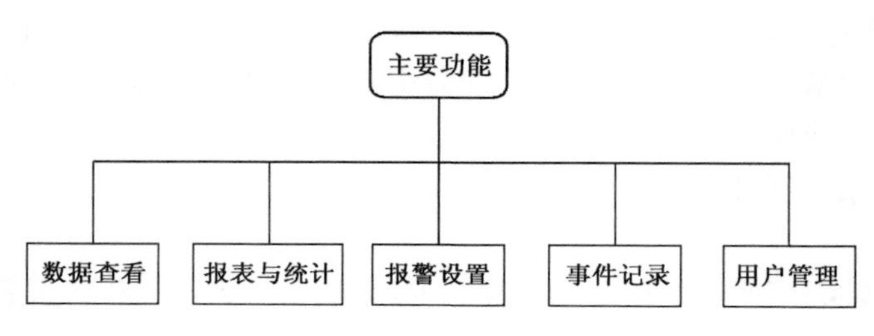

图 2-93 TH-AFS(A)控制系统功能

②软件界面

A. 登录与注册(图 2-94、图 2-95)。

登陆
用户名/电话邮箱
密码
记住账号
登陆
注册

图 2-94 登录页面(1)

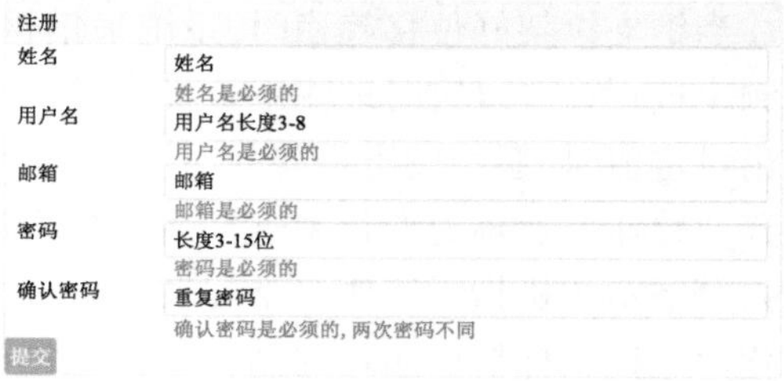

注册
姓名
姓名
姓名是必须的
用户名
用户名长度3-8
用户名是必须的
邮箱
邮箱
邮箱是必须的
密码
长度3-15位
密码是必须的
确认密码
重复密码
确认密码是必须的，两次密码不同
提交

图 2-95 登录页面(2)

B. 进入项目(图 2-96)。

C. 支撑平面显示。

添加支撑的三种工作模式:

a. 纯手动模式:启动面板按钮,独立控制各通道的加载卸载状态。

b. 标定模式:通过软件控制端启动各硬件的开关状态,可独立控制各阀门和电机的状态。

c. 远程自动模式(正常工作模式):输入目标控制值,控制实际压力(图 2-97)。

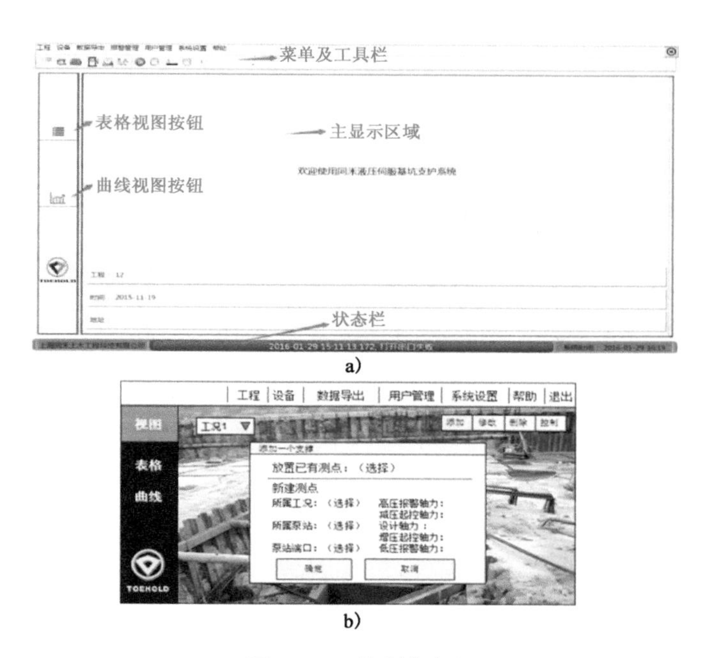

图 2-96　工况选择页面

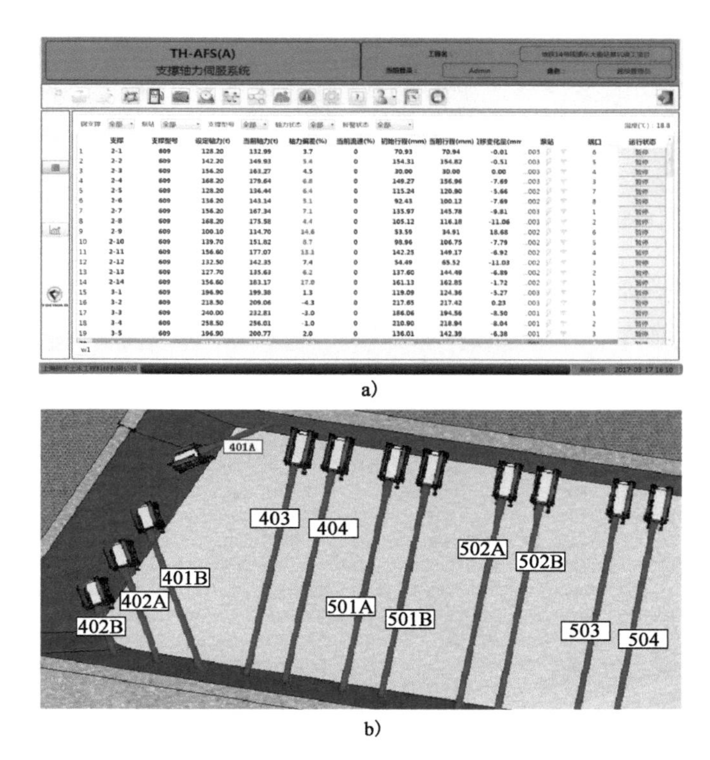

图 2-97　远程操作轴力

D. 数据曲线显示(图 2-98)。

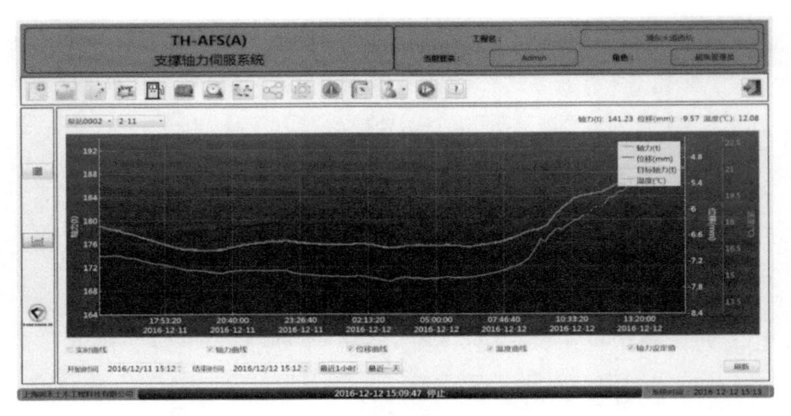

图 2-98　轴力曲线示意图

E. 数据表格显示(图 2-99)。

	支撑	轴力设定(t)	当前轴力(t)	当前流速(%)	力变化速率(t/	初始行程(mm	当前行程(mm	移变化量(mn	泵站	端口	工作
15	3-1	196.9	194.84	0	0.016	119.09	122.50	-3.41	泵站0003	7	手动
16	3-2	218.5	215.27	0	0.002	209.69	214.36	-4.67	泵站0003	8	手动
17	3-3	240	237.38	0	0.006	186.06	192.30	-6.24	泵站0001	1	手动
18	3-4	258.5	258.16	0	0.002	210.90	217.32	-6.42	泵站0001	2	手动
19	3-5	196.9	195.14	0	-0.010	136.01	140.08	-4.07	泵站0001	3	手动
20	3-6	218.5	216.94	0	0.004	158.09	163.74	-5.65	泵站0001	4	手动
21	3-7	240	238.95	0	0.012	134.24	141.63	-7.39	泵站0001	5	手动
22	3-8	258.5	258.62	0	-0.004	133.39	140.94	-7.55	泵站0001	6	手动
23	3-9	153.9	150.57	0	-0.018	225.98	238.18	-12.20	泵站0001	7	手动
24	3-10	147.7	152.62	0	-0.014	185.88	192.76	-6.88	泵站0001	8	手动
25	3-11	165.5	185.65	0	-0.020	200.93	206.50	-7.57	泵站0004	1	手动
26	3-12	140	162.40	0	0.004	166.93	174.55	-7.62	泵站0004	2	手动
27	3-13	134.9	151.37	0	-0.004	135.67	141.40	-5.73	泵站0004	3	手动
28	3-14	165.5	189.94	0	0.002	191.36	193.62	-2.26	泵站0004	4	手动
29	4-1	127.1	124.09	0	0.004	161.60	162.44	-0.84	5	1	手动
30	4-2	141	137.34	0	0.026	173.50	174.14	-0.64	5	2	手动
31	4-3	154.9	151.25	0	0.002	173.10	174.06	-0.96	5	3	手动
32	4-4	156.8	152.55	0	0.014	154.10	155.29	-1.19	5	4	手动
33	4-5	127.1	124.93	0	-0.006	128.96	129.38	-0.42	泵站0004	5	手动
34	4-6	141	137.78	0	-0.004	180.20	180.67	-0.47	泵站0004	6	手动

图 2-99　轴力监测数据表格

F. 数据报表统计(图 2-100)。

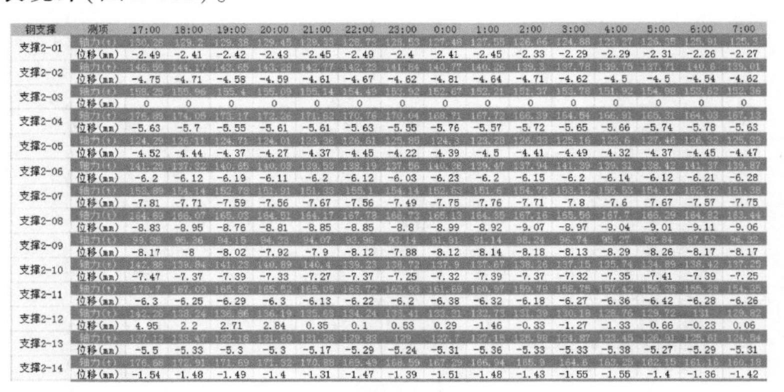

钢支撑	测项	17:00	18:00	19:00	20:00	21:00	22:00	23:00	0:00	1:00	2:00	3:00	4:00	5:00	6:00	7:00
支撑2-01	轴力(t)	130.26	129.2	129.38	129.45	129.33	128.73	128.53	127.48	127.55	126.66	124.88	123.27	126.35	125.91	125.3
	位移(mm)	-2.49	-2.41	-2.42	-2.43	-2.45	-2.49	-2.4	-2.41	-2.45	-2.33	-2.29	-2.29	-2.31	-2.26	-2.27
支撑2-02	轴力(t)	146.59	144.17	143.65	143.28	142.77	142.23	141.84	140.77	140.26	139.3	137.78	139.75	137.71	140.6	139.01
	位移(mm)	-4.75	-4.71	-4.58	-4.59	-4.61	-4.67	-4.62	-4.81	-4.64	-4.71	-4.62	-4.5	-4.5	-4.54	-4.62
支撑2-03	轴力(t)	158.25	155.96	155.4	155.09	155.14	154.49	153.92	152.67	152.21	151.37	153.78	151.92	154.98	153.62	152.36
	位移(mm)	0	0	0	0	0	0	0	0	0	0	0	0	0	0	0
支撑2-04	轴力(t)	176.89	174.05	173.17	172.26	171.62	170.76	170.04	168.71	167.72	166.39	164.54	166.91	165.31	164.03	167.13
	位移(mm)	-5.63	-5.7	-5.55	-5.61	-5.61	-5.63	-5.55	-5.76	-5.57	-5.72	-5.65	-5.66	-5.74	-5.78	-5.63
支撑2-05	轴力(t)	124.29	126.11	124.71	124.01	123.36	126.61	125.85	124.3	123.28	126.33	125.16	123.6	127.46	126.32	125.33
	位移(mm)	-4.52	-4.44	-4.37	-4.27	-4.37	-4.45	-4.22	-4.39	-4.5	-4.41	-4.49	-4.32	-4.37	-4.45	-4.47
支撑2-06	轴力(t)	141.25	137.32	140.65	140.03	139.52	138.19	137.56	140.38	139.47	137.94	141.39	139.31	138.42	141.37	139.87
	位移(mm)	-6.2	-6.12	-6.19	-6.11	-6.2	-6.12	-6.03	-6.23	-6.2	-6.15	-6.2	-6.14	-6.12	-6.21	-6.28
支撑2-07	轴力(t)	153.89	154.14	152.78	151.91	151.33	155.1	154.14	152.63	151.6	154.72	153.12	155.53	154.17	152.72	151.38
	位移(mm)	-7.81	-7.71	-7.59	-7.56	-7.67	-7.56	-7.49	-7.75	-7.76	-7.71	-7.8	-7.6	-7.67	-7.57	-7.75
支撑2-08	轴力(t)	164.69	166.07	165.03	164.51	164.17	167.78	168.73	165.13	164.35	167.16	155.56	167.7	166.29	164.82	163.44
	位移(mm)	-8.83	-8.95	-8.76	-8.81	-8.85	-8.85	-8.8	-8.99	-8.92	-9.07	-8.97	-9.04	-9.01	-9.11	-9.06
支撑2-09	轴力(t)	99.36	95.36	94.15	94.33	94.07	93.96	93.14	91.91	91.14	98.24	96.74	95.27	98.84	97.52	96.32
	位移(mm)	-8.17	-8	-8.02	-7.92	-7.9	-8.12	-7.88	-8.12	-8.14	-8.18	-8.13	-8.29	-8.26	-8.17	-8.17
支撑2-10	轴力(t)	142.88	139.84	141.23	140.89	140.4	139.23	138.72	137.9	137.67	138.26	137.15	135.74	134.89	138.42	137.25
	位移(mm)	-7.47	-7.37	-7.39	-7.33	-7.27	-7.37	-7.25	-7.32	-7.39	-7.37	-7.32	-7.35	-7.41	-7.39	-7.25
支撑2-11	轴力(t)	170.7	167.09	165.82	165.62	165.09	163.72	162.93	161.69	160.97	159.79	158.75	157.42	156.35	155.28	154.35
	位移(mm)	-6.3	-6.25	-6.29	-6.3	-6.13	-6.22	-6.2	-6.38	-6.32	-6.18	-6.27	-6.36	-6.42	-6.28	-6.26
支撑2-12	轴力(t)	142.26	138.24	136.86	136.19	135.68	134.24	133.41	133.31	132.73	131.39	130.18	128.76	129.72	131	129.82
	位移(mm)	4.95	2.2	2.71	2.84	0.35	0.1	0.53	0.29	-1.46	-0.33	-1.27	-1.33	-0.66	-0.23	0.06
支撑2-13	轴力(t)	137.13	133.47	132.18	131.68	131.26	129.83	129	127.7	127.15	125.98	124.87	123.45	126.91	125.61	124.54
	位移(mm)	-5.5	-5.33	-5.3	-5.3	-5.17	-5.29	-5.24	-5.31	-5.36	-5.33	-5.33	-5.38	-5.27	-5.29	-5.31
支撑2-14	轴力(t)	176.68	172.91	171.69	171.52	170.88	169.49	168.59	167.29	166.94	165.3	164.6	163.25	162.15	161.16	160.18
	位移(mm)	-1.54	-1.48	-1.49	-1.4	-1.31	-1.47	-1.39	-1.51	-1.48	-1.43	-1.55	-1.55	-1.4	-1.36	-1.42

图 2-100　数据报表统计

③本伺服系统软件的特点：

A. 多级安全保护措施，自动报警、错误提示；

B. 稳定性高，终身免费维护；

C. 友好的人机界面，可识别性高，操作简易；

D. 数据报表输出，实时高效。

④用户管理

A. 报警设置

当监测数据超过预警范围，就会产生自动报警，可按需设置预警值（轴力限值或位移限值）。自动报警中心展示属于自己的报警审批流程，未处理过的报警会突出显示，报警等级可以根据标题颜色区分。

B. 阈值设置

每类测项可设置统一的报警阈值，同时也可以细化到每个测项，单独设置。阈值设置包含绝对值报警和变化值报警两种。

C. 短信推送

可以根据项目情况，设定报警信息推送的手机号。

D. 事件记录

支撑轴力伺服系统的物联网平台上可以进行各根钢支撑的报警与销警操作，具体操作步骤如下：

点击“预警管理”-“自动预警中心”，选择某条预警信息，点击“查看详细”，进入自动预警详细信息页面。

自动预警详细信息页面中，点击“当期报表-工程报表”，可以查看该条自动预警的工程报表。

自动预警详细信息页面中，填写审批人回复信息，点击“回复消息”，可以处理报警信息，发表事件流程处理意见。

自动预警详细信息页面中，点击“同意消警”完成消警处理。点击“继续观察”，则是等待状态。

E. 日志

支撑轴力伺服系统的物联网平台的此项功能中记录了所有用户每日的登录及退出信息，测点的增减修改，项目信息（数据修改、数据添加和数据删除）记录等，以便对数据安全性进行监控。

F. 权限管理

权限管理用于管理角色权限，包括系统管理员、项目管理员及普通用户等角色，通过添加角色来给每个角色分配不同的系统功能权限，同时可以对不同的角色的权限进行修改、删除操作。

a. 系统管理员：最大权限操作。

b. 项目管理员：设置与查看。

c. 普通用户：仅查看。

⑤故障处理

现场施工出现故障时，任何一种报警情况产生，都会自动弹出报警画面，同时发出警报的声音来提示操作人员，操作人员根据具体的报警信息来决定采用相应的处理措施。

5）现场监测安排

系统测控采用闭环连续测控。现场设置监控小组，分别进行监控室监控及人工巡查。监控室 24h 专人值守(或远程在线值守),对数据异常第一时间进行响应。

当某一层钢支撑安装完毕后,方可继续向下挖土。挖土过程中,应对本层钢支撑各项参数进行重点监控。当变形趋势增大(测斜曲线对应位置日变量 >2mm,或连续两日的日变量均大于 1.5mm),为限制地墙变形,系统会自动增加轴力。增加轴力应采用分级加载,每次增加轴力不超过轴力设定值的 10%,轴力增加完成后 4~6h,由监测单位监测围护结构变形,若变形收敛则停止加载,若持续增大,则进行下一级加载,直到围护结构变形收敛。当轴力达到安全上限时,应立即停止基坑开挖作业,各单位协商下一步施工措施。

2.13.2 海晏北路站工程应用

1)工程概况

(1)基坑概况

海晏北路站为宁波市轨道交通 1 号线和 5 号线的换乘站。5 号线海晏北路站为地下三层双柱三跨现浇钢筋混凝土框架结构。受工期影响,先进行北基坑开挖(2017 年 5 月 ~2017 年 10 月)。截至 11 月 5 日,北基坑已完成底板施工。

标准段开挖深度约 24.7m,地墙深度约 52.12m,插入比约 1:1.12。端头井开挖深度约 26.5m,地墙深度约 54.4~56.4m,插入比约 1:1.18。车站主体结构采用 1000(1200)mm 厚地下连续墙 + 内支撑作为基坑的围护结构,南、北端头井基坑深度方向设置八道支撑加一道倒撑④,主体围护结构剖面图如图 2-101 所示。标准段基坑深度方向设置七道支撑加一道倒撑。

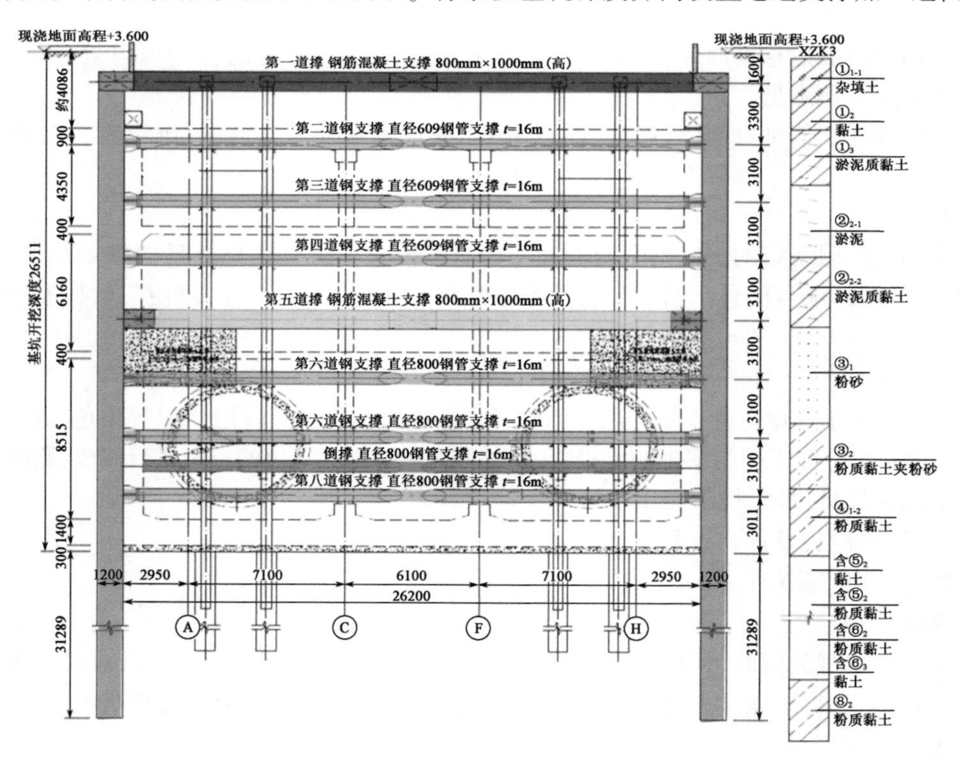

图 2-101 主体围护结构剖面图(尺寸单位:mm)

(2)地质及水文情况

站址范围自上而下地层多为淤泥质土。基坑开挖坑底土层为④$_{1-2}$灰色粉质黏土层,端头井位于④$_2$黏土层;地连墙墙趾位于⑧$_2$粉质黏土层。⑧$_{2T}$为承压水层,经设计计算,承压水满足抗突涌要求,不进行降水。基坑开挖纵剖面图如图2-102所示。

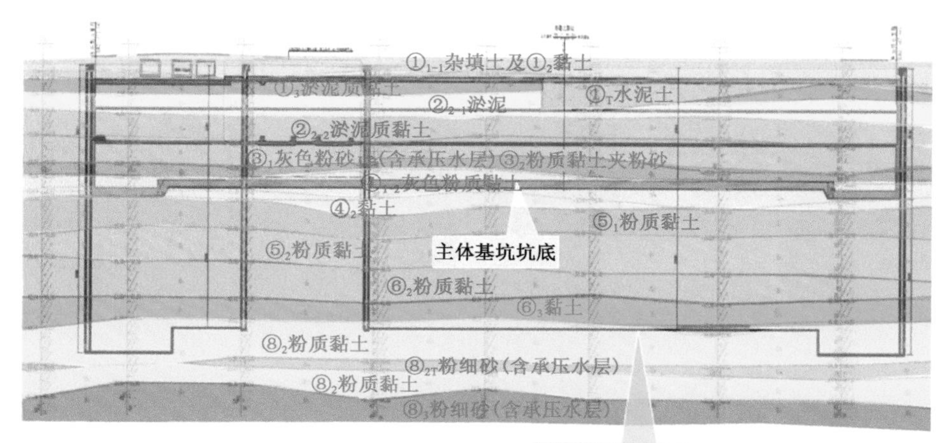

图2-102　基坑开挖纵剖面图

(3)周边环境(图2-103～图2-107)

图2-103　周边环境示意图

1号线海晏北路站为已运营地铁车站。

基坑东侧为1号线地铁车站A、C号出入口,距离5号线换乘站基坑约15m。A、C号出入口围护结构采用刚度较小的SMW工法桩。

基坑西南侧为宏泰门户区地块。距5号线换乘车站约45m。

基坑西北侧为宁波中心在建地块,距5号线换乘车站约15m。该地块分成A、C、F、D三个区块施工。其中F区块(开挖深度17m)于5号线换乘站地墙施工前完成地下室顶板施工。C

区块在5号线换乘站基坑开挖前完成底板施工(开挖深度17m)。

D区块(开挖深度6m)于5号线换乘站开挖阶段(8月~11月)进行开挖。

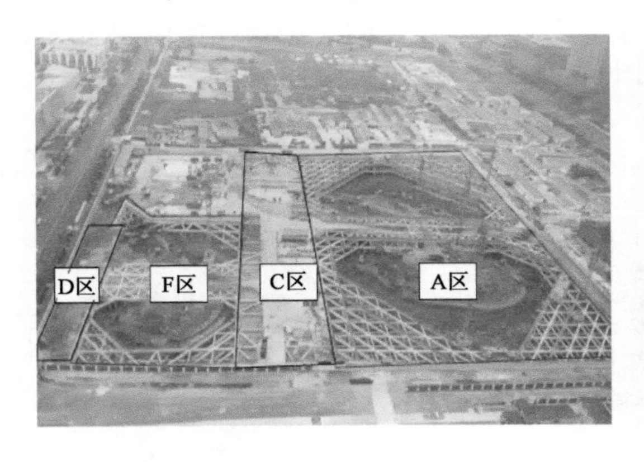

图2-104　宁波中心区块

图2-105　宏泰门户区

图2-106　地铁1号线风亭现状图

图2-107　地铁1号线C号出入口现状图

2)测点布设情况

北基坑靠近1号线车站自上而下,第三道~第七道钢支撑采用钢支撑伺服系统(其中第五道为混凝土支撑),伺服式钢支撑编号及周边测斜孔见图2-108、图2-109。

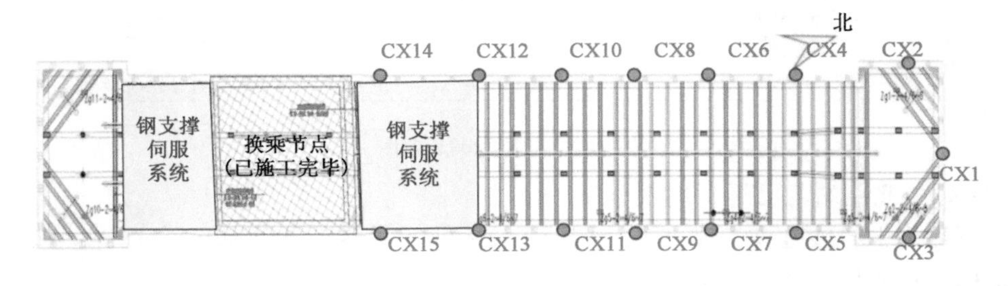

图2-108　钢支撑伺服系统示意图

3)监测数据分析

根据表2-15,对围护结构最大位移、地表累计最大值与开挖深度的关系进行分析:

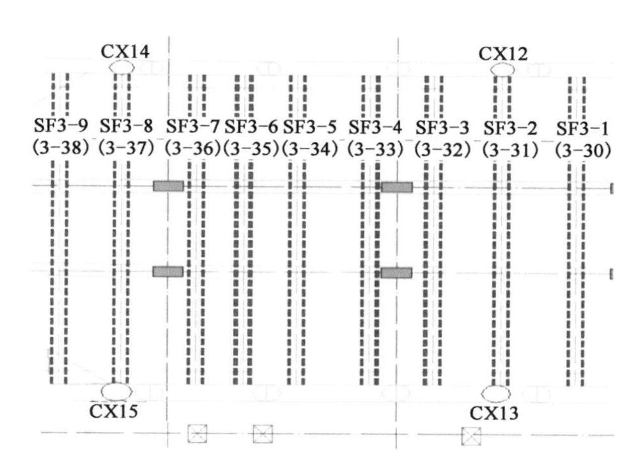

图2-109 测点布设示意图

测斜与地表沉降累计最大值统计表 表2-15

测斜编号	围护结构最大位移δ(mm)	地表编号	地表沉降累计最大值(mm)	地表沉降累计量/测斜累计量	开挖深度 H (m)	δ/H (‰)	备注
CX1	60.28	D1-2	-107.09	1.78	26.50	2.27	普通段
CX2	66.63	D2-2	-134.86	2.02	26.50	2.121	
CX3	59.11	D3-2	-127.83	2.16	26.50	2.23	
CX4	73.87	D4-2	-141.53	1.92	24.70	2.89	
CX5	87.64	D5-2	-149.21	1.70	24.70	3.55	
CX6	63.06	D6-2	-96.85	1.54	24.70	2.125	
CX7	103.40	D7-2	-159.15	1.54	24.70	4.19	
CX8	80.45	D8-2	-81.47	1.01	24.70	3.26	
CX9	101.28	D9-2	-149.76	1.48	24.70	4.10	
CX10	82.128	D10-2	-80.27	0.97	24.70	3.34	
CX11	81.34	D11-2	-131.36	1.61	24.70	3.29	
CX12	66.25	D12-2	-66.39	1.00	24.70	2.58	过渡段
CX13	61.58	D13-2	-91.51	1.49	24.70	2.129	
CX14	24.35	D14-2	-36.36	1.49	24.70	0.99	伺服段
CX15	27.12	D15-3	-28.10	1.04	24.70	1.10	

(1)测斜:普通段累计最大值为103.4mm;过渡段累计最大值为66.25mm;伺服段累计最大值为27.12mm。

(2)地表沉降:普通段累计最大值为-159.15mm;过渡段累计最大值为-91.51mm;伺服段累计最大值为-36.36mm。累计沉降最大地表点距基坑为5~10m。

(3)测斜与开挖深度的比值:普通段测斜最大累计值与开挖深度比值为4.2‰。过渡段测斜最大累计值与开挖深度比值为2.58‰;伺服段测斜最大累计值与开挖深度比值为1.1‰H。

(4)地表沉降与测斜比值:普通段为1~2.1,平均值为1.6;过渡段为1~1.5;伺服段为1~1.5。

根据图 2-110,可以得到以下结论:

(1)围护结构变形:普通段 > 过渡段 > 伺服段;过渡段测斜约为普通段 80%,伺服段测斜约为普通段 30%。

(2)地表沉降量:普通段 > 过渡段 > 伺服段;伺服段最大累计沉降量约为普通段 20%。

(3)普通段、过渡段、伺服段测斜与地表数据基本呈正相关。地表累计最大值与测斜最大值比值为 1 ~2.1。

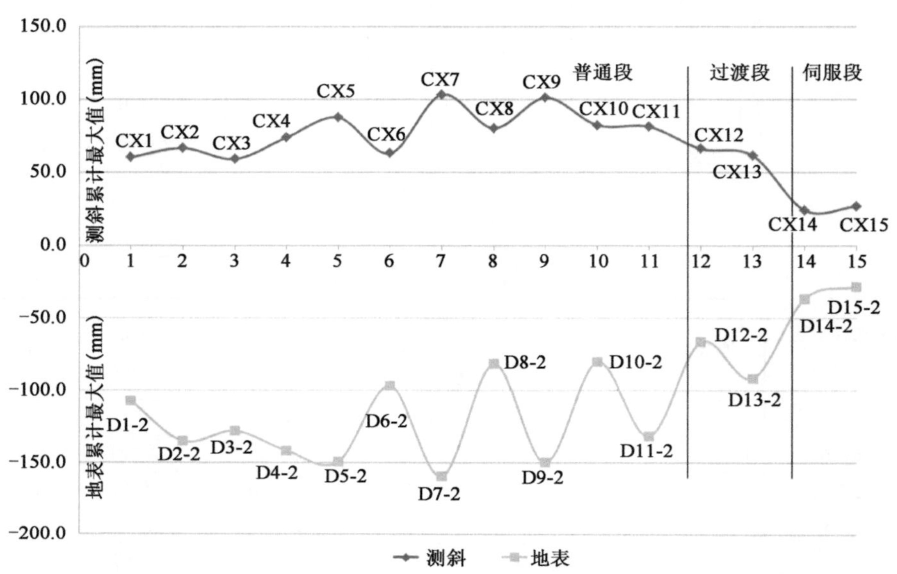

图 2-110　测斜-地表累计量最大值曲线

如表 2-16 所示,基坑普通段开挖至第三道支撑底,测斜 CX9 实测分层位移值小于设计位移控制值。自第三层土方开挖至坑底,测斜 CX9 实测分层位移值均大于分层设计位移控制值。围护墙变形最终累计量远大于控制值。

钢支撑普通段 CX9 实际位移与设计位移控制对比表　　表 2-16

工　况	设计位移控制(mm)	实际位移(mm)
第一层土方开挖 (开挖至第二道支撑底)	6.6	5.9
第二层土方开挖 (开挖至第三道支撑底)	11.3	10.6
第三层土方开挖 (开挖至第四道支撑底)	16.1	23.9
第四层土方开挖 (开挖至第五道支撑底)	20.9	52.1
第五层土方开挖 (开挖至第六道支撑底)	25.6	59.9
第六层土方开挖 (开挖至第七道支撑底)	30.2	69.1
第七层土方开挖 (开挖至基坑底)	34.7	90.5

如表 2-17 所示，基坑伺服段测斜 CX15 实测分层位移值均小于设计分层位移控制值。

钢支撑伺服段 CX15 实际位移与设计位移控制对比表　　表 2-17

工　况	设计位移控制(mm)	实际位移(mm)
第一层土方开挖 （开挖至第二道支撑底）	6.6	2.1
第二层土方开挖 （开挖至第三道支撑底）	11.3	4.02
第三层土方开挖 （开挖至第四道支撑底）	16.1	6.36
第四层土方开挖 （开挖至第五道支撑底）	20.9	7.32
第五层土方开挖 （开挖至第六道支撑底）	25.6	16.7
第六层土方开挖 （开挖至第七道支撑底）	30.2	19.4
第七层土方开挖 （开挖至基坑底）	34.7	22.0

如图 2-111、图 2-112 所示，墙体变形整体呈“大肚”状，即“两头小，中间大”，符合常见采用多道支撑围护结构的变形规律；随着开挖不断加深，地下连续墙变形不断增大，水平位移的最大值也不断向下移动，出现在开挖面附近。如图 2-113、图 2-114 所示，同一工况下，伺服段测斜 CX15 分层位移值均小于标准段 CX9 分层位移值。

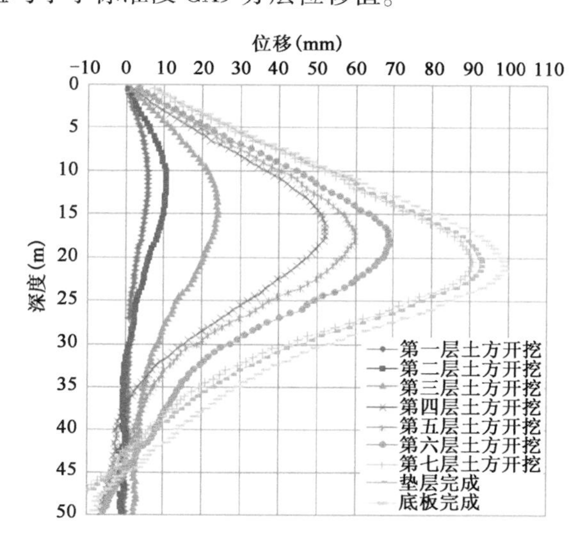

图 2-111　普通段 CX9 测斜曲线

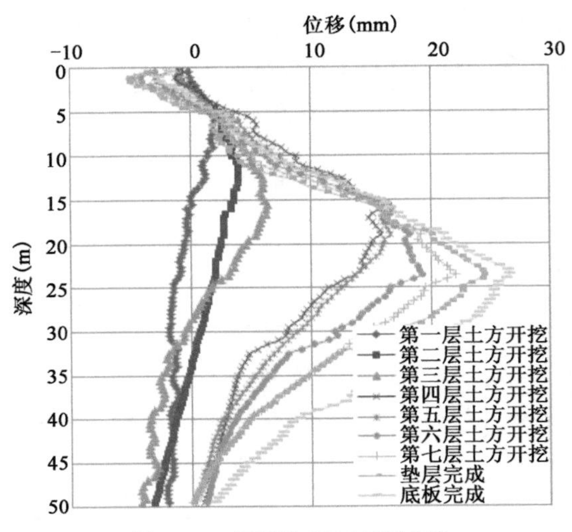

图 2-112　伺服段 CX15 测斜曲线

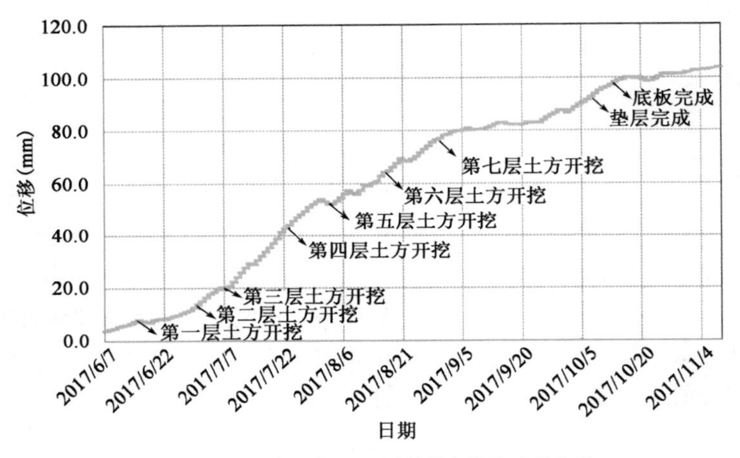

图 2-113　普通段 CX9 测斜最大位移时程曲线

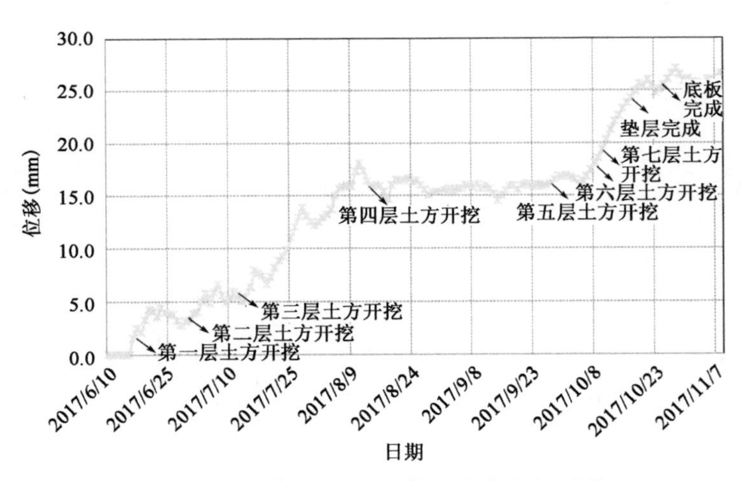

图 2-114　伺服段 CX15 测斜最大位移时程曲线

如图 2-115 ~ 图 2-118 所示，轴力和温度基本呈正相关。钢支撑伺服系统对钢支撑加压通过将液体原油输送到千斤顶中，驱动千斤顶伸缩，从油压泵至千斤顶用油管输送，由于油管长度较长，原油受气温影响较大，钢支撑轴力会随气温不断变化。本地昼夜温差约 10℃，钢支撑轴力在原油热胀冷缩效应下，轴力最大值与最小值差值在 300kN 以上。

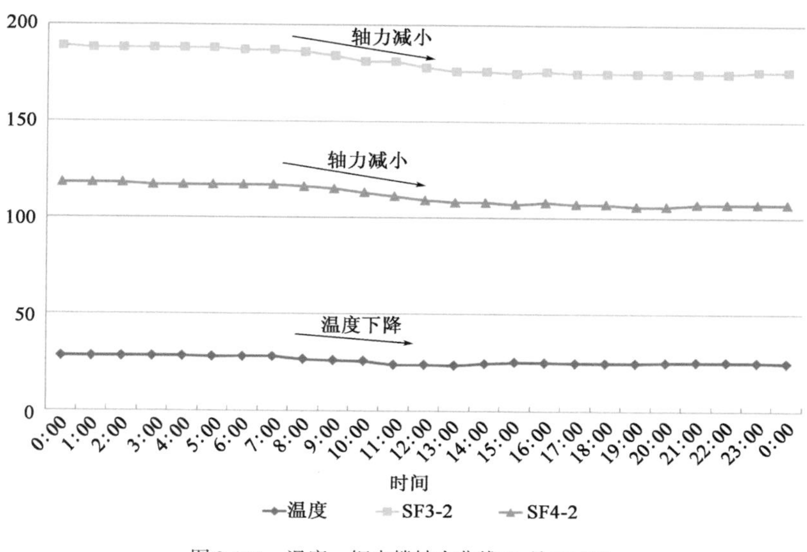

图 2-115　温度—钢支撑轴力曲线(9 月 23 日)

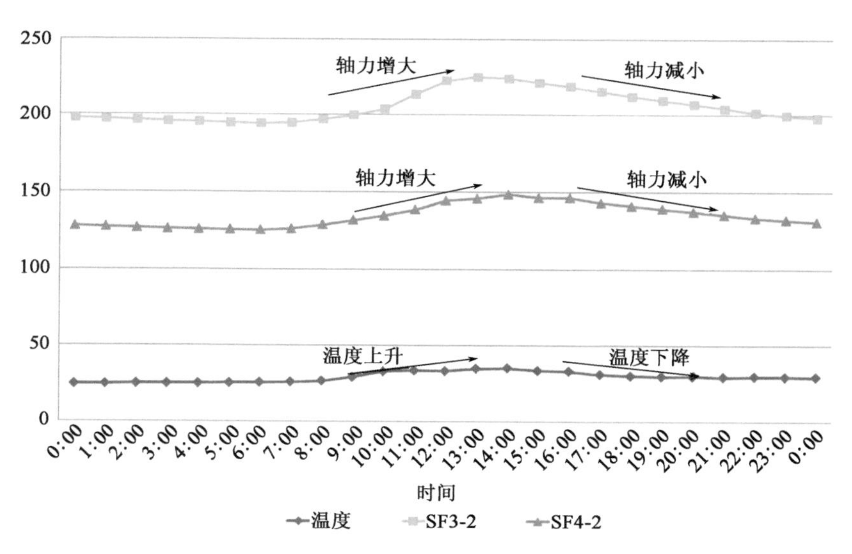

图 2-116　温度—钢支撑轴力曲线(9 月 25 日)

伺服式钢支撑对应测斜为 CX14、CX15。9 月 20 日 ~9 月 26 日，现场工况为伺服段第五道混凝土支撑养护，现场无土方开挖，无其他因素影响测斜位移变化。分别于 23 日和 25 日，当日的 5 点和 14 点，采集测斜数据。以 9 月 22 日为初值，计算 9 月 23 日、9 月 25 日与 9 月 22 日的测斜相对最大变化量。分析表 2-18，受气温影响，当钢支撑轴力增大，地墙位移变化略有减小;当钢支撑轴力减小,地墙位移变化略有增大。总体来看,地连墙位移变化较小,位移变化均在 1mm 之内。

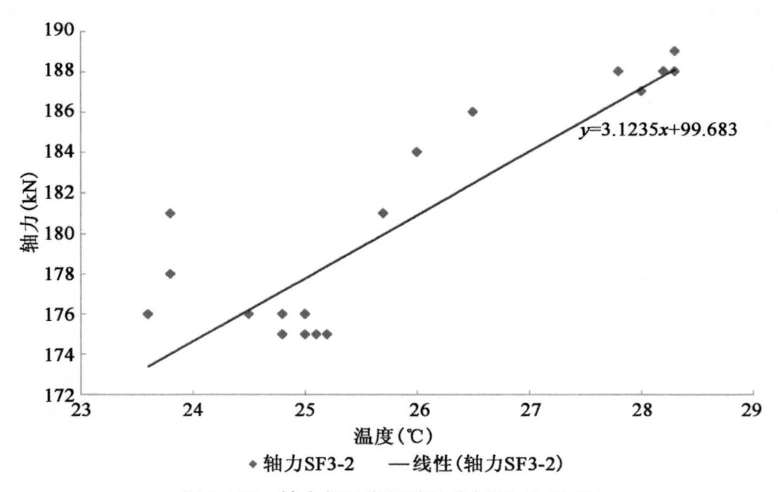

图 2-117 轴力与温度相关性分析(9 月 23 日)

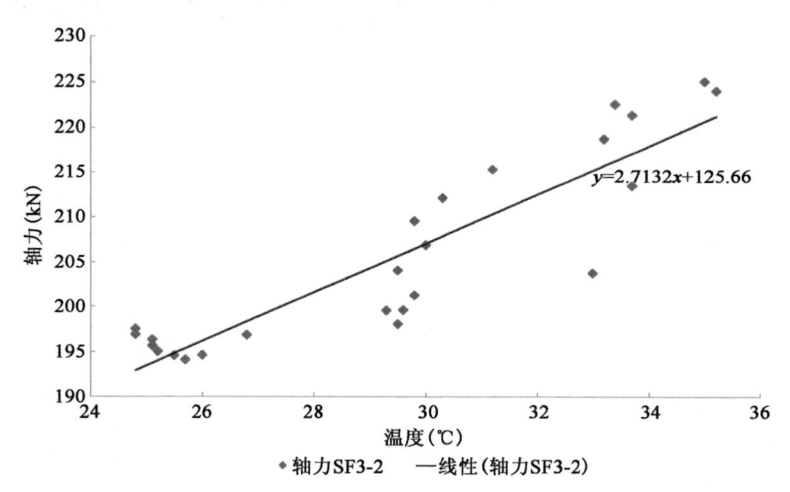

图 2-118 轴力与温度相关性分析(9 月 25 日)

测斜数据表　　表 2-18

时　　间	9 月 23 日 5:00	9 月 23 日 14:00	9 月 25 日 5:00	9 月 25 日 14:00
温度(℃)	28	24.5	29	36.3
钢支撑轴力 kN(SF3-8)	1070	1000	1200	1350
CX14 最大变化量(mm)	-0.69	-0.89	-0.41	-0.32
CX15 最大变化量(mm)	0.32	0.96	0.22	0.18

如表2-19～表2-21所示可知，实测海晏北路站普通段钢支撑轴力损失较严重。普通段钢支撑实测最小轴力为预加轴力的19%～94%，各支撑轴力损失差异性较大。伺服段钢支撑实测轴力均在预加轴力的90%以上，各支撑轴力损失差异性较小，钢支撑轴力控制效果更好，减少了因钢支撑轴力损失对基坑变形的影响。

普通段轴力数据统计表

表2-19

测点编号	轴力最小（kN）	轴力最大（kN）	设计轴力（kN）	预加轴力（kN）	实测最小轴力（kN）/预加轴力（kN）（%）
Zg1-2	447.3	987.6	1700.0	1190.0	38.0
Zg2-2	531.5	1605.7	1700.0	1190.0	45.0
Zg3-2	327.3	1582.12	1100.0	770.0	43.0
Zg4-2	339.4	745.0	1350.0	945.0	36.0
Zg5-2	352.0	921.6	1670.0	1169.0	30.0
Zg6-2	278.6	902.7	1230.0	861.0	32.0
Zg7-2	112.1	430.0	770.0	539.0	21.0
Zg1-3	356.2	1470.5	2750.0	1925.0	19.0
Zg2-3	1052.5	2225.0	2760.0	1932.0	54.0
Zg3-3	320.1	1753.3	1460.0	1022.0	31.0
Zg4-3	588.3	1688.0	1400.0	980.0	60.0
Zg5-3	668.2	1687.2	1720.0	1204.0	55.0
Zg6-3	412.6	1398.7	1260.0	882.0	47.0
Zg1-4	440.5	1338.2	1350.0	945.0	47.0
Zg2-4	652.5	1440.4	1350.0	945.0	69.0
Zg4-4	647.6	1531.3	988.0	692.0	94.0
Zg5-4	402.8	1759.5	948.0	664.0	61.0
Zg6-4	653.9	1639.9	1180.0	826.0	79.0
Zg1-6	397.3	1338.0	870.0	609.0	65.0
Zg2-6	546.3	1172.12	3030.0	2121.0	26.0
Zg3-6	860.1	1157.8	3030.0	2121.0	41.0
Zg4-6	337.7	1382.7	1400.0	980.0	34.0
Zg5-6	476.4	1565.8	1670.0	1169.0	41.0
Zg1-7	429.7	1043.3	2270.0	1589.0	27.0
Zg2-7	770.5	1221.9	2900.0	2030.0	38.0
Zg3-7	597.9	1340.9	2900.0	2030.0	29.0
Zg4-7	301.3	1020.9	980.0	686.0	44.0
Zg5-7	391.4	1277.8	1180.0	826.0	47.0
Zg1-8	718.5	1159.9	1460.0	1022.0	70.0
Zg2-8	295.1	340.6	1840.0	1288.0	23.0

伺服段轴力数据统计表 表2-20

测点编号	实测最小轴力值(kN)	设计轴力(kN)	预加轴力(kN)	实测最小轴力(kN)/预加轴力(kN)(%)
支撑SF3-01	860	1300	910	95
支撑SF3-02	899	1320	924	97
支撑SF3-03	745	1120	784	95
支撑SF3-04	771	1160	812	95
支撑SF3-05	735	1080	756	97
支撑SF3-06	511	760	532	96
支撑SF3-07	694	1040	728	95
支撑SF3-08	687	1020	714	96
支撑SF3-09	465	695.8	487	95
支撑SF4-01	592	877.5	614	96
支撑SF4-02	600	891	624	96
支撑SF4-03	496	756	529	94
支撑SF4-04	526	783	548	96
支撑SF4-05	476	729	510	93
支撑SF4-06	345	513	359	96
支撑SF4-07	478	702	491	97
支撑SF4-08	450	688.5	482	93
支撑SF4-09	308	469.7	329	94
支撑SF6-01	1163	1722	1205	97
支撑SF6-02	1160	1749	1224	95
支撑SF6-03	1010	1484	1039	97
支撑SF6-04	1017	1537	1076	95
支撑SF6-05	946	1431	1002	94
支撑SF6-06	682	1007	705	97

伺服段轴力数据统计表 表2-21

测点编号	实测最小轴力值(kN)	设计轴力(kN)	预加轴力(kN)	实测最小轴力(kN)/预加轴力(kN)(%)
支撑SF6-07	903	1378	965	94
支撑SF6-08	880	1351	946	93
支撑SF6-09	617	921	645	96
支撑SF7-01	724	1105	774	94
支撑SF7-02	759	1122	785	97
支撑SF7-03	641	952	666	96
支撑SF7-04	650	986	690	94

续上表

测点编号	实测最小轴力值(kN)	设计轴力(kN)	预加轴力(kN)	实测最小轴力(kN)/预加轴力(kN)(%)
支撑 SF7-05	614	918	643	95
支撑 SF7-06	435	646	452	96
支撑 SF7-07	581	884	619	94
支撑 SF7-08	402	594.3	416	97
支撑 SF7-09	568	867	607	94

2.13.3 双东路站工程应用

1)工程概况

双东路站为宁波轨道交通4号线工程自北向南第10座车站,北接丽江路站,南接翠柏里站,车站为地下二层现浇钢筋混凝土框架结构。

标准段开挖深度为17.45m,地墙深度约39m。南、北端头井基坑深度分别为19.19m、19.33m,地墙深度为39~40m,车站主体结构采用800(1000)mm厚地下连续墙+内支撑作为基坑的围护结构,南、北端头井基坑深度方向设置一道钢筋混凝土+五道钢支撑+一道倒撑;标准段基坑深度方向设置一道钢筋混凝土+四道钢支撑+一道倒撑。标准段剖面图、地质剖面图如图2-119、图2-120所示。

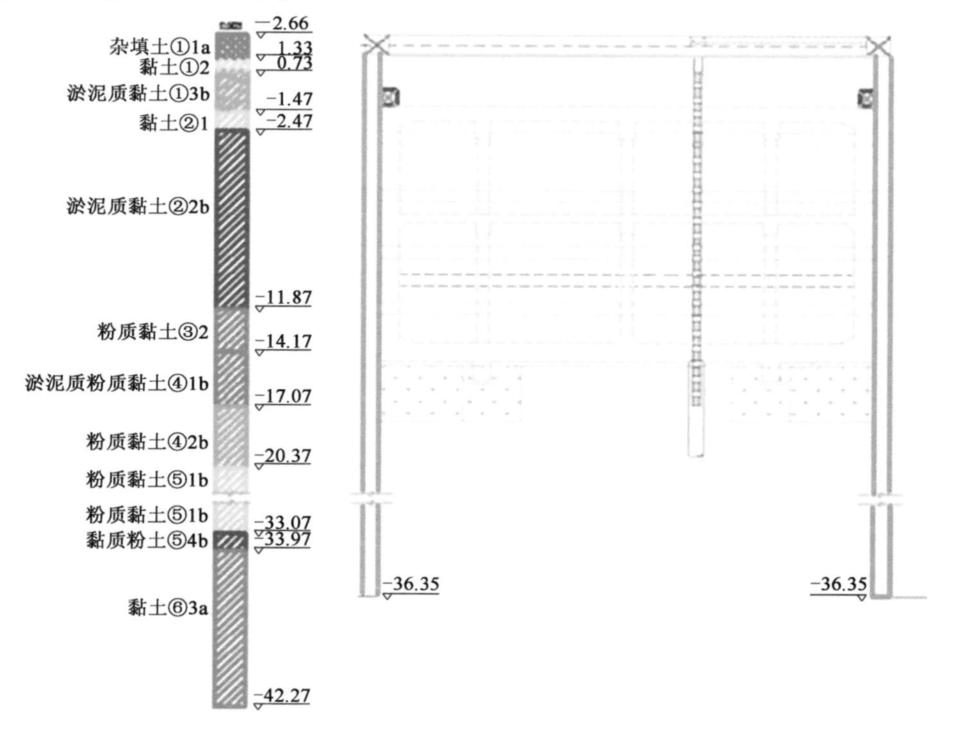

图2-119 标准段横剖面图

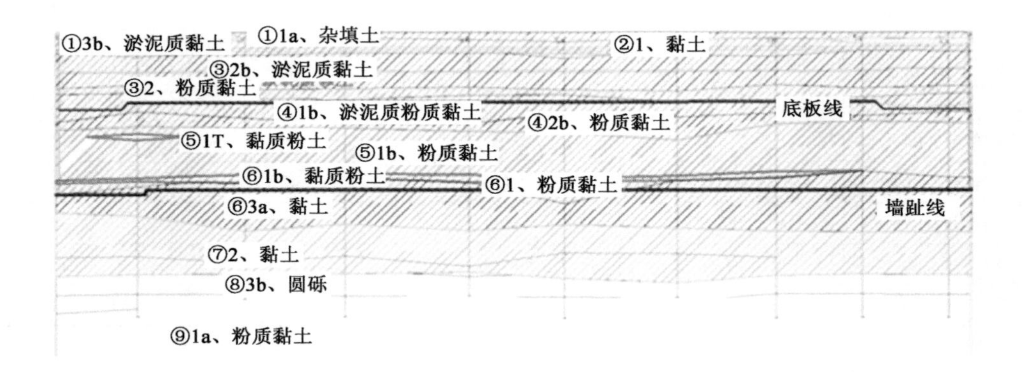

图 2-120　地质剖面图

注:1. 第Ⅰ-2 层空隙承压水:该类型水主要赋存于⑧1 层细砂、⑧3b 砾砂层中,透水性好,水量丰富,根据抗承压水稳定性计算,开挖阶段该层抗承压水安全系数最小为 1.37,满足规范要求,故无需对该层进行降承压水处理。

2. 第Ⅱ层孔隙承压水赋存于⑨1T 层粉砂、⑨2b 层砾砂、⑩2a 层砾砂中,透水性较好,水量较大,对拟建基坑基本物不利影响。

站址范围自上而下地层多为淤泥质土。基坑坑底主要位于$④_{1b}$淤泥质粉质黏土;标准段墙趾主要位于$⑥_{3a}$黏土层,南、北端头井墙趾主要位于$⑤_{4b}$层黏质粉土、$⑥_{1b}$层粉质黏土。

双东路站周边环境复杂,主要情况如下:

(1)周边建筑物(图 2-121 ~ 图 2-123)

车站西侧地块有双东路小区(距离主体基坑最近约 20m)、双东路小区(别墅部分)(部分在基坑范围内别墅需拆除,不拆除部分距离主体基坑最近约 14m)、侧地块为莱茵堡小区(别墅部分)(距离主体基坑最近约 7.2m)。

图 2-121　周边环境示意图

(2)周边管线(表 2-22、图 2-124 和图 2-125)

车站所处的双东路地下有大量管线，改迁后车站周边的管线主要有：DN400 污水、DN600 雨水管、电力管线、燃气管、通信管线、给水管。

图 2-122　双东路小区

图 2-123　莱茵堡门楼

双东路站周边管线统计表

表 2-22

序号	管线名称	材　质	型　号	埋深(m)	与车站位置关系	距离(m)
1	污水管	PE 管	DN400	3.25	西侧	4.2
2	雨水管	PE 管	DN600	2.55	西侧	3.05
3	电力管线 1	塑料外浇筑混凝土	2 孔 2 根	1.05	西侧	6
4	燃气管	塑料	De108/110	1.15	东西两侧	东侧 2.7、西侧 10
5	综合通信管线	架空	6 孔 55 根		西侧	7
6	电信管线	架空	6 孔 26 根		西侧	8.65
7	电信通信管线	架空	6 孔 15 根		东侧	6.6
8	给水管	钢管	DN500		东侧	2.8
9	电力管线	塑	10kV	1	东侧	1.2

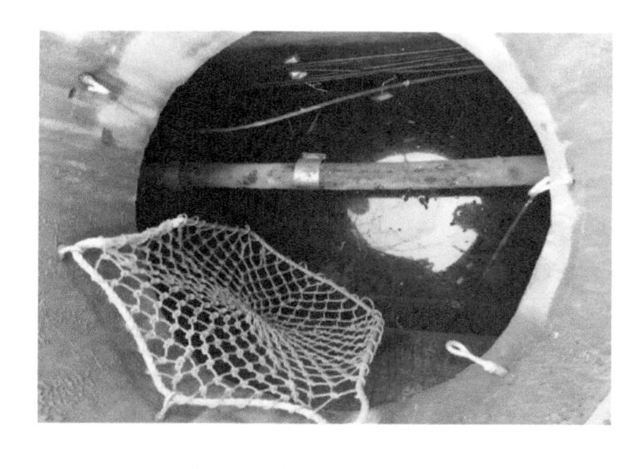

图 2-124　保护电力管线照片

图 2-125　废除污水管线照片

(3)周边道路(图2-126、图2-127)

双东路站沿双东路南北向布置,南侧紧邻环城北路。以上两条道路距离基坑在3倍开挖深度范围内。

图2-126　双东路

图2-127　双东路与环城北路交叉口

2)测点布设情况

基坑(4轴~15轴)西侧双东路小区别墅为浅基础,距基坑约14.4m,基坑(4轴~15轴)东侧莱茵堡别墅为ϕ500mm水泥搅拌桩和ϕ325mm石灰桩加固,距基坑约7.2m,风险较大;基坑(4轴~15轴)第三道~第六道钢支撑采用钢支撑伺服系统。周边测斜孔见图2-128。

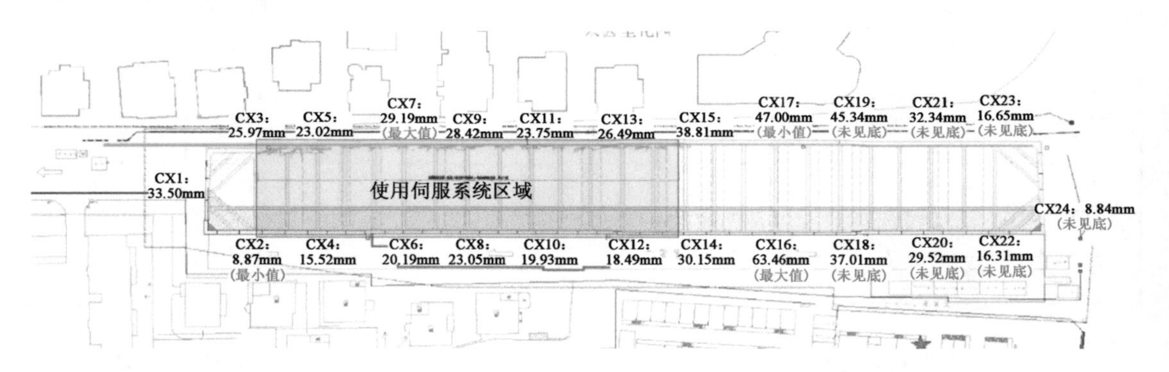

图2-128　钢支撑伺服系统示意图

3)监测数据分析

对围护结构最大位移、地表沉降累计最大值与开挖深度H的关系进行分析,具体见表2-23。

测斜地表累计最大值统计表　　表2-23

测斜编号	围护结构最大位移δ(mm)	地表编号	地表累计最大值(mm)	地表累计量/测斜累计量	开挖深度H(m)	δ/H(‰)	备注
CX1	33.5	D1-2	-32.2	0.96	19.3	1.74	普通段

续上表

测斜编号	围护结构最大位移 δ(mm)	地表编号	地表累计最大值(mm)	地表累计量/测斜累计量	开挖深度 H (m)	δ/H (‰)	备　注
CX1	33.5	D1-2	-32.2	0.96	19.3	1.74	伺服段
CX2	8.87	D2-2	-50.8	5.73	17.5	0.51	
CX3	25.97	D3-2	-26.76	1.03	17.5	1.48	
CX4	15.52	D4-2	-48.62	3.13	17.5	0.89	
CX5	23.02	D5-2	-45.72	1.99	17.5	1.32	
CX6	20.19	D6-3	-32.26	1.60	17.5	1.15	
CX7	29.19	D7-2	-6.82	0.23	17.5	1.67	
CX8	23.05	D8-2	-18.7	0.81	17.5	1.32	
CX9	28.42	D9-2	-8.31	0.29	17.5	1.62	
CX10	19.93	D10-2	-58.13	2.82	17.5	1.14	
CX11	23.75	D11-1	-21.04	0.89	17.5	1.36	
CX12	18.49	D12-2	-48.39	2.52	17.5	1.06	
CX13	26.49	D13-1	-2.16	0.08	17.5	1.51	普通段
CX14	30.15	D14-2	-17.8	0.59	17.5	1.72	
CX15	38.81	D15-2	-20.79	0.54	17.5	2.22	
CX16	63.46	D16-2	-15.78	0.25	17.5	3.63	
CX17	47.0	D17-2	-25.73	0.55	17.5	2.59	

如表 2-24 所示可知，基坑普通段开挖至坑底，测斜 CX16 实测分层位移值均大于分层设计位移控制值。围护墙变形最终累计量远大于控制值。见表 2-25，基坑伺服段测斜 CX7 实测分层位移值均小于或接近设计分层位移控制值。

钢支撑普通段 CX16 实际位移与设计位移控制对比表　　表 2-24

工　况	设计位移控制(mm)	实际位移(mm)
开挖至第一道支撑底	1	2.71
开挖至第二道支撑底	8	10.93
开挖至第三道支撑底	13	19.55
开挖至第四道支撑底	17	25.98
开挖至第五道支撑底	21	40.05
开挖至基坑底	25	62.79

钢支撑伺服段 CX7 实际位移与设计位移控制对比表　　表 2-25

工　况	设计位移控制(mm)	实际位移(mm)
开挖至第一道支撑底	1	1.07
开挖至第二道支撑底	8	4.01
开挖至第三道支撑底	13	11.18
开挖至第四道支撑底	17	17.12
开挖至第五道支撑底	21	23.82
开挖至基坑底	25	28.10

如图 2-129、图 2-130 和表 2-26、表 2-27 所示，并通过实测双东路站轴力值，普通段钢支撑轴力损失较严重。普通段钢支撑实测最小轴力为预加轴力的 21% ~83%，各支撑轴力损失差异性较大。伺服段钢支撑实测轴力预加轴力的 80% 以上，各支撑轴力损失差异性较小。

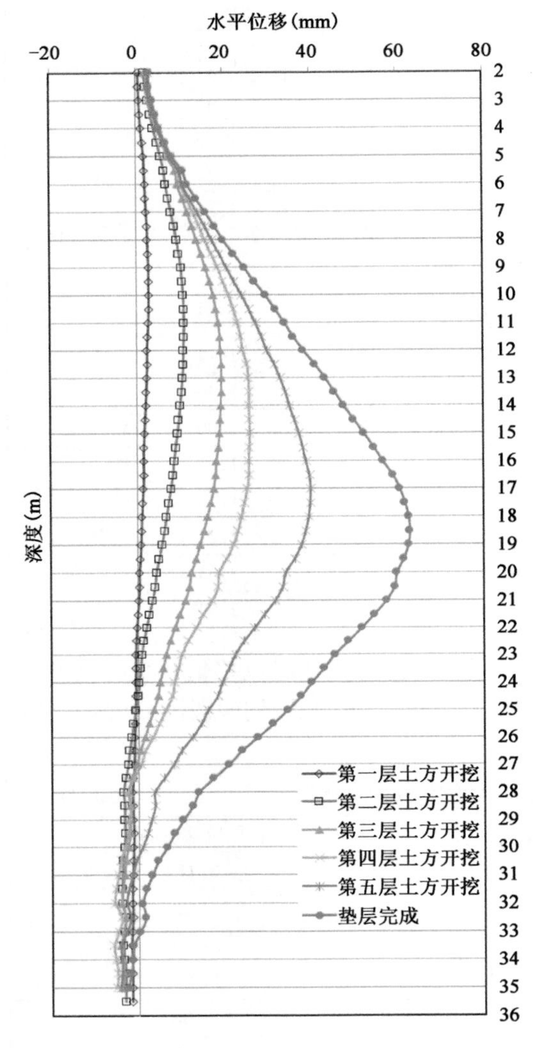

图 2-129　普通段测斜 CX16 测斜曲线图

图 2-130　伺服段 CX7 测斜曲线图

普通段轴力数据统计表　　表 2-26

测点编号	轴力最小（kN）	轴力最大（kN）	设计轴力（kN）	预加轴力（kN）	实测最小轴力(kN)/预加轴力(kN)
Zg9-2	837.20	1033.18	1434	1003.8	83.40%
Zg9-3	362.62	653.33	1353	947.1	38.30%
Zg9-5	850.94	1727.60	1437	1005.9	84.59%
Zg10-2	167.59	305.73	1111	777.7	21.55%
Zg11-2	389.57	561.90	1338	936.6	41.59%

伺服段轴力数据统计表　表 2-27

测点编号	实测最小轴力值(kN)	设计轴力(kN)	预加轴力(kN)	实测最小轴力(kN)/预加轴力(kN)
3-1	1470	1640	1640	89.63%
3-2	1332	1580	1580	84.3%
3-3	1382	1530	1530	90.33%
4-1	1302	1590	1590	81.8%
4-2	2243	2400	2400	93.46%
4-3	2181	2320	2320	94.01%
5-1	2078	2240	2240	92.67%
5-2	1597	1670	1670	95.63%
5-3	1477	1620	1620	91.17%

2.13.4　小结

本节介绍了新型 TH-AFS(A)钢支撑轴力伺服系统技术，并结合宁波轨道交通海宴北路站与双东路站深基坑工程对该技术的应用进行了研究，主要结论有：

(1)TH-AFS(A)钢支撑轴力伺服系统主要分为四部分：PC 人机交流系统、PLC 控制系统、油压泵压力系统和钢支撑系统，其中 PLC 控制系统为整个系统的控制枢纽，连接其他三大系统。本系统的技术亮点为采用了与千斤顶分离的双机械锁自锁装置；液压系统内部安装了变频电机，通过控制变频电机的转速直接调整液压泵输出的液压油流量；提高了液压系统的精确性、稳定性及可靠性。数控泵站内置油压与位移传感器，能够实现轴力与位移双控，以位移控制为主控目标，提供轴力与位移的双重安全保障。

(2)对轨道交通深基坑中普通段和伺服段的变形监测结果表明，采用钢支撑轴力伺服系统可有效控制地墙侧移与坑外地表沉降，具体为：伺服段地表最大累计沉降量约为普通段 20%，伺服段地墙侧移约为普通段 30%，地墙侧移与地表沉降数据基本呈正相关。

(3)据温度-钢支撑轴力相关性分析，钢支撑轴力和温度呈正相关。本地昼夜温差约 10℃，钢支撑轴力在原油热胀冷缩效应下，轴力最大值与最小值差值在 300kN 以上。受气温影响，当钢支撑轴力增大，地墙位移变化略有减小；当钢支撑轴力减小，地墙位移变化略有增大。总体来看，气温变化致地连墙位移变化较小，位移变化均在 1mm 内。

(4)海晏北路站、双东路站普通段钢支撑轴力损失较严重且差异性较大。伺服段钢支撑实测轴力均在预加轴力的 80% 以上且差异性较小。伺服系统确保钢支撑长期保持稳定且有效的支撑轴力，使实测分层位移值小于或接近设计分层位移控制值，现场施工实测监测数据与理论计算更贴近，地墙变形控制效果良好。

2.14 其　　他

随着科学技术不断发展,很多新技术比如人工智能、物联网技术、新元器件发展等也将在地下工程自动化监测方面发挥重要作用,同时适应多种类型的自动化监测设备及元器件采集的不同种类的数据源的云计算技术得到相应发展。

第3章 地下工程安全风险管控大数据云计算技术

3.1 大数据发展概况

3.1.1 大数据发展概况

近十年,大数据迅速发展成为科技界和企业界甚至世界各国政府关注的热点。《Nature》和《Science》等相继出版专刊专门探讨大数据带来的机遇和挑战。著名管理咨询公司麦肯锡称:“数据已经渗透到当今每一个行业和业务职能领域,成为重要的生产因素。人们对于大数据的挖掘和运用,预示着新一波生产力增长和消费盈余浪潮的到来。”美国政府认为大数据是“未来的新石油”,一个国家拥有数据的规模和运用数据的能力将成为综合国力的重要组成部分,对数据的占有和控制将成为国家间和企业间新的争夺焦点。大数据已成为社会各界关注的新焦点,“大数据时代”已然来临。

大数据泛指大规模、超大规模的数据集,因可从中挖掘出有价值的信息而倍受关注,但传统方法无法进行有效分析和处理。《华尔街日报》将大数据时代、智能化生产和无线网络革命称为引领未来繁荣的三大技术变革。“世界经济论坛”报告指出大数据为新财富,价值堪比石油。因此,目前世界各国纷纷将开发利用大数据作为夺取新一轮竞争制高点的重要举措。

2008 年《Nature》出版了“Big Data”专刊,从互联网技术、网络经济学、超级计算、环境科学、生物医学等多个科技方面介绍大数据带来的挑战。《Science》也在 2011 年推出数据处理“Dealing with Data”专刊,讨论大数据所带来的挑战和大数据科学研究的重要性。IT 产业界如 IBM、Google、亚马逊、Facebook 等国际知名企业都是大数据的主要推动者,相继推出了各自的大数据产品。国内的大数据企业代表有百度、阿里巴巴、腾讯等。可以说,大数据兴起另一重要原因是经济利益驱动。大数据是一个具有国家战略意义的新兴产业,作为国家和社会的主要管理者,各国政府机构也是大数据技术的主要推动者。2012 年 3 月 29 日,美国政府宣布投资 2 亿美元启动“大数据研究和开发计划(Big Data Research and Development Initiative)”,该计划旨在提高和改进人们从海量和复杂的数据中获取知识的能力,加快科学、工程领域的创新步伐,增强国家安全,把大数据看作“未来的新石油”,并将对大数据的研究上升为国家意志,其 6 大机构合力研发核心技术,支持协同创新。英国、澳大利亚等国政府也开始大数据研究进程。

我国对大数据研究也已提出指导性方针,《国家中长期科技发展规划纲要2006—2020》《“十二五”国家战略性新兴产业发展规划》中都提出支持海量数据存储、处理技术的研发和产业化。2013年2月1日,科技部公布了国家重点基础研究发展计划(973计划)2014年度重要支持方向,其中,大数据计算的基础研究为重要支持方向之一。计算机世界资讯认为,2011年是中国大数据市场元年,一些大数据产品已经推出,2012~2016年,将迎来大数据市场飞速发展,2016年,整个国内大数据规模逼近百亿元。大数据研究是社会发展和技术进步的迫切需要。由上可见,大数据已引起了产业界、科技界和政府部门的高度关注。

大数据已在网络通信、医疗卫生、农业研究、金融市场、气象预报、交通管理、新闻报道等方面广泛应用。大数据背后隐藏着大量的经济与政治利益,尤其是通过数据整合、分析与挖掘,其所表现出的数据整合与控制力量已经远超以往。

3.1.2 大数据优势和特点

那么,大数据的定义是什么呢?一般而言,大家比较认可关于大数据从早期的3V、4V说法到现在的5V(新增Value)。在维克托·迈尔-舍恩伯格及肯尼斯·库克耶编写的《大数据时代》中,大数据指不用随机分析法(抽样调查)这种捷径,而采用所有数据进行分析处理。大数据的5V特点(IBM提出)包括Volume(大量)、Velocity(高速)、Variety(多样)、Value(低价值密度)、Veracity(真实性),实际上也就是大数据包含的5个特征,包含以下5个层面意义:

(1)数据体量(Volume)巨大。指收集和分析的数据量非常大,从TB级别,跃升到PB级别,在实际应用中,很多企业用户把多个数据集放在一起,已经形成了PB级的数据量。

(2)处理速度(Velocity)快。需要对数据进行近实时的分析。以视频为例,连续不间断监控过程中,可能有用的数据仅仅有一两秒。这一点和传统的数据挖掘技术有着本质的不同。

(3)数据类别(Variety)大。大数据来自多种数据源,数据种类和格式日渐丰富,包含结构化、半结构化和非结构化等多种数据形式,如网络日志、视频、图片、地理位置信息等。

(4)数据真实性(Veracity)。大数据中的内容是与真实世界中发生的事件息息相关的,研究大数据就是从庞大的网络数据中提取出能够解释和预测现实事件的过程。

(5)价值密度低,商业价值(Value)高。通过分析数据可以得出如何抓住机遇及收获价值。

现有数据处理技术大多采用数据库管理技术,从数据库到大数据,看似一个简单的技术升级,但仔细考察不难发现两者存在一些本质上的区别(表3-1)。传统数据库时代的数据管理可以看作“池塘捕鱼”,而大数据时代数据管理类似“大海捕鱼”,“鱼”表示待处理的数据。“捕鱼”环境条件的变化导致“捕鱼”方式的根本性差异。

传统数据与大数据比较 表3-1

项目	传统数据库	大数据
数据规模	以MB为基本单位	常以GB,甚至TB、PB为基本处理单位
数据类型	数据种类单一,往往仅有一种或少数几种	种类繁多,数以千计,包括结构化、半结构化和非结构化

续上表

项　　目	传统数据库	大　数　据
产生模式	先有模式,才会产生数据	难以预先确定模式,模式只有在数据出现后才能确定,且模式随数据量的增长不但演化
处理对象	数据仅作为处理对象	数据作为一种资源来辅助解决其他诸多领域的问题
处理工具	一种或少数几种就可以应对	不可能存在一种工具处理大数据,需要多种不同工具应对

3.1.3　大数据在工程中的应用

研究大数据其实也就是为了更好地应用大数据,所以国内外对大数据的研究与应用都相当重视。事实上,大数据的研究与应用已经在互联网、商业智能、咨询与服务以及医疗服务、零售业、金融业、通信等行业显现,并产生了巨大的社会价值和产业空间,但是在工程中应用相对较少,还处于积极探索之中。

伴随大数据时代的到来,油田勘探开发过程中也产生了规模巨大、类型多样的数据,在计算机集群上构建油田勘探开发一体化数据管理模型和数据访问基础架构,从而解决油田实际应用中所面临的大数据问题,即交叉复用、信息可见、信息传承。在各类工程中,大数据分析技术已经得到了广泛应用,如:根据用电设备历史电力消耗数据分析得到电力消耗模式,并以此为基础预测未来一段时间的电力消耗情况;Hong 等提出利用并行计算处理震前地形图和震后无人机图像以加快建筑破坏三维检测速度;Jafarzadeh 从 158 个地震多发的公立学校建筑中收集收据,利用人工神经网络方法预测抗震改造建筑成本,帮助建筑从业人员更好地进行成本估算;Wang 利用数据挖掘技术分析 BIM 模型中碰撞问题相关的历史数据,确定机械、电气和管道设计碰撞冲突的解决办法的可行性,帮助提高项目绩效;Zheng 通过收集 3 万多辆出租车的移动轨迹数据,利用数据挖掘技术评估和分析现有城市道路交通有效性和不足之处,例如城市中的新建道路和地铁线路,从而为政府和建造商更好地规划和建设城市交通提供参考。在国内研究者中,王少飞等针对公路隧道这一特殊构筑物,分析其大数据来源,将大数据技术应用于公路隧道工程中,构建公路隧道大数据中心,帮助管理者从不同的维度观察数据,进而对数据进行更深入的分析和应用。

考虑城市发展特点,当前我国各地城市都进入了快速发展阶段,大量的工程建设尤其是城市基础设施中,轨道建设全面展开,城市内一般都存在 3 条线路以上,达上百甚至上千个工点同时进行施工,每天配合上述工程建设包括工程自身施工、项目进度、投资资金和周边环境信息等各项信息大量汇聚,同时,工程建设中各类监测和检测信息也大量汇聚,各个工地内包括工程建设的结构内力、变形和稳定等数据形成了项目建设大数据背景,作为项目建设单位,通过应用大数据来进行轨道交通建设监控管理将为工程建设安全、质量、进度和投资等提供有效的途径。

3.2　地下工程监测主要指标和数据源

软土地区地下工程监测内容主要指地下基坑、区间隧道和其形成过程中受影响的环境工程,如道路、房屋、管线等。下面分别叙述其监测项目和数据源。

3.2.1 地下工程监测内容

1)基坑工程监测内容

(1)基坑工程的监测项目应根据基坑监测等级,结合基坑特点和重要性确定。

(2)从基坑边缘以外3倍开挖深度范围内需要保护的建(构)筑物、地下管线等均应作为监控对象;必要时,应扩大监控范围。

(3)基坑工程的现场监测应采用仪器监测与巡视检查相结合的方法。基坑工程现场监测的对象应包括:支护结构、地下水状况、基坑底部。

明挖法和盖挖法基坑支护结构和周围岩土体监测项目应根据表3-2选择。

明挖法和盖挖法基坑支护结构和周围岩土体监测项目 表3-2

序 号	监 测 项 目	工程监测等级		
		一级	二级	三级
1	支护桩(墙)、边坡顶部水平位移	√	√	√
2	支护桩(墙)、边坡顶部竖向位移	√	√	√
3	支护桩(墙)体水平位移	√	√	○
4	支护桩(墙)结构应力	○	○	○
5	立柱结构竖向位移	√	√	○
6	立柱结构水平位移	√	○	○
7	立柱结构应力	○	○	○
8	支撑轴力	√	√	√
9	顶板应力	○	○	○
10	锚杆拉力	√	√	√
11	土钉拉力	○	○	○
12	地表沉降	√	√	√
13	竖井井壁支护结构净空收敛	√	√	√
14	土体深层水平位移	○	○	○
15	土体分层竖向位移	○	○	○
16	坑底隆起(回弹)	○	○	○
17	支护桩(墙)侧向土压力	○	○	○
18	地下水位	√	√	√
19	孔隙水压力	○	○	○

注:√—应测项目,○—选测项目。

2)区间隧道工程监测内容——盾构工程监测内容

(1)盾构工程的仪器监测项目应根据环境安全等级,结合保护对象的现状、重要程度、影响大小有选择的进行监测。

(2)监测范围的确定应以盾构法隧道施工变形计算与分析为基础确定,同时应考虑沿线工程环境的具体特点、变形敏感性、使用要求、重要程度等因素,监测点的布置应能反映监测对

象的变形特征。

如无特殊要求，监测范围可按照盾构隧道外边缘两侧各 $2H$（H 为盾构顶埋深），且不小于 20m 确定。

（3）盾构法隧道管片结构和周围岩土体监测项目应根据表 3-3 选择。

盾构法隧道管片结构和周围岩土体监测项目　表 3-3

序　号	监 测 项 目	工程监测等级		
		一级	二级	三级
1	管片结构竖向位移	√	√	√
2	管片结构水平位移	√	○	○
3	管片结构净空收敛	√	√	√
4	管片结构应力	○	○	○
5	管片连接螺栓应力	○	○	○
6	地表沉降	√	√	√
7	土体深层水平位移	○	○	○
8	土体分层竖向位移	○	○	○
9	管片围岩压力	○	○	○
10	孔隙水压力	○	○	○

注：√—应测项目，○—选测项目。

矿山法隧道支护结构和周围岩土体监测项目应根据表 3-4 选择。

矿山法隧道支护结构和周围岩土体监测项目　表 3-4

序　号	监 测 项 目	工程监测等级		
		一级	二级	三级
1	初期支护结构拱顶沉降	√	√	√
2	初期支护结构底板竖向位移	√	○	○
3	初期支护结构净空收敛	√	√	√
4	隧道拱脚竖向位移	○	○	○
5	中柱结构竖向位移	√	√	○
6	中柱结构倾斜	○	○	○
7	中柱结构应力	○	○	○
8	初期支护结构、二次衬砌应力	○	○	○
9	地表沉降	√	√	√
10	土体深层水平位移	○	○	○
11	土体分层竖向位移	○	○	○
12	围岩压力	○	○	○
13	地下水位	√	√	√

注：√—应测项目，○—选测项目。

3）周边环境监测内容

周边环境监测项目应根据表3-5选择。当主要影响区存在高层、高耸建（构）筑物时，应进行倾斜监测。既有城市轨道交通高架线和地面线的监测项目可按照桥梁和既有铁路的监测项目选择。

周边环境监测项目　　表3-5

监测对象	监测项目	工程影响分区	
		主要影响区	次要影响区
建（构）筑物	竖向位移	√	√
	水平位移	○	○
	倾斜	○	○
	裂缝	√	○
地下管线	竖向位移	√	○
	水平位移	○	○
	差异沉降	√	○
高速公路与城市道路	路面路基竖向位移	√	○
	挡墙竖向位移	√	○
	挡墙倾斜	√	○
桥　梁	墩台竖向位移	√	√
	墩台差异沉降	√	√
	墩柱倾斜	√	√
	梁板应力	○	○
	裂缝	√	○
既有城市轨道交通	隧道结构竖向位移	√	√
	隧道结构水平位移	√	○
	隧道结构净空收敛	○	○
	隧道结构变形缝差异沉降	√	√
	轨道结构（道床）竖向位移	√	√
	轨道静态几何形位（轨距、轨向、高低、水平）	√	√
	隧道、轨道结构裂缝	√	○
既有铁路（包括城市轨道交通地面线）	路基竖向位移	√	√
	轨道静态几何形位（轨距、轨向、高低、水平）	√	√

注：√—应测项目，○—选测项目。

当工程周边存在既有轨道交通或对位移有特殊要求的建（构）筑物及设施时，监测项目应与有关管理部门或单位协商确定。

采用钻爆法施工时，应对爆破振动影响范围内的建（构）筑物、桥梁等高风险环境进行振动速度或加速度监测。

3.2.2　地下工程监测方法及精度要求

地下工程监测方法及其精度要求内容繁多，下面以基坑工程为例进行阐述。

基坑监测方法的选择应综合考虑各种因素，如基坑类别不同，反映了对基坑及周边环境安全要求的不同，相应的监测要求也不同；设计会根据基坑类别和特点对监测方法提出相应的要求。另外，场地条件可能会适合或限制某种监测方法的应用，当地经验情况可能使某些监测方法更容易接受，监测方法对气候、环境等（宜调查当地的气象情况，记录雨水、气温、热带风暴、洪水等情况，监测自然环境条件对基坑的影响程度）的适应性也有所差别，综合考虑这些因素后选择的监测方法无疑具有更好的科学性、可行性和合理性。监测方法合理宜行有利于适应施工现场条件的变化和施工进度的要求。

（1）水平位移监测

测定特定方向上的水平位移时，可采用投点法、小角度法、视准线法等；测定监测点任意方向的水平位移时，可视监测点的分布情况，采用极坐标法、后方交会法、前方交会法等。当测点与基准点无法通视或距离较远时，可采用测量法或三角、三边、边角测量与基准线法相结合的综合测量方法。水平位移的监测方法较多，但各种方法的适用条件不一，在方法选择和施测时均应特别注意。如采用小角度法时，监测前应对经纬仪进行垂直轴倾斜修正；采用视准线法时，其测点埋设偏离基准线的距离不宜大于2cm，对活动规牌的零位差应进行测定。

水平位移监测基准点的埋设应符合国家现行标准的有关规定，宜设置有强制对中的观测墩，并宜采用精密的光学对中装置，对中误差不宜大于0.5mm。强制对中装置宜选择防锈的铜质材料，并采用防护装置进行保护。当采用强制对中观测墩时，周围严禁堆积杂物，以免碰到观测墩，并需要定期检查、维护。

基坑围护墙边坡顶部、基坑周边管线、邻近建筑水平位移监测精度应根据其水平位移报警值按表3-6确定。

基坑及周边环境水平位移监测精度要求 表3-6

水平位移报警值	累计值 D(mm)	$D<20$	$20\leqslant D<40$	$40\leqslant D\leqslant 60$	$D>60$
	变化速率(mm/d)	$V_D<2$	$2\leqslant V_D<4$	$4\leqslant V_D\leqslant 6$	$V_D>6$
监测点坐标中误差(mm)		≤0.3	≤1.0	≤1.5	≤3.0

注：1. 监测监测点坐标中误差，是指监测点相对测站点的坐标中误差，为点位中误差的$1/\sqrt{2}$。
2. 当根据累计值和变化速率选择的精度要求不一致时，水平位移监视精度优先按变化速率报警值的要求确定。
3. 本规范以中误差作为衡量精度的标准。

（2）竖向位移监测

竖向位移监测可采用液体静力水准或几何水准等方法。竖向位移监测一般采用几何水准方法，当不便使用几何水准测量或需要进行自动监测时，可采用液体静力水准测量方法。

围护墙边坡顶部、立柱、基坑周边地表、管线和邻近建筑的竖向位移监测精度应根据其竖向位移报警值按表3-7确定。

基坑及周边环境竖向位移监测精度要求 表3-7

竖向位移报警值	累计值 S(mm)	$S<20$	$20\leqslant S<40$	$40\leqslant S\leqslant 60$	$S>60$
	变化速率(mm/d)	$V_S<2$	$2\leqslant V_S<4$	$4\leqslant V_S\leqslant 6$	$V_S>6$
监测点测站高差中误差(mm)		≤0.15	≤0.3	≤0.5	≤1.5

注：监测点测站高差中误差是指相应精度与视距几何水准测量单程一测站的高差中误差。

竖向位移监测精度确定方法与水平位移监测精度基本相同。表3-8、表3-9为根据规范列出的一、二、三级基坑的维护墙(边坡)顶部竖向位移、立柱及基坑周边地表竖向位移累计值和变化速率的报警值范围。

墙(边坡)顶部竖向位移报警范围　　表3-8

基坑类别	一级	二级	三级
累计值(mm)	10～40	25～60	35～80
变化速率(mm/d)	2～5	3～8	4～10

立柱及基坑周边地表竖向位移报警范围　　表3-9

基坑类别	一级	二级	三级
累计值(mm)	25～35	35～60	55～80
变化速率(mm/d)	2～3	4～6	10

各监测点与水准基准点或工作基点应组成闭合环路或附合水准路线,以便对观测成果进行质量检查,保证成果可靠并恰当评价精度。

(3)围护结构内力监测

监测围护结构的内力,如应力、应变、轴力、弯矩等,是地铁基坑工程中的一个较重要的内容。例如对围护墙体主筋的受力监测,可掌握围护墙承受的弯矩,以防止围护墙体因强度不足而导致围护结构的折断破坏。围护桩(墙)的内力监测一般采用钢筋应力计进行,钢筋应力计可以是钢弦式的,也可以是电阻应变片式的。监测点竖向位置的布置应考虑以下因素:计算的最大弯矩所在的位置和反弯点位置、各土层的分界面、结构变截面或配筋率改变处截面的位置,结构内支撑及拉锚所在的位置。在平面上,宜选择在围护结构位于上下两根支撑的跨中部位、水土压力或地面超载较大的地方。

(4)支撑体系内力或变形监测

地铁基坑围护结构中,水平支撑与桩墙构成了一个完整的围护结构体系,水平支撑作为围护结构中的重要组成部分,平衡着基坑外侧土压力。支撑轴力随着基坑的开挖而变化,其大小与围护结构体系的稳定具有极为密切的关系。地铁基坑一般布置3～4道水平支撑,在主测断面的每道支撑上均应进行轴力监测,特别是基坑距底部1/3深度处轴力最大,应加强监测。在确定监测方法时,宜根据不同的监测对象选择不同的监测方案,如对于钢筋混凝土支撑,宜采用钢筋应力计(钢筋计)或混凝土应变计进行量测;对于钢结构支撑,宜采用轴力计进行量测。

(5)锚杆、土钉拉力监测

当基坑土层软弱并含有地下水、基坑较深,或坑边有高大建筑物时,对于采用锚杆挡墙或土钉挡墙进行支护的基坑工程,此时锚杆或锚索将承受较大拉力,而且随着地层变化和地下水的影响,锚固力变化较复杂。因此有必要按设计要求对锚杆或土钉拉力进行监测,核实所测拉力与设计计算拉力之间的差别,及时发现基坑施工过程中支护结构的安全隐患。锚杆拉力量测一般采用专用的锚杆测力计,钢筋锚杆可采用钢筋应力计或应变计,当使用钢筋束时,应分别监测每根钢筋的受力。

(6)土层深层水平位移及分层竖向位移监测

土体的多点位移监控量测主要是监测施工过程中结构上覆土层的扰动程度以及影响规律,确定土体松动区的范围。其中,土体深层水平位移的监测可以更好地反映施工对邻近建筑物基础的影响程度,了解开挖过程中结构两侧地层的松动范围和变化规律;分层竖向位移监测可以反映不同深度处土体的变形情况。土体变形的监测应在结构中线、结构两侧所对应的地面提前钻孔布设。

(7)坑底隆起监测

当基坑底部遇到有一定膨胀性的土层,以及坑边有较大荷载的高大建筑物时,基坑的开挖卸载容易造成基底隆起。坑底隆起值过大不仅对基坑支撑围护有较大影响,而且会对建筑物的稳定带来威胁。故坑底隆起是软土基坑或砂性土基坑施工安全的一个重要指标,宜通过设置回弹监测标,采用几何水准并配合传递高程的辅助设备进行监测,而其他地区坑底隆起的影响相对较弱。

(8)地下水位监测

一般地,如果基坑底部在地下水位以下,土质又具有高渗透性时,为保证工程质量以及安全,需要把地下水降到边坡面和基坑底以下,以使施工处于疏干和坚硬土条件下进行开挖。但实际降水过程中,地下水往往难以疏干,特别是上层滞水,因此通过地下水的监测可以了解地下水的变化及分布情况,用以指导施工。地下水位监测点的作用一是检验降水井的降水效果,二是观测降水对周边环境的影响。

(9)孔隙水压力、土压力监测

在基坑施工过程中,往往需要进行降水,降水可能对周围邻近建筑或管线产生不均匀沉降或开裂等危害。因此,孔隙水压力和土压力的监测对研究土体沉陷和结构的稳定性都有较重要的作用。一般用孔隙水压计来进行孔隙水压力的测定,而土压力监测一般采用土压力计进行量测。考虑到土压力监测项目的监测方法及监测仪器费用较高且技术上相对复杂,在实际操作中,基坑已经设置了支护结构水平位移、竖向位移等监测,故规范对于孔隙水压力和土压力的监测要求均不是太高,多为选测和宜测要求,故而在实际地铁车站基坑工程中,建议有条件时进行监测。

(10)周边建筑物变形监测

基坑施工过程中,基坑周边的地层难免会受到基坑开挖的影响而产生不同程度的变形,可能造成周边建筑物及构筑物的变形,如建筑物的竖向位移、水平位移、倾斜及裂缝。其中,基坑开挖后周边建筑竖向位移的反应最为直接,监测也较为方便,一般都应列为必测项目。周边建筑的水平位移在实际工程中并不常见,而且发生量较小,可以适当放宽。裂缝直接反映了周边建筑、地表的破坏程度,监测时要注意观察裂缝的位置、走向、长度、宽度及变化程度,需要时还包括深度。裂缝监测数量根据需要确定,主要或变化较大的裂缝应进行监测;建筑物倾斜监测可选用投点法、水平角法、前方交会法、正垂线法、差异沉降法等进行,应测定监测对象顶部相对于底部的水平位移与高差,分别记录并计算监测对象的倾斜度、倾斜方向和倾斜速率。由于地铁车站基坑系大型基坑,又修建在繁华地段,故而对周边建(构)筑物影响的可能性也较高。

3.2.3 其他地下工程风险控制数据源

除上述监测数据源外，与具体的地下工程相关的管理、经济、技术所有信息构成的其他数据源主要包括：勘察数据源（含物探）、设计文件数据源、施工质量数据源、施工队伍素质数据源、施工机械设备数据源、施工材料品质安全数据源、施工工艺方案数据源、施工气候环境数据源、施工行为安全控制数据源以及与工程相关的各种环境要素。大致归纳为如下几个方面进行简述。

（1）勘察设计数据源

勘察设计是工程建设的重要环节，勘察设计的好坏不仅影响建设工程的投资效益和质量安全，其技术水平和指导思想对城市建设的发展也会产生重大影响。勘查分为初勘和定测。

初勘需查明场地地形、地貌、地质构造，查明岩土类别、层次、厚度及物理力学性质；查明各种岩溶洞隙的形态、分布范围、规模、埋深、围岩和岩溶充填物的性状，提出岩溶洞隙的处理建议；查明地下水的类型、埋藏条件、对建筑材料的侵蚀性，提供地下水位及其变化幅度及规律，人孔开挖后渗水速率，建议施工降水的措施；评价场地的稳定性及建筑适宜性，提供设计所需岩土参数及基础方案建议；提供桩基按两类极限状态进行设计所需用的岩土物理力学指标值。提供设计比较用的各种桩型的力学指标及其实施的可能性。勘探深度范围内各土层的各项力学指标，探讨该工程采用浅基础的可能性。提供整治不良地质现象的地质资料、危害程度及建议。特别是涉及边坡开挖的稳定的评价报告，并有明确的判断、结论和防治方案。测试项目为：土样、天然含水率、天然重度、比重、液限、塑限、常规压缩试验、直剪试验。岩样：块体密度、饱和单轴抗压强度、抗剪强度。测试项目应满足规范要求。

定测是定出使用者的用地范围及周边环境，是测绘科根据当地土地管理部门提供的数据进行测绘最后出土地定界图纸，图纸所注面积就属合法使用范围。

（2）施工质量控制数据源

根据《质量管理体系》（GB/T 19000—2000）的质量术语定义，施工质量控制是在明确的质量方针指导下，通过对施工方案和资源配置的计划、实施、检查和处置，进行施工质量目标的事前控制、事中控制和事后控制的系统过程。

施工质量控制的内容包括质量文件审核、现场质量检查、开工前检查、工序交接检查、隐蔽工程检查、停工后复工检查、分项分部工程完工检查、成品保护检查。

（3）施工人、机、料本质安全数据源

人机料是对全面质量管理理论中的五个影响产品质量的主要因素的简称。人，指制造产品的人员；机，制造产品所用的设备；料，指制造产品所使用的原材料。

人是生产管理中最大的难点，也是目前所有管理理论中讨论的重点。围绕着“人”的因素，各种不同的企业有不同的管理方法。机就是指生产中所使用的设备、工具等辅助生产用具。生产中，设备是否正常运作、工具的好坏都是影响生产进度、产品质量的又一要素。料指物料，半成品、配件、原料等产品用料。

（4）自然条件数据源

自然条件包括地表（下）水、地形地貌、地质构造、温度、风速、降雨量等。

(5)施工过程行为安全数据源

行为安全是指施工过程中由人的主观意志控制的关乎安全的一切行动。行为安全管理是应用行为科学强化人员安全行为和消除不安全行为,从而减少因人员不安全行为造成的安全事故和伤害的系统化管理方法。有时候不规范的施工行为会导致安全事故,甚至直接影响地下工程结构风险事故,所以行为安全构成了重要的安全数据源。宁波市轨道交通采用安全隐患排查系统,结构安全和行为安全双重管控体系。

(6)其他数据源

其他数据源不一一赘述,有时候一些安全因素常常被我们忽视而导致重大安全事故,如上海地铁4号线因为一台小的冷冻机故障,而引发好几亿的经济损失。所以,一切关乎地下工程安全的因素,都可作为地下工程安全风险的数据源,如地下工程常常关注降雨等气候条件变化,所以天气预报也是重要的数据源 。

3.3 地下工程大数据分析理论与模型

3.3.1 大数据分析理论

大数据分析是在强大的支撑平台上运行分析算法发现隐藏在大数据中的潜在价值的过程,例如隐藏的模式(pattern)和未知的相关性。根据处理时间的需求,大数据的分析处理可以分为两类。

(1)流式处理:流式处理假设数据的潜在价值是数据的新鲜度(freshness),因此流式处理方式应尽可能快地处理数据并得到结果。在这种方式下,数据以流的方式到达。在数据连续到达的过程中,由于流携带了大量数据,只有小部分的流数据被保存在有限的内存中。流处理理论和技术已研究多年,代表性的开源系统包括 Storm S4 和 Kafka。流处理方式用于在线应用,通常工作在秒或毫秒级别。

(2)批处理:在批处理方式中,数据首先被存储,随后被分析。MapReduce 是非常重要的批处理模型。MapReduce 的核心思想是,数据首先被分为若干小数据块(chunks),随后这些数据块被并行处理并以分布的方式产生中间结果,最后这些中间结果被合并产生最终结果。MapReduce 分配与数据存储位置距离较近的计算资源,以避免数据传输的通信开销。由于简单高效,MapReduce 被广泛应用于生物信息、web 挖掘和机器学习中。

两种处理方式的区别如表 3-10 所示。通常情况下,流式处理适用于数据以流的方式产生且数据需要得到快速处理获得大致结果。因此流式处理的应用相对较少,大部分应用都采用批处理方式。一些研究也试图集成两种处理方式的优点。

流式处理与批处理比较 表 3-10

属性	流式处理	批处理
输入	新数据或更新数据流	大量数据
数据大小	预先未知或无限	已知或有限

续上表

属性	流式处理	批处理
存储	不进行存储	存储
硬件	有限数量的存储	并行和存储
处理过程	单一或少量数据	多次循环
时间	少量时间甚至更少	更长时间
应用领域	网页、传感网络和交通监控	广泛应用于各领域

大数据系统是一个复杂的、提供数据生命周(从数据的产生到消亡)的不同阶段数据处理功能的系统。同时,对于不同的应用,大数据系统通常也涉及多个不同的阶段。本文采用产业界广为接受的系统工程方法,将典型的大数据系统分解为4个连续的阶段,包括数据生成、数据获取、数据存储和数据分析。

3.3.2 大数据有监督学习

监督学习也称有导师的学习,指在训练期间有一个外部老师告诉网络每个输入向量的正确的输出向量。学习的目的就是减少网络产生的实际输出向量和预期输出向量之间的差异。这一目标是通过逐步调整网络内的权值实现的,反向传播算法能够决定权值要改变多少。对于这种学习,网络在能执行工作前必须训练。当网络对于给定的输入能产生所需要的输出时,就认为网络的学习和训练已经完成。由此可以看到,监督学习的成分主要有:实际输出向量、预期输出向量、实际输出向量和预期输出向量之间存在的差异等。这样,就可以具体分析某一学习活动,根据其所包含的成分,从而推断其是否是监督学习。监督式学习主要以分类和回归为主要应用。常用的算法有决策树算法、随机森林算法、支持向量机算法、最邻近算法、神经网络算法等。

1)决策树算法

决策树可看作一个树状预测模型,它通过把实例从根节点排列到某个叶子节点来分类实例,叶子节点即为实例所属的分类。决策树的核心问题是选择分裂属性和决策树的剪枝。决策树的算法有很多,有ID3、C4.5、CART等。这些算法均采用自顶向下的贪婪算法,每个节点选择分类效果最好的属性将节点分裂为2个或多个子节点,继续这一过程直到这棵树能准确地分类训练集,或所有属性都已被使用过。下面简单介绍最常用的决策树算法——分类回归树(CART)。

分类回归树(CART)是机器学习中的一种分类和回归算法。设训练样本集 $L=\{x_1,x_2,\cdots,x_n,Y\}$。其中,$x_i(i=1,2,\cdots,n)$ 称为属性向量;Y 称为标签向量或类别向量。当 Y 是有序的数量值时,称为回归树;当 Y 是离散值时,称为分类树。在树的根节点 t_1 处,搜索问题集(数据集合空间),找到使得下一代子节点中数据集的非纯度下降最大的最优分裂变量和相应的分裂阈值。在这里非纯度指标用Gini指数来衡量,它定义为:

$$i(t)=\sum_{i\neq j}p(i/t)p(j/t)=1-\sum_{j}[p(j/t)]^2 \tag{3-1}$$

式中:$i(t)$——节点 t 的Gini指数;

$p(i/t)$——节点 t 中属于 i 类的样本所占的比例；

$p(j/t)$——节点 t 中属于 j 类的样本所占的比例。

对于分类问题，当叶节点中只有一个类，那么这个类就作为叶节点所属的类，若节点中有多个类中的样本存在，根据叶节点中样本最多的那个类来确定节点所属的类别；对于回归问题，则取其数量值的平均值。

2）随机森林算法

随机森林算法（RFA）是 Leo Breiman 提出的一种利用多个树分类器进行分类和预测的方法。随机森林算法可以用于处理回归、分类、聚类以及生存分析等问题，当用于分类或回归问题时，它的主要思想是通过自助法重采样，生成很多个树回归器或分类器。其步骤如下：

假设现有 N 个训练样本$(x_i, y_i)iN=1$，其中 x_i 是第 i 个样本，它包含 M 个解释变量，y_i 是 x_i 对应的响应变量。通过自助法重抽样，从原始训练数据中生成 k 个自助样本集。每个自助样本集形成一棵分类或回归树。根据生成的多棵树对新的数据进行预测，分类结果按投票最多的作为最终类标签；回归结果按每棵树得出的结果进行简单平均或按照训练集得出的每棵树预测效果的好坏（比如按 $1/\mathrm{MSE}_i$）进行加权平均而定。

我们通常将全体样本中不在每次抽样生成的自助样本中的剩余样本称为袋外数据（out-of-bag，OOB）。据经验得知，每次抽样后大约剩余 1/3 的袋外数据，将每次的预测结果进行汇总可以得到袋外数据的估计误差，我们常常将它和测试样本的估计误差相结合用于评估组合树学习器的拟合和预测精度。

一般来说，随机森林的广义误差（Generalization Error）上界可以根据两个参数推导出来：森林中每棵决策树的预测精度和这些树之间的相互依赖程度 ρ。当随机森林中每棵树的相关程度 ρ 增大时，随机森林的广义误差上界就增大；当每棵决策树的预测精度提高时，随机森林的广义误差上界就下降。

3）支持向量机

SVM 是从线性可分情况下的最优分类面发展而来的，基本思想可用两类线性可分情况说明。如图 3-1 所示，实心点和空心点代表两类样本。假如这两类样本（训练集）是线性可分的，则机器学习的结果是一个超平面（二维情况下是直线）或称为判别函数，该超平面可以将训练样本分为正负两类。

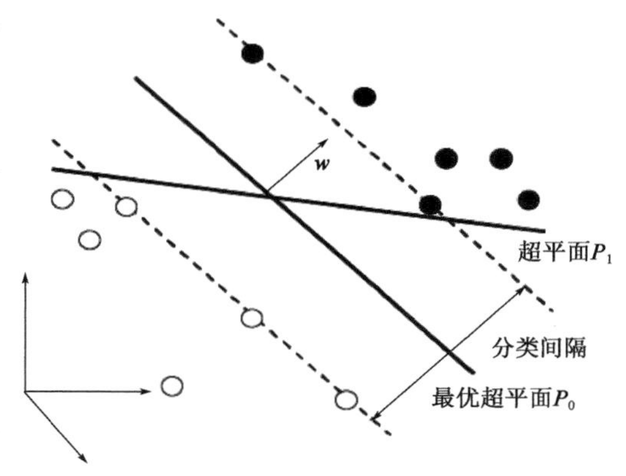

图 3-1 线性可分的分类超平面

显然，这样的超平面有无穷多个，但有的超平面对训练样本来说，其分类非常好（经验风险最小，为 0），但其预测推广能力却非常差，如图 3-1 中的超平面 P_1。而学习的结果最好，应是最优的超平面 P_0，即该平面不仅能将两类训练样本正确分开，而且要使分类间隔（Margin）最大。实际上就是对推广能力的控制，这是 SVM 的核心思想之一。所谓分类间隔是指两类中离分类超平面最近的样本且平行于分类超平面的两个超平面间的距离，或者说是从分类超平面到两类样本中最近样本的距离的和，这些最近样本可能不止 2 个，正是它们决定了分类超平面，也就是确定了最优分类超平面，这些样本就是所谓的支持向量（Support Vectors）。

假设 m 维超平面由以下方程描述：

$$\omega \cdot x + b = 0 \quad \omega \in \mathbf{R}^m, b \in \mathbf{R} \tag{3-2}$$

则可以通过求 $\|\omega\|^2/2$ 的极小值获得分类间隔最大的最优超平面，这里的约束条件为

$$y_i(\omega \cdot x_i + b) - 1 \geqslant 0 \quad (i = 1, 2, \cdots, n) \tag{3-3}$$

该约束优化问题可以用 Lagrange 方法求解，令：

$$L(\omega, b, a) = \frac{1}{2}\|\omega\|^2 - \sum_{i=1}^{m}\alpha[y_i(\omega \cdot x_i + b) - 1] \tag{3-4}$$

其中 i 为每个样本的拉氏乘子，由 L 分别对 b 和 w_0 求导，可得：

$$\sum_{i=1}^{m}\alpha_i y_i = 0 \tag{3-5}$$

$$\omega = \sum_{i=1}^{m}\alpha_i y_i x_i \tag{3-6}$$

因此，解向量有一个由训练样本集的一个子集样本向量构成的展开式，该子集样本的拉氏乘子均不为 0，即支持向量。从训练集中得到了描述最优分类超平面的决策函数即支持向量机，它的分类功能由支持向量决定。这样决策函数可以表示为：

$$f(x) = \text{sgn}\left[\sum_{i=1}^{m}\alpha_i y_i(x \cdot x_i) + b\right] \tag{3-7}$$

在线性不可分的情况下，比如存在噪声数据的情况，可以在约束条件中增加一个松弛项 $\xi_i \geqslant 0$，成为：

$$y_i(\omega \cdot x_i + b) \geqslant 1 - \xi_i \quad (i = 1, 2, \cdots, n) \tag{3-8}$$

将目标改为求下式最小：

$$\psi(\omega, \xi) = \frac{\|\omega\|^2}{2 + c\sum_{i=1}^{n}\xi_i} \tag{3-9}$$

在决策函数中，(x, x_i) 实际上相当于 x 和 x_i 相似度。对更一般的情况，需要这样一个函数 K，对任意两个样本向量 x 和 x_i，它的返回值 $K(x, x_i)$ 就是描述两者的相似度的一个数值，K 就是所谓的核函数。

对于实际上难以线性分类的问题，待分类样本可以通过选择适当的非线性变换映射到某个高维的特征空间（feature space），使得在目标高维空间，这些样本线性可分，从而转化为线性可分问题。如果这个非线性转换为 (x)，则超平面决策函数式写为：

$$f(x) = \text{sgn}\left[\sum_{i=1}^{m}\alpha_i y_i \varphi(x) \cdot \varphi(x_i) + b\right] \tag{3-10}$$

张铃证明了核函数存在性定理，定理表明：给定一个训练样本集，就一定存在一个相应的函数，训练样本通过该函数映射到高维特征空间的相是线性可分的。采用不同的核函数，将导致不同的支持向量机算法。目前，常用的核函数形式有四类：

（1）线性核函数

$$K(x \cdot x_i) = (x \cdot x_i) \tag{3-11}$$

此时得到的支持向量机为线性分类器。

(2)多项式核函数

$$K(x \cdot x_i) = [\nu(x \cdot x_i) + 1]^q \tag{3-12}$$

此时得到的支持向量机为 q 阶多项式分类器。

(3)径向基核函数

$$K(x \cdot x_i) = \exp\left(-\frac{|x - x_i|}{\sigma^2}\right) \tag{3-13}$$

此时得到的支持向量机为径向基函数(RBF)分类器。

(4)S 形函数核函数

$$K(x \cdot x_i) = \tanh[\nu(x \cdot x_i) + c] \tag{3-14}$$

此时支持向量机实现了两层的多层感知器神经网络,网络的权值、网络的隐层节点数目由算法自动确定

4)K 最邻近

K 最近邻(k-Nearest Neighbor,KNN)分类算法,是一个理论上比较成熟的方法,也是最简单的机器学习算法之一。该方法的思路是:如果一个样本在特征空间中的 k 个最相似(即特征空间中最邻近)的样本中的大多数属于某一个类别,则该样本也属于这个类别。KNN 算法中,所选择的邻居都是已经正确分类的对象。该方法在定类决策上只依据最邻近的一个或者几个样本的类别来决定待分样本所属的类别。KNN 方法虽然从原理上也依赖于极限定理,但在类别决策时,只与极少量的相邻样本有关。由于 KNN 方法主要靠周围有限的邻近的样本,而不是靠判别类域的方法来确定所属类别的,因此对于类域的交叉或重叠较多的待分样本集来说,KNN 方法较其他方法更为适合。

KNN 算法不仅可以用于分类,还可以用于回归。通过找出一个样本的 k 个最近邻居,将这些邻居的属性的平均值赋给该样本,就可以得到该样本的属性。更有用的方法是将不同距离的邻居对该样本产生的影响给予不同的权值(weight),如权值与距离成反比。

该算法在分类时有个主要的不足是,当样本不平衡时,如一个类的样本容量很大,而其他类样本容量很小时,有可能导致当输入一个新样本时,该样本的 k 个邻居中大容量类的样本占多数。该算法只计算"最近的"邻居样本,如果某一类的样本数量很大,那么或者这类样本并不接近目标样本,或者这类样本很靠近目标样本。无论怎样,数量并不能影响运行结果。

5)人工神经网络(ANN 算法)

人工神经网络提供了一种普遍而且实用的方法,来从样例中学习值为实数、离散或向量的函数。ANN 学习对于训练数据中的拟合效果很好,且已经成功地涉及医学、生理学、哲学、信息学、计算机科学等众多学科领域,这些领域互相结合、相互渗透并相互推动。不同领域的科学家从各自学科的特点出发,提出问题并进行了研究。ANN 的研究始于 1943 年,心理学家 W. Mcculloch 和数理逻辑学家 W. Pitts 首先提出了神经元的数学模型。此模型直接影响着这一领域研究的进展。1948 年,冯 · 诺依曼在研究中提出了以简单神经元构成的再生自动机网络结构;20 世纪 50 年代末,F. Rosenblatt 设计制作了"感知机",它是一种多层的神经网络,这

项工作首次把人工神经网络的研究从理论探讨付诸工程实践;60 年代初期,Widrow 提出了自适应线性元件网络,这是一种连续取值的线性加权求和阈值网络,在此基础上发展了非线性多层自适应网络。这些实际上就是一种 ANN 模型;80 年代初期,美国物理学家 Hopfield 发表了两篇关于 ANN 研究的论文,引起了巨大的反响。人们重新认识到神经网络的威力以及付诸应用的现实性。随即,研究人员围绕着 Hopfield 提出的方法展开了进一步的研究工作,形成了 80 年代中期以来 ANN 的研究热潮。

人工神经网络的研究在一定程度上受到了生物学的启发,因为生物的学习系统是由相互连接的神经元(Neuron)组成的异常复杂的网络。而人工神经网络与此大体相似,它是由一系列简单单元相互密集连接构成,其中每一个单元有一定数量的实值输入(可能是其他单元的输出),并产生单一的实数值输出(可能成为其他很多单元的输入)。

在 ANN 的研究中提出了很多模型,它们之间的差异主要表现在研究途径、网络结构、运行方式、学习算法及其应用上。常见的 ANN 模型有:多层前向神经网络 MLFN、自组织神经网络 SOM 和 ART、Hopfield 神经网络、模糊神经网络 FNN 等。

人工神经网络算法的重点是构造阈值逻辑单元,一个值逻辑单元是一个对象,它可以输入一组加权系数的量,对它们进行求和,如果这个和达到或者超过了某个阈值,输出一个量。如有输入值 $X_1,X_2,\cdots,X_n$ 和它们的权系数:$W_1,W_2,\cdots,W_n$,求和计算出的 $X_i \times W_i$,产生了激发层 $a=(X_1 \times W_1)+(X_2 \times W_2)+\cdots+(X_i \times W_i)+\cdots+(X_n \times W_n)$,其中 X_i 是各条记录出现频率或其他参数,W_i 是实时特征评估模型中得到的权系数。神经网络是基于经验风险最小化原则的学习算法,有一些固有的缺陷,比如层数和神经元个数难以确定,容易陷入局部极小,还有过学习现象,这些本身的缺陷在 SVM 算法中可以得到很好的解决。

3.3.3 大数据无监督学习

无监督学习又称无导师学习,它是指网络只面向外界,在没有任何进一步指导的情形下,构建其内部表征。即网络在缺乏外界所提供的任何形式的反馈条件下所进行的学习。在这种学习程序中,网络的权重调节没有受到任何外来教师的影响,但在网络内部则对其性能进行自适应调节。尽管在这种学习中没有受到外来影响,但网络仍需要一些信息以进行自组织。它强调的是加工单元之间的协调,如果外界输入激活了加工单元群中的某一节点,则整个加工单元群的活性随之增加,相反引起整个加工单元群的抑制效应。

常用的无监督学习算法主要有主成分分析方法 PCA、等距映射方法、局部线性嵌入方法、拉普拉斯特征映射方法、黑塞局部线性嵌入方法和局部切空间排列方法等。

从原理上来说 PCA 等数据降维算法同样适用于深度学习,但是这些数据降维方法复杂度较高,并且其算法的目标太明确,使得抽象后的低维数据中没有次要信息,而这些次要信息可能在更高层看来是区分数据的主要因素。所以现在深度学习中采用的无监督学习方法通常采用较为简单的算法和直观的评价标准。

无监督学习里典型例子是聚类。聚类的目的在于把相似的东西聚在一起,而我们并不关心这一类是什么。因此,一个聚类算法通常只需要知道如何计算相似度就可以开始工作了。

聚类算法一般有五种方法,最主要的是划分方法和层次方法两种。划分聚类算法通过优化评价函数把数据集分割为 K 个部分,它需要 K 作为输入参数。典型的分割聚类算法有 K-means 算法,K-medoids 算法、CLARANS 算法。层次聚类由不同层次的分割聚类组成,层次之间的分割具有嵌套的关系。它不需要输入参数,这是它优于分割聚类算法的一个明显的优点,其缺点是终止条件必须具体指定。典型的分层聚类算法有 BIRCH 算法、DBSCAN 算法和 CURE 算法等。

3.3.4 大数据多源数据融合

多源异构是大数据的基本特征之一,多源数据融合也成为大数据分析处理的关键环节,多源数据融合成为大数据领域重要的话题与研究方向,在大数据时代具有非常重要的价值与意义。通过多源信息融合,有利于进一步挖掘数据的价值,提升信息分析的作用。

信息融合最早应用于军事领域,后来在传感器、地理空间、情报分析等多个领域得到了应用与发展。关于信息融合主要有以下几种定义:

(1)信息融合是一种多层次、多方面的数据处理过程,对来自多个信息源的数据进行自动检测、关联、相关、估计及组合等处理。

(2)信息融合是研究利用各种有效方法把不同来源、不同时间点的信息自动或半自动地转换成一种能为人类或自动的决策提供有效支持的表示形式。

(3)信息融合是处理探测、互联、估计以及组合多源信息和数据的多层次多方面过程,以便获得准确的状态估计、完整而及时的战场态势和威胁估计。

(4)多源数据融合是指由不同的用户、不同的来源渠道产生的,具有多种不同的呈现形式(如数值型、文本型、图形图像、音频视频格式),描述同一主题的数据并为了共同的任务或目标融合到一起的过程。

多源信息融合的实现包括数据级(或信号级、像素级)融合、特征级融合和决策级融合 3 个层次,这 3 个层次的融合分别是对原始数据、从中提取的特征信息和经过进一步评估或推理得到的局部决策信息进行融合。数据级和特征级融合属于低层次融合,而高层次的决策级融合涉及态势认识与评估、影响评估、融合过程优化,等等。

在多源信息融合之后,需要进行深入的分析挖掘。对多源数据进行融合挖掘,就需要建立各种数据挖掘模型,包括用户聚类分析、消费模式挖掘、行业标杆对比、预警分析、客户路径分析等。

多源信息融合的算法包括简单方法、基于概率论的方法、基于模糊推理的方法以及人工智能算法等。简单算法如等值融合法、加权平均法等。基于概率论的信息融合方法,如贝叶斯方法,D-S 证据理论等,其中贝叶斯方法又包括贝叶斯估计、贝叶斯滤波和贝叶斯推理网络等。D-S 证据理论是对概率论的推广,既可处理数据的不确定性,也能应对数据的多义性。基于模糊逻辑的信息融合方法,如模糊集、粗糙集等方法,这些方法在处理数据的模糊性、不完全性和不同粒度等方面具有一定的适应性和优势。混合方法包括模糊 D-S 证据理论、模糊粗糙集理论等,可以处理具有混合特性的数据。人工智能计算方法,如神经网络、遗传算法、蚁群算法、深度学习算法等，可以处理不完善的数据，在处理数据的过程中不断学习与归纳，把不完善的数据融合为统一的完善的数据。

3.4 地下工程中的云计算技术

3.4.1 云计算技术及其发展

云计算是分布式计算、并行计算、效用计算、网络存储、虚拟化、负载均衡、热备份冗余等传统计算机和网络技术发展融合的产物。目前并没有统一的云计算定义，较常见的定义为：云计算是一种按使用量付费的模式，这种模式提供可用的、便捷的、按需的网络访问，进入可配置的计算资源共享池（资源包括网络、服务器、存储、应用软件、服务），这些资源能够被快速提供，只需投入很少的管理工作，或与服务供应商进行很少的交互。

美国、日本、欧盟等国家的云计算技术比较成熟。在20世纪初期，美国已经制定了云计算技术的长期发展规划，并制定了云计算技术对美国经济成本支出的目标。目前，云计算技术在美国市场中的市场地位十分突出，扮演着重要的技术角色。欧盟国家对云计算技术做过详细的报告，并指出了云计算技术在社会生活和经济中应用的重要性，建立云计算管理框架和管理结构体系，以促进云计算技术的发展。而日本也已经建设了大规模的云计算基础设施，为云计算技术的发展提供了物质条件。

现阶段，我国对云计算技术的研究仍处于初级阶段，云计算技术的研究程度较浅，并且，云计算技术的应用设备不足。虽然，我国不断推出云计算机服务，但是，云计算技术核心结构体系还不够完善，云计算技术服务还不能满足客户和市场的技术需求。而且，我国对云计算的商业价值和云计算的应用还存在着一定的误区，云计算应用范围有待扩大。另外，我国的云计算技术服务商之前利益矛盾冲突明显，双方缺乏交流与沟通，严重制约着云计算技术的发展。在这种情况下，我国应重视云计算技术的国内发展和应用现状，积极探索促进云计算技术应用和发展的科学方法。

云计算由于其采用虚拟化技术，而具有更高的灵活性和动态可扩展性，可以按照用户的需求部署资源和计算能力，其计算性能、可靠性能超过大型主机，具有高性价比。云计算的5大特点：自助式服务、资源池化、通过网络分发服务、高可扩展性、可度量性。

云计算的基本原理是：不是在本地计算机或远程服务器上计算，而是在大量的分布式计算机上分布计算，打造类似互联网的企业数据中心。这样，企业可以根据需求访问计算机、网络、存储和应用系统，把资源转换到所需的应用上。

3.4.2 云计算及其关键技术

云计算把大量的存储和计算资源，通过网络连接起来进行统一的管理和调度，构成一个资源池随时向用户提供按需服务。利用“云”，用户可以通过网络方便的获取强大的计算能力、存储能力以及基础架构服务等。

云计算作为一种数据密集型的新型超级计算，其技术实质是存储、计算、服务器、应用软件等IT软硬件资源的虚拟化。云计算在数据存储、数据管理和虚拟化等方面具有自身独特的技

术。云计算技术的基础是信息存储的安全可靠性和读写的高效性。云计算采用分布式存储技术把海量的数据存储在服务器集群中,同时为一份数据存储多份备份,采用冗余存储的方式和数据加密技术来保证数据的安全可靠性,Google 开发的谷歌文件系统(GFS)和开源 Hadoop 分布式文件系统(HDFS)是云计算系统中广泛使用的数据存储系统。

云计算(图 3-2)可以认为包括以下几个层次的服务:基础架构即服务(IaaS),平台即服务(PaaS)和软件即服务(SaaS)。

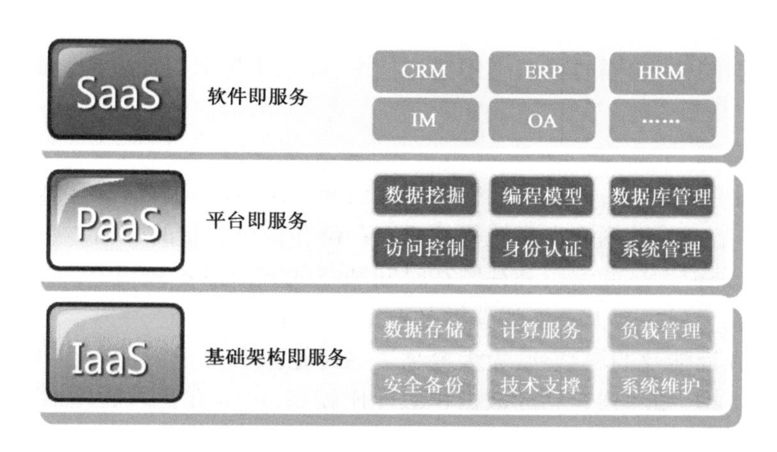

图 3-2 云计算构架

IaaS(Infrastructure-as-a-Service):基础架构即服务。指以服务的形式按用户所需提供和交付计算、存储、服务器或网络组件等计算机服务器、通信设备、存储设备等基础计算资源。在 IaaS 中,在几乎没有预付资本投入的情况下,用户就能即时使用计算资源,并且可以按需获取看似无限的计算资源,无须提前进行固定计算资源的规划、投资,从而大大降低了运营成本,减少了前期资本投入和成本费用。

PaaS(Platform-as-a-Service):平台即服务。PaaS 实际上是指将软件研发的平台作为一种服务,以 SaaS 的模式提交给用户。因此,PaaS 也是 SaaS 模式的一种应用。但是,PaaS 的出现可以加快 SaaS 的发展,尤其是加快 SaaS 应用的开发速度。例如:软件的个性化定制开发。

SaaS(Software-as-a-Service):软件即服务。指各种互联网及应用软件即是服务,是一种通过互联网提供软件及相关数据的模式。SaaS 现在已经是多数商业应用如财务、CRM(客户关系管理)、ERP(企业资源计划)和协同软件等服务的常见交付模式。国内提供 SaaS 服务的包括阿里云、京东电商云、新浪云商店等。

3.4.3 基于云计算的大数据处理技术

传统的数据管理以收集和存储为主,在云环境下,大数据的管理将创新数据的管理模式,偏重数据的分析与挖掘,为管理与决策服务。

1)大数据的采集

大数据的采集通常分为集中式采集和分布式采集,二者各具优缺点。集中式采集易于控制全局数据,分布式采集灵活性好。大数据的采集涉及企业内部的采集和企业之间的采集,充分利用云计算分布式并行计算的特点，采用混合式的大数据采集模式将会更有效率，即在整个大数据采集过程中，企业内部采用集中式的采集模式，而在企业之间采用分布式采集模式，这种数据的采集中，每个企业内部设置一个或者多个中心服务器，该中心服务器作为虚拟组织内的集中式的数据注册机构，负责存储共享的数据信息。企业之间所有的中心服务器之间则采用分布式数据采集模式进行组织。

大数据既包括结构化数据，又包括半结构化、非结构化数据，在进行云计算的分布式采集时，应按照不同的数据类型分类存储。云计算具有很强的扩展性和容错能力，可将数据池内相同或者相似的数据同构化，同时可以应用集群技术、虚拟化技术实现机构之间的无缝对接和超级共享。

2）大数据的存储

由于大数据本身的特点，传统的数据仓库也已经无法适应大数据的存储需求。首先，大数据的急剧增长，单结点的数据仓库系统往往难以存储和分析海量的数据。其次，传统的数据仓库是按行存储的，维护大量的索引和视图在时间和空间方面成本都很高。基于云计算的数据仓库采用列式存储。列式数据仓库的数据是根据属性按照列存储，每一属性列单独存放。投影数据时只访问查询涉及的属性列，大大提高了系统输入和输出效率。由于列式存储的数据具有相同的数据类型，相邻列存储的数据相似性比较高，可以有更高的压缩率，而压缩后的数据能减少输入与输出的开销。

3）大数据的联机分析

联机分析处理是数据仓库系统的主要应用。它支持复杂的分析操作，侧重于决策性分析，并且能够提供直观易懂的查询结果。在联机分析当中，云计算的分布式并行计算从数据仓库中的综合数据出发，提供面向分析的多维模型，并使用多维分析的方法从多个角度、多个层次对多维数据进行分析，使决策者能够更全面地分析数据。多维数据分析是联机分析处理的一个主要特点，这与数据仓库的多维数据组织正好契合。因此，利用联机分析处理技术与数据仓库的结合，可以很好地解决决策支持系统中既需要处理海量数据又需要进行大量数值计算的问题。

4）大数据的挖掘

利用联机分析一般只能获得数据的表层信息，难于揭示数据的隐含信息和内在关系。大数据挖掘是指从海量数据的大型数据仓库中提取人们感兴趣的隐性知识，这些知识是事先未知且是潜在的，提取出来的知识通常可以用概念、规则、规律或模式等形式来表示。

基于云计算的大数据挖掘采用分布式并行挖掘技术。分布式并行数据挖掘技术的特点在于它适用于处理大规模的数据处理。一般的串行数据挖掘算法只能适用于规模较小的数据，并且其运行需要花费大量的时间。分布式并行数据挖掘是指在分布式系统中，机器集群将并行的任务拆分，然后交由每一个空闲机器去处理数据，极大地提高了计算效率。Map Reduce是云计算环境中处理大规模数据集的挖掘模型，程序员在Map（映射）函数中指定各分块数据的处理过程，在Reduce（规约）函数中对分块处理的中间结果进行归约。在大数据中的应用，不仅可以提高数据挖掘的效率，而且这种机器数据的无关性对于计算集群的扩展也提供了良好的设计保证。

5）大数据的可视化

大数据挖掘可以提取到大量人们感兴趣的信息，应用可视化技术可以更好地揭示这些海量信息之间的关系及趋势。数据可视化是对大型数据库或数据仓库中的数据的可视化，它是可视化技术在非空间数据领域的应用，是将大型数据集中的数据以图形、图像形式表示，并利用数据分析和开发工具发现其中未知信息的处理过程。它使人们不再局限于通过关系数据表来观察和分析数据，还能以更直观的方式看到数据及其相互结构关系。在云环境下，大数据的可视化不仅可以用图像来显示多维的非空间数据，帮助用户对数据含义的理解，而且可以用形象、直观的图像来指引检索过程，提高了检索速度。

大数据需要超大的存储容量和计算能力，云计算作为一种新的计算模式，为大数据的研究及应用提供了技术基础。大数据与云计算相结合，相得益彰，都能发挥出自己最大的优势，也必定能创造出更大的价值。随着技术的成熟，自动收集和统计海量的数据将越来越简单，但是蕴藏在大数据中深层次的价值的挖掘还需人的参与，因此为用户提供更多可视化、简化的大数据应用软件，将成为大数据研究的一个重要方面。

3.4.4　云计算在地下工程中的应用需求

大数据、云计算、移动互联网等新兴行业和新技术正在改变着传统的勘察设计、工程建设管理及维护模式。当前轨道交通领域的设计阶段已基本实现了数字化，但在某些环节数据管理与处理能力仍需加强，更由于施工和运营阶段数据管理与处理手段、能力的限制，使得设计成果未能得到充分应用，难于实现全阶段信息的集成和共享，制约了轨道交通领域的信息化建设。从庞杂的资料或海量数据中研究应用大数据、云计算技术解决问题的途径是轨道交通工程信息化需要解决的关键问题之一。

1）地下工程规划设计阶段云计算的应用

在规划设计阶段，大数据与云计算技术可用于：工程项目前期规划与决策服务；建立地下工程的三维空间选线平台；建立地下工程时空大数据库管理系统；利用大数据技术提高设计深度与精度，为工程投资、质量、进度控制打下基础等。

以规划设计阶段的智能选线平台为例，地下工程中的勘察设计与GIS有着密切的关系，通过GIS可以直观地以地图方式录入、管理、显示和分析，通过GPS及航测遥感等手段获得的各种地理空间数据和影像，辅以相应的软件制作各种比例的数字化地形图、DEM和三维景观供线路方案设计、评审及演示汇报使用（见图3-3）。面向多元、多尺度海量数据和时空大数据的整合、组织与管理需求，开展轨道交通工程时空大数据组织、存储与索引研究，构建高安全时空大数据库管理系统，全面提升虚拟化网络环境中大规模地理时空数据的存储、管理、查询、分析与服务能力，避免由于研究范围大、设计者精力有限，只能凭经验选出部分有价值走廊带的缺陷。

2）地下工程施工建设阶段云计算的应用

施工过程的顺利实施是在有效施工方案指导下进行的。当前，施工方案的编制主要基于项目经理及项目组的经验来实施，然而，面对越来越庞大且复杂的工程项目，仅凭项目经理的经验来编制施工方案已显得力不从心，施工方案的可行性一直受到业界的关注，同时，由于工程项目的单一性和不可重复性，施工方案同样具有不可重复性，即以前完成的方案很难直接用在后续的项目上，由于编制工作量大等原因，出现当某个项目即将结束时，一套完善的施工方案才展现于面前,结果为时已晚,施工进度拖延、安全问题频频出现、返工率高、建造成本超出等已成为现有工程的通病,因此,在施工以前找出完善的施工方案是十分必要的。施工模拟技术不仅可以测试和比较不同的施工方案,还可以优化施工方案。整个模拟过程包括了施工程序、设备调用、资源配置等。通过模拟,可以发现不合理的施工程序、设备调用程度与冲突、资源的不合理利用、安全隐患(如碰撞等)、作业空间不足等问题。施工模拟同样要用到设计3D模型(BIM),视工程的复杂程度该数据量会十分庞大。还有,就模拟过程而言,大型复杂结构体型庞大,体系复杂,影响受力和变形的因素很多,不同施工方法、施工工艺、施工荷载、成型顺序的不同组合,加上施工过程中产生的许多不确定因素等,使得模拟过程变得非常复杂,对硬件的存储空间、软件的处理能力要求变得非常高,也可以考虑用云计算技术加以解决。

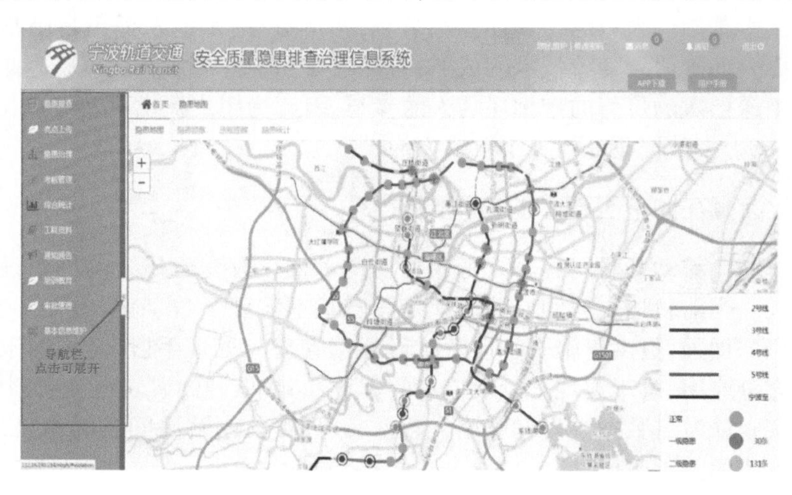

图3-3 地下工程云计算应用模型

3)地下工程运营维护阶段的应用

经过多年的监测工作,我国各省市轨道交通部门已积累了大量的地下工程监测实例,这些实例涉及的数据非常庞大,整理和充分挖掘这些数据,建立地下工程监测实例及处理措施大数据并不断完善,可供灾害监测部门对新监测到的灾害数据进行类比、分析,从而快速、及时、准确地推荐出灾害预防及处理方案供有关人员选择,将有效地提高地下工程灾害的预防、预警水平,在一定程度上保证行车安全。

3.5 地下工程大数据预报预警技术

3.5.1 地下工程大数据系统构建

重大岩土工程监测一般具有工期长、测点数量大、种类多、数据量大等特点,信息化施工要求在尽量短的时间内完成监测信息采集、处理、分析、查询、安全评估和提出反馈报告以指导施工。但是,从浩如烟海、纷繁复杂的监测数据中挖掘出各种观测量之间、原因量和效应量之间,观测量与施工过程之间的相关关系无疑是个繁重的过程,如仅靠手工检索和分析就非常费时费力,显然,没有专业的数据库支持,很难做到监测项目的自动化分析,信息化施工也就无从

谈起。

监测信息(数据)的管理一般包含信息采集、储存、计算处理、分析和评价,受其定位和功能限制,采用 Excel、Access 等通用数据处理软件进行监测数据管理只能局限于数据储存、简单计算处理、曲线绘制、简单趋势分析(指数、对数、多项式和移动平均)和报表制作的功能,不便保存文字描述、影像图片等信息,缺乏数据库系统提供的快速查询等功能。这种状况导致以下弊端:

(1)资料处理速度慢,成果反馈不及时,自动化、信息化程度低,导致决策反馈速度慢。

(2)对于矢量化图形支持不够,可视化程度差、不直观。

(3)查询检索速度慢。

(4)分析易片面化。对于大量的、不同来源的数据难以进行全面综合分析,以达到各种监测手段相互印证和发现主要影响因素的目的。

(5)往往不注意收集有关施工和地质情况,监测、施工、地质三方面脱节,导致监测成果有时难以解释。因此,目前花费大量人力物力获得的监测数据仅仅局限于低水平的应用,满足不了业主、设计和施工对监测更高的要求。

如果对地形、地物、地质和施工信息等有关资料及监测信息进行全面采集,并在此基础上实现资料的存储、分析处理、检索及成果显示输出的计算机化、可视化,开发出一个分布式、综合施工数据库管理、预测系统,就能够很好地解决上述问题。其首要目的是对监测数据进行存储、管理、整编、查询,再提供报表制作、统计分析、曲线绘制和常规统计分析预测功能。所以其主要功能是信息管理,核心在于一个结构良好的数据库和高效的数据结构,能够有效地描述地下工程监测中存在的非常复杂的被监测对象和监测对象之间的从属关系。系统的总体结构如图 3-4 所示。

地下工程监测大数据系统应集成 4 个方面的功能:数据库管理、数据录入与处理、图形可视化、建模及预测功能。各部分功能如下:

(1)数据库管理功能:系统数据库分为属性库和资料库两大类,可以将监测对象、原始数据、施工进度、施工辅助信息、环境量等属性录入数据库进行统一管理,并能进行查询检索。属性库包括测点属性、仪埋档案、建(构)筑物属性和施工辅助信息等。

(2)数据录入与处理功能:按照工程监测规程规范,对原始数据进行资料整编,面向监测技术人员、监理工程师和项目管理人员,应用于工程施工期、运营期各种监测资料、与监测有关的设计、地质和其他资料的存储、管理;对监测数据进行处理,包括误差处理、可靠性检验、物理量转换,进行基本数据统计分析、监测报告制作、查看时序曲线、分布曲线等监测基本成果。

(3)图形可视化功能:建立监测对象和图形元素的关联,系统能够管理、编辑与监测有关的图形文件,可以直观地在图上查找监测设施,并调阅其属性或者监测成果,能够满足用户大多数的自定义查询(支持按观测日期、断面、标段、监测类型、地物、物理量阈值等进行查询及属性数据的统计查询);可以完成矢量图形显示,输入、编辑、转换、自由漫游和缩放,常用监测仪器、测点的符号编辑、管理功能等。

(4)建模及预测功能:系统采用地下工程中常用的预测模型进行监测数据建模,对变形趋势进行初步预测,在超过一定的监控值时实现报警,以便施工人员根据预测结果评估工程风险并提出施工调整建议。目前实现的模型有概率统计模型(指数函数、对数函数、双曲函数、多项式)、灰色模型、BP 神经网络模型、时间序列模型等。

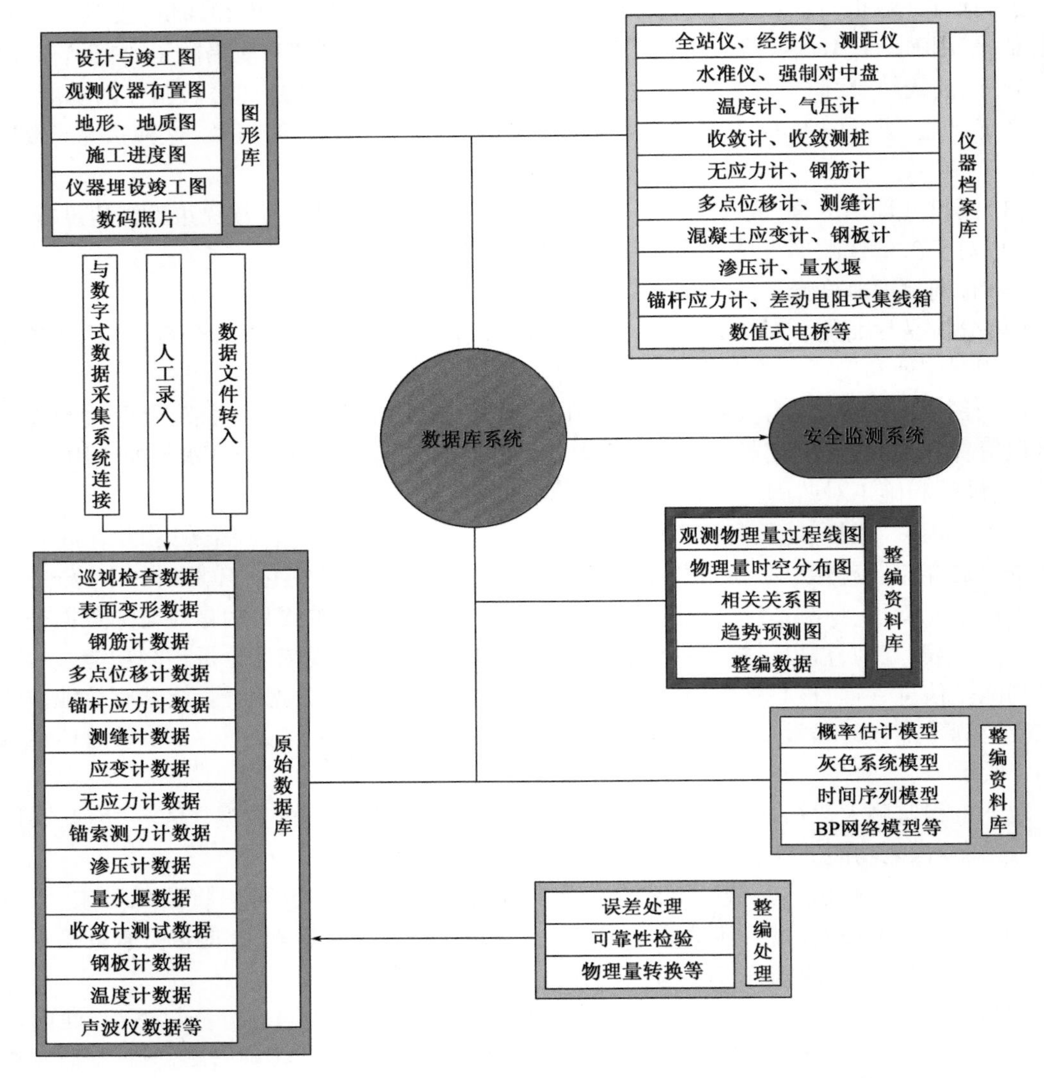

图 3-4　系统体系结构

3.5.2　地下工程监测大数据预报技术

监测工作发挥指导施工的关键一步就是及时对监测资料进行整编分析,包括初步分析和综合分析。初步分析包括:①对监测值进行特征值统计,如算术平均值、均方根值、最大值、最小值、方差、标准差等,对于重要的测点在有必要时可统计变异系数等离散和分布特征;②对同种仪器多个测点监测值的分析,相邻部位多种仪器监测值的分析以及监测值和环境量、巡视检查结果相关关系的分析;③根据分析成果对工程的工作状态及安全性做出评价,并预测变化趋势,提出处理意见和建议。发现异常及时通知相关部门以便采取处理措施。

综合分析是采用各种数学物理模型分析方法,分析各监测物理量的变化规律和发展趋势,

各种原因量和效应量的相关关系和相关程度。监测模型用于建立原因量和效应量之间的相关关系，是一种非常重要的定量分析方法。恰当的模型能够在不需要进行复杂的数值模拟的情况下，仅需简单、易于准备的输入数据，就能比较准确地描述施工过程中围岩和支护结构的响应，这是容易为现场施工人员所掌握的一种定量分析方法，监测人员能够依据模型做出监测量变化趋势预测，评价围岩和支护的安全性和有效性，有利于确保施工安全性和促进信息化施工。基坑开挖预报步骤如图3-5所示。

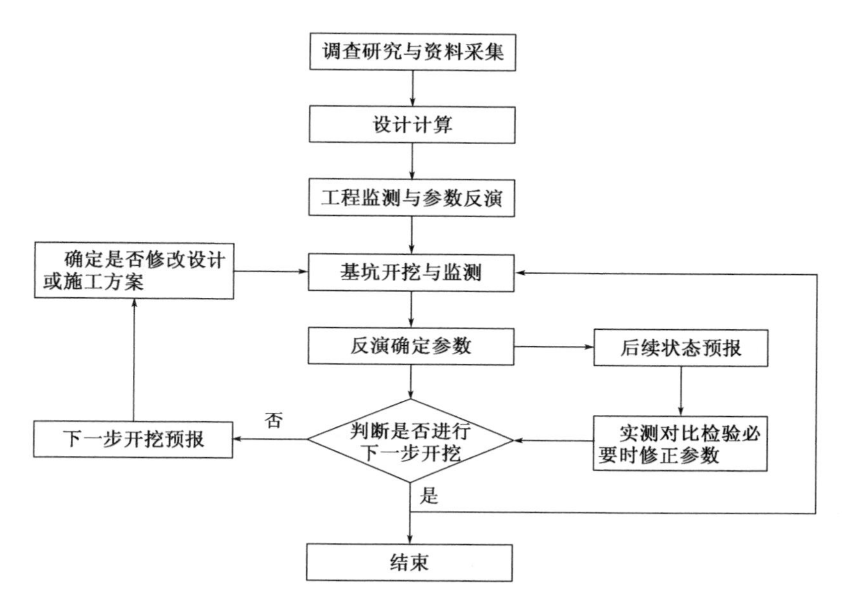

图3-5　基坑开挖预报流程

目前，地下工程监测主要采用简单的概率统计模型（指数函数、对数函数、双曲函数等），以及一些系统科学如灰色系统模型、神经网络模型、时间序列模型、滤波等进行监测数据的建模和预测，下面对常用的模型进行简单的介绍。

1）灰色系统模型

灰色系统建模（Grey Model，简称GM）直接将时间序列转化为微分方程，建立抽象系统发展变化的动态模型。由于它是连续的微分模型，可以用来对系统的发展变化做长期预测。

基本思想是用原始数据组成原始序列（0），经累加生成法生成序列（1），它可以弱化原始数据的随机性，使其呈现出较为明显的特征规律。对生成变换后的序列（1）建立微分方程型的模型即GM模型。GM（1，1）模型表示1阶的、1个变量的微分方程模型。GM（1，1）模型群中，新陈代谢模型是最理想的模型。

GM（1，1）的建模步骤：

考虑有非负离散数列 $x^{(0)}$，$x^{(0)}=\{x^{(0)}(1),x^{(0)}(2),\cdots,x^{(0)}(n)\}$，$n$ 为序列长度，对 $x^{(0)}$ 进行一次累加生成序列 $x^{(1)}$，$x^{(1)}(k)=\sum_{i=1}^{k}x^{(0)}(i)$，$k=1,2,\cdots,n$。对 $x^{(1)}$ 求一阶微分方程：

$$\frac{\mathrm{d}x^{(1)}}{\mathrm{d}t}+ax^{(1)}=u \tag{3-15}$$

式中，a、u 为灰参数。式(3-15)即为GM(1,1)模型，其白化微分方程的解为：

$$\hat{x}^{(1)}(k+1)=\left[x^{(0)}(1)-\frac{u}{a}\right]\mathrm{e}^{-ak}+\frac{u}{a} \tag{3-16}$$

对 $\hat{x}^{(1)}(k+1)$ 做累减，可还原数据：

$$\hat{x}^{(0)}(k+1)=\hat{x}^{(1)}(k+1)-\hat{x}^{(1)}(k) \tag{3-17}$$

这就是灰色系统预测的基本模型，当 $k<n$ 时，$\hat{x}^{(0)}(k)$ 为模型模拟值；当 $k=n$ 时，$\hat{x}^{(0)}(k)$ 为模型滤波值；当 $k>n$ 时，$\hat{x}^{(0)}(k)$ 为模型预测值。

灰色模型系统常用于时间序列预测，且具有以下优点：①不需要大量样本、样本不需要有规律性分布；②计算工作量小；③定量分析结果与定性分析结果不会不一致；④可用于最近、短期、中长期预测；⑤灰色预测准确度高。

2）时间序列模型

时间序列分析是从具有先后顺序的信息中提取有用信息的一门学科，是一种处理动态数据的参数化分析方法和研究随机过程的重要工具。该方法基于随机过程理论和数理统计学方法，研究随机数据序列所遵从的统计规律以用于解决实际问题。

通常所说的时间序列分析理论都是针对平稳序列的，对于平稳、正态、零均值的时序$\{x_t\}$，若 x_t 的取值不仅与其前 n 步的各个取值 $x_{t-1},x_{t-2},\cdots,x_{t-n}$ 有关，而且还与 m 步的各个干扰项 $a_{t-1},a_{t-2},\cdots,a_{t-m}$ 有关，则根据多元线性回归的思想，可得到自回归移动平均(Auto Regression Moving Average，ARMA)模型：

$$x_t=\sum_{i=1}^{n}\varphi_i x_{t-i}-\sum_{j=1}^{m}\theta_j x_{t-j}+a_t \tag{3-18}$$

式(3-4)表示 n 阶自回归 m 阶移动平均模型，φ_i、θ_j 为各部分的模型参数，a_t 符合正态分布。若令 $\theta_j=0$，则得到 n 阶自回归(Auto Regression，简称AR)模型，若令 $\varphi_i=0$，则得到 m 阶移动平均(Moving Average，简称MA)模型。

利用时间序列模型对观测值序列进行建模的前提是该观察值序列在预处理后，判定为平稳的白噪声序列。建模的基本步骤如图3-6所示。

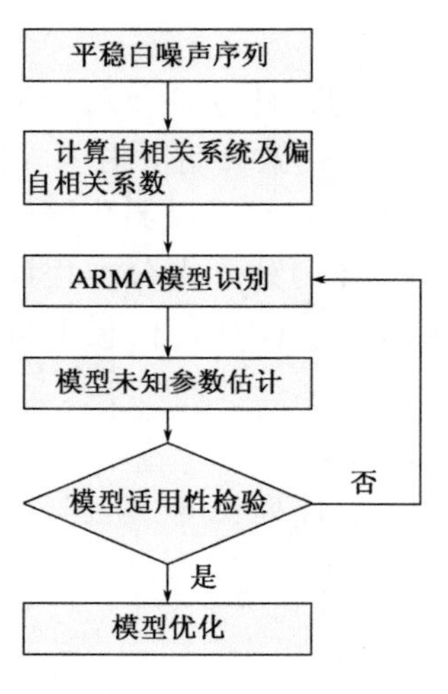

图3-6　时间序列建模步骤

模型最终预报方程为：

$$\hat{x}_k(l)=\begin{cases}\sum\limits_{j=1}^{l-j}\varphi_j\hat{x}_k(l-j)+\sum\limits_{j=1}^{n}\varphi_j\hat{x}_{k+l-j}-\sum\limits_{j=0}^{m-1}\theta_{l+j}a_{k-j},l\leqslant m\\ \sum\limits_{j=1}^{l-j}\varphi_j\hat{x}_k(l-j)+\sum\limits_{j=1}^{n}\varphi_j\hat{x}_{k+l-j},l>m\end{cases} \tag{3-19}$$

式中：l——预测步数。

时间序列预测法因突出时间序列暂不考虑外界因素影响，因而会存在预测误差，当遇到外界发生较大变化，往往会有较大偏差，时间序列预测法对于中短期预测的效果要比长期预测的效果好。因为客观事物，尤其是工程建设，在一个较长时间内发生外界因素变化的可能性较大，它们对监测对象必定会产生重大影响。如果出现这种情况，进行预测时，只考虑时间因素不考虑外界因素对预测对象的影响，其预测结果就会与实际状况出现较大偏差。

3）Kalman 滤波

卡尔曼滤波（Kalman filtering）是一种利用线性系统状态方程，通过系统输入输出观测数据，对系统状态进行最优估计的算法。由于观测数据中包括系统中噪声和干扰的影响，所以最优估计也可看作是滤波过程。

数据滤波是去除噪声还原真实数据的一种数据处理技术，Kalman 滤波在测量方差已知的情况下能够从一系列存在测量噪声的数据中，估计动态系统的状态。由于此方法便于计算机编程实现，并能够对现场采集的数据进行实时的更新和处理，Kalman 滤波是目前应用最为广泛的滤波方法。

Kalman 滤波的数学模型包括状态方程和观测方程，表达式分别如下：

状态方程：

$$X_k = \Phi_{k,k-1}X_{k-1} + \Gamma_{k,k-1}\Omega_{k-1} \tag{3-20}$$

观测方程：

$$L_k = B_{k,k-1}X_k + \Delta_k \tag{3-21}$$

式中：X_k、L_k、Δ_k——时刻的状态向量、观测向量和观测噪声；

$\Phi_{k,k-1}$、Ω_{k-1}——t_{k-1}至 t_k 时刻的状态转移矩阵和动态噪声；

$\Gamma_{k,k-1}$、$B_{k,k-1}$——状态方程和观测方程在时刻 t_k 的系数矩阵。

如果 Ω 和 Δ 满足如下统计关系：

$$E(\Omega_k)=0, E(\Delta_k)=0 \tag{3-22}$$

$$COV(\Omega_k,\Omega_j)=\delta_{kj}Q_k, COV(\Delta_k,\Delta_j)=\delta_{kj}R_k, COV(\Omega_k,\Delta_j)=0 \tag{3-23}$$

式中：Q_k、R_k——动态噪声和观测噪声的方差矩阵；

δ_{kj}——Kronecker 函数。据此，可推的 Kalman 滤波递推公式：

状态预报：

$$\hat{X}_{k,k-1} = \Phi_{k,k-1}\hat{X}_{k-1,k-1} \tag{3-24}$$

状态协方差阵预报：

$$P_{k,k-1} = \Phi_{k,k-1}P_{k-1} + \Gamma_{k-1}Q_{k-1}\Gamma_{k-1}^T \tag{3-25}$$

状态估计：

$$\hat{X}_k = \hat{X}_{k,k-1} + K_k(L_k - H_k\hat{X}_{k,k-1}) \tag{3-26}$$

状态协方差阵估计：

$$P_k = (I - K_kH_k)P_{k,k-1} \tag{3-27}$$

式中：K_k——增益矩阵，其表达式为：

$$K_k = P_{k,k-1}H_k^T(H_kP_{k,k-1}H_k^T + R_k)^{-1} \tag{3-28}$$

从卡尔曼滤波递推公式能够发现，要想确定系统在 t_k 时刻的状态，首先需要知道系统的初始状态，即系统的初始值。对于实际问题而言，滤波前系统的初始状态是不能够精确得到的，一般只能近似的给定。

当已知 t_{k-1} 时刻动态系统的状态 $\hat{X}_{k-1}$ 时，令 $\Omega_{k-1}=0$，即可得到下一时刻的状态预报值 $\hat{X}_{k,k-1}$。当 t_k 时刻对系统进行观测 L_k 后，就可利用该观测量对预报值进行修正，得到 t_k 时刻系

统的状态估计 $\hat{X}_k$，如此反复地进行递推式预报与滤波。

在基坑监测大数据预报技术中还有神经网络模型、派克(Peck)法以及各种方法的改进算法和组合算法等，限于篇幅限制，在此不再做一一介绍。

3.5.3 地下工程监测大数据预警技术

地下工程监测的目的就是要综合评定工程发生事故的可能性。实现这一目标的基本过程是对监测数据进行汇总、整理与分析的过程。通过对这些资料的分析，可以对当前的工程状况如稳定性、支撑内力与变形、孔压变化等做出正确的判断，从而更有效地指导深基坑工程的施工。

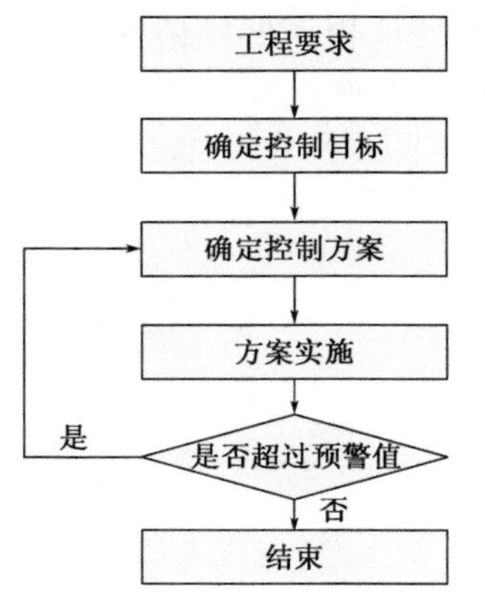

图 3-7 工程预警流程

工程施工过程中，我们应选择科学的监测方案和预警模型以保证施工质量。任何事物的变化都是一个由量变到质变的过程，深基坑从变形、内力的细微变化到警戒极限状态再到完全失稳同样经历了缓慢变化的过程。因此，我们需要设定预警值(宁波市轨道交通工程基坑支护结构和周围岩土体监测项目预警值见表 3-11)，在此标准之下时，基坑是安全的，某些项目超出此标准时，基坑变形还未达到危险的程度，此时发出预警信息可以及早发现它的趋势从而尽快采取措施防止事态进一步恶化，预警流程如图 3-7 所示。

明(盖)挖法基坑支护结构和周围岩土体监测项目控制值 表 3-11

监测项目	支护结构类型、岩土类型		工程监测等级一级			工程监测等级二级			工程监测等级三级		
			累计值(mm)		变化速率(mm/d)	累计值(mm)		变化速率(mm/d)	累计值(mm)		变化速率(mm/d)
			绝对值	相对基坑深度(H)值		绝对值	相对基坑深度(H)值		绝对值	相对基坑深度(H)值	
支护桩(墙)顶竖向位移	土钉墙、型钢水泥土墙		—	—	—	—	—	—	30~40	0.5%~0.6%	4~5
	灌注桩、地下连续墙		10~25	0.1%~0.15%	2~3	20~30	0.15%~0.3%	3~4	20~30	0.15%~0.3%	3~4
支护桩(墙)顶水平位移	土钉墙、型钢水泥土墙		—	—	—	—	—	—	30~60	0.6%~0.8%	5~6
	灌注桩、地下连续墙		15~25	0.1%~0.15%	2~3	20~30	0.15%~0.3%	3~4	20~40	0.2%~0.4%	3~4
支护桩(墙)体水平位移	型钢水泥土墙	坚硬~中硬土	—	—	—	—	—	—	40~50	0.4%	6
		中软~软弱土	—	—		—	—		50~70	0.7%	
	灌注桩、地下连续墙	坚硬~中硬土	20~30	0.15%~0.2%	2~3	30~40	0.2%~0.4%	3~4	30~40	0.2%~0.4%	4~5
		中软~软弱土	30~50	0.2%~0.3%	2~4	40~60	0.3%~0.5%	3~5	50~70	0.5%~0.7%	4~6

续上表

监测项目	支护结构类型、岩土类型		工程监测等级一级			工程监测等级二级			工程监测等级三级		
			累计值(mm)		变化速率(mm/d)	累计值(mm)		变化速率(mm/d)	累计值(mm)		变化速率(mm/d)
			绝对值	相对基坑深度(H)值		绝对值	相对基坑深度(H)值		绝对值	相对基坑深度(H)值	
地表沉降	坚硬～中硬土	20～30	0.15%～0.2%	2～4	25～35	0.2%～0.3%	2～4	30～40	0.3%～0.4%	2～4	
	中软～软弱土	20～40	0.2%～0.3%	2～4	30～50	0.3%～0.5%	3～5	40～60	0.4%～0.6%	4～6	
立柱结构竖向位移			10～20	—	2～3	10～20	—	2～3	10～20	—	2～3
支护墙结构应力			(60%～70%)f			(70%～80%)f			(70%～80%)%f		
立柱结构应力											
支撑轴力			最大值:(60%～70%)f 最小值:(80%～100%)f_y			最大值:(70%～80%)f 最小值:(80%～100%)f_y			最大值:(70%～80%)f 最小值:(80%～100%)f_y		
锚杆拉力											

注:1. H——基坑设计深度;f——构件的承载能力设计值;f_y——支撑、锚杆的预应力设计值。

2. 累计值按表中绝对值和相对基坑深度(H)值两者中的较小值取用。

3. 支护桩(墙)顶隆起控制值为20mm。

4. 嵌岩的灌注桩或地下连续墙控制值按表中数值的50%取用。

宁波市轨道交通工程预警管理是结合现场监测数据、巡视信息,通过核查、综合分析和专家咨询等,由监测监控管理中心及时判定工程风险大小,确定相应预警级别。预警级别详见本章1.3.2节,动态风险评估数据见表3-12。

随着信息化技术、三维可视化技术持续发展,数据分析、安全预警等系统不断完善,监测工作正逐步实现连续性、动态性。利用大量的监测数据,采用适当的预测方法来获取未来某时段的状态预估数据,绘制出变形或内力与时间关系的曲线图,能够直观地反映出工程当前甚至日后的变化趋势。地铁基坑沉降监测数据Peck回归分析曲线如图3-8所示。

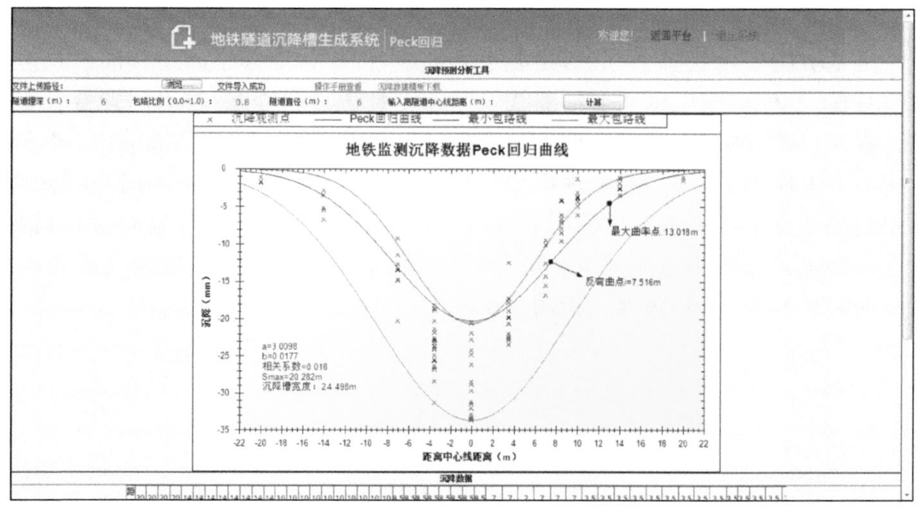

图3-8 沉降监测Peck回归分析曲线

动态风险评估数据表　　　　表 3-12

序号	分项	主控监测数据					现场工况	受力改变	原因分析及变化趋势	综合预警结论	施工处置意见	备注
		项目名称	测点编号	今日累计值	今日速率	昨日速率						
1	本体	测斜	CX6-19.5	94.08	6.39	8.03	基坑采用放坡开挖,今日西侧暂未开挖,东侧开挖C2-2段土方,基坑西侧第一层土方已挖完,第二层土方开挖至26轴838段,第三层土方开挖面在22轴C33段,第四层土方开挖至19轴D26段;第五层土方开挖至15轴E21段。标一至五段底板已完成,钢支撑均已及时架设,累计完成350根	土方开挖,坑内被动土压力减小,地墙受水土压力增大	今日标六段开挖第五层土方E21段,由于需要施工下翻梁,基坑收底较慢,临近CX23-1、CX6、CX22连续日变形较大,标七段第四层土方暂未开挖,临近CX7今日变形稳定,标八段第三层土方已开挖至C32段,地墙变形稳定	黄色预警	1. 建议收底阶段控制单次开挖步距。及时浇筑垫层,控制基坑变形; 2. 跟踪监测混凝土支撑轴力,关注数据变化及现场巡视情况,制定相关混凝土支撑受拉应对措施; 3. 制定相应管线破裂和立柱隆起超标应急预案。 4. 关注基坑开挖区域地墙变形情况	
2			CX7-18.5	58.21	1.07	3.09						
3			CX22-20.5	94.32	17.96	6.66						
4			CX23-1-19	103.29	6.71	10.56						
5		轴力	ZL08	-997.30	7.10	-189.40		地墙位移导致混凝土支撑受拉	基坑收底阶段混凝土支撑轴力变幅稳定			
6			Zg08-4	3117.80	702.10	327.50		基坑开挖,由支撑承受坑洼水土压力	标六段基坑收底阶段向坑内变形较大,钢支撑复加轴力,增幅较大			
7			Zg09-3	1843.90	-3.20	-37.80						
8		墙顶沉降	Qc24	-16.64	-1.05	-0.82		—	对应底板已浇筑,变形已趋稳定			
9		立柱	LZ28	41.02	0.64	-0.74		开挖卸荷引起坑底回弹	立柱L28累计值超预警值,近两日变形稳定			
10	环境	民房	Jc09	-21.09	-0.19	-1.01		—	今日临近民房段基坑开挖第三层土方,今日变形稳定			
11		地表沉降	D6-1	-46.06	0.00	-3.91						
12			D7-1	-37.14	-3.82	-2.08		基坑开挖与施工荷载导致	第五层土方开挖E21段,第三层土方开挖C32段,今日周边环境变形主要受土方开挖,坑内被动土压力减小影响,周边地表变形今日变形量相对稳定;周边管线变形较大			
13			D21-2	-61.64	-3.10	-6.20						
14			D22-3	-108.21	-2.12	-3.20						
15		管线	DL5	-230.367	-1.54	-1.06						
16			M9	-124.62	-4.59	-7.22						
17		潜水水位	SW4	-140.00	-70.00	70.00		—	SW4今日水位有所下降			
18	其他	渗漏水	局部存在湿渍					—	墙缝渗水			
19		坑外堆载	基坑南侧第4、5纵端面为堆放材料区					—	—			

为了分析基坑的变化趋势,一般可绘制下列曲线:围护桩墙顶平面位移曲线及位移时程线和位移速率时程线;桩墙深层侧向变形曲线及某深度处位移时程线;坑底回弹量分布曲线及某点回弹量时程线;桩墙体和支撑钢筋应力分布曲线及钢筋应力时程线;桩墙内、外土压力分布曲线及外侧某点土压力时程线;孔隙水压力时程线;基坑外地面某点沉降时程线;邻近建筑物沉降分布曲线及某点沉降和水平位移时程线等。在对变化趋势进行观察时,可以根据曲线的斜率得出趋势稳定或趋势不稳的结论,分别对应基坑在平缓变形和基坑因受外界突发因素影响出现骤变这两种现象,从而确保分析的准确性。

第4章　地下工程安全风险管控仿真模拟技术

地下工程建设具有投资大、施工周期长、施工技术复杂、不可预见风险因素多以及社会环境影响大等特点，是一项高风险建设工程。随着我国地下工程建设的快速发展，大量地质复杂、施工难度大的地下工程都在紧锣密鼓地进行施工，其中安全问题越来越被重视。建立风险管理制度，对拟建和在建的地下工程项目进行风险评估，继而进行风险控制十分有必要，并且已经在整个地下工程建设领域得到推广及应用。随着对风险研究的深入和计算机技术的发展，人们对风险的管理不再停留于早期风险识别层面，而是可以借助数值模拟技术对预风险进行分析，采取对策，从源头上阻止风险的发生或进一步降低风险发生的程度。

4.1　地下工程风险管控数值模拟基本理论

通俗地讲，风险就是发生不幸事件的概率。换句话说，风险是指一个事件产生我们所不希望的后果的可能性。某一特定危险情况发生的可能性和后果的组合。从广义上讲，只要某一事件的发生存在着两种或两种以上的可能性，那么就认为该事件存在着风险。建设工程项目风险是指在项目决策和实施过程中，造成实际结果与预期目标的差异性及其发生的概率。项目风险的差异性包括损失的不确定性和收益的不确定性。工程项目风险管理是工程项目管理的重要内容。

地下工程风险贯穿于工程全寿命周期中，特别是在工程建设阶段，应从规划、可行性研究、勘察设计、施工直至竣工验收并交付使用，实施全过程的建设风险管理。

地下工程的施工不同于路基、桥涵等地面工程，其具有地质状况复杂、隐蔽性大、施工工艺复杂、建设周期长等特点，是一项集多门学科的复杂系统工程。在地下工程项目施工过程中，存在着大量的风险，而且这些风险具有多样性、复杂性、突发性、偶然性等特点，因而在地下工程施工的过程中时有风险事故发生。

目前，人们通过大量的施工经验，对施工阶段的风险因素有了一定的认识，并针对风险源采取相应的措施。具体来讲，一般在各个阶段均通过大量的人力和物力对某些风险源进行检测记录，然后上报有关部门，有关部门及人员根据所收到的数据和信息进行分析后，将分析结果反馈给施工单位，指导后续的施工。由此看出，目前的风险监测监控过程还是比较烦琐复杂,耗时耗力,严重影响施工效率。

数值模拟技术利用计算机技术对地下工程地质信息、设计信息、施工信息进行综合分析后,对施工过程进行模拟,根据计算结果对施工过程中的风险进行预测,并通过图形显示出来,该技术手段对指导施工安全、智慧管理起到重要作用。

4.2 地下工程施工数值模拟技术

4.2.1 开挖模拟基本原理

由于城市地铁隧道工程一般接近地表,岩土体结构相对疏松,构造应力常常可以忽略不计,初始应力场可以假定为重力场,用平面有限单元法计算在自重作用下地下工程的开挖一般采用反转应力释放法方法进行计算。

隧道开挖前围岩处于初始应力状态$\{\sigma\}^0$,以及与之相适应的初始位移场$\{u\}^0$,沿开挖边界上的各点也都处于一定的原始应力状态,隧道开挖后,因其周边上的径向应力σ_n和剪切力τ都为零,开挖使这些边界的应力"解除"(卸荷),从而引起围岩变形和应力场的变化,对上述过程的模拟通常所采用的方法是邓肯(J. M. Duncan)等人提出的"反转应力释放法",即把这种沿开挖作用面上的初始地应力反向后转换成等价的"释放荷载",通常的做法是根据已知的初始应力,进而求得沿预计开挖的洞周边界上各节点的应力,一般假定个节点间应力呈线性分布,反转洞周边界上各节点的应力方向,并改变其符号,即可求得洞周边界上的释放荷载,然后施加于开挖作用面进行有限元分析,把由此得到的位移作为由于工程开挖卸荷产生的围岩位移,由此得到的应力场与初始地应力场叠加即为开挖后的应力场,这种模拟开挖效果的方法如图4-1所示,可见,这种方法的关键是释放荷载的确定。

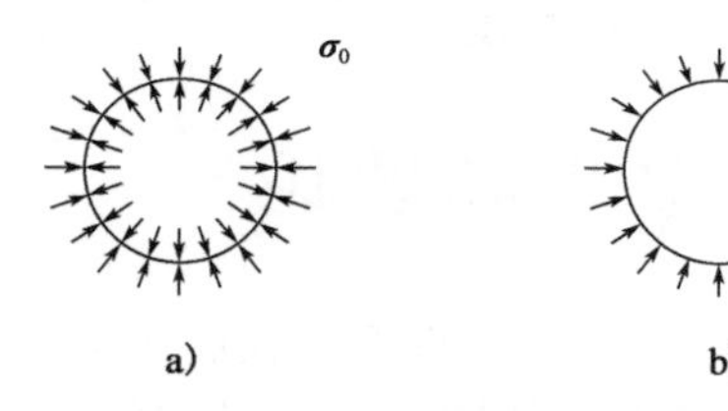

图4-1　释放荷载的确定

对于释放荷载的确定,常用的方法是根据预计边界两侧单元的初始应力通过插值求得各边界节点上的应力,然后假定两相邻边界节点之间应力变化为线性分布,从而按静力等效原则计算各节点的等效节点荷载,具体计算方法如图4-2所示。

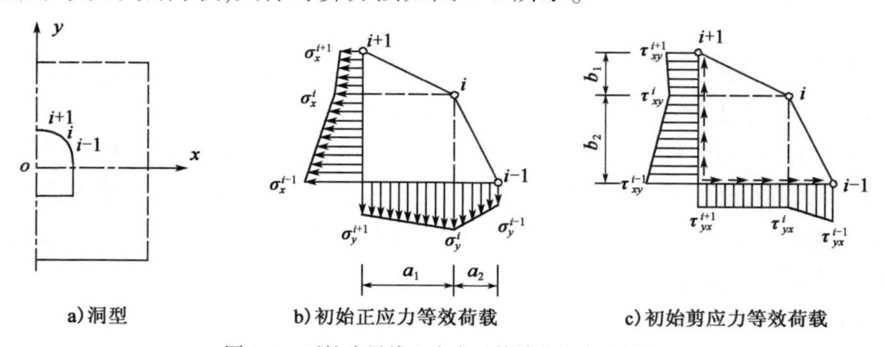

图4-2　开挖边界线上应力及等效节点力计算图

具体计算方法为两相邻节点之间初始应力呈线性变化。则对于任一开挖边界点i,开挖所引起等效释放荷载(等效节点力)为:

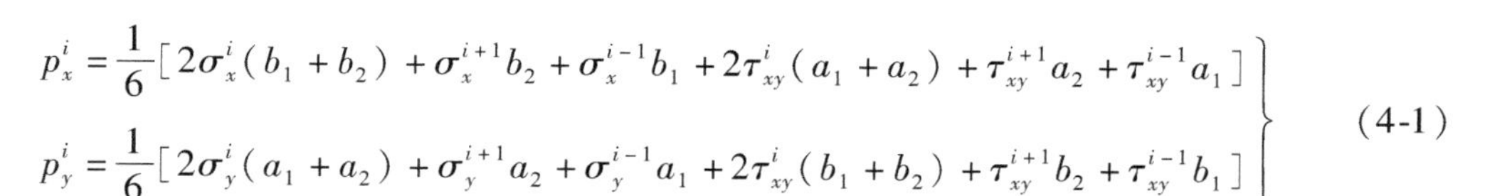

$$\left.\begin{aligned}p_x^i&=\frac{1}{6}[2\sigma_x^i(b_1+b_2)+\sigma_x^{i+1}b_2+\sigma_x^{i-1}b_1+2\tau_{xy}^i(a_1+a_2)+\tau_{xy}^{i+1}a_2+\tau_{xy}^{i-1}a_1]\\p_y^i&=\frac{1}{6}[2\sigma_y^i(a_1+a_2)+\sigma_y^{i+1}a_2+\sigma_y^{i-1}a_1+2\tau_{xy}^i(b_1+b_2)+\tau_{xy}^{i+1}b_2+\tau_{xy}^{i-1}b_1]\end{aligned}\right\}\tag{4-1}$$

式中:上标 i,$i-1$ 及 $i+1$——沿开挖边界上的有限元网格的节点号;

$a_1=x_{i-1}-x_i$,$a_2=x_i-x_{i+1}$,$b_1=y_i-y_{i-1}$,$b_2=y_{i+1}-y_i$。

如果坐标 x、y 轴与主应力轴重合,则有 $\tau_{xy}=0$,式(4-1)可简化为:

$$\left.\begin{aligned}p_x^i&=\frac{1}{6}[2\sigma_x^i(b_1+b_2)+\sigma_x^{i+1}b_2+\sigma_x^{i-1}b_1]\\p_y^i&=\frac{1}{6}[2\sigma_y^i(a_1+a_2)+\sigma_y^{i+1}a_2+\sigma_y^{i-1}a_1]\end{aligned}\right\}\tag{4-2}$$

若原始应力场为均匀应力场,即节点 i、$i-1$、$i+1$ 等各点应力相等,则式(4-2)可简化为:

$$\left.\begin{aligned}p_x^i&=\frac{1}{2}[\sigma_{x0}(b_1+b_2)+\tau_{xy0}(a_1+a_2)]\\p_y^i&=\frac{1}{2}[\sigma_{y0}(a_1+a_2)+\tau_{xy0}(b_1+b_2)]\end{aligned}\right\}\tag{4-3}$$

式中:σ_{x0}、σ_{y0}、τ_{xy0}——初始地应力。

若 x、y 轴同应力主轴重合,式(4-3)可简化为:

$$\left.\begin{aligned}p_x^i&=\frac{1}{2}[\sigma_{x0}(b_1+b_2)]\\p_y^i&=\frac{1}{2}[\sigma_{y0}(a_1+a_2)]\end{aligned}\right\}\tag{4-4}$$

考虑到存在一个初始应力场$\{\sigma_0\}$的情况,开挖后的实际应力场应为初始应力场与开挖释放应力场的叠加,即$\{\sigma\}=\{\sigma_0\}+\{\sigma_e\}$。计算的位移场应是对工程具有实际意义的“围岩变形”。当采用多次开挖时(假定为 n 步),计算中第一次开挖后洞周的释放荷载则是按初始地应力求得的,第二次开挖后洞周的释放荷载则是根据第一次开挖后的围岩应力场求得的,往后各步依次类推,每一次开挖形成一次荷载工况。模型最终位移是各次开挖后引起的位移总和,即$\{u\}=\{u_1\}+\{u_2\}+\cdots+\{u_n\}$,与原始应力相对应的位移在早期的地质历史过程中已完成,对工程分析不具有实际意义,模型最终的应力场是初始应力场与开挖引起应力场叠加的结果,即$\{\sigma\}=\{\sigma_0\}+\{\sigma_1\}+\{\sigma_2\}+\cdots+\{\sigma_n\}$。

此外,关于被挖掉单元的处理,较为精确的方法是每次开挖后,除去被开挖单元,并重新划分网格,重新对节点、单元进行编号,但这种方法工作量大,且不易于计算机实现,一般较少采用,常用的方法是将被挖去的单元视为“空气单元”,即将其刚度取很小的值或令弹性模量 $E\to 0$,这样可不改变整个模型的单元网格结构,从而不须重新形成刚度矩阵,需要指出的是;把开挖部分以空气单元取代后,可能导致方程“病态”。为此,可同时把与被挖去的节点相对应的方程从总刚度方程中消去,即令这些节点之位移为零,并修改其方程。

4.2.2 开挖模拟方法

1)反转应力释放法

通常的做法是根据已知的初始应力,进而求得沿预计开挖的洞周边界上各节点的应力,反转洞周边界上各节点的应力方向，并改变其符号，即可求得洞周边界上的释放荷载，然后施加于开挖作用面进行有限元分析，同时，把预挖掉的单元从模型中删除掉，把由此得到的位移作为工程开挖卸荷和解除约束所产生的围岩位移，由此得到的应力场与初始地应力场叠加即为开挖后的应力场。

2）空单元法

空单元法模拟开挖效果是通过被挖掉单元的"空单元化"，即在保证求解方程不出现病态的情况下把要挖掉单元的刚度矩阵乘以一个很小的比例因子，使其刚度贡献变得很小可忽略不计，同时使其质量、载荷等效果的值也设为零来实现的，故称为空单元法，同时，被挖掉的单元并没有从模型中删除掉。进行有限元分析后，把由此得到的位移作为工程开挖卸荷和解除约束所产生的围岩位移，由此得到的应力场与初始地应力场叠加即为开挖后的应力场。

3）开挖模拟难点与方法比较

对于开挖过程的模拟来说，不论用上述哪种方法分析，初始应力场和初始位移场的处理是其中的一个关键问题和难点，但处理方法基本类似。

初始位移场处理常用的有以下三种办法：

(1)直接将初始位移场值零化；

(2)初始应力场和作用的外力进行平衡，从而达到初始位移场值为零的目的；

(3)将所求得的位移场需减去初始位移场作为该步开挖后围岩的实际位移场。

而初始应力场场处理常用的也有三种办法：

(1)输入测试值作为初始应力场；

(2)通过施加载荷来形成初始应力场；

(3)通过反分析来形成初始应力场。

4.2.3 地下工程施工过程时空效应分析

在围岩中开挖隧道后从变形产生到围岩破坏，有一个时间历程，这里提到的时间历程，包括两部分内容：①开挖面向前推进围岩应力逐步释放的时间效应，即开挖面支撑的空间效应；②围岩介质固有的流变效应。

有效地控制围岩体变形的发展，离不开对隧洞掘进作业面空间约束作用的考虑，随着隧洞的掘进，作业面向前推进，其附近一定范围内围岩体变形的发展和应力重分布都将受到掌子面的限制，使得围岩体的变形得不到自由地和充分地释放，应力重分布不能很快完成。理论分析和实测表明，在掘进作业面之后距其2～3倍洞径或洞跨处，掘进面的支撑作用差不多才完全消失，而这时支护已经完成。对许多围岩介质而言，由于围岩流变时效的作用，即使掘进面的空间效应消失之后，变形发展仍在继续。显然，在掘进面附近，将伴有这两种效应的耦合作用。因此，在离开掘进面一定距离处，开挖的洞壁如果得不到及时的支护和处理，则随着掘进面约束作用的逐步消失和围岩介质本身的流变效应，围岩体的变形将会得不到有效的控制，最终导致岩土体的失稳和破坏。

在软土中开挖隧道，洞周围岩的变形并不是在瞬间就完成，即使施作支护以后，围岩与支护间的变形压力及其变形是随时间的推移而不断发展并逐步趋于稳定，这已被大量的工程实践所证实。按弹性或弹塑性的计算方法都不能计及围岩和支护变形随时间发展这一因素，这显然有一定的不足。而弹黏塑性理论则能为合理地选取支护施作时间和支护刚度,进而为合理地约束和控制毛洞围岩的自由变形提供更有根据的计算手段,达到地下结构优化设计的目的。因此,在考虑这类隧洞的受力和变形机理时必须计入岩土体的流变效应。

1)有限元方程及求解

(1)有限元法总体平衡方程

在任何时刻 t_n,体系的静力平衡方程为:

$$\sum_e \int_V B_n^{\mathrm{T}} \sigma_n \mathrm{d}V - F_n = 0 \tag{4-5}$$

式中:F_n——体系上的作用荷载(包括外部作用的体力、面力以及开挖引起的释放荷载等)的换算节点力向量;第一项为体系的内抗力换算节点力向量。

在时间增量 $\Delta t_n = t_{n-1} - t_n$ 内,静力平衡方程可写成:

$$\sum_e \int_V B_n^{\mathrm{T}} \Delta\sigma_n \mathrm{d}V - \Delta F_n = 0 \tag{4-6}$$

式中:ΔF_n——在时间间隔 Δt_n 内由体力、面力、加荷、卸荷等所产生的等效节点荷载矢量的变化。

$$[K_T^n] \cdot \Delta u_n = \Delta R_n \tag{4-7}$$

式中:$[K_T^n]$——切线刚度矩阵,且:

$$[K_T^n] = \sum_e \int_V B_n^{\mathrm{T}} \overline{D}_n B_n \mathrm{d}V \tag{4-8}$$

而 ΔR_n 为拟增量荷载,$\Delta R_n = \Delta R_n^1 + \Delta R_n^2 + \Delta R_n^3$,$\Delta F_n = \Delta R_n^1 + \Delta R_n^2$,且

$$\Delta R_n^1 = \sum_e \int_V N^{\mathrm{T}} \Delta P_n \mathrm{d}V \tag{4-9}$$

$$\Delta R_n^2 = \sum_e \int_V B_n^{\mathrm{T}} \sigma' \mathrm{d}V \tag{4-10}$$

$$\Delta R_n^3 = \sum_e \int_V B_n^{\mathrm{T}} \overline{D}_n \dot{\varepsilon}_{vp}^n \Delta t_n \mathrm{d}V \tag{4-11}$$

式中:ΔR_n^1——在当前时步内由自重、水土压力、地面超载、施工附加载荷等外荷引起的加点荷载增量;

ΔR_n^2——开挖工程中,由开挖引起的开挖边界节点释放荷载增量,是由被开挖掉单元的应力转化为节点力反作用于开挖边界上相应节点的荷载;

ΔR_n^3——由黏塑性流变引起的虚拟节点荷载增量;

ΔP_n——水土压力等外力荷载增量;

σ'——被开挖掉的单元内原有的应力分量。

(2)平衡方程的求解

隧洞开挖问题的非线性平衡方程需采用增量法进行求解,常用的增量法主要有增量变刚法和增量初荷载法,经验表明,把增量变刚法和增量初荷载法结合起来使用,对求解问题能够取得较好的效果和适应性,特别是针对几何非线性的黏弹塑性分析更适合采用这种方法进行分析,如对增量初荷载法采取 Newton-Raphson 方法来加速迭代的收敛性。对总体平衡方程式(4-6)采用增量迭代法进行求解,可以算出时间步长 Δt_n 的位移增量为:

$$\Delta u_n = [K_T^n]^{-1} \Delta R_n \tag{4-12}$$

将位移增量 Δu_n 代入式(4-5)即可得到应力增量 $\Delta\sigma_n$，因此，下一时步 t_{n+1} 时刻的总位移和总应力为：

$$u_{n+1} = u_n + \Delta u_n \tag{4-13}$$

$$\sigma_{n+1} = \sigma_n + \Delta\sigma_n \tag{4-14}$$

然后，可算出黏塑性应变增量 $\Delta\varepsilon_{vp}^n$ 为：

$$\Delta\varepsilon_{vp}^n = B_n \Delta u_n - D^{-1} \Delta\sigma_n \tag{4-15}$$

相应地，t_{n+1} 时刻的总黏塑性应变为：

$$\varepsilon_{vp}^{n+1} = \varepsilon_{vp}^n + \Delta\varepsilon_{vp}^n \tag{4-16}$$

(3)平衡的校正

由于应力增量是按线性增量式计算的，由此得到的平衡方程组式(4-6)也是线性增量方程组，求解后按得到的位移增量计算应力增量并叠加计算下一时站的总应力 σ_{n+1}，它们不是严格精确的且不能完全满足平衡方程组式(4-5)。平衡校正的方法有多种，其中最简便的方法是按式(4-46)、式(4-14)计算 σ_{n+1}，进而计算残余力即节点不平衡力向量 ψ_{n+1} 为：

$$\psi_{n+1} = \sum_e \int_V B_{n+1}^T \sigma_{n+1} \mathrm{d}V - F_{n+1} \neq 0 \tag{4-17}$$

对于几何非线性问题，B_{n+1} 应根据位移向量 u_{n+1} 计算。这里涉及荷载增量和时间增量两个概念，如果把时间增量步看作是荷载增量步内的迭代过程，为了保证应力计算不至于偏离太大，应在每一时间间隔 Δt_n 计算完成后作一次平衡验算，若该不平衡节点力向量 ψ_{n+1} 大于规定的容许法则，则把它视为荷载迭加到下一时步的荷载增量上去。

$$\Delta R_{n+1} = \sum_e \int_V B_{n+1}^T \overline{D}_{n+1} \dot{\varepsilon}_{vp}^{n+1} \Delta t_{n+1} \mathrm{d}V + \Delta F_{n+1} + \psi_{n+1} \tag{4-18}$$

用这样的方法就免去了一次迭代过程，并减少误差。

(4)数值解的稳态收敛性检验

因为是黏塑性计算，主要关心每个时间步的黏塑性应变是否趋于稳定，这可以检查单元高斯点上的黏塑性应变率 $\dot{\varepsilon}_{vp}^{n+1}$ 是否已趋近于零，如果在允许的范围内，则此时间步的计算便算完成，可以进行下一轮增量荷载的计算或结束求解过程。根据每一时步所产生的粘塑性应变增量来确定是否收敛到稳态条件，常采用总体的收敛检验法则，只要在第 n 时步结束时式(4-19)成立，就可以认为数值求解过程已经收敛。

$$\left(\frac{\left(\Delta t_{n+1} \sum\limits_{高斯点} \overline{\dot{\varepsilon}}_{vp}^{n+1}\right)}{\left(\Delta t_1 \sum\limits_{高斯点} \overline{\dot{\varepsilon}}_{vp}^{1}\right)} \right) \times 100 \leqslant TOL \tag{4-19}$$

式中：TOL——收敛容许误差，一般可取为 0.1；

Δt_1 和 Δt_{n+1}——第 1 和第 $n+1$ 时步步长；

$\overline{\dot{\varepsilon}}_{vp}^{1}$ 和 $\overline{\dot{\varepsilon}}_{vp}^{n+1}$——第 1 和第 $n+1$ 时步终了时的等效黏塑性应变速率；

$\sum\limits_{高斯点}$ 表示对所有的高斯点求和。

2)计算步骤

(1)求解从时间 $t=0$ 的初始条件开始，此时，u_0、F_0、ε_0、σ_0 均为已知且 $\varepsilon_{vp}^0 = 0$，为弹性静定

情况。

(2)对于每一种开挖工况的每一荷载增量步内作时间步的计算。

①设在时间 $t=t_n$,已达平衡状态且已知 u_n、ε_n、σ_n、ε_{vp}^n 和 F_n,由单元计算以下各矩阵或向量。

$$B_n = B_n^{\mathrm{L}} + B_n^{\mathrm{NL}};C_n = \Theta\Delta t_n H_n;\overline{D}_n = (D^{-1} + C_n)^{-1};[K_{\mathrm{T}}^n] = \sum_e\int_V B_n^{\mathrm{T}}\overline{D}_n B_n \mathrm{d}V;$$

$$\dot{\varepsilon}_n^{vp} = \gamma < \Phi(F) > a_n;\Delta R_n^3 = \sum_e\int_V B_n^{\mathrm{T}}\overline{D}_n\dot{\varepsilon}_{vp}^n\Delta t_n \mathrm{d}V;\Delta R_n = \Delta R_n^1 + \Delta R_n^2 + \Delta R_n^3$$

这里,由外荷引起的 ΔR_n^1 和由开挖引起的释放荷载 ΔR_n^2,通常是在每个开挖工况的初始阶段或者在每个荷载增量的初始阶段才会出现,而虚拟荷载 ΔR_n^3 则在每一个时间步长积分时都会出现。

②单元集合为系统方程,计算位移增量和相应的应力增量:

$$\Delta u_n = [K_T^n]^{-1}\Delta R_n;\Delta\sigma_n = \overline{D}_n(B_n\Delta u_n - \dot{\varepsilon}_{vp}^n\Delta t_n)$$

③计算总位移和应力:

$$u_{n+1} = u_n + \Delta u_n;\sigma_{n+1} = \sigma_n + \Delta\sigma_n$$

④计算黏塑性应变

$$\Delta\varepsilon_{vp}^n = B_n\Delta u_n - D^{-1}\Delta\sigma_n;\varepsilon_{vp}^{n+1} = \varepsilon_{vp}^n + \Delta\varepsilon_{vp}^n;\dot{\varepsilon}_{n+1}^{vp} = \gamma < \Phi(F) > a_{n+1}$$

⑤进行平衡校正:

$$\psi_{n+1} = \sum_e\int_V B_{n+1}^{\mathrm{T}}\sigma_{n+1}\mathrm{d}V - F_{n+1} \neq 0;\Delta R_{n+1} = \sum_e\int_V B_{n+1}^{\mathrm{T}}\overline{D}_{n+1}\dot{\varepsilon}_{vp}^{n+1}\Delta t_{n+1}\mathrm{d}V + \Delta F_{n+1} + \psi_{n+1}$$

⑥进行稳态校核:

$$\left(\frac{(\Delta t_{n+1}\sum\limits_{\text{高斯点}}\overline{\dot{\varepsilon}}_{vp}^{n+1})}{(\Delta t_1\sum\limits_{\text{高斯点}}\dot{\varepsilon}_{vp}^1)}\right)\times 100 \leqslant TOL$$

结束时步循环,结束荷载增量步循环,结束开挖步循环。

4.3 地下工程渗流—应力耦合分析

对于从事岩土力学研究与地下工程的勘察、设计、施工、监测人员来说,有关地下水的问题始终是一个极其重要的课题。地下水作为岩土体赋存环境因素之一,影响着岩土体的变形和破坏,影响着地下工程的稳定性和周围建筑设施的安全。

4.3.1 渗流场控制方程

1)孔隙水的平衡方程

一般情况下,渗流的速度较小,忽略渗流惯性力时,根据渗流场中微元体的平衡可推得孔隙流体的静力平衡方程即为达西定律。

$$\left.\begin{aligned}&\frac{\partial p}{\partial x} + \rho_{\mathrm{w}}g\frac{v_x}{k_x} = 0\\&\frac{\partial p}{\partial y} + \rho_{\mathrm{w}}g\frac{v_y}{k_y} = 0\\&\frac{\partial p}{\partial z} + \rho_{\mathrm{w}}g\frac{v_z}{k_z} + \rho_{\mathrm{w}}g = 0\end{aligned}\right\}\tag{4-20}$$

式中：k_x、k_y、k_z——土体在 x、y、z 方向上的渗透系数；

ρ_w——水的密度；

v_x、v_y、v_z——渗流速度矢量在 x、y、z 方向上的分量；

p——孔压。

2）孔隙水的连续方程

渗流连续方程可从质量守恒原理出发来建立，根据渗流场中微元体的质量守恒可得渗流连续性方程（也称为可压密介质中的质量守恒方程）为：

$$-\left[\frac{\partial}{\partial x}(\rho_w v_x)+\frac{\partial}{\partial y}(\rho_w v_y)+\frac{\partial}{\partial z}(\rho_w v_z)\right]\Delta V=\frac{\partial}{\partial t}(\rho_w n\Delta V) \tag{4-21}$$

式中：n——多孔介质的孔隙度。

3）孔隙水的渗流控制方程

在渗流连续性方程（4-21）的左端项中引进方程（4-20）即 Darcy 定律，同时假定土颗粒不可压缩，孔隙水微可压缩，多孔介质具有空间压缩特性，根据体积守恒可以推出考虑空间压缩时的渗流数学模型为：

$$\nabla[k(\nabla p+\gamma_w)]=\gamma_w n\beta_w\frac{\partial p}{\partial t}-\gamma_w\frac{\partial \varepsilon_v}{\partial t} \tag{4-22}$$

式中：∇——梯度算子；

β_w——水的体积压缩系数；

k——多孔介质的渗透系数张量；

γ_w——水的重度；

$\varepsilon_v=\varepsilon_x+\varepsilon_y+\varepsilon_z=-\left(\frac{\partial u}{\partial x}+\frac{\partial v}{\partial y}+\frac{\partial w}{\partial z}\right)$——体应变。

4.3.2 应力场控制方程

1）土体有效应力基本原理

对于饱和土体，有效应力原理表明饱和土中任一点的总应力为该点有效应力与孔隙水压力之和。其数学表达式为：

$$\left.\begin{aligned}\sigma_x&=\sigma_x'+p\\ \sigma_y&=\sigma_y'+p\\ \sigma_z&=\sigma_z'+p\end{aligned}\right\} \tag{4-23}$$

2）土体平衡方程

忽略渗流运动惯性力，根据土微元体的平衡可推得土体的静力平衡方程为：

$$\left.\begin{aligned}&\frac{\partial\sigma_x}{\partial x}+\frac{\partial\tau_{yx}}{\partial y}+\frac{\partial\tau_{zx}}{\partial z}=0\\ &\frac{\partial\sigma_{yx}}{\partial y}+\frac{\partial\tau_{zy}}{\partial z}+\frac{\partial\tau_{xy}}{\partial x}=0\\ &\frac{\partial\sigma_z}{\partial z}+\frac{\partial\tau_{xz}}{\partial x}+\frac{\partial\tau_{yz}}{\partial y}-\rho g=0\end{aligned}\right\} \tag{4-24}$$

式中：ρ——土体的密度；

g——重力加速度。

3）土体物理方程

有效应力分析法中土体的物理方程（也称本构方程）描述土骨架应力（即有效应力）与应变之间的关系，一般可表示为：

$$\{\sigma'\} = [D]_{ep}\{\varepsilon\} \tag{4-25}$$

式中：$\{\sigma'\} = [\sigma_x' \sigma_y' \sigma_z' \tau_{xy} \tau_{yz} \tau_{zx}]^{\mathrm{T}}$——土体有效应力矢量；

$\{\varepsilon\} = [\varepsilon_x \varepsilon_y \varepsilon_z \gamma_{xy} \gamma_{yz} \gamma_{zx}]^{\mathrm{T}}$——土体应变矢量；

$[D]_{ep}$——弹塑性刚度矩阵。

对于符合相关流动法则的 Drucker-Prager 理想弹塑性材料，$[D]_{ep}$为：

$$[D]_{ep} = [D] - \frac{[D]\left\{\frac{\partial F}{\partial \sigma}\right\}\left\{\frac{\partial F}{\partial \sigma}\right\}^{\mathrm{T}}[D]}{\left\{\frac{\partial F}{\partial \sigma}\right\}^{\mathrm{T}}[D]\left\{\frac{\partial F}{\partial \sigma}\right\}} \tag{4-26}$$

式中：$[D]$——弹性刚度矩阵；

F——屈服函数，$\frac{\partial F}{\partial \sigma_{ij}} = \frac{\sqrt{3}\sin\varphi}{\sqrt{3+\sin^2\varphi}} \frac{\partial \sigma_m}{\partial \sigma_{ij}}$。

4）土体几何方程

土体的几何方程描述应变分量和位移分量之间的关系，小变形假定下的几何方程为：

$$\left.\begin{aligned}
\varepsilon_x &= -\frac{\partial u}{\partial y} \quad \gamma_{xy} = -\left(\frac{\partial u}{\partial y} + \frac{\partial v}{\partial x}\right) \\
\varepsilon_y &= -\frac{\partial v}{\partial y} \quad \gamma_{yz} = -\left(\frac{\partial v}{\partial z} + \frac{\partial w}{\partial y}\right) \\
\varepsilon_z &= -\frac{\partial w}{\partial z} \quad \gamma_{zx} = -\left(\frac{\partial w}{\partial x} + \frac{\partial u}{\partial z}\right)
\end{aligned}\right\} \tag{4-27}$$

5）应力场中的控制方程

把有效应力原理式(4-23)代入平衡方程式(4-24)，把几何方程式(4-27)代入物理方程式(4-25)，再代入平衡方程式(4-24)，可以得到以位移分量 u、v、w 和孔压 p 表示的平衡方程式为：

$$\left.\begin{aligned}
G\nabla^2 u - (\lambda + G)\frac{\partial \varepsilon_v}{\partial x} - \frac{\partial p}{\partial x} = 0 \\
G\nabla^2 v - (\lambda + G)\frac{\partial \varepsilon_v}{\partial y} - \frac{\partial p}{\partial y} = 0 \\
G\nabla^2 w - (\lambda + G)\frac{\partial \varepsilon_v}{\partial z} - \frac{\partial p}{\partial z} + \rho g = 0
\end{aligned}\right\} \tag{4-28}$$

式中：$\nabla^2 = \frac{\partial^2}{\partial x^2} + \frac{\partial^2}{\partial y^2} + \frac{\partial^2}{\partial z^2}$——微分算子；

λ——拉梅常数，$\lambda = \frac{Eu}{(1+u)(1-2u)}$；

G——剪切模量，$G = \frac{E}{2(1+u)}$。

4.3.3 渗流—应力耦合分析模型

渗流—应力耦合的数学模型由总控制方程(包括应力场中的控制方程和渗流场的控制方程)、定解条件(包括边界条件、初始条件)、耦合效应等组成。

1)总控制方程

$$\left.\begin{aligned}&G\nabla^2 u-(\lambda+G)\frac{\partial\varepsilon_v}{\partial x}-\frac{\partial p}{\partial x}=0\\&G\nabla^2 v-(\lambda+G)\frac{\partial\varepsilon_v}{\partial y}-\frac{\partial p}{\partial y}=0\\&G\nabla^2 w-(\lambda+G)\frac{\partial\varepsilon_v}{\partial z}-\frac{\partial p}{\partial z}+\rho g=0\\&\nabla[k(\nabla p+\gamma_w)]=\gamma_w n\beta_w\frac{\partial p}{\partial t}+\gamma_w\frac{\partial\varepsilon_v}{t}\end{aligned}\right\}\tag{4-29}$$

将式(4-29)进行空间域和时间域的离散,其有限元增量表达式为:

$$\begin{bmatrix}[K] & -[L]\\ -[L]^{\mathrm{T}} & [T]\end{bmatrix}\begin{Bmatrix}\Delta u_i\\ \Delta p_i\end{Bmatrix}=\begin{Bmatrix}-\Delta F_i\\ \Delta t_i\{Q_i\}+\Delta t_i[T]\{p_{i-1}\}\end{Bmatrix}\tag{4-30}$$

式中:$[K]$——通常的刚度矩阵;

$[T]$——渗流导水矩阵;

$[L]$——耦合矩阵;

Δu_i——位移增量;

Δp_i——孔压增量;

ΔF_i——节点力增量值;

$\{Q_i\}$——节点汇源项。

2)边界条件

对于应力场分析中的位移、应力边界条件与常规固体力学有限元分析时相同。渗流场中的边界主要为给定水头边界(第一类边界即 Dirichlet 条件)和给定流量边界(第二类边界即 Neumann 条件)两类,分别表示为:

$$\left.\begin{aligned}&\Gamma_1\quad h=\tilde{h}\\&\Gamma_2\quad k\frac{\partial h}{\partial n}=-\tilde{q}\end{aligned}\right\}\tag{4-31}$$

式中:~——已知值;

n——法向尺度。

3)初始条件

渗流场的初始条件是指初始时刻(一般取这个时刻为零)整个渗流场的状态,即给定限制条件。

$$h(x,y,z,t)|_{t=0}=h_0(x,y,z)\tag{4-32}$$

式中:$h(x,y,z,t)$——所研究渗流场的水头;

$h_0(x,y,z)$——已知水头函数。

4）耦合效应

根据大量的现场试验，含水层参数与水位降深存在以下关系，

$$k = k_0' \exp(\alpha \Delta h) \tag{4-33}$$

式中：k——水位下降后的水力渗透系数；

k_0'——水位下降前的水力渗透系数；

Δh——水位变化；

α——常数，α 的确定可根据室内压缩渗透系数试验求得，需做多次试验后取平均值，也可通过长期观测资料拟合求得。

4.3.4 地铁隧道开挖与失水渗流—应力耦合分析

1）概述

当地铁隧道工程所处的地质环境富水且地下水位比较高时，在这种情况下进行地铁隧道工程的开挖，对地下水常常采用降水和止水等形式的控制方法，由于在城市中降水的负面效应比较大且常常不具备降水的客观条件。最近几年，非降水施工技术在城市地铁工程中有着较好的发展前景。尽管在地铁隧道开挖的过程中采用了止水和防渗等综合措施，但开挖工作面常常还是伴随着一定量的地层失水及地下水的渗涌，这样，地层就会因为失去水而形成一定的固结沉降，因此，地铁隧道开挖过程中的地表沉降可以认为主要由开挖沉降和地层失水固结沉降两部分组成，由于存在于土体孔隙中的孔隙水压力的变化会影响土体的应力应变状态，与此同时应力应变也将改变土体的孔隙比，使土体各部位的渗透系数发生变化，影响其渗流状态，因此，在富水地层中城市地铁隧道进行非降水施工并伴随失水时，普遍存在应力场和渗流场耦合作用问题。

渗流—应力耦合作用问题，国内外很多学者进行了大量的研究，但对于在多孔介质中针对隧道开挖因失水而伴有的渗流—应力耦合问题，这方面的实际应用研究还很少，本节利用具有自由面变动的地下水非稳定渗流模型和岩土骨架变形的弹塑性本构模型所组成的渗流—应力耦合模型对隧道开挖失水引起的地表沉降问题进行了分析和探讨。

2）边界条件的处理

对于隧道失水问题，失水过程中的边界条件（图 4-3）为：当流场的范围取得满足精度要求时，作为流场远端的左右边界可视为不排水边界既可按流量边界也可按水头边界处理；底部弱透水层作为不排水边界按流量边界条件处理；隧道周边防渗止水的部分边界作为不透水边界按流量边界条件处理；隧道周边未防渗止水的部分边界作为排水边界处理；自由水面动边界的处理与 4.4 节中相同。

3）数值模拟分析

选取标准断面进行数值模拟分析，由于左右隧道断面不大，根据施工经验，均采用短台阶法施工。根据施工的实际情况，先开挖右线隧道再开挖左线隧道，模拟分析完全反映实际施工的动态过程，计算按平面应变问题考虑，分为两个阶段，第一个阶段进行开挖过程模拟，在此基础上进行第二阶段失水过程的渗流—应力耦合分析。

开挖过程的数值模拟分析表明，右线隧道开挖完时，地表的最大沉降量约为 80mm，地表沉降关于隧道中线呈对称分布，地表的沉降曲线分布如图 4-4 中数值 1 所标识的曲线所示，左线隧道开挖完时，地表的最大沉降量约为100mm，地表的沉降曲线分布如图4-4中数值3所标识的曲线所示，左线隧道开挖完时，地表的沉降槽面积进一步变大，在隧道中线与地表的交点处地表沉降值最大，下半断面开挖时所引起的地表沉降值较小，如图4-4所示，地表沉降曲线2和曲线3的对比可以说明这一点，左右线隧道开挖对地表沉降影响相互有耦合叠加效应，地表沉降槽有明显影响的宽度约为50m，地表沉降关于左右隧道的中心线基本呈对称分布。

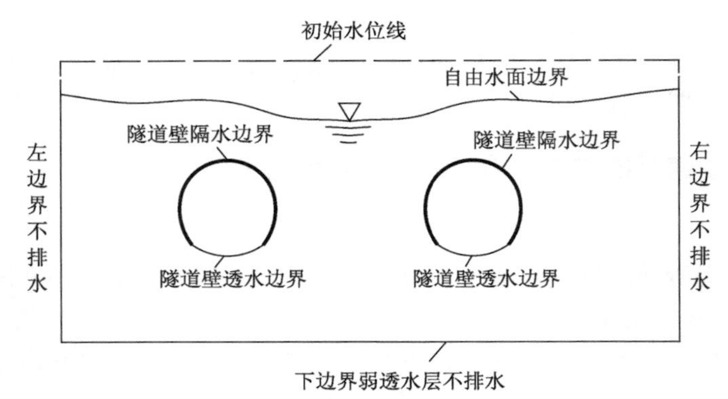

图4-3　降水过程边界条件示意图

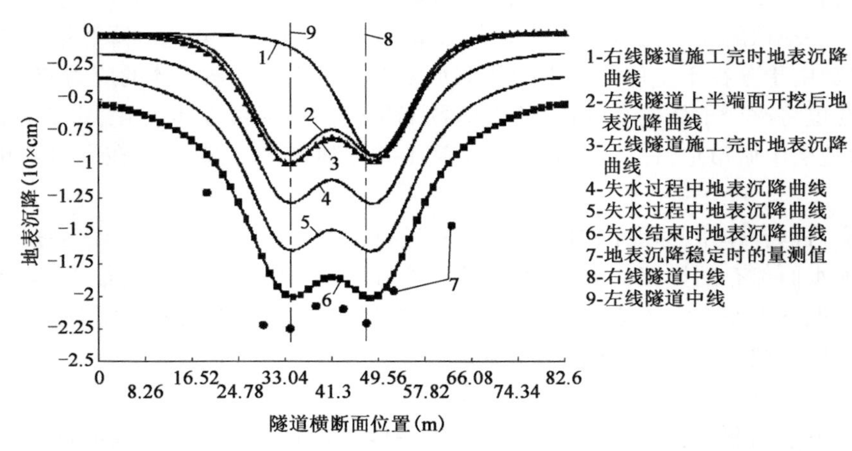

图4-4　隧道开挖及失水时的地表沉降曲线

失水过程中的渗流—应力耦合分析表明，随着地下水的流失，自由水面连续下降，根据施工的具体情况，计算中隧道通过仰拱部位的失水时间按3d计，失水过程中地下水面的变化形态见图4-5，失水降落漏斗的主要影响半径约为40m，失水结束时，渗流场的速度矢量分布见图4-6，此时渗流场的流线分布见图4-7。地层中的地下水位下降后，由于孔隙水压力转化为土颗粒骨架的有效应力，同时渗透力的作用也会使土颗粒骨架的有效应力增加，从而导致地层压密，引起地表沉降。随着地下水的流失，地表沉降逐渐变大，失水过程中与图4-5的典型地下水位所对应的地表沉降曲线如图4-4中数值4、5、6所标识的曲线所示，失水结束时地表最大沉降量约为200mm，即为整个施工过程中的地表最大沉降值。图4-4中计算值与量测值的比较表明，量测值比计算值大，量测最大值为230mm，这主要是因为在实际施工中，随着地下水的流失还伴随着一定的土颗粒的流失，从而导致地表沉降进一步变大，总的来说，计算值与量测值基本上还是吻合的。

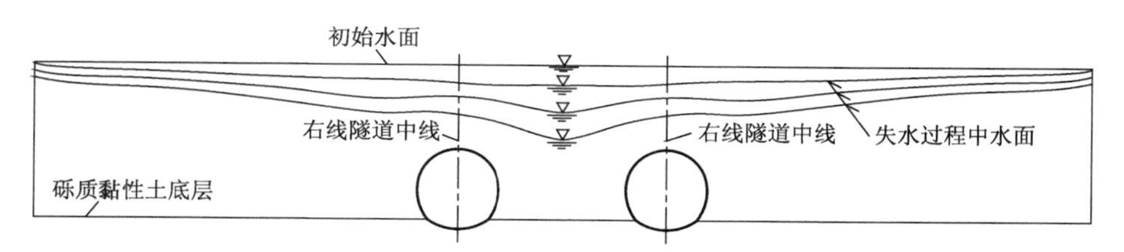

图 4-5 隧道失水时地下水位的变化形态

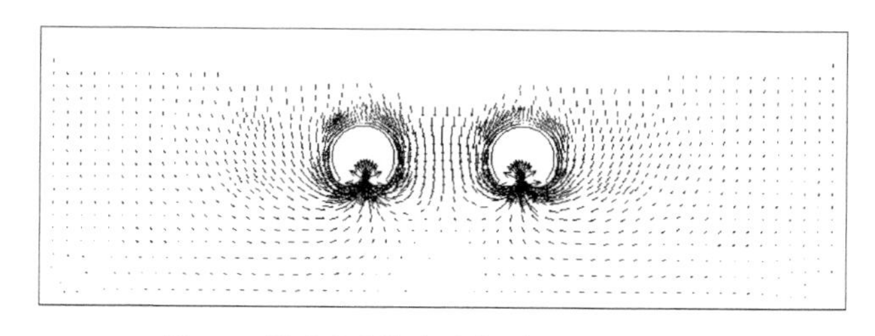

图 4-6 隧道失水结束时渗流场速度矢量分布

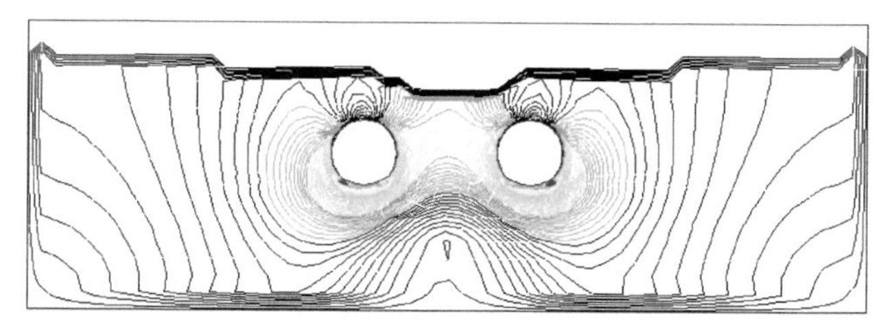

图 4-7 隧道失水结束时渗流场流线分布

4)结论

在软弱含水地层中进行隧道施工时,开挖引起的地表沉降也比较大,本文中左右隧道开挖结束时所引起的地表沉降约为100mm,这与本文在计算中让围岩充分暴露有关,实际施工时这种情况是不允许的,因此,计算值有些偏大,但总沉降中失水引起的地表沉降也非常明显,占总沉降量的50%(这与失水的多少有直接关系),实际工程中,由于水土流失所引起的沉降量占总沉降量的比值约为75%,因此,这就需要在施工中进行超前预加固和止水,开挖后及时封闭,从而达到在软弱富水地层中有效控制地表沉降。由于地下水流失引起的地表沉降范围较大,且更大程度上是均匀沉降,故对地表斜率影响不甚明显,工程实践表明,尽管在施工中地表沉降值比较大,但周围环境没有出现安全隐患,说明该范围的工程仍是成功的。

通过现场试验和数值模拟分析,研究了降水对地表沉降的影响,计算结果表明试验结果与计算结果吻合较好,在此基础上研究了实际隧道工程中降水开挖引起的地表沉降以及隧道开挖并伴随失水所引起的地表沉降,在研究的过程中运用流体体积方法来跟踪自由水面的变化,取得了较好的效果。

研究成果为施工提供了理论依据和指导作用,事后将计算结果与现场量测结果的比较表明,本文的研究是成功的,具有一定的理论意义和实践意义。同时表明,在隧道施工的过程中,地下水对地表沉降的影响是主要的,降水或失水所引起的地表沉降约为总沉降的75%,施工扰动地表沉降约为总沉降的25%。

4.4 考虑时空效应的软土深基坑数值模拟

4.4.1 计算方法

传统的杆系有限元法的基本思想是把挡土结构理想化、离散化为单位宽度的各种杆系单元(如两端嵌固的梁单元、弹性地基梁单元、弹性支承单元等)。对每个单元列出单元刚度矩阵$[k]_e$,然后形成总刚度矩阵$[K]$,由基本平衡方程$[K]\{\delta\}=\{P\}$求得节点位移,进而求单元内力。

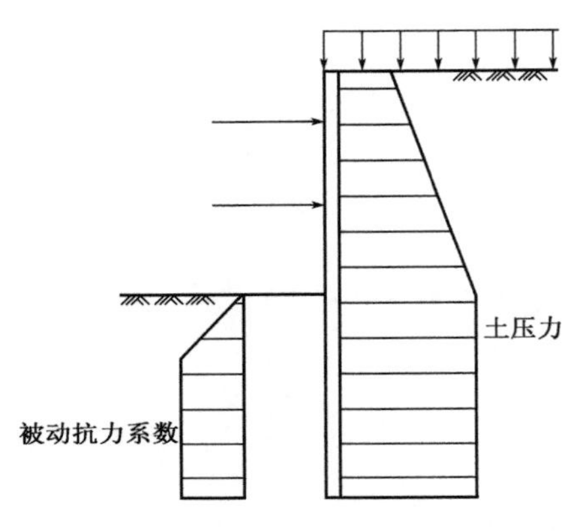

图4-8 传统弹性杆系有限元法计算简图

杆系有限元法有几个假设,即地层假设线弹性、后架设的支撑不考虑墙体位移的影响、土压力不变等,其计算简图如图4-8所示。在该方法中,只要给定土压力和被动抗力系数,就可以求解出挡土结构的内力和变形。

然而,在事实上,土体(特别是软土)是黏弹性体,架设支撑以前已有明显的变形,土压力不仅随工况变化,而且随开挖支撑的时间和空间变化。由于传统有限元法在计算中没有考虑这些因素,故计算的墙体变形与实测的墙体变形差别较大,一般相差1倍以上。

时空效应规律对支护结构的内力、变形是有影响的,而这种影响主要体现在土体的流变性对计算参数(即主动土压力和被动抗力)的作用上。因此,基坑工程的内力与变形应该考虑时空效应规律对计算参数的影响,即每一计算工况下的主动土压力与被动抗力是变化的。而且,主动土压力是结合基坑的保护等级、施工工况来取值;被动抗力则在被动抗力标准值的基础上,考虑时间(无支撑暴露时间和撑好后的放置时间)、空间(无支撑暴露面积、开挖土体的宽度和高度等)、开挖面深度以及地基加固(包括降水)和土层的性质对其的影响,因此被动抗力沿深度的分布不是按梯形取值的,而是按与实际十分接近的曲线来取值的。

4.4.2 计算模型及边界条件

1)计算模型和单元类型

深基坑支护结构示意图如图4-9所示,考虑时空效应的深基坑支护结构力学模型如图4-10所示。计算模型假定如下:

(1)围护墙为板壳单元,支撑为线弹性杆单元;

(2)围护墙外侧土压力的选取,需综合考虑基坑保护等级、施工工况的主动土压力与工程实测土压力数据;围护墙内侧开挖面以下被动区土体的水平基床系数为考虑时空效应的等效土体水平抗力系数K_h;

(3)围护墙的模量与土的弹性模量存在较大差异,在两者之间设接触面单元。

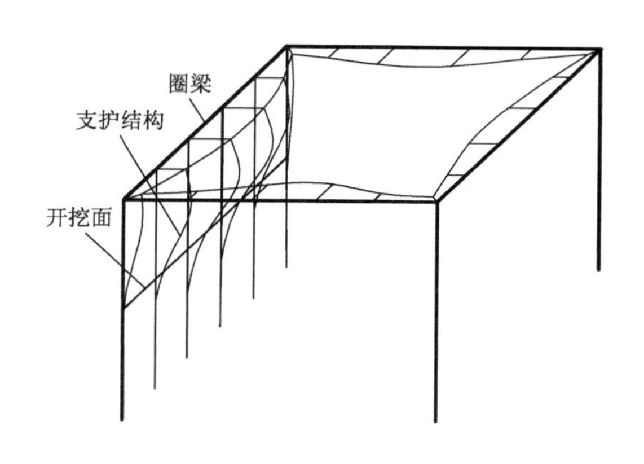

图4-9　深基坑支护结构示意图

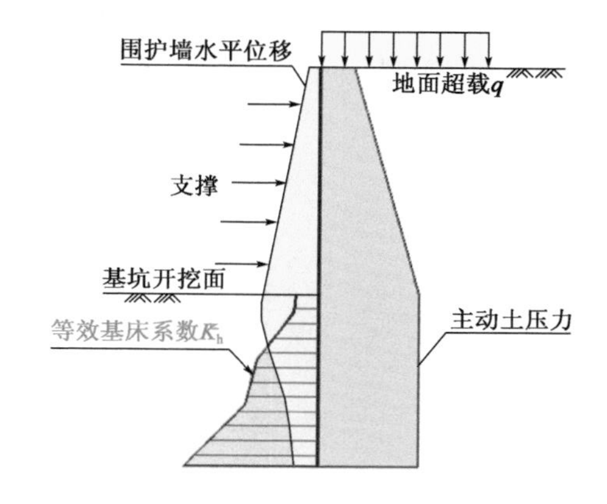

图4-10　考虑时空效应的支护结构力学模型

2）计算域和边界条件

当基坑支护的结构形式、介质条件、施工条件、荷载分布等均呈轴对称时，可选取对称轴的一侧作为计算域。边界条件的一般确定原则为：

（1）墙背侧边界：根据基坑所在场地土体性质的不同，可选取1～2倍的地下连续墙深度作为不动边界；

（2）墙底边界：当墙底以下一定深度范围仍为较软弱土层时，可选取基底以下深度大于基坑宽度的位置作为边界；当墙底不深处存在坚硬地层或墙底位于坚硬地层上时，则选取坚硬地层面作为不动边界。

3）基坑施工过程的模拟

在常规的工程设计计算中，对于假设有n道支撑的支护结构，考虑先支撑后开挖的原则。实际上，在采用多道支撑的支护结构中，各支撑的受力先后是不同的，支撑是在墙体已产生了一定位移的情况下架设的。各支撑发挥作用的时刻不同，先架设上的支撑较早参与了共同作用，后架设上的则相对迟些产生作用。因此，在分阶段计算围护墙的内力及位移时，需考虑各施工阶段受力之间的连续性。采用杨光华提出的“增量法”来模拟基坑施工过程，由于“增量法”考虑了施工过程，符合工程实际，所得结果较常规的计算方法更为合理。

采用“增量法”分析计算时，对于每一个受力阶段，都按支护结构的实际支撑情况建立计算简图，只需计算荷载增量部分引起的内力和位移，再叠加上前面各步荷载增量所引起的内力和位移，就可得到本阶段的实际内力和位移。现以一道支撑的情况为例来说明“增量法”的计算过程，其同样可应用于多道支撑的情况。“增量法”计算简图具体见图4-11。具体分析步骤如下：

（1）为了在开挖面以下H_1深度处加支撑，先开挖到$H_1+\Delta H$深度。此时，相应的计算简图见图4-11b），其中q_1表示土压力大小，求解后可得到开挖面以下土弹簧的反力x_1^0、x_2^0、…、x_6^0，对应的墙体内力与位移也可得到。

（2）在H_1深度处加刚度为K的支撑，然后由$H_1+\Delta H$深度开挖到H_2深度，这一过程的计算简图见图4-11c），相应的土压力增量为q_2-q_1。由于K_1和K_2两个土弹簧处的土体被挖去，

其相当于原作用力 x_1^0、x_2^0 反向作用在墙体上,求解后可得此时支撑弹簧 K 和开挖面以下土弹簧的反力为 x^1、x_3^1、x_4^1、x_5^1、x_6^1。

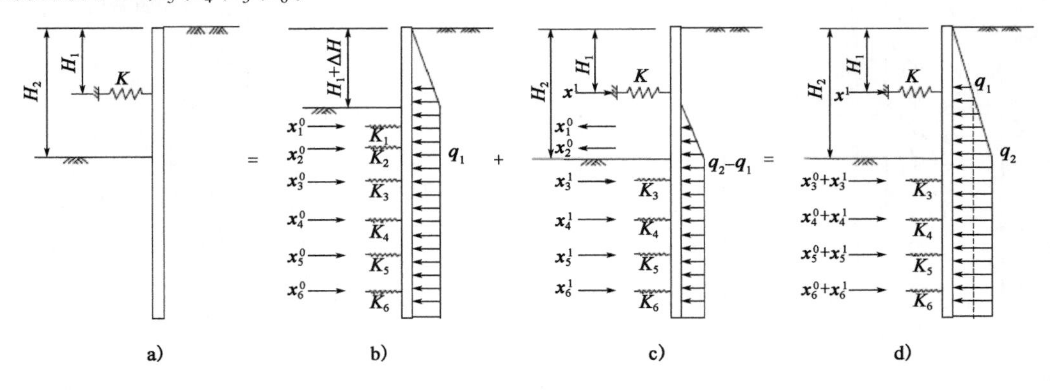

图 4-11 "增量法"计算简图

(3)整个基坑开挖加支撑的施工过程如图4-11d)所示,为图4-11b)、c)两个增量过程叠加的结果,叠加两者所得的墙体内力与位移即得整个施工过程最终的墙体内力与位移。

4.4.3 计算参数的确定

1)主动区土压力取值

黄院雄等研究分析了上海软土地区地铁车站深基坑及大型建筑物深基坑的实测资料,得到了支护结构后主动土压力的变化规律。在软土深基坑开挖中,一方面,由于土方开挖使得坑内卸载,引起支护结构向坑内产生一定位移,从而导致主动区土压力的下降;另一方面,由于软土具有明显的流变特性,因而在深基坑开挖过程中,即使在同一工况下,主动土压力也会随时间变化而变化。

主动土压力的取值与相应基坑的保护等级是密切相关的。基坑开挖过程中,若假设支护结构不产生位移,则可认为作用其上的土压力为静止土压力。因此,基坑保护等级越高,支护结构的允许最大变形值就越小,对应的主动土压力取值也就越大;反之,则主动土压力的取值就越小。因此,主动区土压力侧压力系数 K 的取值也应该与相应基坑的保护等级相联系。同时,K 的取值还要考虑土性、土层的应力历史及土层的 $K0$ 值等因素。黄院雄、刘国彬等学者根据上海地区多年的实测数据总结出侧压力系数 K 的取值,如表4-1所示。

主动区土压力侧压力系数 K 取值表 表4-1

基坑保护等级	土　性	侧压力系数 K	基坑保护等级	土　性	侧压力系数 K
一级	软黏土	0.75~0.55	三级	软黏土	0.60~0.45
	硬黏土	0.55~0.40		硬黏土	0.40~0.30
二级	软黏土	0.70~0.50			
	硬黏土	0.45~0.35			

注:基坑保护等级的划分参考上海市工程建设规范《基坑工程技术规范》(GB/T J08-61—2010)。

每个基坑保护等级下,侧压力系数 K 的取值也是变化的。表中给出的只是一个区间值,在实际工程取值时,可参考以下原则来确定。当地质条件较好时,可取下限值;相反,地质条件较差时，可取上限值。另外，考虑到给出的区间值包含了侧压力系数 K 随工况而逐渐减小的规律，因此，当基坑开挖深度较浅时，K 值接近上限值；当基坑开挖深度较深时，K 值接近下限值。

2）等效土体水平抗力系数 K_h

等效土体水平抗力系数 K_h 的概念来源于基床系数，与基坑开挖时间、开挖空间、地层土性条件、加固条件等密切相关，是各类施工影响因素的函数。为了便于工程应用，采用等效土体水平抗力系数 K_h 来综合反映基坑土体抵抗变形的能力。K_h 的取值考虑了土性、时空效应规律的影响及包括施工因素在内的其他许多因素。

刘国彬等通过对大量基坑现场实测数据和记录的工况进行反馈分析，归纳出等效土体水平抗力系数 K_h 分别与土体的流变特性、强度参数、土体的空间作用以及地基加固等因素的关系，由此建立了上海地区不同土层、工况条件下的 K_h 值计算模型。

（1）对于非地基加固部分的 K_h：

$$K_{hi}=635\times\frac{\gamma_i\cdot\tan^2(\pi/4+\varphi_i/2)+4\cdot c_i\cdot\tan(\pi/4+\varphi_i/2)}{1.42\cdot\gamma_i+47.6}\cdot\exp\left(\frac{12.0-T_j}{T_j}\right)\times$$
$$(8/B_j+0.1)\cdot(1-h_j/h_i)\cdot\left\{1-\frac{2\cdot\gamma_i'\cdot[1-(1-h_j/h_i)^{0.36}]\cdot\tan\varphi_{cq}}{\gamma+2\cdot\gamma_i'\cdot\tan\varphi_{cq}}\right\} \tag{4-34}$$

（2）对于地基加固部分的 K_h：

$$K_{hi}=(29.34+1431.9p_s)\exp\left(\frac{12.0-T_j}{T_j}\right)\cdot(8/B_j+0.1)\cdot(1-h_j/h_i)\cdot$$
$$\left\{1-\frac{2\cdot\gamma_i'\cdot[1-(1-h_j/h_i)^{0.36}]\cdot\tan\varphi_{cq}}{\gamma_i+2\cdot\gamma_i'\cdot\tan\varphi_{cq}}\right\} \tag{4-35}$$

式（4-34）和式（4-35）中：T_j——每步基坑开挖的无支撑暴露时间（h）；

B_j——每步基坑开挖时开挖土体沿墙体方向的尺寸（m）；

γ_i——第 i 层土的天然重度；

c_i——第 i 层土的黏聚力；

φ_i——第 i 层土的内摩擦角；

p_s——比贯入阻力（MPa）；

h_j——当前开挖面所处的深度；

h_i——要计算点所处的深度；

φ_{cq}——要计算点 h_i 处的强度指标；

γ_i'——第 i 层土的浮重度。

4.4.4 数值分析实例

1）工程概况及计算参数

宁波轨道交通 3 号线一期工程仇毕站为宁波市轨道交通 3 号线一期工程的第 9 站，车站结构包含主体结构、出入口与通风道、预留空间、深基坑围护及基地加固、结构防水等内容。共设 2 组风亭和 4 个出入口。1、3 号出入口设于车站主体，2、4 号出入口与物业连接。车站为地下四层岛式站台，双柱三跨形框架结构，车站采用明挖顺作法施工，车站中心顶板覆土厚度

1.55m。车站起终点里程为 YDK13 +240.176 ~YCK13 +428.053，站台中心里程为 YDK13 + 333.000，车站基坑长 187.877m，标准段基坑宽 23.20m，车站标准段开挖深度 27.85m，南（北）盾构端头井基坑深 29.30m（29.69m）。车站两端区间均为盾构区间。车站标准段底板埋深为 27.85m，围护结构采用 1200mm 厚地下连续墙（共 76 幅）+混凝土（第一、第六支撑）和钢管内支撑（第二、三道采用直径 609mm，壁厚 16mm 钢支撑，第四、五、七、八道采用 800，壁厚 16 钢支撑）体系，连续墙插入比约为 0.97；结构侧墙厚 800 ~900mm，顶板厚 800mm，底板厚 1500mm。南（北）盾构端头井基坑深 29.30m（29.69m），采用 1200mm 厚地下连续墙 +混凝土（第一、六道支撑）和钢管内支撑（第二、三道采用直径 609mm，壁厚 16mm 钢支撑，第四、五、七、八、九及换撑采用直径 800mm、壁厚 16mm 钢支撑）体系，连续墙插入比约为 0.99（0.98）；结构侧墙厚度 800 ~900mm，顶板厚 800mm，底板厚 1500mm，各土层、围护结构支撑的计算参数及计算工况见表 4-2、表 4-3。

（1）土层参数

根据仇毕站岩土工程勘察报告，对土层情况进行处理后，可得数值模拟采用的土层分层和土层物理力学参数，见表 4-2。

土层物理力学参数 表 4-2

层号	土层名称	土层底标高（m）	重度（kN/m^3）	水平 K_h（m/d）	垂直 K_v（m/d）	压缩模量（MPa）	C_k（kPa）	Φ_k（°）
①$_2$	黏土	4.7	17.9	2.14E-5	3.23E-5	3.61	14.5	12.7
②$_2$	淤泥质黏土	11.7	17.3	2.38E-5	3.03E-5	2.34	11.9	11.6
③$_2$	粉质黏土	19.7	18.7	8.23E-5	1.19E-4	4.41	16.4	20.4
④$_2$	黏土	24.2	17.5	2.29E-5	2.94E-5	3.1	14.4	12.7
⑤$_2$	粉质黏土	36	18.6	4.97E-5	6.98E-5	4.8	26.6	14.3
⑥$_2$	粉质黏土	46	18.5	4.97E-6	6.98E-6	4.36	19.2	18.8
⑥$_{2T}$	粉土	50	18.7	1.31	1.24	8.05	4.1	29.1
⑦$_2$	粉质黏土	54	18.5	4.97E-6	6.98E-6	4.36	19.2	18.8
⑧$_1$	粉细砂	59	19.3	1.04E+1	1.09E+1	8.90	2.6	31.3
⑨$_1$	粉质黏土	80	18.7	4.21E-6	6.10E-6	9.50	39.3	14.8

（2）地下连续墙参数

地下连续墙厚度为 1200mm，深度为 56.7m，混凝土强度等级为 C40，EI 为每延米 3.9×10^7 kN·m^2，EA 为每延米 $=4.68\times10^7$kN。

（3）支撑体系参数

根据设计文件可知仇毕站支撑体系参数如表 4-3 所示。

支撑体系基本参数 表 4-3

支撑	中心位置（m）	水平间距（m）	材料	尺寸	预加轴力（%）
第一道支撑	0.5	8	C30 钢筋混凝土	800mm×1000mm	—
第二道支撑	4.7	3	钢支撑	ϕ609mm，t=16mm	70

续上表

支　撑	中心位置(m)	水平间距(m)	材　料	尺　寸	预加轴力(%)
第三道支撑	8.7	3	钢支撑	ϕ609mm, t = 16mm	70
第四道支撑	11.7	3	钢支撑	ϕ800mm, t = 16mm	70
第五道支撑	14.5	3	钢支撑	ϕ800mm, t = 16mm	70
第六道支撑	17.3	8	C30 钢筋混凝土	1200mm × 1200mm	—
第七道支撑	21	3	钢支撑	ϕ800mm, t = 16mm	70
第八道支撑	24.2	3	钢支撑	ϕ800mm, t = 16mm	70

(4)主要施工步骤

模拟过程按以下施工步骤进行。

①开挖至地面下 -1m;

②装支撑1;

③开挖至地面下 -6.7m;

④装支撑2,并施加预应力 -200kN/m;

⑤开挖至地面下 -9.7m;

⑥装支撑3 并施加预应力 -300kN/m;

⑦开挖至地面下 -12.7m;

⑧加支撑4,并施加预应力 -380kN/m;

⑨开挖至地面下 -14.5m;

⑩加支撑,5,并施加预应力 -400kN/m;

⑪开挖至地面下 -18.3m;

⑫加支撑6;

⑬开挖至地面下 -22m;

⑭加支撑7,并施加预应力 -480kN/m;

⑮开挖至地面下 -24.2m;

⑯加支撑8,并施加预应力 -500kN/m;

⑰开挖至地面下 -27.7m。

2)计算结果与分析

选取基坑某一标准断面进行数值模拟,分别选取工况4、工况6、工况9 的模拟数据与实测数据进行对比,如图4-12 ~ 图4-15 所示。工况4、工况6、工况9 依次对应于 CX10 的4 月18 日、5 月16 日、7 月9 日实测数据。具体工况描述如下:

工况4:开挖到12.70m,第3 道支撑架设完毕,第4 道支撑尚未架设;

工况6:开挖到18.30m,第5 道支撑架设完毕,第6 道支撑尚未架设;

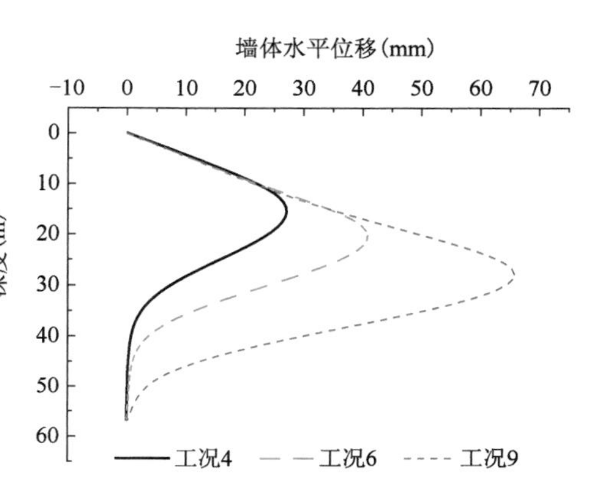

图4-12　CX10 侧移数值模拟曲线

工况 9：开挖到 27.70m，第 8 道支撑架设完毕。

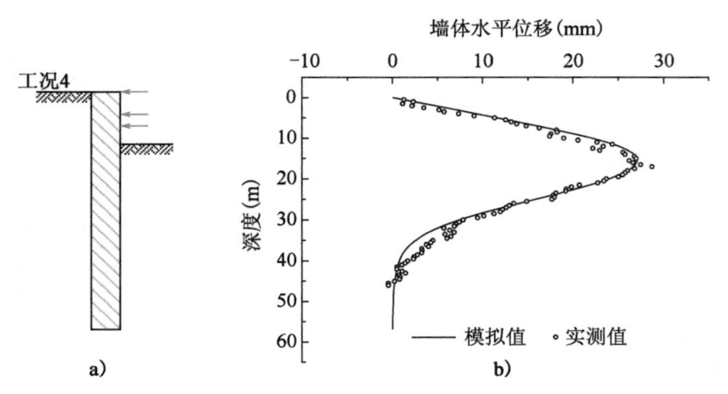

图 4-13　工况 4 下 CX10 侧移随时间变化曲线

如图 4-13 所示可知，数值模拟结果表现为：随着深基坑开挖深度的增大，地下连续墙的水平位移不断增大，其沿深度的变化趋势呈大肚状，符合常见采用多道支撑围护的变形规律，水平位移最大值均出现在开挖面附近（随开挖深度的增大不断下移）。

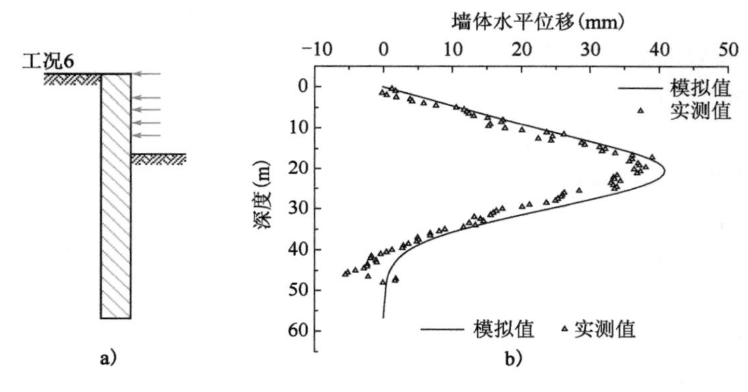

图 4-14　工况 6 下 CX10 侧移随时间变化曲线

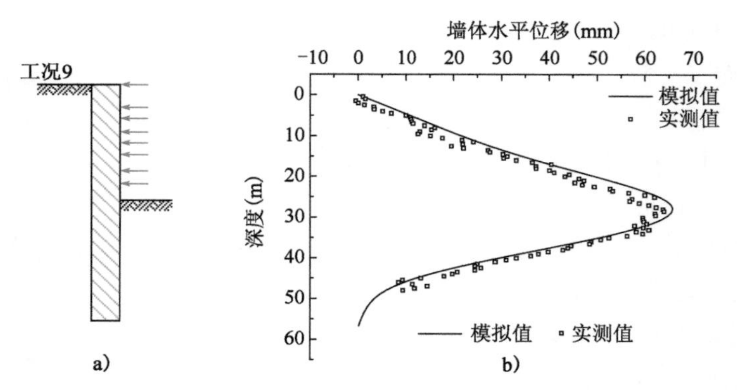

图 4-15　工况 9 下 CX10 侧移随时间变化曲线

如图 4-13 ~ 图 4-15 所示可以看出：随着深基坑开挖的进行，地下连续墙的水平位移不断增大，其沿深度的变化趋势呈“大肚”状，符合常见采用多道支撑围护的变形规律，水平位移最

大值均出现在开挖面附近。在深基坑底板浇筑完成后，传统杆系有限元计算结果远远小于墙体实测变形，而时空效应有限元计算结果则与墙体实测变形比较接近。考虑时空效应的有限元计算结果可较准确地反映支护结构的实测变形，其原因主要有：

(1)主动区土压力取值考虑了基坑保护等级、施工工况、软土流变性等因素，从而使得该程序采用的土压力较符合工程实际；

(2)该程序创造性地采用等效土体水平抗力系数 K_h 来反映土体实际抵抗变形的能力，其能考虑土体流变性、土体空间作用、土体强度参数、地基加固、开挖深度等因素的影响特性。然而，两者之间仍有一定的差别，时空效应有限元计算结果比墙体实测变形稍大，主要原因可能为现场施工监测的测斜数据一直以管顶作为基准点，实际工程中，也未采用实测墙顶水平位移来对测斜数据进行适当修正，从而使得测斜管口处的水平位移始终为零，进而相应减小了地下连续墙各个深度处实际变形。若对测斜数据进行管顶修正，时空效应有限元计算结果应该会与墙体实测变形更加吻合。

4.5　考虑承压水降水的深基坑施工变形数值模拟

4.5.1　宁波典型软土地层 HSS 模型参数研究

在数值分析方法中的关键问题是要采用合适的本构模型和合理的模型参数。数值模拟中能使用的本构模型是比较多的，综合分析各个本构模型的适用性，HSS 模型适用性比较好。由于 HS 模型适用于在敏感的环境下开挖基坑的数值模拟，并已经成为基坑开挖数值分析运用最广的本构模型之一。Benz[11] 在 HS 本构模型的基础之上开发出了 HSS 本构模型，HSS 本构模型不仅继承了 HS 模型的优点，而且还增加了考虑剪切模量在微小应变下随应变衰减的行为。HSS 本构模型比 HS 本构模型具有更大的适用性，模拟的结果也更合理的反映围护结构变形和围护结构后土体变形。HSS 本构模型的参数众多，需要获得 HSS 本构模型整套参数有一定困难。就 HS 模型而言，王卫东通过大量室内试验，获得了上海地区的 HS 模型参数的取值经验。

由于宁波地区尚无 HSS 模型参数取值方面的经验及成果，本章结合土工试验、参考国内外研究成果和参数反演，获得了适合宁波地区的 HSS 模型参数的经验取值。本章研究成果可为后续章节进行数值模拟提供理论支撑。

4.5.2　HSS(小应变土体硬化)模型

1)小应变特性

HSS 模型与 HS 模型最大的区别在于，HSS 模型可以显示土体在小应变条件下的刚度衰减的过程。HS 模型中的所有参数，再加上 2 个小应变特性参数即 $\gamma_{0.7}$ 和 G_0 就构成了 HSS 模型。按 m 指数关系确定如下：

$$G_0 = G_0^{\text{ref}}\left(\frac{c\cos\varphi + \sigma_3\sin\varphi}{c\cos\varphi + p^{\text{ref}}\sin\varphi}\right)^{\text{m}} \tag{4-36}$$

在上述式中，G_0^{ref} 代表参考压力 p^{ref} 条件下的初始剪切模量。其中 $G_0^{ref}=33\times\frac{(2.97-e)^2}{1+e}$ [MPa]。

当对土的动力分析过程中，小应变刚度常常被用在土的动力分析过程中，但是在静力分析时很少考虑小应变刚度。Hardin-Drnevich(1972)模型是常用的小应变模型：

$$\frac{G_s}{G_0}=\frac{1}{1+\left|\frac{\gamma}{\gamma_r}\right|} \tag{4-37}$$

式中：γ_r——极限剪应变，表示如下，

$$\gamma_r=\frac{\tau_{max}}{G_0} \tag{4-38}$$

式中：τ_{max}——破坏时的剪应力。

若使用极限剪应变，会带来一定的误差，为了避免这些误差的产生，Santo 和 Correia (2001)建议使用 $\gamma_{0.7}$ 替代 γ_r，式(4-37)改写为：

$$\frac{G_s}{G_0}=\frac{1}{1+\alpha\left|\frac{\gamma}{\gamma_{0.7}}\right|} \tag{4-39}$$

在实际中，令 $\alpha=0.385$，$\gamma=\gamma_{0.7}$，$G_s/G_0=0.722$。

Benz 提出应该在式(4-39)中考虑土体的多轴膨胀和应变历史，并推导出了相对应的剪应变 γ：

$$\gamma=\sqrt{3}\frac{\|\underline{\underline{H}}\Delta\bar{e}\|}{\|\Delta\bar{e}\|} \tag{4-40}$$

式中：$\Delta\bar{e}$——当前偏应变增量；

$\underline{\underline{H}}$——材料偏应变历史的对称张量。

若出现应变方向反向，那么 $\underline{\underline{H}}$ 会在 $\Delta\underline{e}$ 全部重置或增加前部分，与此同时土体的剪切模量会随着应变的增大而越来越小。在 HSS 本构模型中，下限值一般用土体卸载重加载剪切模量来表示，这个时候与它相适应的剪切应可以表示为 γ_c。γ_c 的表达式如(4-41)表示：

$$\gamma_c=\frac{1}{0.385}\left(\frac{G_0}{G_{ur}}-1\right)\gamma_{0.7} \tag{4-41}$$

其中：

$$G_{ur}=\frac{E_{ur}}{2(1+v_{ur})} \tag{4-42}$$

土体是不是处在小应变状态，可以通过应变幅值的大小做出判断：

$$G_{ur}=\begin{cases}G_0\left(\frac{\gamma_{0.7}}{\gamma_{0.7}+\alpha\gamma}\right) & \gamma<\gamma_c\\ \frac{E_{ur}}{2(1+v_{ur})} & \gamma>\gamma_c\end{cases} \tag{4-43}$$

当 $\gamma<\gamma_c$ 时，可以判断此时为小应变；$\gamma>\gamma_c$ 时，可以判断此时为大应变。

2)屈服面函数

如图4-16表示为HSS本构模型主应力空间屈服面。在HSS本构模型中的帽盖屈服面出现圆锥形屈服面的形状，帽盖会变得更加光滑。原因就在于HSS模型的屈服准则不是摩尔－库伦破坏准则，而是Matsuoka-Nakai（音译：松岗－中井）屈服准则［Matsuoka 和 Nakai(1974)、杨雪强等］：

$$I_1I_2 - k_2I_3 = 0 \tag{4-44}$$

式中：k_2——材料常数；

I_1——应力张量的第一不变量；

I_2——应力张量的第二不变量；

I_3——应力张量的第三不变量。

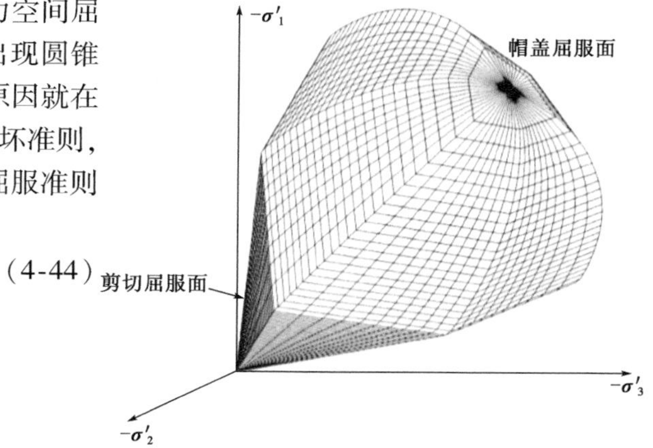

图4-16 HSS模型屈服面

杨雪强等推导出Matsuoka-Nakai（音译：松岗—中井）破坏准则可以用下式来表达，

$$J_2 = g(\theta_\sigma) \times f(I_1) \tag{4-45}$$

式中：J_2——应力偏张量第二不变量；

θ_σ——罗德角。

在内摩擦角φ的确定条件下，就能在π平面上确定出屈服面。

4.5.3 宁波软土HSS参数确定

HSS模型共有11个参数，其中包括3个Mohr-Coulomb强度参数：有效黏聚力（c'）、有效内摩擦角（φ'）、剪胀角（ψ）；4个基本刚度参数：参考切线模量（E_{oed}^{ref}）、参考割线模量（E_{50}^{ref}）、刚度应力水平相关幂指数（m）、参考卸载再加载模量（E_{ur}^{ref}）；2个高级参数：卸载再加载泊松比（v_{ur}）、破坏比（R_f）；小应变参数：参考初始小应变模量G_0^{ref}、剪切应变水平$\gamma_{0.7}$。

1）标准固结试验结果与参数确定

标准固结试验主要是获得参考切线模量E_{oed}^{ref}值。本节选取宁波①层到⑥层的土。试验步骤详见《土工试验方法标准》（GB/T 50123—1999）。对各土层标准试验所加荷载与试验轴线应变的关系曲线如图4-17、图4-18所示。

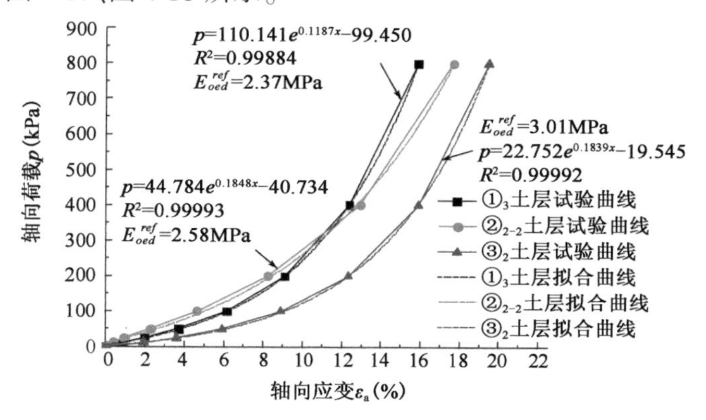

图4-17 ①～③土层荷载—应变关系曲线图

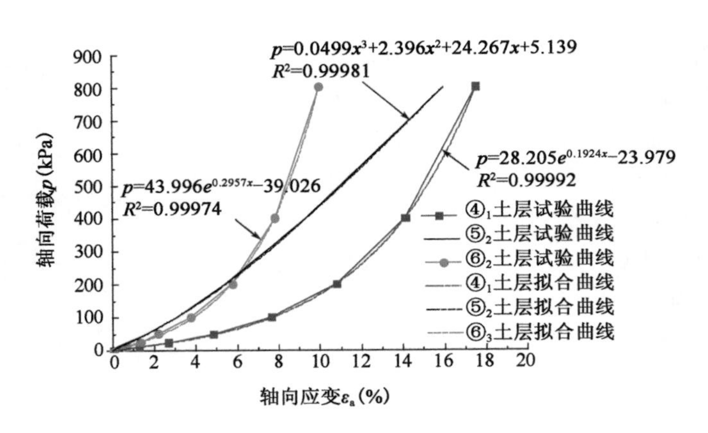

图 4-18　④～⑥土层荷载—应变关系曲线图

如图 4-17 所示为①到③层土试样的荷载—应变关系曲线图，并对该关系曲线进行函数拟合。如图 4-18 所示为④到⑥层土试样的荷载—应变关系曲线图，并对该关系曲线进行函数拟合。每条曲线的判断式 R^2 均为 0.99 以上。对该函数求导可以分别获得荷载 p 为 100kPa 时各曲线切线的斜率值。该切线斜率值为参考应力 p^{ref}等于 100kPa 时标准固结试验的参考切线模量 E_{oed}^{ref}（表 4-4）。

各土层参考切线模量 E_{oed}^{ref} 值　　表 4-4

土层	①$_3$	②$_{2-2}$	③$_2$	④$_1$	⑤$_2$	⑥$_2$
E_{oed}^{ref}(MPa)	2.37	2.58	3.01	2.36	4.21	4.95

固结试验孔隙比与所加荷载的关系曲线，如图 4-19、图 4-20 所示。

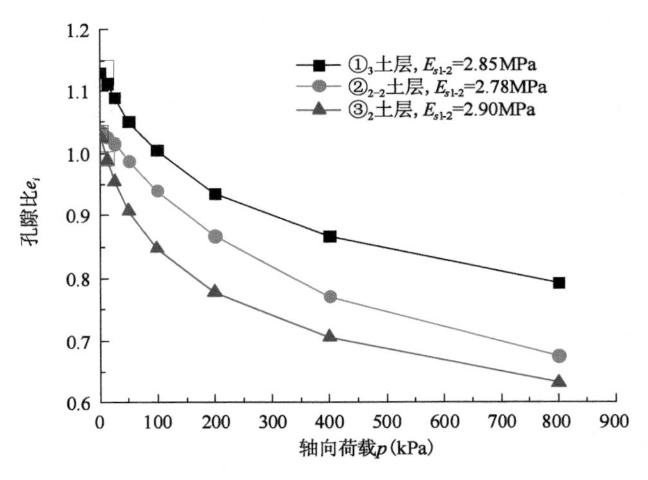

图 4-19　①～③土层孔隙比与荷载曲线图

如图 4-19 所示固结试验①到③层土孔隙比与荷载关系的曲线图，如图 4-20 所示固结试验④到⑥层孔隙比与荷载关系的曲线图。从图 4-19 和图 4-20 中得到各土层试验荷载 p = 100kPa 到 p = 200kPa 时对应的压缩模量 E_{s1-2}，具体数值如表 4-5 所示。

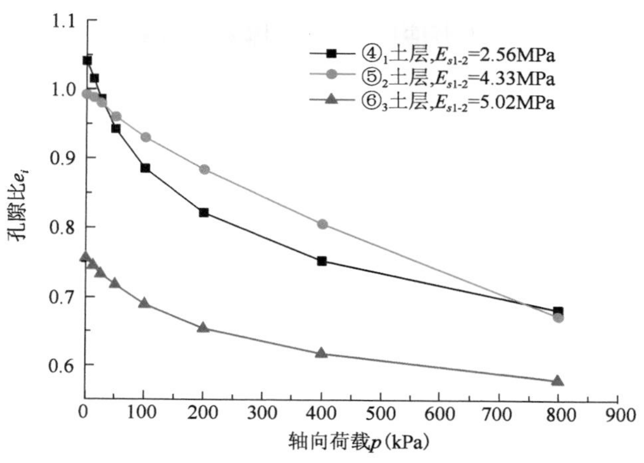

图 4-20 ④~⑥土层孔隙比与荷载曲线图

各土层压缩模量 E_{s1-2} 值 表 4-5

土层	①$_3$	②$_{2-2}$	③$_2$	④$_1$	⑤$_2$	⑥$_2$
E_{s1-2}(MPa)	2.55	2.78	2.90	2.56	4.33	4.02

在实际工程中,岩土工程勘报告会提供各层土的压缩模量 E_{s1-2} 值,而不会提供参考切线模量 E_{oed}^{ref} 值,两者的关系式如表 4-6 所示:

由表 4-6 可得参考切线模量 E_{oed}^{ref} 值。所以取 $E_{oed}^{ref}=E_{s1-2}$。

各土层压缩模量 E_{s1-2} 值 表 4-6

土层	①$_3$	②$_{2-2}$	③$_2$	④$_1$	⑤$_2$	⑥$_2$
E_{oed}^{ref}/E_{S1-2}	0.93	0.93	0.97	0.92	0.93	0.99

2)割线模量 E_{50}^{ref} 和卸载/重加载刚度 E_{50}^{ref} 的确定(表 4-7)

土体硬化模型参数对比表 表 4-7

土体名称		比例关系	
上海地区	②$_2$ 黏土	$E_{50}^{ref}=1.3E_{oed}^{ref}$	$E_{ur}^{ref}=4.7E_{oed}^{ref}$
	③淤泥质粉质黏土	$E_{50}^{ref}=1.3E_{oed}^{ref}$	$E_{ur}^{ref}=12E_{oed}^{ref}$
	④淤泥质黏土	$E_{50}^{ref}=1.1E_{oed}^{ref}$	$E_{ur}^{ref}=8.2E_{oed}^{ref}$
	⑤$_3$ 粉质黏土	$E_{50}^{ref}=0.9E_{oed}^{ref}$	$E_{ur}^{ref}=3.9E_{oed}^{ref}$
Gault Clay 英国		$E_{50}^{ref}=3.5E_{oed}^{ref}$	$E_{ur}^{ref}=10.4E_{oed}^{ref}$
Taipei Silty Clay 中国台湾		$E_{50}^{ref}=2.8E_{oed}^{ref}$	$E_{ur}^{ref}=8.3E_{oed}^{ref}$
Upper Blodgett 美国		$E_{50}^{ref}=1.5E_{oed}^{ref}$	$E_{ur}^{ref}=6.25E_{oed}^{ref}$
Lacustrine Clay 奥地利		$E_{50}^{ref}=E_{oed}^{ref}$	$E_{ur}^{ref}=4E_{oed}^{ref}$
天津地区		$E_{50}^{ref}=(0.5\sim1.8)E_{oed}^{ref}$	

如表 4-7、图 4-21、图 4-22 所示可知:上海地区的 $E_{50}^{ref}/E_{oed}^{ref}$ 值为 0.9~1.3,天津地区的 $E_{50}^{ref}/E_{oed}^{ref}$ 值为 0.5~1.8,奥地利 Lacustrine Clay 的 $E_{50}^{ref}/E_{oed}^{ref}$ 值为 1,美国 Upper Blodgett 的 $E_{50}^{ref}/E_{oed}^{ref}$ 值为 1.5,这三者 $E_{50}^{ref}/E_{oed}^{ref}$ 值还是比较接近。英国 Gault Clay 的 $E_{50}^{ref}/E_{oed}^{ref}$ 值为 3.5,台北 Silty Clay

的 $E_{50}^{ref}/E_{oed}^{ref}$值为 12.8,这两者远大于上述三者。

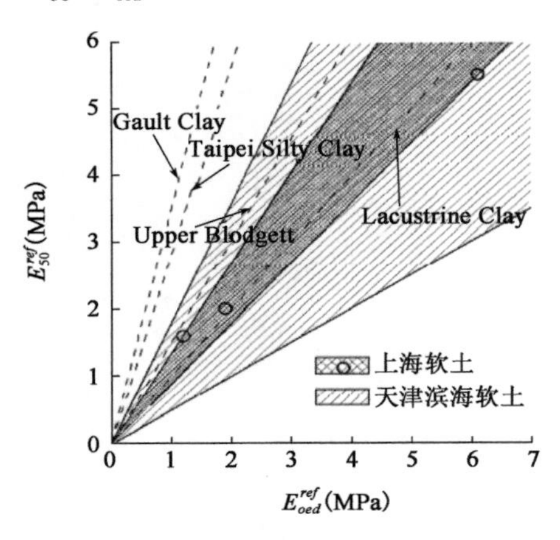

图 4-21　E_{oed}^{ref}与 E_{50}^{ref}关系曲线图

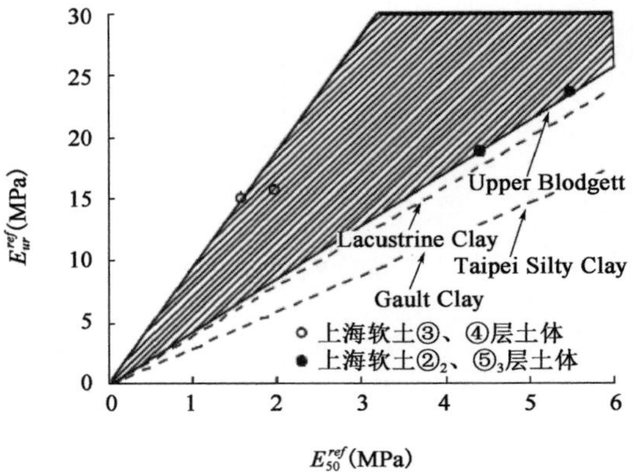

图 4-22　E_{50}^{ref}与 E_{ur}^{ref}关系曲线图

由表 4-4、图 4-10 和图 4-11 可知:上海地区②^2、⑤$_3$ 层土体的 $E_{ur}^{ref}/E_{50}^{ref}$值约为 4.4。英国 Gault Clay 的 $E_{ur}^{ref}/E_{50}^{ref}$值约为 3.5。中国台北 Silty Clay 的 $E_{ur}^{ref}/E_{50}^{ref}$值为 3。美国 Upper Blodgett 的 $E_{ur}^{ref}/E_{50}^{ref}$值为 4.3。奥地利 Lacustrine Clay 的 $E_{ur}^{ref}/E_{50}^{ref}$值约为 4。以上五者大体接近。上海地区③层和④层土的 $E_{ur}^{ref}/E_{50}^{ref}$值约为 9.3 倍和 7.8 倍。

考虑到上海土质和宁波有相似性,建议如下取值:$E_{50}^{ref}=(0.5\sim1.4)E_{oed}^{ref}$。$E_{ur}^{ref}=(1\sim10)E_{oed}^{ref}$。

3)刚度应力水平相关参数 m

根据 Janbu 的研究发现:对于砂土和粉土, m 一般取 0.5。根据 Brinkgreve 等研究发现,对于黏土 m 取值为(0.5 ~1)。

4)卸载/重加载泊松比 ν_{ur}

卸载时的泊松比比加载时的泊松比小得多。ν_{ur}建议取值 0.2。有效黏聚力 c'、有效内摩擦角 φ'和剪胀角 ψ,有效黏聚力 c'、有效内摩擦角 φ'可从地勘报告获取。根据 Bolton 的研究发现,对砂土,ψ 可取为($\varphi-30°$)。根据参考文献对黏性土,ψ 取 0°。

5)破坏比 R_f

$R_f=\dfrac{(\sigma_1-\sigma_3)_f}{(\sigma_1-\sigma_3)_{ult}}$ 式中$(\sigma_1-\sigma_3)$为主应力差;$(\sigma_1-\sigma_3)_{ult}$为主应力极限差,即为应力趋于无限大的主应力差。采用 plaxis 默认的 $R_f=0.9$。

6)正常固结状态下的 K_0 值

由参考文献得出 $K_0=1-\sin\varphi'$。

7)初始小应变模量 G_0^{ref}、剪切应变水平 $\gamma_{0.7}$

Hardin 等通过试验,得出了如下的计算公式:

$$G_0^{ref}=33\frac{(2.973-e)^2}{1+e}(OCR)^m \qquad (\text{围压 kPa})$$

式中:e——土体的孔隙比;

OCR——超固结比。

根据 Brinkgreve 等的介绍可知：

$$\gamma_{0.7}=\frac{1}{9G_0}\{2c'[1+\cos(2\varphi')]+\sigma_1'(1+K_0)\sin(2\varphi')\}$$

其中：$G_0=G_0^{ref}\left(\frac{c'\cos\varphi'+\sigma_3'\sin\varphi'}{c'\cos\varphi'+p^{ref}\sin\varphi'}\right)^m$，式中 σ_1' 为土体的竖向有效应力，σ_3' 为土体的侧向位移。

4.5.4 三维有限元模拟

建立三维对称模型(图4-23)，如图4-24所示可见该模型的坐标系。基坑开挖深度为27.7m，基坑宽度23.2m，简化模型为对称模型。地下连续墙深度为56.7m，共有8道支撑，第一道和第六道为钢筋混凝土支撑，其余六道均为钢支撑。

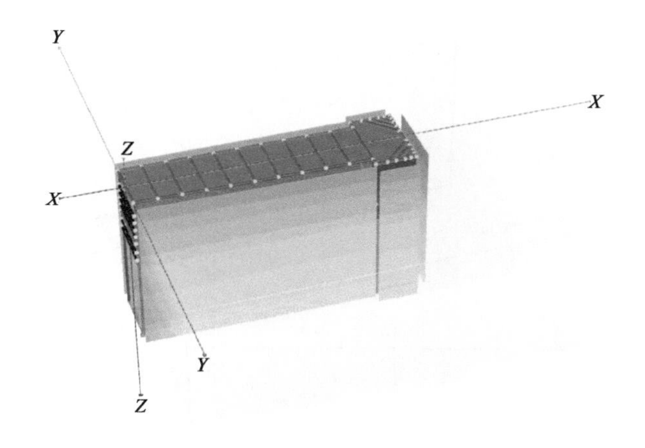

图4-23 三维模型图

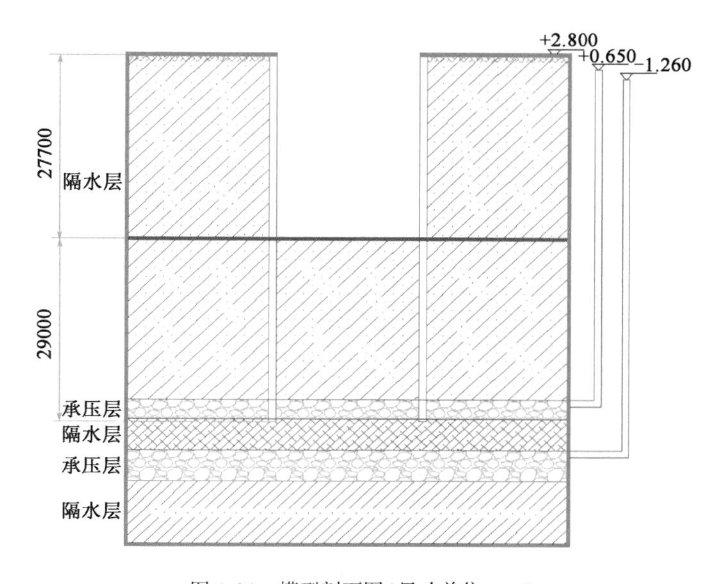

图4-24 模型剖面图(尺寸单位：mm)

使用 plaxis 建立基坑和隧道的模型，模型尺寸为长度为 140m（0 ~ 140m），宽度为 140m（ −70m ~ 70m），模型深度 80m（0 ~ −80m）。模型采用 10 节点单元，单元密度为中等，单元为 111268 个，节点数为 156095 个。模型底面各向约束，模型侧面法向约束，模型上表面为自由面。地面施加 20 kPa。结构网格划分如图 4-25 所示，整体网格划分如图 4-26 所示。本模型采用 HSS 本构模型。

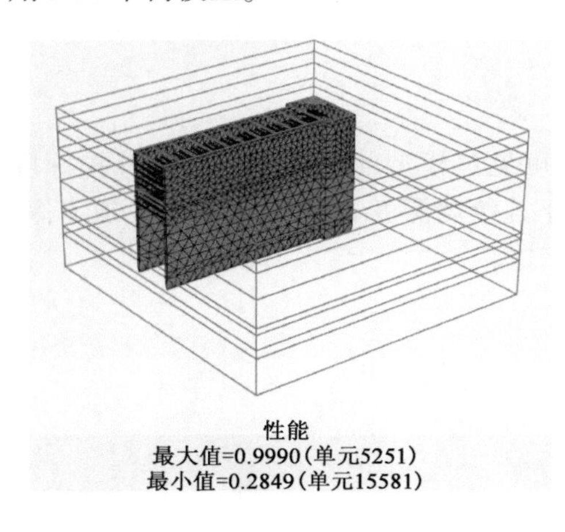

图 4-25　结构网格划分图

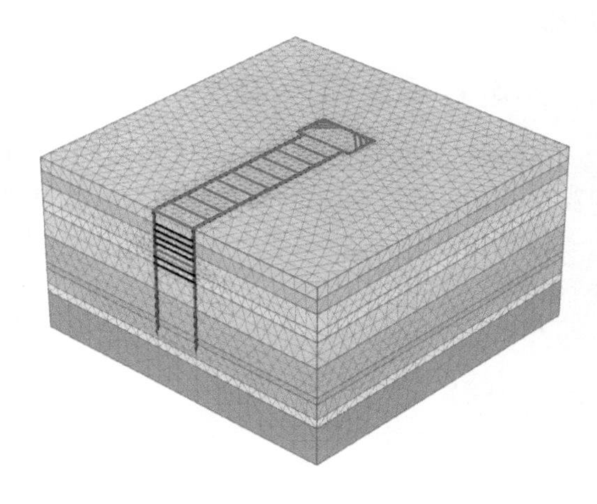

图 4-26　整体网格划分图

1）土层参数（表 4-8）

土 层 参 数 表　　表 4-8

层号	土层名称	土层底标高（m）	重度（kN/m^3）	水平 K_h（m/d）	垂直 K_v（m/d）	压缩模量（MPa）	C_k（kPa）	Φ_k（°）
①$_2$	黏土	4.7	17.9	2.14E −5	3.23E −5	3.61	14.5	12.7
②$_2$	淤泥质黏土	11.7	17.3	2.38E −5	3.03E −5	2.34	11.9	11.6
③$_2$	粉质黏土	19.7	18.7	8.23E −5	1.19E −4	4.41	16.4	20.4
④$_2$	黏土	24.2	17.5	2.29E −5	2.94E −5	3.1	14.4	12.7
⑤$_2$	粉质黏土	36	18.6	4.97E −5	6.98E −5	4.8	26.6	14.3
⑥$_2$	粉质黏土	46	18.5	4.97E −6	6.98E −6	4.36	19.2	18.80
⑥$_{2T}$	粉土	50	18.7	1.31	1.24	8.05	4.1	29.1
⑦$_2$	粉质黏土	54	18.5	4.97E −6	6.98E −6	4.36	19.2	18.80
⑧$_1$	粉细砂	59	19.3	1.04E +1	1.09E +1	8.90	2.6	31.3
⑨$_1$	粉质黏土	80	18.7	4.21E −6	6.10E −6	9.50	39.3	14.8

2）地下连续墙参数

地下连续墙厚度为 1200mm，深度为 56.7m，混凝土等级为 C40，$EI = 3.9 \times 107\ kN \cdot m^2/m$，$EA = 4.68 \times 107 kN/m$。

3）支撑体系参数（表 4-9）

支撑系统参数　　表4-9

支　　撑	自开挖面下(m)	水平间距(m)	材　　料	尺　　寸	预加轴力(kN/m)
第一道支撑	0	8	C30 钢筋混凝土	800mm×1000mm	
第二道支撑	4.7	3	钢支撑	φ609, t=16mm	200
第三道支撑	8.7	3	钢支撑	φ609, t=16mm	300
第四道支撑	11.7	3	钢支撑	φ800, t=16mm	380
第五道支撑	14.5	3	钢支撑	φ800, t=16mm	400
第六道支撑	17.3	8	C30 钢筋混凝土	1200mm×1200mm	
第七道支撑	21	3	钢支撑	φ800, t=16mm	480
第八道支撑	24.2	3	钢支撑	φ800, t=16mm	500

4)主要施工步骤

建立模型,尺寸、土层参数按上述介绍。基坑开挖时候对于坑内水处理的办法是:开挖土块以下的深度大于坑内外水头差值1.5倍的区域土设置成内插。

步骤一:Initial phase;

步骤二:加荷载;

步骤三:地下连续墙加载;

步骤四:边界激活;

步骤五:加支撑1;

步骤六:开挖1-1(开挖到地面下-2m);

步骤七:开挖1-2(开挖到地面下-4.7m);

步骤八:加支撑2,并施加预应力-320 kN/m;

步骤九:开挖2(开挖到地面下-8.7m);

步骤十:加支撑3,并施加预应力-320kN/m;

步骤十一:开挖3(开挖到地面下-11.7m);

步骤十二:加支撑4,并施加预应力-630 kN/m;

步骤十三:开挖4(开挖到地面下-14.5m);

步骤十四:加支撑5,并施加预应力-670kN/m;

步骤十五:开挖5(开挖到地面下-17.3m);

步骤十六:加支撑6;

步骤十七:开挖6(开挖到地面下-21m);

步骤十八:加支撑7,并施加预应力-920kN/m;

步骤十九:$⑥_{2T}$层承压水降低6.1m,且$⑥_{2T}$层上下两层土层的水头设置为内插。

步骤二十:开挖7(开挖到地面下-24.2m);

步骤二十一:加支撑8,并施加预应力-750kN/m;

步骤二十二:$⑧_{1}$层承压水降低1m,且$⑧_{1}$层上下两层土层的水头设置为内插。

步骤二十三:开挖8(开挖到地面下-27.7m)。

5)基坑变形性状分析

在基坑开挖的过程中,会导致基坑变形和应力的变化。基坑变形主要表现在围护结构的变形（包括围护结构的侧移和沉降）和土体的变形（包括坑底回弹、土体侧向位移和墙后的沉降）。

(1) 地下连续墙侧向位移

①开挖到 8.7m（图 4-27、图 4-28）。

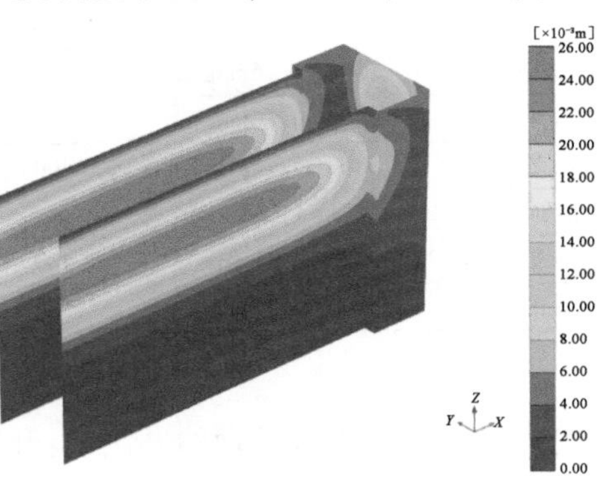

图 4-27　土体总位移云图

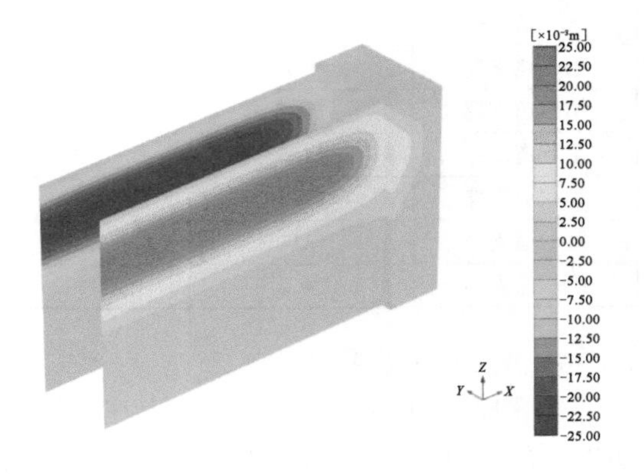

图 4-28　土体 Uy 云图

②开挖到 14.5m（图 4-29、图 4-30）。

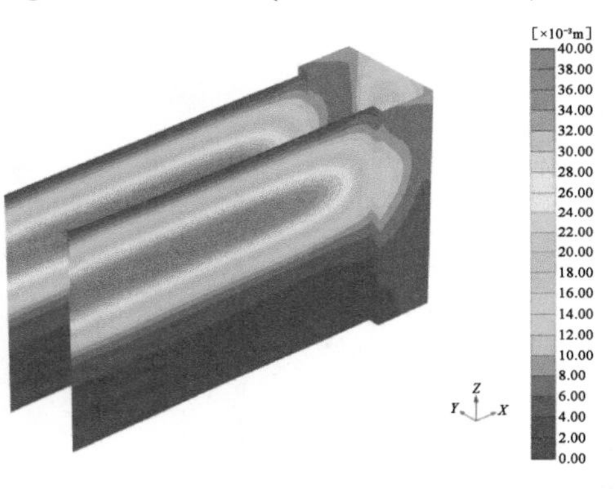

图 4-29　土体总位移云图

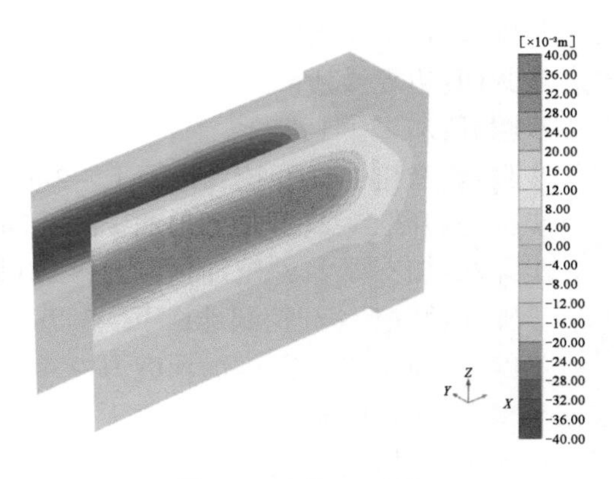

图 4-30　土体 Uy 云图

③开挖到 21.0m（图 4-31、图 4-32）。

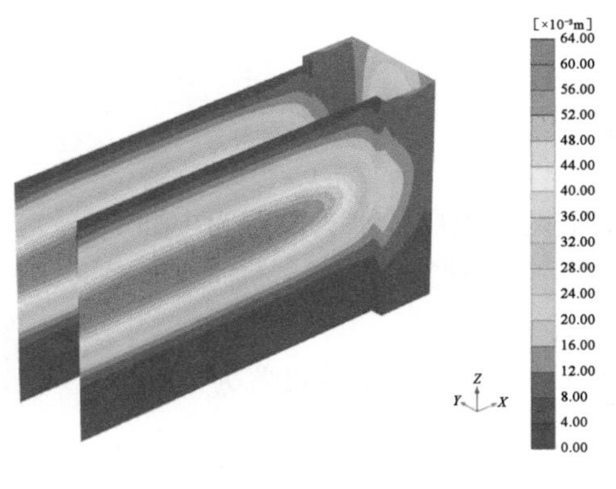

图 4-31　土体总位移云图

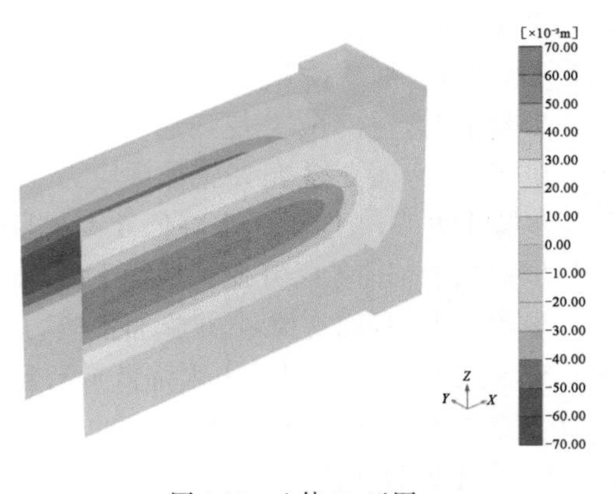

图 4-32　土体 Uy 云图

④开挖到27.7m(图4-33、图4-34)。

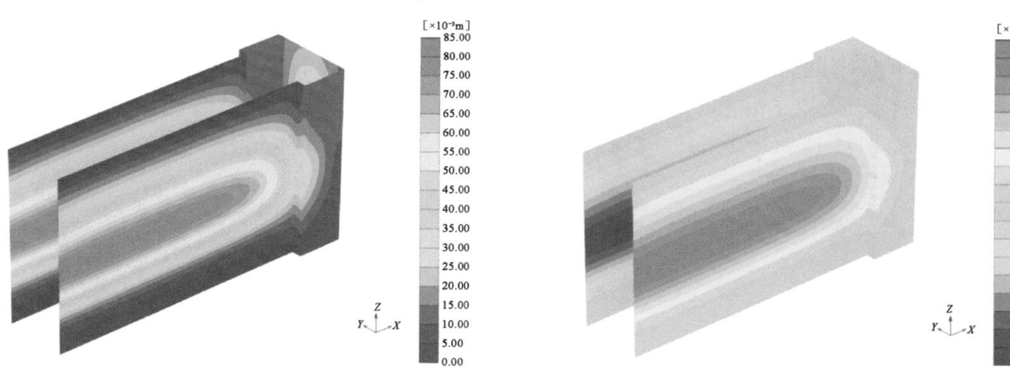

图4-33　土体总位移云图　　　　图4-34　土体Uy云图

由图4-27可得,开挖到8.7m时,总位移最大值为0.02404m。由图4-28可得,U_x最大值为0.02401m。由图4-29可得,开挖到14.5m时,总位移最大值为0.03903m。由图4-30可得,U_x最大值为0.03879m。由图4-31可得,开挖到21.0m时,总位移最大值为0.06111m。由图4-32可得,U_x最大值为0.06095m。由图4-33可得,开挖到27.7m时,总位移最大值为0.08137m。由图4-34可得,U_x最大值为0.08134m。

⑤$X=1$m处。

如图4-35所示开挖到坑底(27.7m)时,$X=1$m处的U_y方向位移图,横坐标为地下连续墙侧向位移,纵坐标为地下连续墙的深度。从图中可知,地下连续墙变形呈现上下小中间大的纺锤形状态。按照实际工况先施工第一道钢筋混凝土支撑,待第一道钢筋混凝土支撑养护完成后,在挖土至2.0m时,地下连续墙墙顶产生微小的侧向位移,随着开挖深度的增大,地下连续墙侧向位移增大。在不同开挖深度下,地下连续墙变形性状保持不变。地下连续墙侧向位移的最大位移为8.005cm,最大位移发生在地下连续墙29.3m,即坑底下1.6m处。随着开挖深度增大,地下连续墙发生最大侧向变形的位置逐渐加深。

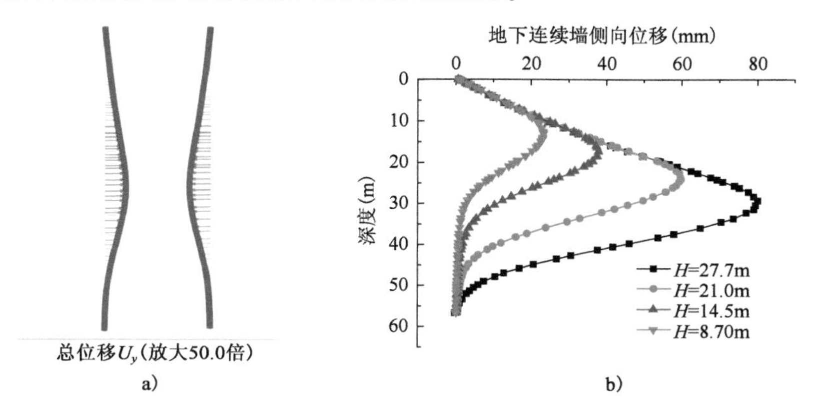

图4-35　开挖到坑底时,$X=1$m处的U_y方向位移图

⑥$Y=0$m处。

$Y=0$既轴对称剖面。开挖到坑底的地下连续墙U_x位移云图如图4-36所示。

如图 4-36 所示横坐标表示地下连续墙侧向位移。纵坐标表示地下连续墙深度。开挖到坑底时,盾构井部位地下连续墙在不同开挖深度下的位移图。如图 4-37 所示可知,地下连续墙变形呈现上下小中间大的纺锤形状态。地下连续墙侧向位移的最大位移为 4.0cm,最大位移发生在地下连续墙 22.6m 处。随着开挖深度增大,地下连续墙发生最大侧向变形的位置逐渐加深。由于模拟得到的数据点不够多,导致图 4-37 位移曲线不够光滑。

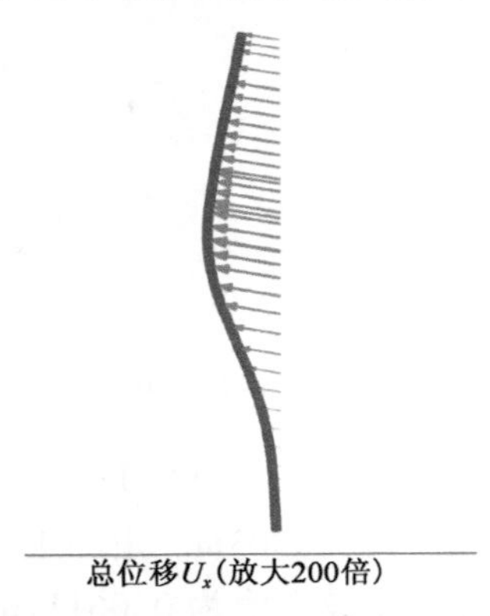

图 4-36　开挖到坑底时,地下连续墙 U_x 方向位移图

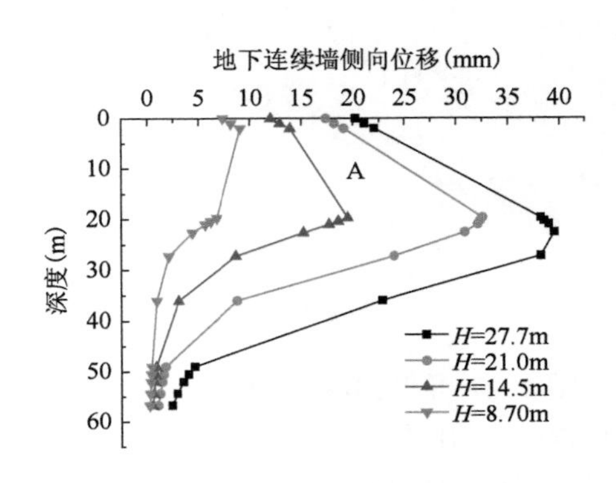

图 4-37　地下连续墙在不同开挖深度下的位移图

(2)地下连续墙内力

①开挖到 8.7m(图 4-38 ~ 图 4-40)。

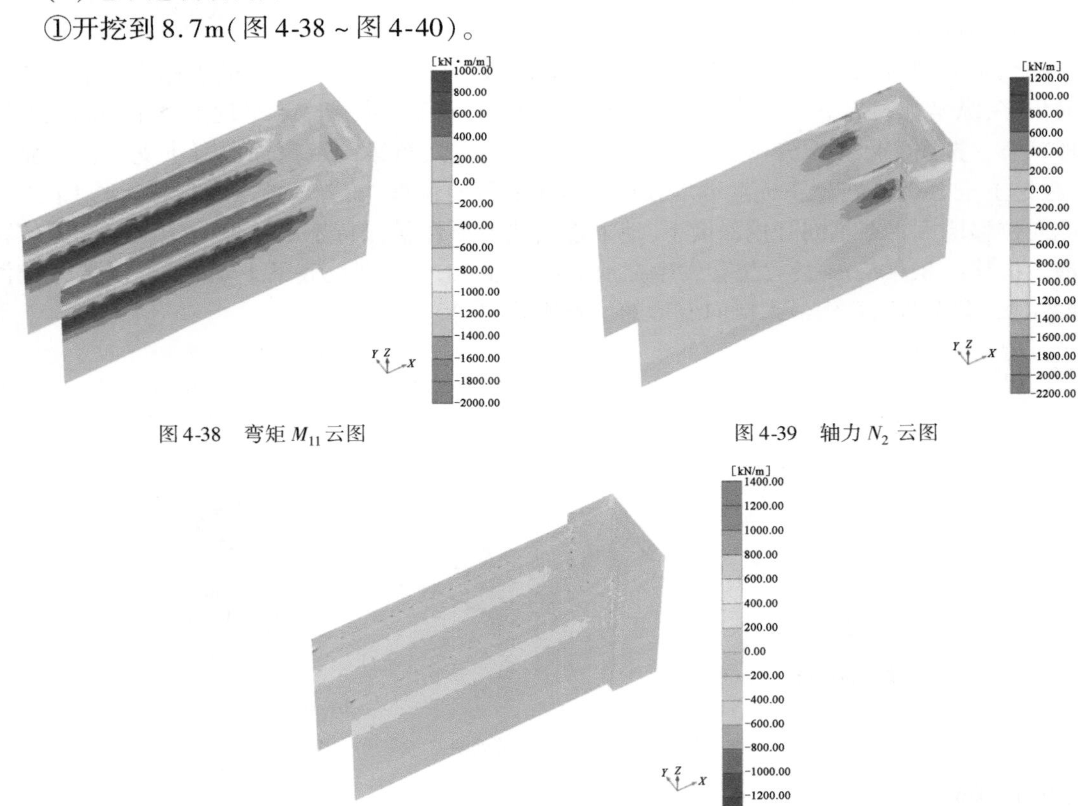

图 4-38　弯矩 M_{11} 云图

图 4-39　轴力 N_2 云图

图 4-40　剪力 Q_{13} 云图

②开挖到14.5m(图4-41～图4-43)。

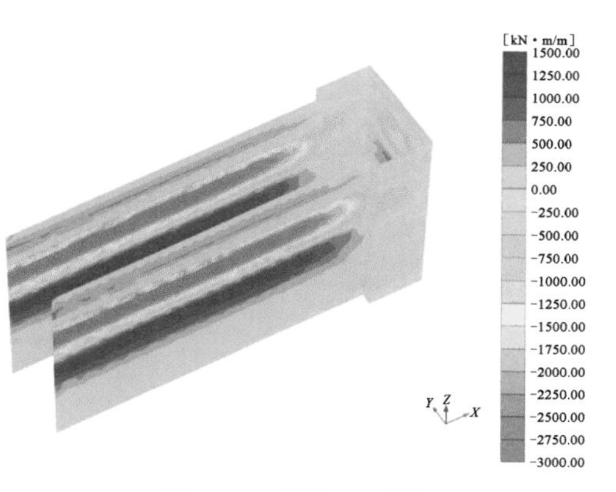

图4-41 弯矩 M_{11} 云图

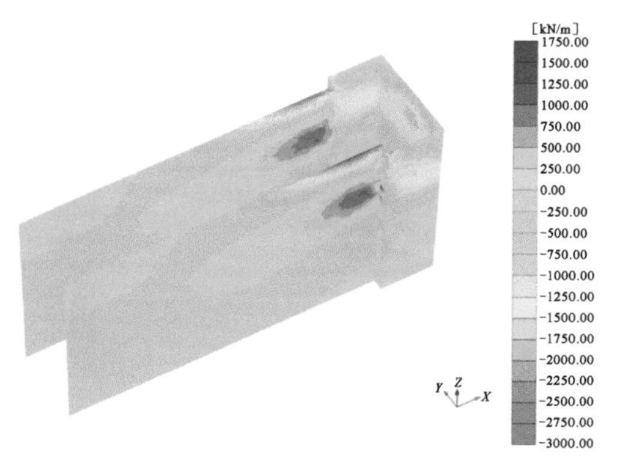

图4-42 轴力 N_2 云图

③开挖到21.0m(图4-44～图4-46)。

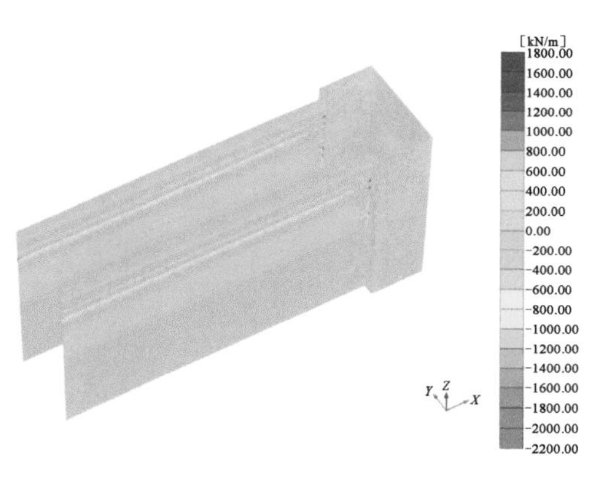

图4-43 剪力 Q_{13} 云图

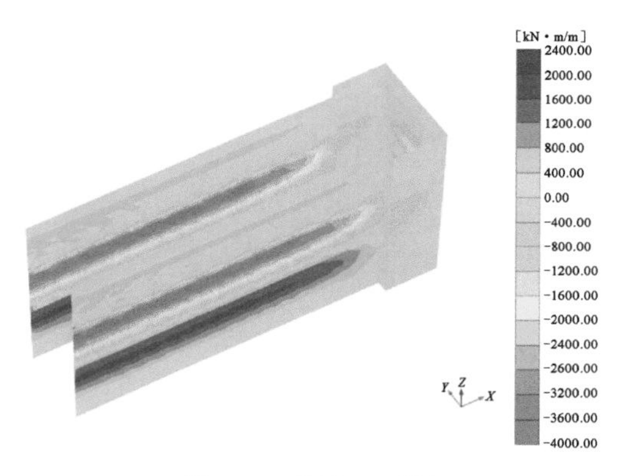

图4-44 弯矩 M_{11} 云图

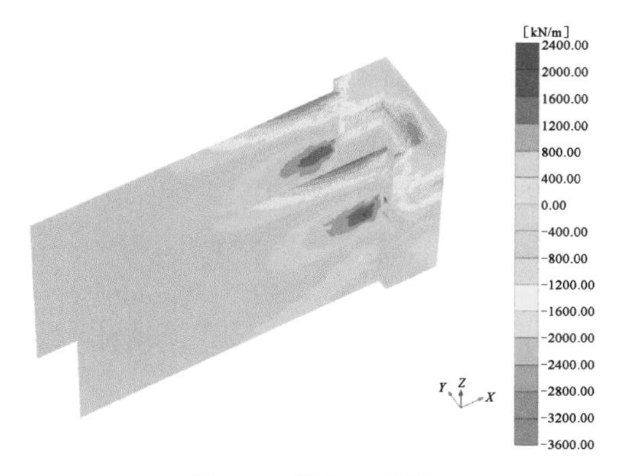

图4-45 轴力 N_2 云图

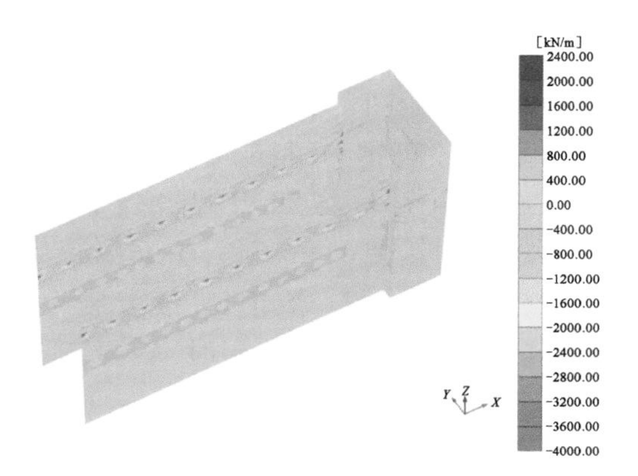

图4-46 剪力 Q_{13} 云图

④开挖到27.7m(图4-47～图4-49)。

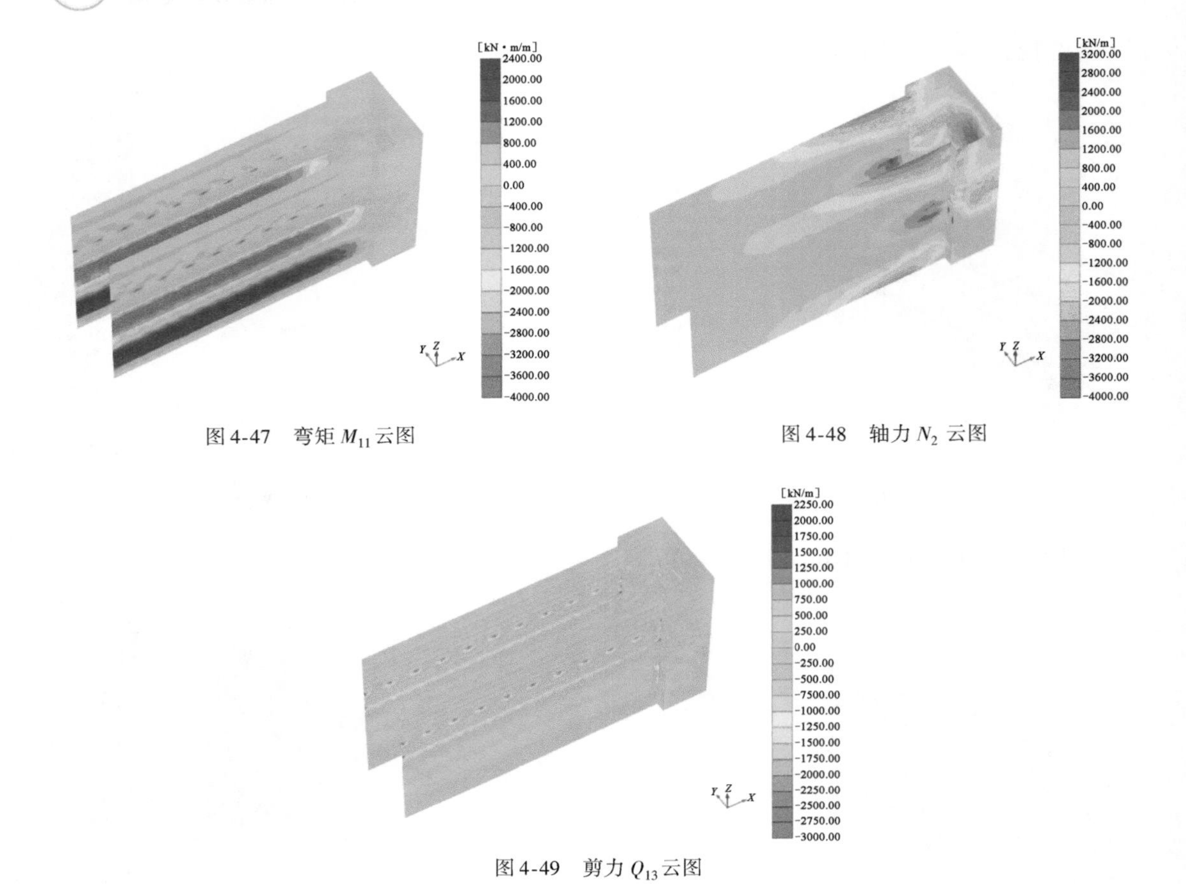

图 4-47　弯矩 M_{11} 云图

图 4-48　轴力 N_2 云图

图 4-49　剪力 Q_{13} 云图

由图 4-38 可得，开挖到 8.7m 时，弯矩 M_{11} 最大值为 961.8kN·m/m，最小值为 -1891kN·m/m。由图 4-39 可得，开挖到 8.7m 时，轴力 N_2 最大值为 1054kN/m，最小值为 -2018kN/m。由图 4-40 可得，Q_{13} 最大值为 1314kN/m，最小值为 -1254kN/m。力以拉为正，以压为负。由图 4-41 可得，开挖到 14.5m 时，弯矩 M_{11} 最大值为 1319kN·m/m，最小值为 -2970kN·m/m。由图 4-42 可得，开挖到 14.5m 时，轴力 N_2 最大值为 1687kN/m，最小值为 -2769kN/m。由图 4-43 可得，Q_{13} 最大值为 1673kN/m，最小值为 -2081kN/m。

由图 4-44 可得，开挖到 21.0m 时，弯矩 M_{11} 最大值为 1998kN·m/m，最小值为 -3671kN·m/m。由图 4-45 可得，开挖到 21.0m 时，轴力 N_2 最大值为 2305kN/m，最小值为 -3228kN/m。由图 4-46 可得，Q_{13} 最大值为 2273kN/m，最小值为 -3833kN/m。由图 4-47 可得，开挖到 27.7m 时，弯矩 M_{11} 最大值为 2356kN·m/m，最小值为 -3943kN·m/m。由图 4-48 可得，开挖到 27.7m 时，轴力 N_2 最大值为 2965kN/m，最小值为 -3676kN/m。由图 4-49 可得，Q_{13} 最大值为 2097kN/m，最小值为 -2868kN/m。

(3) 土体位移

在基坑开挖的过程中，土体卸载，导致地下连续墙产生侧向位移，引起坑底的土体隆起，地下连续墙后土体发生变形。墙后土体变形主要体现在地表沉降和侧向位移。墙后地表的变形会对周边环境造成极大的影响，是本工程建设中的风险点和重点。

①开挖到4.7m(图4-50～图4-53)。

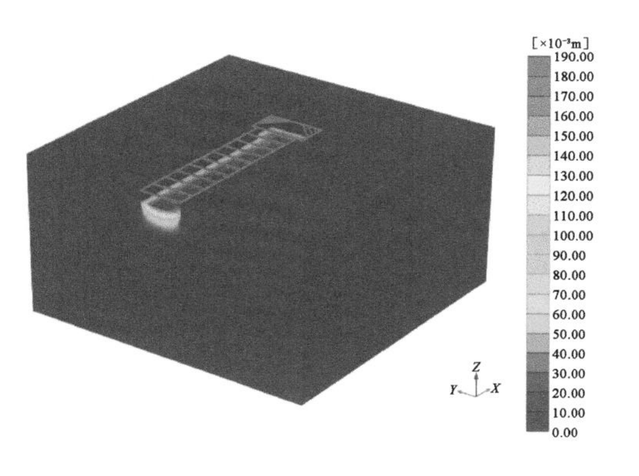

图4-50　土体总位移云图

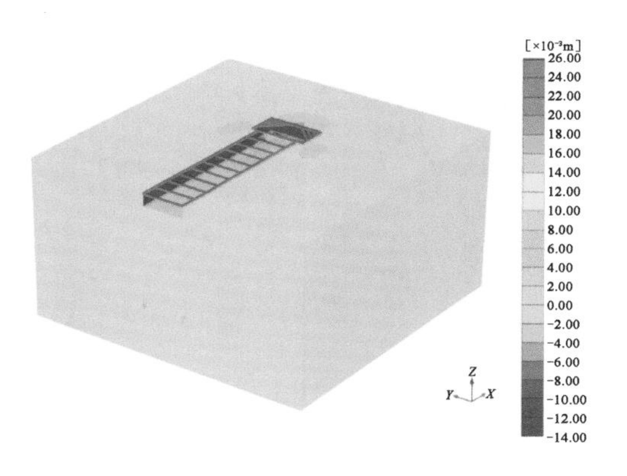

图4-51　土体 U_x 云图

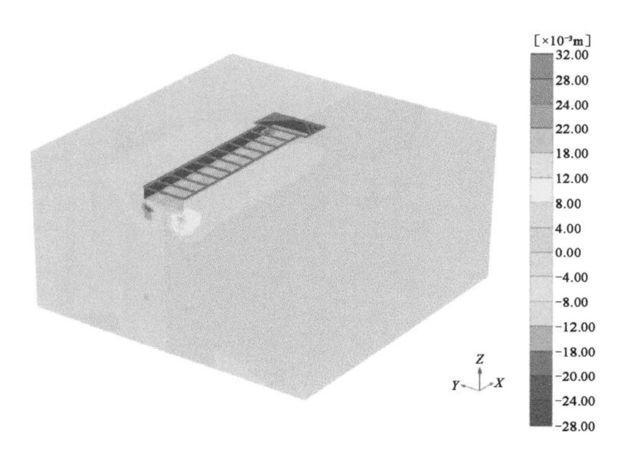

图4-52　土体 U_y 云图

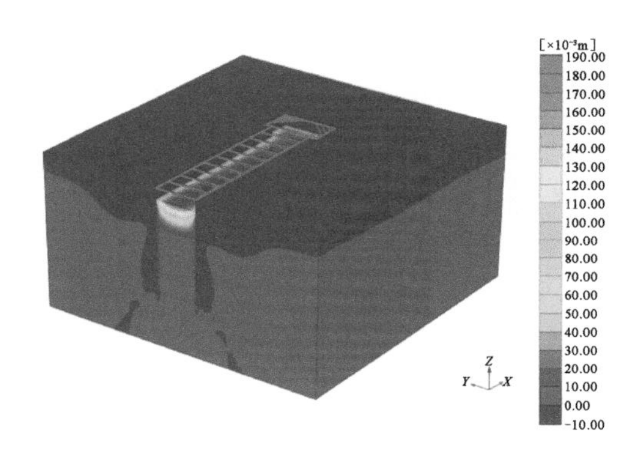

图4-53　土体 U_z 云图

②开挖到14.5m(图4-54～图4-57)。

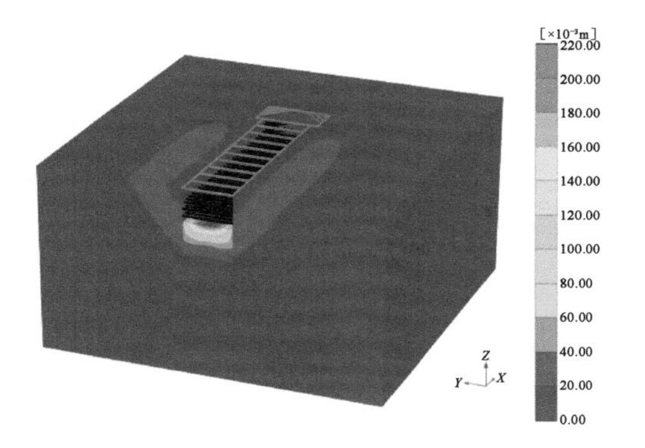

图4-54　土体总位移云图

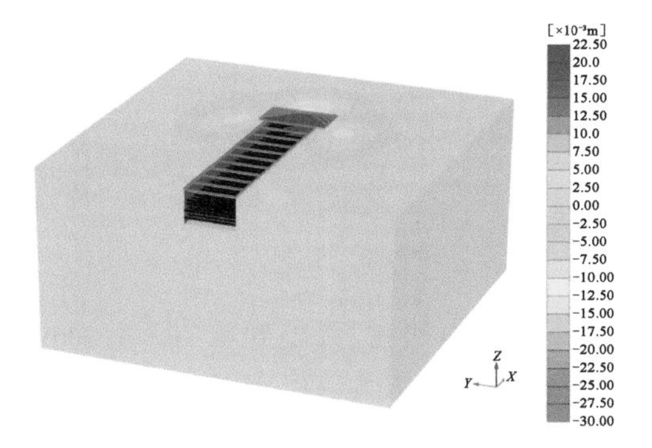

图4-55　土体 U_x 云图

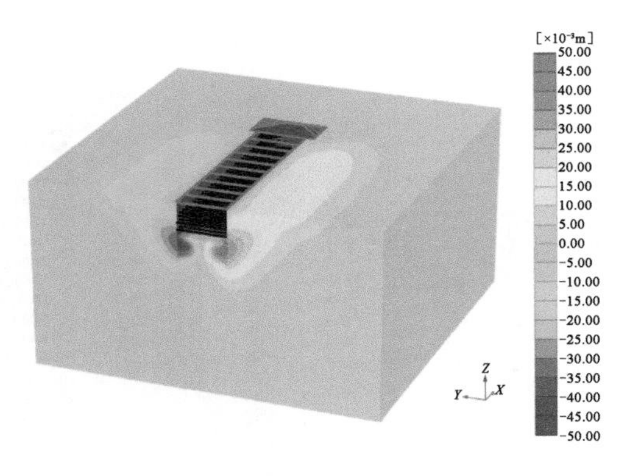

图 4-56 土体 U_y 云图

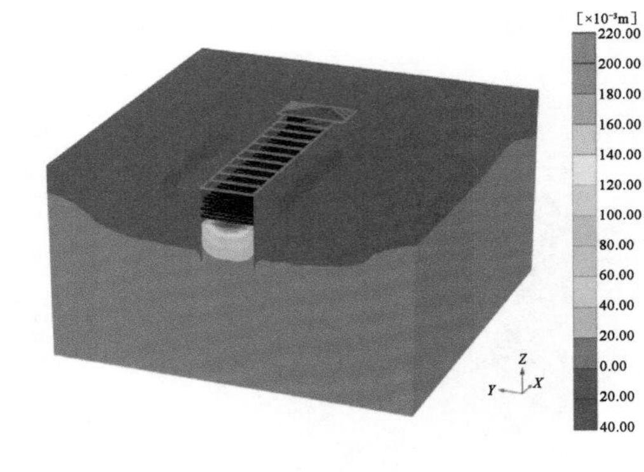

图 4-57 土体 U_z 云图

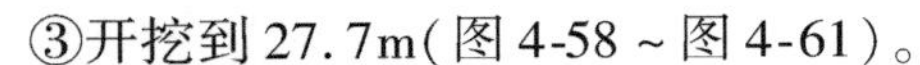
③开挖到 27.7m(图 4-58 ~ 图 4-61)。

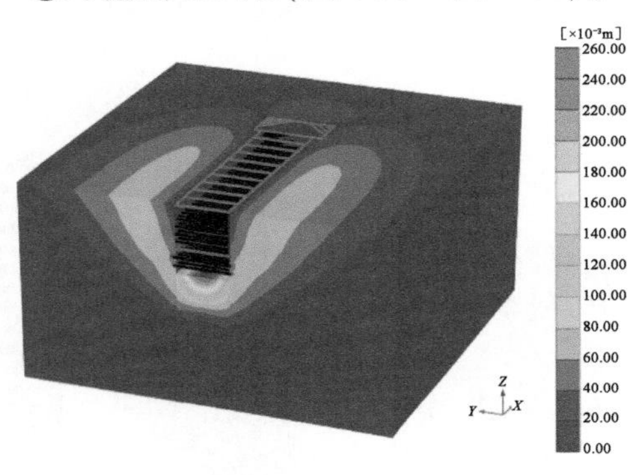

图 4-58 土体总位移云图

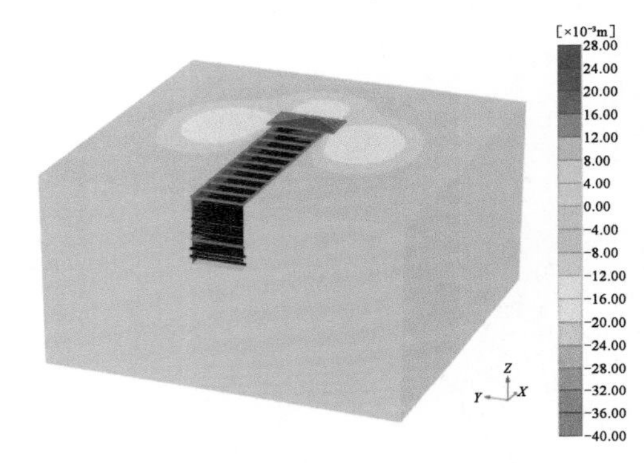

图 4-59 土体 U_x 云图

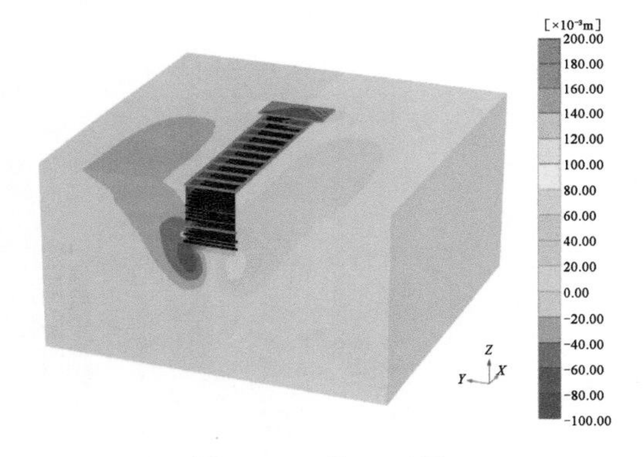

图 4-60 土体 U_y 云图

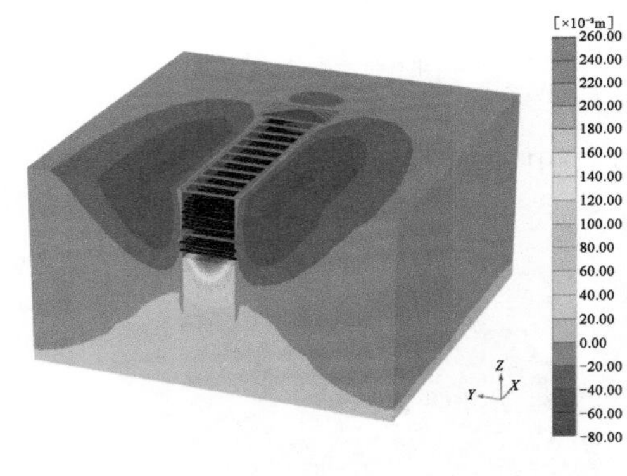

图 4-61 土体 U_z 云图

由图 4-50 可得,开挖到 4.7m 时,总位移最大值为 0.1817m。由图 4-51 可得,U_x 最大值为 0.02522m,最小值为 -0.01372m。位移正数表示土体向上隆起,位移负数表示土体沉降,下同。由图 4-52 可得,开挖到 4.7m 时,U_y 最大值为 0.02869m,最小值为 -0.02548m。由图 4-53可得,U_z 最大值为 0.1817m,最小值为 -0.007057m。

由图 4-54 可得,开挖到 14.5m 时,总位移最大值为 0.2083m。由图 4-55 可得,U_x 最大值为0.01999m，最小值为-0.02872m。由图4-56可得，开挖到14.5m时，U_y最大值为0.0461m，最小值为-0.04677m。由图4-57可得，U_z最大值为0.2083m，最小值为-0.02194m。

由图4-58可得，开挖到27.7m时，总位移最大值为0.2496m。由图4-59可得，U_x最大值为0.02494m，最小值为-0.03693m。由图4-60可得，开挖到27.7m时，U_y最大值为0.1902m，最小值为-0.08188m。由图4-61可得，U_z最大值为0.2496m，最小值为-0.06217m。

④$X=1$m处(图4-62)。

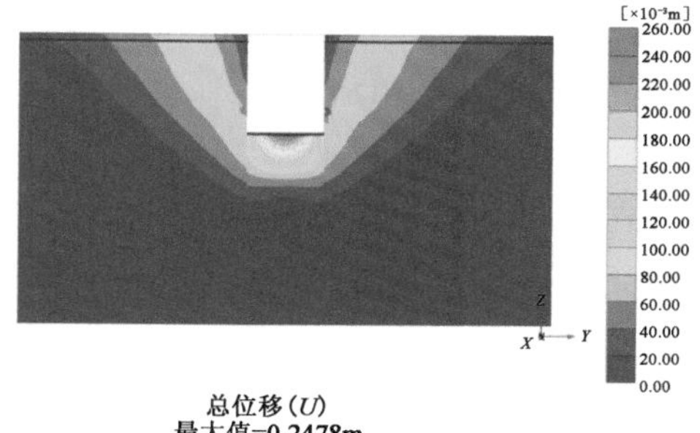

图4-62 开挖到坑底，土体总位移云图

a. 地表竖向位移(图4-63、图4-64)。

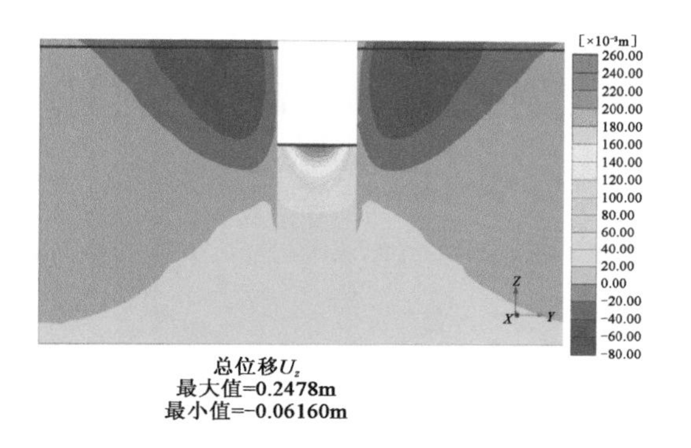

图4-63 开挖到坑底，土体竖向位移云图

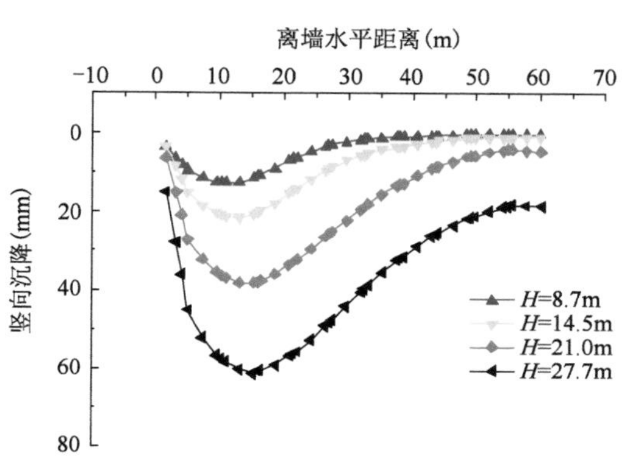

图4-64 不同开挖深度下墙后地表竖向沉降

如图4-63可知：墙后竖向沉降为凹槽型，当基坑开挖到坑底27.7m时，最大沉降达到61.6mm，最大沉降与开挖深度的比值为0.222%，最大沉降位置在离开地下连续墙14.3m的位置。不同开挖深度下，最大沉降位置从墙后10.84~14.3m。随着基坑开挖深度的不断变大，最大沉降点的位置从距离基坑10.84m向14.3m处移动。基坑开挖对围护结构后地表的沉降影响范围为50m。

b. 地表水平位移(图4-65、图4-66)。

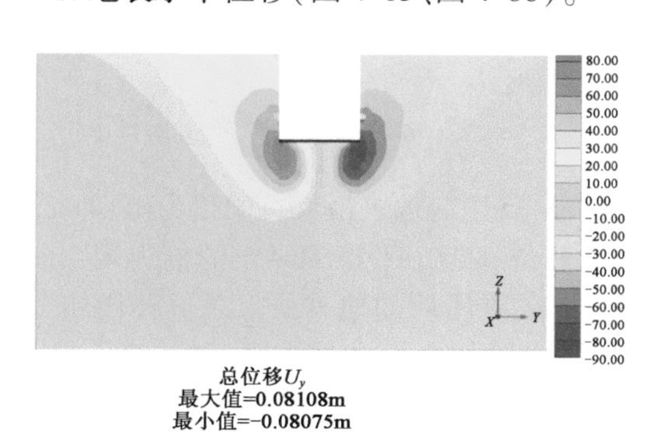

图4-65 开挖到坑底，土体水平位移云图

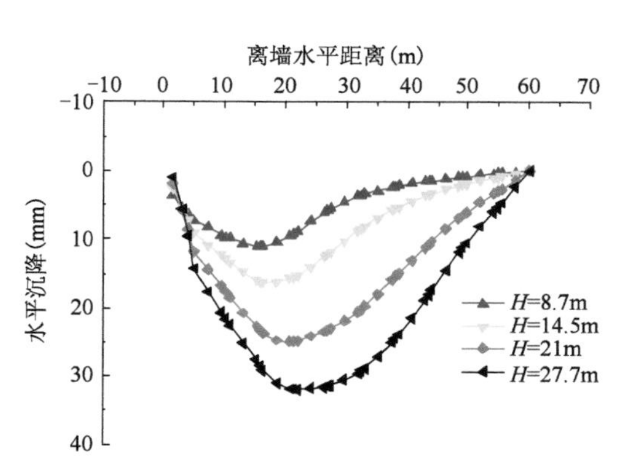

图4-66 不同开挖深度下墙后地表竖向沉降

如图4-66所示可知：墙后竖向沉降为凹槽型，当基坑开挖到坑底27.7m时，最大水平达到31.87mm，最大水平位置在离开地下连续墙21.97m的位置。不同开挖深度下，最大水平位置从墙后14.28～21.97m。

⑤$Y=0$处

在$Y=0$处，开挖到坑底，土体总位移云图和竖向（U_z方向）位移云图如图4-67、图4-68所示。

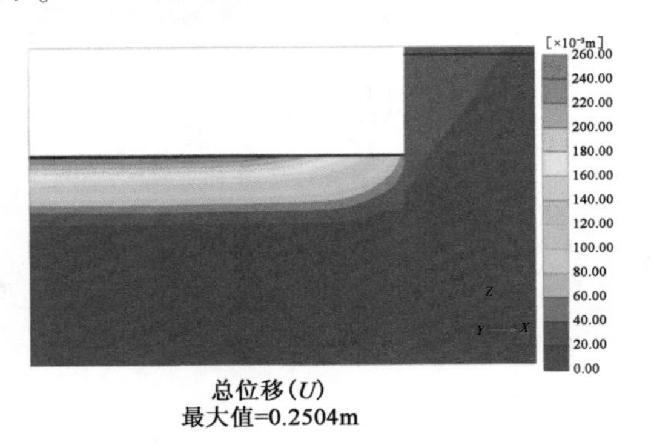

图4-67　开挖到坑底，土体土体总位移云图

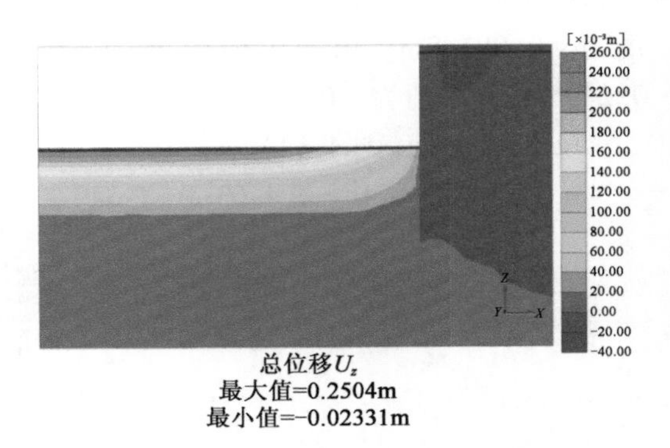

图4-68　开挖到坑底，土体竖向（U_z方向）位移云图

6）⑥$_{2T}$层降压对土体的影响

在⑥$_{2T}$层降压前后土体总位移如图4-69、图4-70所示，降压前后距墙体不同部位的总位移和坑底隆起总位移如图4-71、图4-72所示。

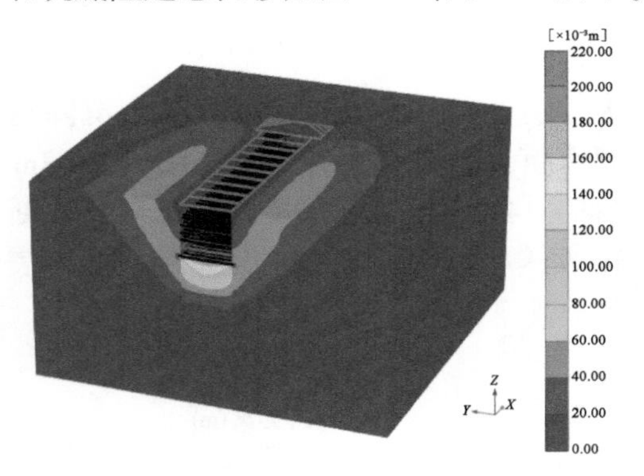

图4-69　降压前土体总位移图

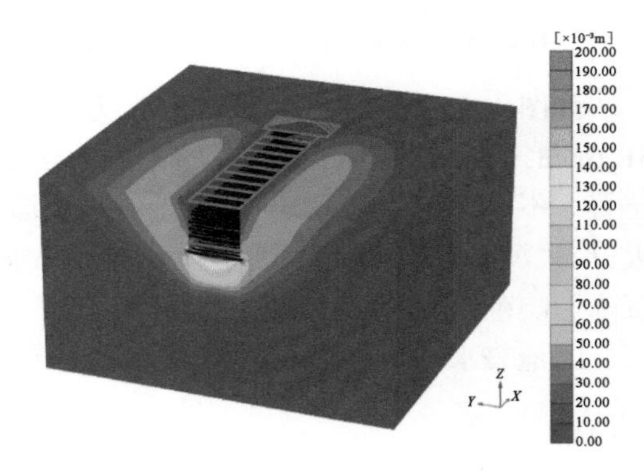

图4-70　降压后土体总位移图

由图4-71可知：降压前地表最大总位移为43.8mm，降压后地表最大总位移为48.1mm，降压后的地表最大总位移增加10%。降压前地表最大总位移趋于平稳的时候的值为4.32mm，降压后地表最大总位移趋于平稳的时候的值为9.64mm，降压后的地表最大总位移增加1.23倍。有以上数据分析可得，⑥$_{2T}$层承压水降压导致地表沉降加大。由图4-72可知：降压前坑底隆起总位移为198.7mm，降压后坑底隆起最大总位移为193.6mm，降压后的坑底隆起最大总位移减小2.6%。⑥$_{2T}$层承压水降压有助于控制坑底隆起。

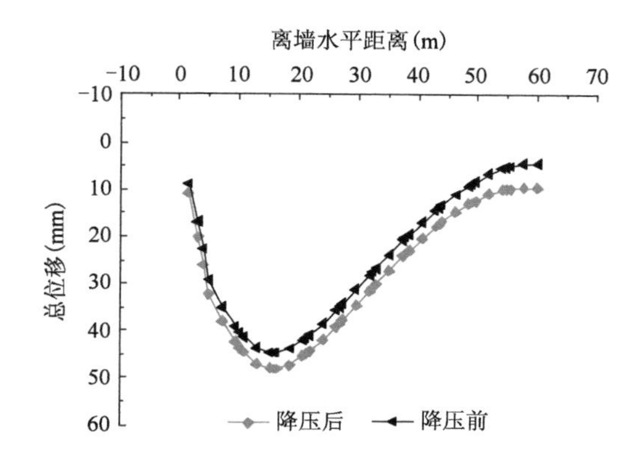

图 4-71 降压前后墙后总位移对比

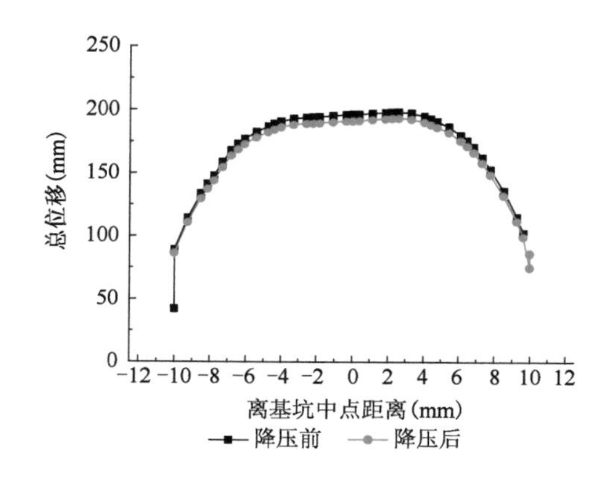

图 4-72 降压前后坑底隆起总位移对比

7)$⑧_1$ 层降压对土体的影响

在$⑧_1$ 层降压前后土体总位移如图 4-73、图 4-74 所示,降压前后距墙体不同部位的总位移和坑底隆起总位移如图 4-75、图 4-76 所示。

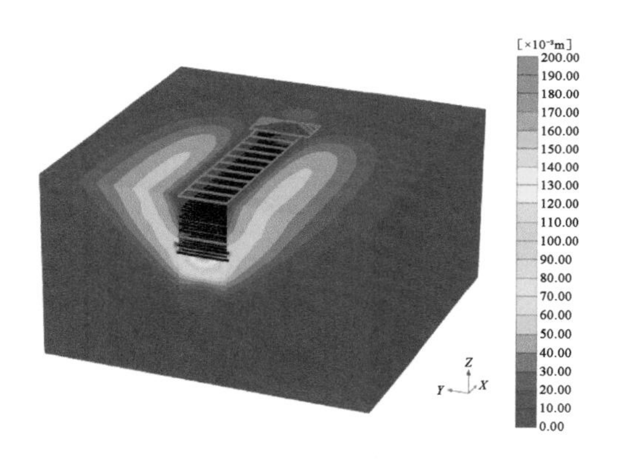

图 4-73 降压前后墙后总位移对比

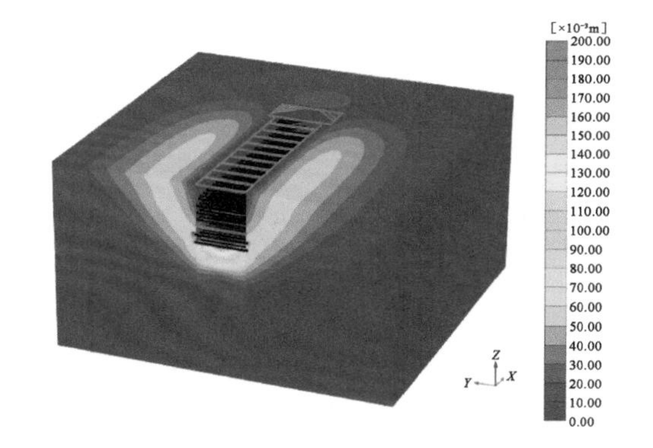

图 4-74 降压前后坑底隆起总位移对比

由图 4-75 可知:降压前地表最大总位移为 51.9mm,降压后地表最大总位移为53.4mm,降压后的地表最大总位移增加 2.9%。降压前地表最大总位移趋于平稳的时候的值为10.3mm,降压后地表最大总位移趋于平稳的时候的值为 14.0mm,降压后的地表最大总位移增加34.9%。有以上数据分析可得,$⑧_1$ 层承压水降压导致地表沉降加大。$⑧_1$ 层承压水降压的幅度较$⑥_{2T}$层承压水降压幅度小,因此$⑧_1$ 层承压水降压后对土体的影响较$⑥_{2T}$层承压水大。

由图 4-76 可知:降压前坑底隆起总位移为 218.6mm,降压后坑底隆起最大总位移为217.1mm,降压后的坑底隆起最大总位移减小 0.6%。$⑥_{2T}$层承压水降压有效地降低了坑底隆起量。$⑧_1$ 层承压水降压后对土体的影响较$⑥_{2T}$层降水幅度大于$⑧_1$ 层,因此$⑧_1$ 层隆起量降幅减小。

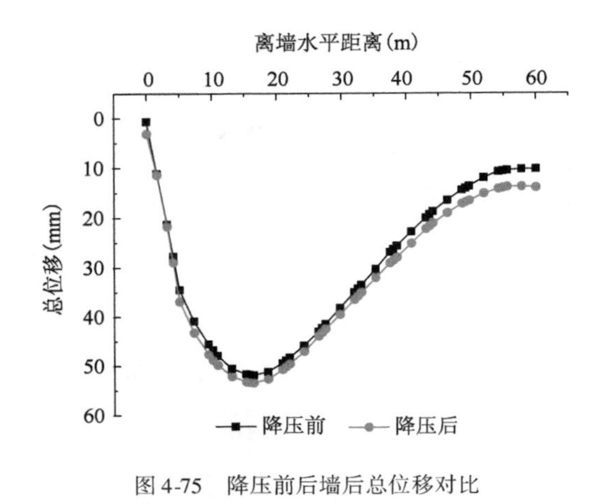

图 4-75　降压前后墙后总位移对比

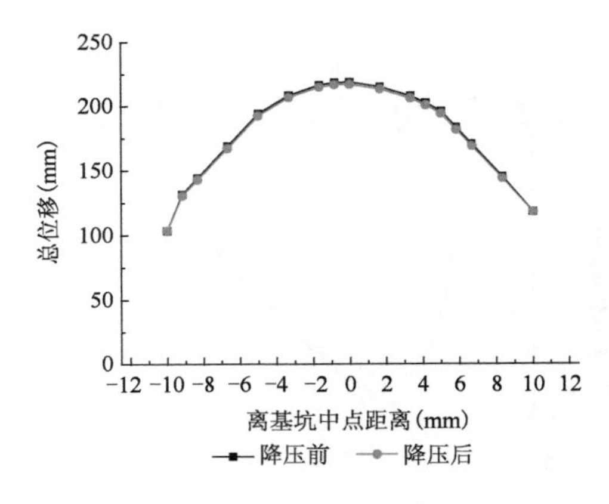

图 4-76　降压前后坑底隆起总位移对比

4.6　地铁隧道下穿铁路施工数值模拟

4.6.1　数值模型的建立

数值模型如图 4-77 所示,为减小有限元模型中边界约束条件对计算结果产生的不利影响,计算域在水平方向上向左、向右各取 25m;竖直方向上,向下取 25m,向上取至地面;隧道计算长度取 30m。左、右边界设为水平方向的位移约束,上边界设为自由边界,下边界设为竖向位移约束。隧道与轨道的交点在 $y = 10$m(即隧道向前开挖 10m),管片用壳单元模拟。

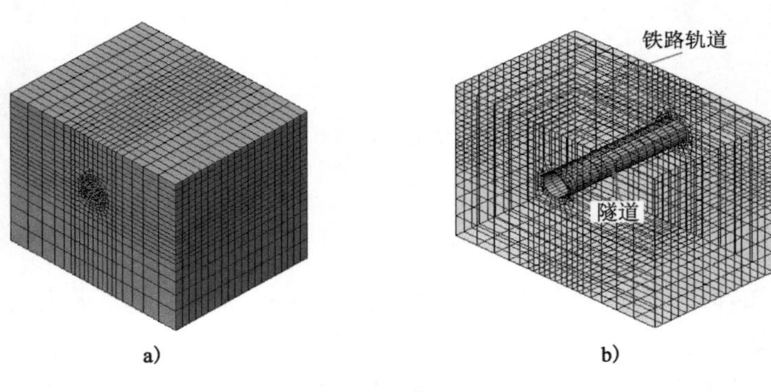

图 4-77　右线隧道下穿铁路的数值模型

4.6.2　围岩竖向位移分析

如图 4-78 所示给出了盾构不同掘进长度下围岩的竖向位移分布云图,如图 4-79 所示给出了隧道与轨道交点位置横断面的竖向位移分布情况。从图中分析可知:

(1)对于围岩的整体位移, 拱顶及其上部围岩发生沉降;而仰拱底部发生隆起(即向上的位移);并且随着盾构向前推进,沉降范围逐渐加大;同时由于工作面的约束效应,在工作面后方距离其远的地方,围岩沉降大,而距离其近的地方围岩沉降小。盾构掘进至 8m 时,最大围

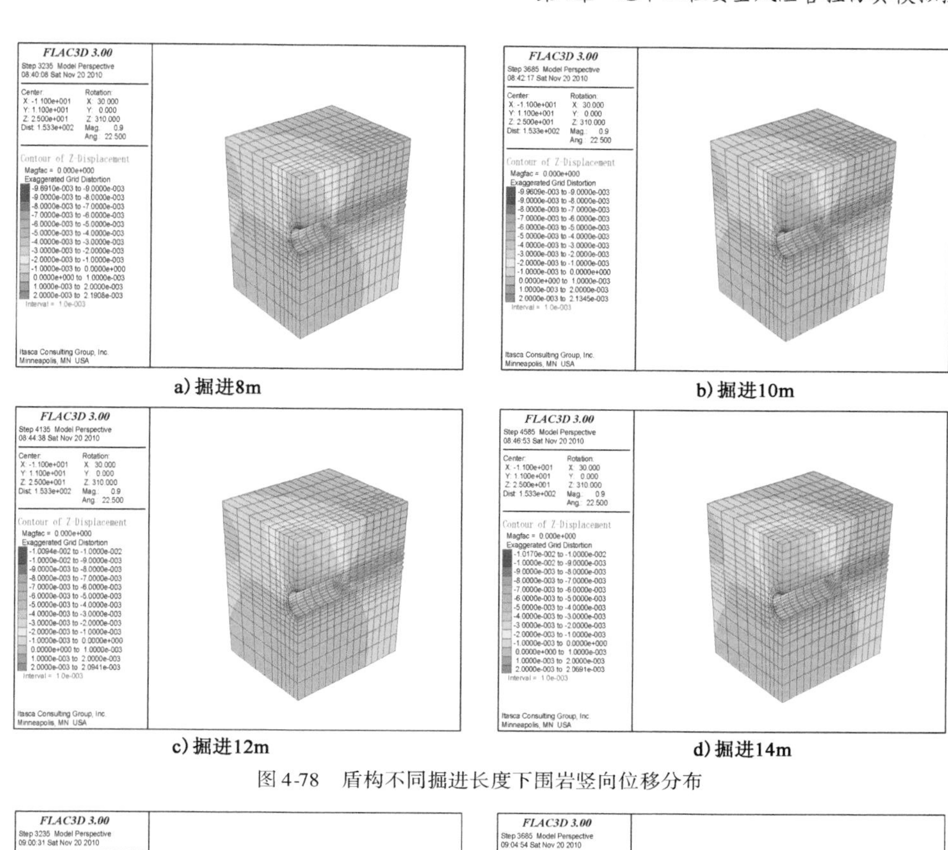

a）掘进8m　b）掘进10m

c）掘进12m　d）掘进14m

图4-78　盾构不同掘进长度下围岩竖向位移分布

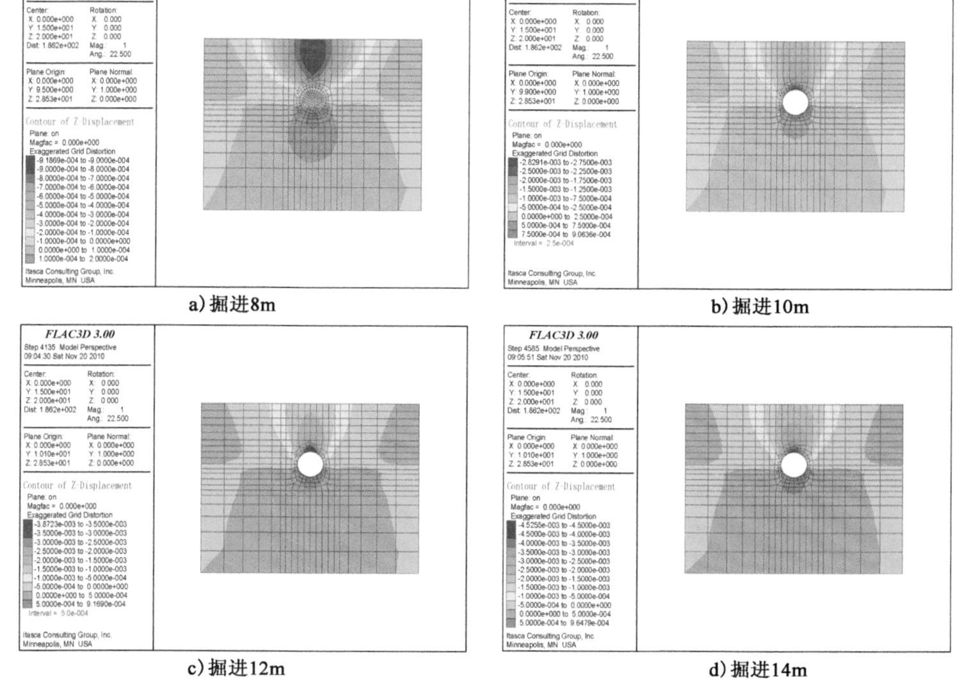

a）掘进8m　b）掘进10m

c）掘进12m　d）掘进14m

图4-79　盾构不同掘进长度下隧道与平南铁路交点处横断面竖向位移分布

岩沉降为9.7mm,盾构掘进至14m时,最大围岩沉降为10.2mm。对于地层中位移,在拱顶处最大,而向地表则沉降逐渐减小,这是由于开挖卸荷是由于洞周向地表逐渐扩展的。同时,由于盾构土仓压力的作用,在工作面前方的土体出现了略微的隆起,最大隆起量为2.1mm,小于通常地铁规定的10mm隆起量标准。

(2)对于隧道与平南铁路交点处横断面的围岩位移,在盾构未掘进至该断面时,围岩已发生了沉降,但沉降数值较小,最大沉降为0.9mm;盾构掘进至该断面时,最大沉降为2.8mm,盾构掘进过该断面2m时,围岩最大沉降为3.9mm,盾构掘进过该断面4m时,围岩最大沉降为4.5mm。

4.6.3 地表沉降分析

图4-80所示给出了盾构不同掘进长度下地表沉降槽形状,如图4-81所示给出了不同施工步下隧道与轨道交点位置横断面处地表横向沉降曲线,及掘进到10m位置时的地表中线沉降。从图中分析可知:

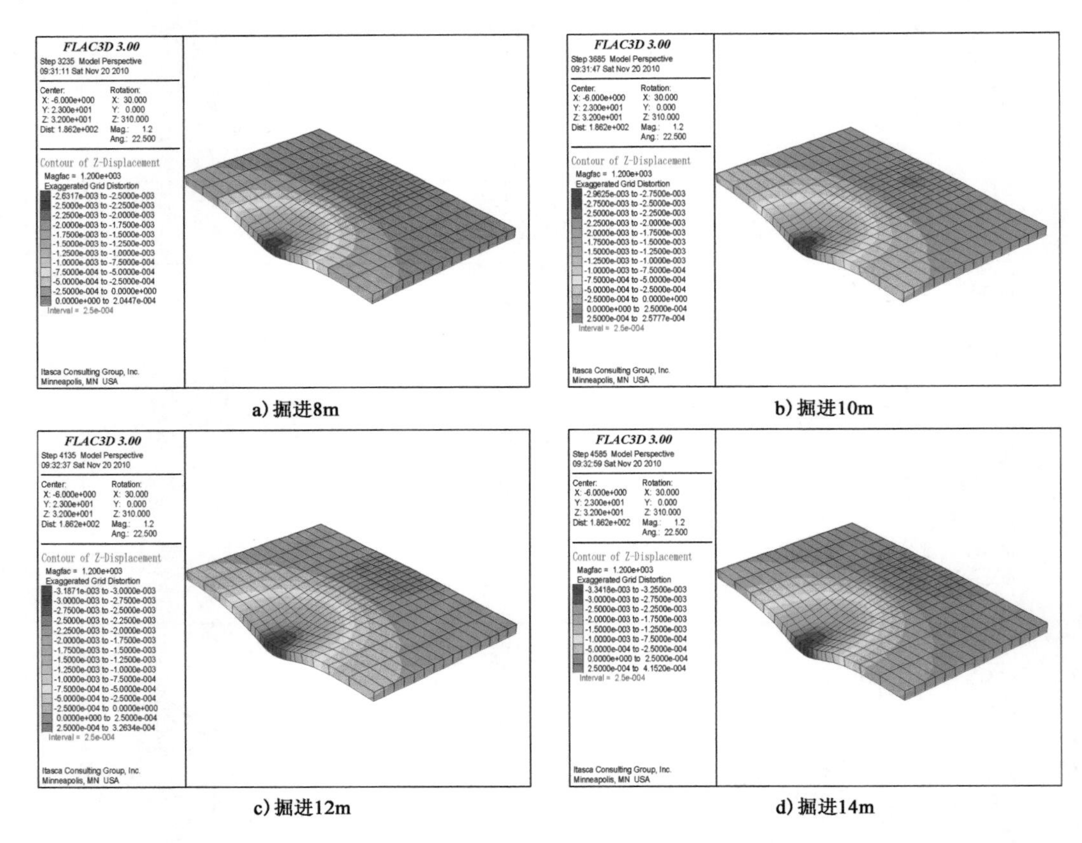

a)掘进8m　b)掘进10m

c)掘进12m　d)掘进14m

图4-80　盾构不同掘进长度下地表沉降槽形状

(1)地表沉降槽基本上关于隧道中线对称,且隧道中线沉降大,离中线越远,沉降越小,主要沉降发生在距离隧道中线5m(1.5D)处;随着开挖的推进,地表沉降范围不断扩大,且沉降值也加大。在距离隧道轴线18m以外,地表发生微小隆起,隆起值为0.04mm。

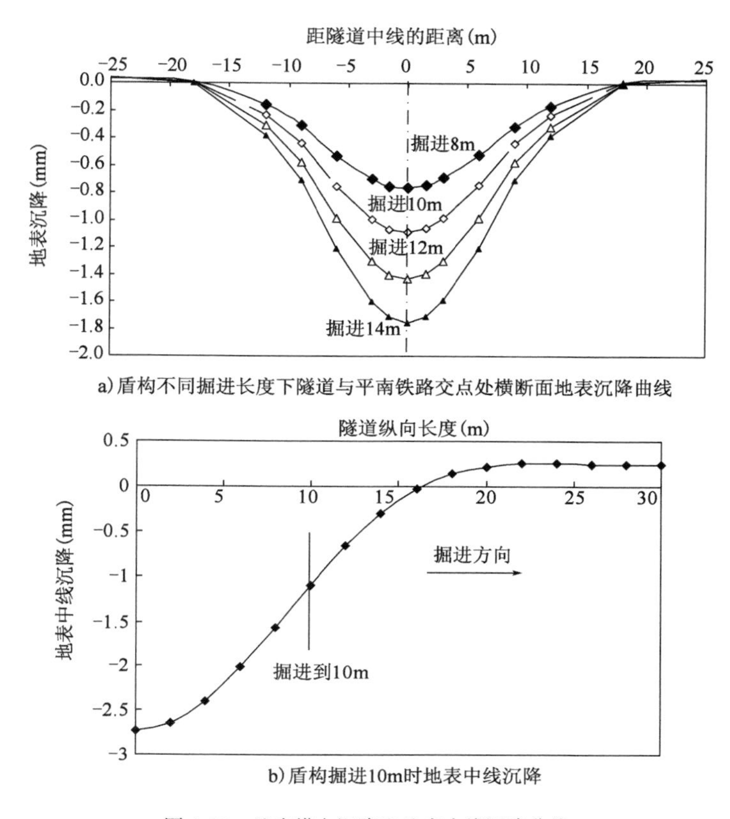

a)盾构不同掘进长度下隧道与平南铁路交点处横断面地表沉降曲线

b)盾构掘进10m时地表中线沉降

图4-81 地表横向沉降和地表中线沉降曲线

(2)地表沉降在隧道开挖面到达前已发生了一步分前期位移,量值为1.1mm,实际施工中应尽量减少这部分前期位移。

(3)盾构隧道开挖对前方的影响范围为1D,即在前方6m范围内发生沉降,而前方大于6m的范围,地表发生略微隆起,这主要是由于盾构机推力的作用。

4.6.4 围岩应力分析

如图4-82、图4-83所示给出了盾构不同掘进长度下围岩的最大主应力和最小主应力分布。从图中分析可知:

(1)从应力等值线的弯曲程度可以看出,隧道开挖影响的范围约1.5D,即距离隧道中线左右5m左右的范围,同时围岩未出现拉应力,周边最大压应力为337kPa,表明围岩较稳定。

(2)由于开挖卸荷的作用,在拱顶、底板的应力比初始地应力要降低;工作面为压应力,且比附近地层应力要大,这主要是由于土压平衡仓的压力引起的;隧道的拱腰和墙脚的应力集中程度较大。

4.6.5 管片内力分析

如图4-84、图4-85所示给出了盾构不同掘进长度下喷射混凝土的轴力和弯矩分布。从图中分析可知:

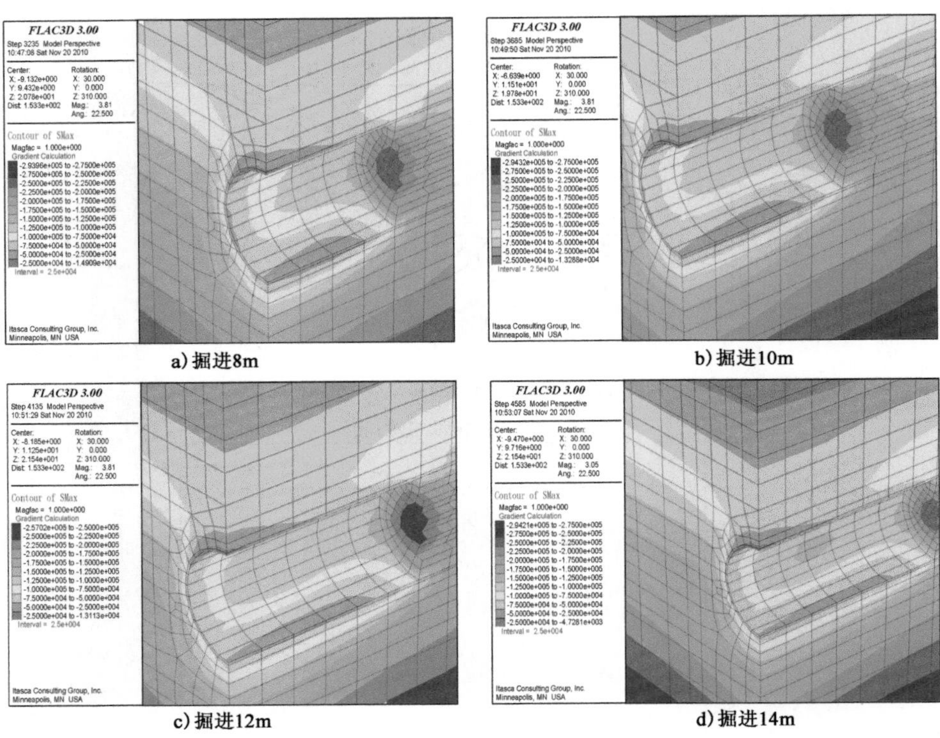

图 4-82　盾构不同掘进长度下围岩最大主应力

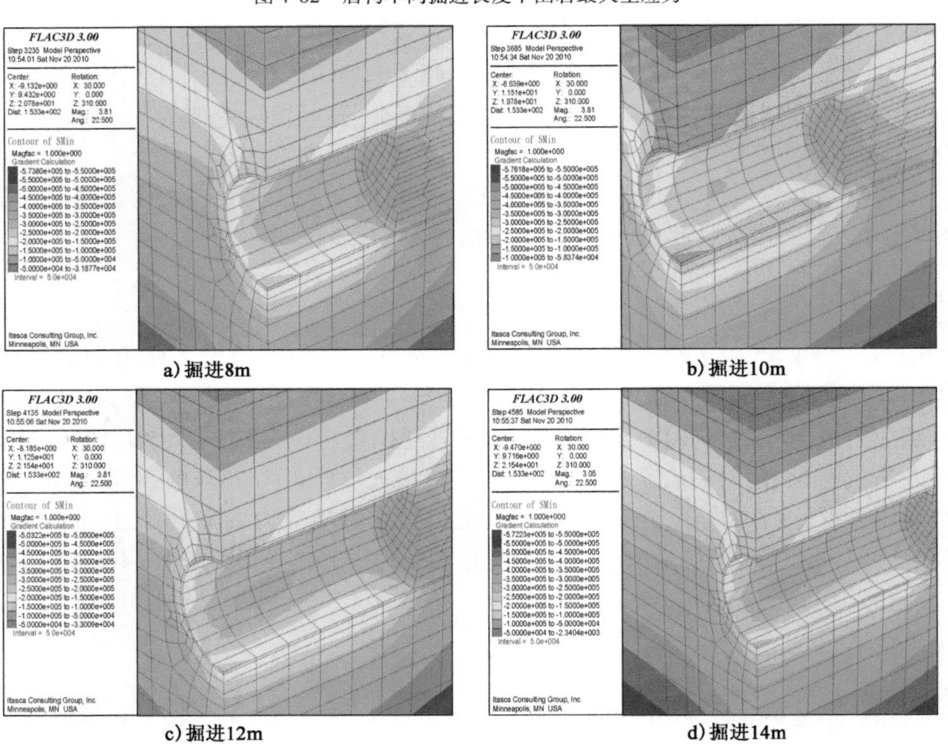

图 4-83　盾构不同掘进长度下围岩最小主应力

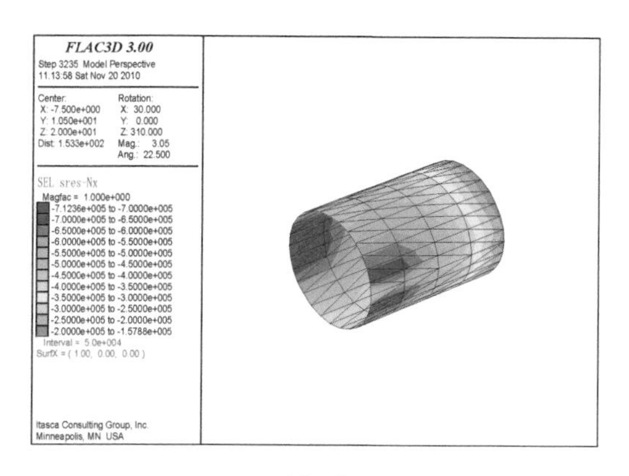

a) 掘进8m

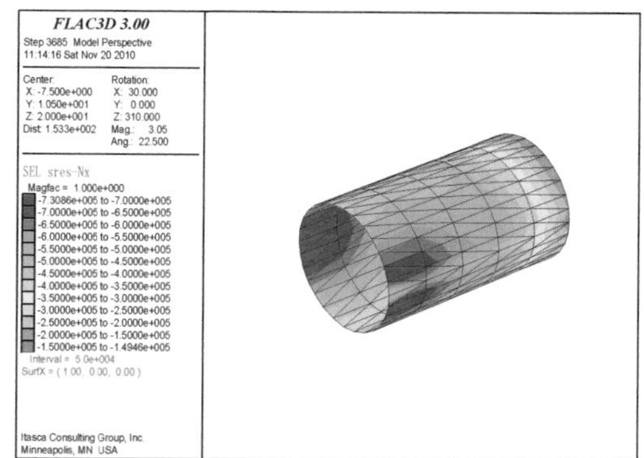

b) 掘进10m

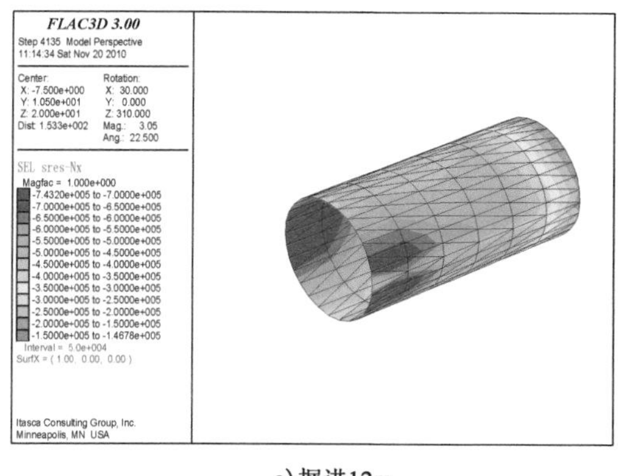

c) 掘进12m

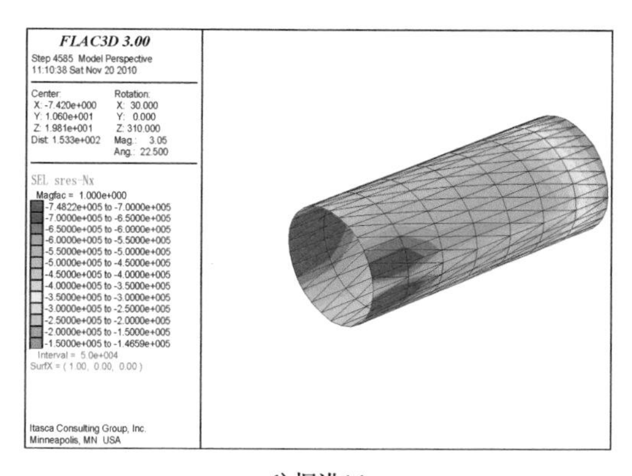

d) 掘进14m

图4-84　盾构不同掘进长度下初期支护轴力

(1)随着隧道开挖的推进,喷射混凝土的最大轴力和弯矩也在增大,如掘进8m时,最大轴力值为712kN,最大弯矩值达到58kN·m;掘进14m时,最大轴力值为748kN,最大弯矩值达到63.9kN·m。

(2)同时由于掌子面的约束效应,离掌子面近处的喷层轴力和弯矩较小;在左右墙脚处的轴力最大,而拱顶和仰拱处的弯矩最大。

4.6.6　铁路轨道变形分析

如图4-86所示给出了盾构不同掘进长度下铁路的纵向沉降(沿轨道方向)。从图中分析可知:

(1)盾构掘进引起轨道最大沉降为2.6mm,量值较小;由于盾构推力的作用,轨道出现了隆起变形,但隆起值较小,最大隆起量为0.31mm。

(2)由于平南铁路与隧道为斜交,所以隧道施工引起的轨道后方的沉降比前方的沉降要大,最大沉降位于隧道与轨道交叉点后方5m处。

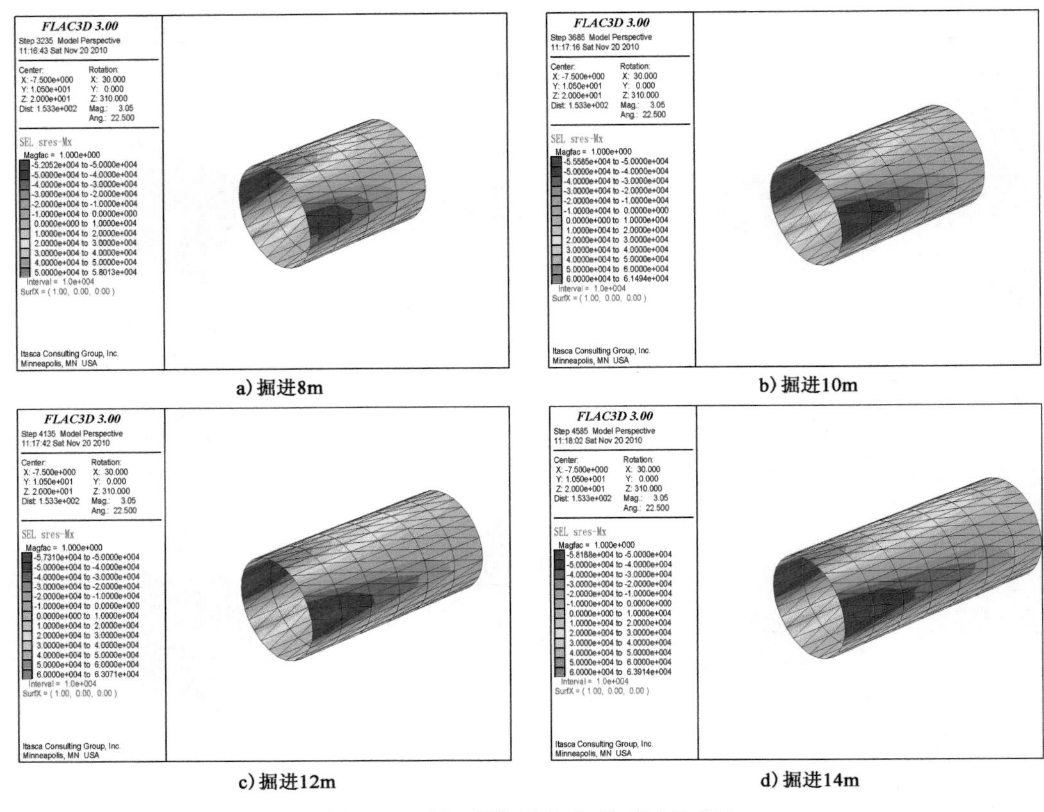

a) 掘进8m　b) 掘进10m

c) 掘进12m　d) 掘进14m

图 4-85　盾构不同掘进长度下初期支护弯矩

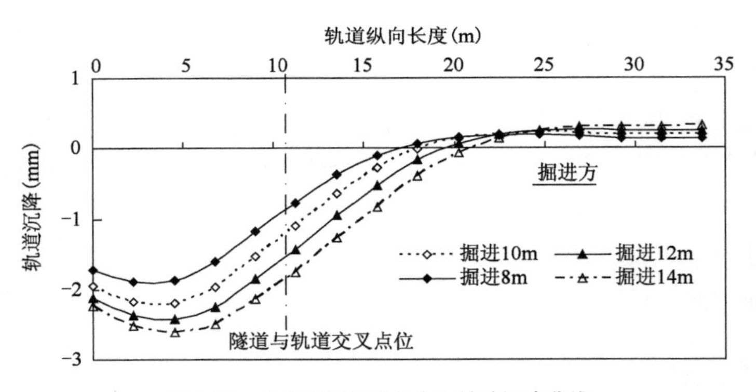

图 4-86　盾构不同掘进长度下铁路沉降曲线

4.6.7　铁路轨道受力分析

如图 4-87 所示给出了盾构不同掘进长度下铁路的轨道的弯矩分布情况。从图中分析可知：

(1) 整体上，轨道最大弯矩随着盾构的推进而增大，盾构推进至 8m 时，最大弯矩为 11.9kN · m，盾构推进至 10m 时(隧道与铁路轨道相交处)，最大弯矩为 12.6kN · m，盾构推进至 12m 时，最大弯矩为 12.7kN · m。

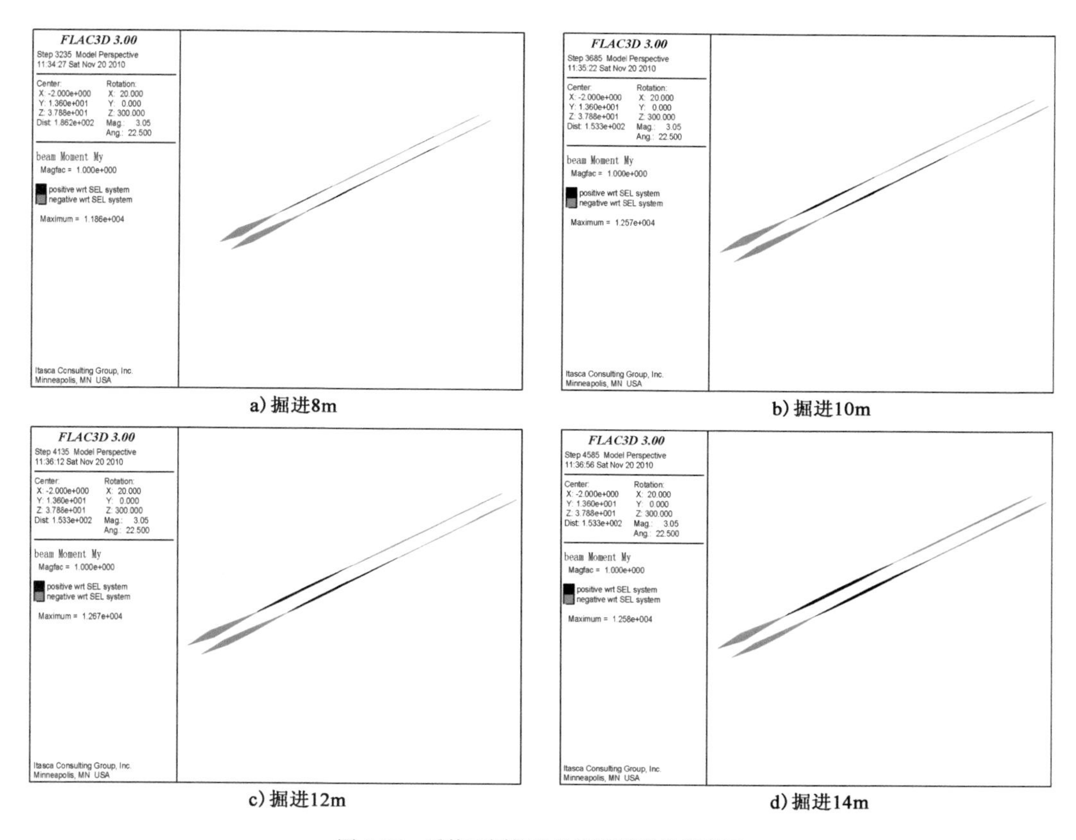

图4-87　盾构不同掘进长度下铁路轨道弯矩

(2)根据梁的弯曲理论可知,最大弯矩一般是位于曲率最大的地方,对比图4-86可进一步判断,在交点后方为最大凹曲率,而在其前方为最大凸曲率,并且后方的凹曲率大于前方的凸曲率,所以,隧道施工开挖对交点后方影响较前方大。

第5章　地下工程安全风险智能化管控信息平台

依据城市轨道交通工程安全风险管理体系和管控技术标准而研制的专业信息化管理平台，综合了工程参建各方所提供的各种数据和资料，利用物联网和云计算等现代技术，对施工安全风险进行综合监控，向建设工程的决策层、管理层和实施层提供安全信息，便于第一时间了解工程建设的安全情况，及时而准确地对安全隐患和突发事件进行有效处理和应对。

基于云计算的智能化系统平台在地下工程安全风险管理中的应用主要包括城市轨道交通工程建设远程监控管理信息系统、自动化监测智能集成系统平台、隐患排查治理信息系统及HMS物联网远程大数据监管平台，其基本逻辑关系如图5-1所示。

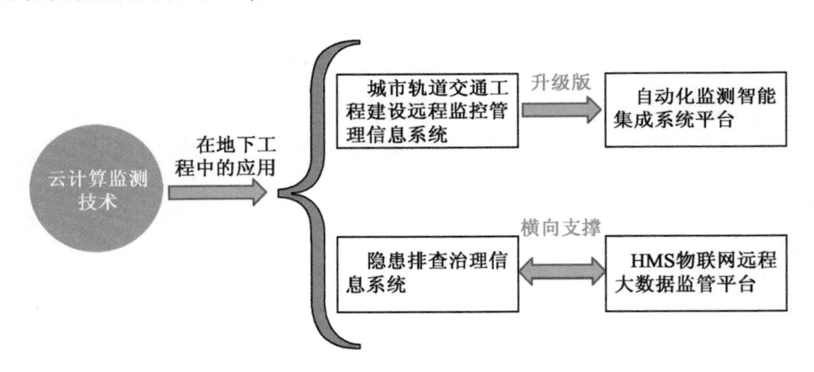

图5-1　云计算研发逻辑关系示意图

城市轨道交通工程安全风险分级管控和隐患排查治理(图5-2)，两者是相辅相成、相互促进的关系。安全风险分级管控是隐患排查治理的前提和基础，隐患排查治理是安全风险分级管控的强化与深入，二者共同构建起预防事故发生的双重机制，构成两道保护屏障。

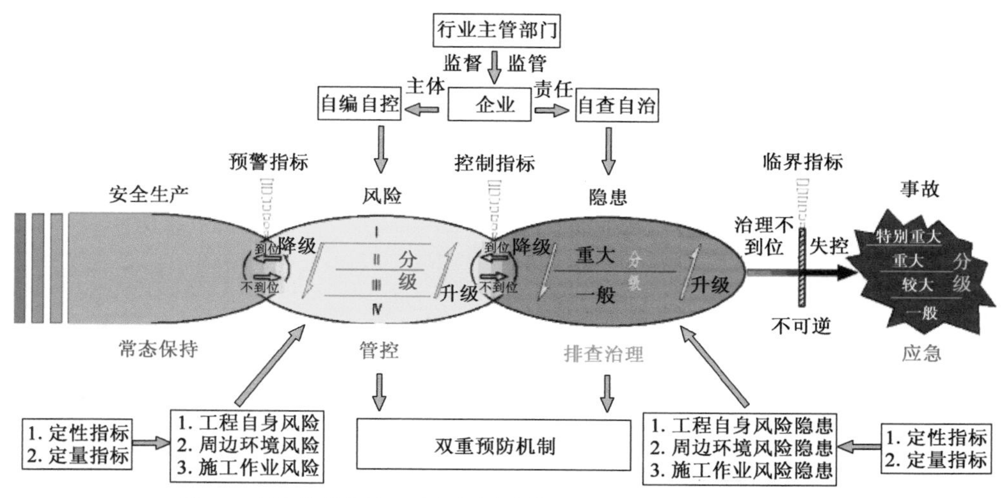

图5-2 城市轨道交通工程风险分级管控和隐患排查治理双重预防机制

5.1 城市轨道交通工程建设远程监控管理信息系统

5.1.1 开发原则

1)先进性与实用性相结合

注重跟踪国内外先进的现代监控与量测技术、信息与网络技术和计算机软件与硬件技术，使信息系统达到较高技术水平并具有良好的性能指标；同时注重采用技术的成熟程度和用户的可接受水平，使信息平台的使用具有实时监控作用并产生良好的经济社会效益。

2)可靠性与安全性相结合

应用软件应具有较好的容错能力，对各用户方的误操作应有实时提示功能或自动消除的能力。不仅正常情况下能正确工作，而且在意外情况下应该便于处理，不致产生意外的操作，从而造成严重损失；信息平台需有防范病毒的能力和应对计算机犯罪的处置措施，同时亦需有必要的保密措施。

3)可扩充性与适应性相结合

系统的研发应适合地下工程特点，具有更新的条件和扩充需求的余地；系统对不断完善、更新和发展的施工工法、监测与巡视手段和预警控制指标体系需具有一定的适应性。

4)可理解性与可维护性相结合

遵循面向最终用户的原则，创建友好的用户界面，程序既要求逻辑正确、计算机能够执行，又应当层次清楚、可读性好；程序中应加入简明扼要的程序功能与变量说明；系统在监控过程中，应及时对软件进行完善或修改，使系统维护和数据管理始终处于良好状态。同时，计算机硬件的更新换代也能促使应用软件和应用程序做相应的升级。

5.1.2 系统架构

作为一个庞大而复杂的系统，城市轨道交通工程建设远程监控管理信息系统包含多个子系统，每个子系统又存在诸多的传感器与信号采集终端，各子系统在运行中所产生的海量信息包含大量数据,如何对这些大量数据进行存储、分析和挖掘是一大难题。因此,通过对城市轨道交通工程建设远程监控管理信息系统的研究,以虚拟化技术为基础,将各系统监测采集到的海量数据通过分布式数据总线传输至平台,在平台上实现对数据的存储、分析和挖掘,继而使信息资源可以获得全面的共享和整合,分析后第一时间予以反馈,给出预测评估,使其达到实时监测与维护的目的。

城市轨道交通工程建设远程监控管理信息系统架构分为三层,如图5-3所示。

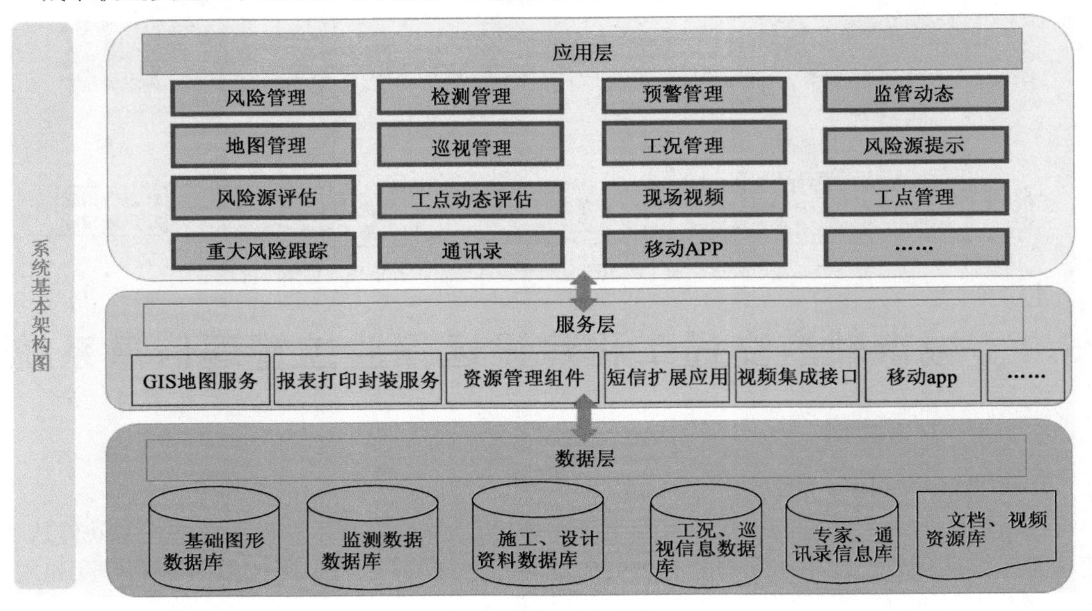

图5-3 系统功能架构图

1)数据层

实现对信息系统所有信息与数据的集中、有序管理,由支持系统运行的相关数据库构成,包括:基础图形库;监测数据库;施工、设计资料数据库;工况、巡视信息数据库;专家、通讯录信息库;文档、视频资源库。

2)服务层

主要为支持相关应用的第三方组件和相关Web服务构成的集合,包括:

GIS地图服务;监测数据库;报表打印封装服务;资源管理组件、短信扩展应用、视频集成接口、移动app服务等。

3)应用层

业务系统层主要是由面向用户相关应用的子模块构成,包括:①办公首页(含地图管理);②风险管理;③监测管理;预警管理;④监管动态;⑤统计台账;⑥工程数据库;⑦现场视频;⑧基础数据维护。

5.1.3 系统应用需求

1)城市轨道交通工程建设远程监控管理信息系统实现目标

(1)轨道交通建设监测和风险管理的信息化管理平台,可实现工程资料的上报保存、监测

信息的分析展现、工程风险的动态管理跟踪、对各参与单位工作考核等信息化目标。

(2)对宁波监测管理和技术规定的信息化实现,将工程安全风险和监测紧密结合理念实际落地。

(3)平台的业务逻辑清晰,使用便捷。

(4)综合管理需求。平台要整合现场视频、短信发送、手机端等功能。

(5)具备部分相关的办公平台的功能。

2)系统用户层级划分

(1)指挥层

宁波市轨道交通工程建设指挥部是承担宁波市轨道交通工程建设管理的单位,承担管理决策者的角色。管理决策层包括建设分公司相关分管领导。

(2)监测监控管理中心

由安全质量部监测监控科、项目建设部、第三方监测单位(含风险咨询)共同组成,负责工程建设期间的管理、实施、服务与监督工作,保证信息系统项目能够达到数据传送及时、预警预报准确。

(3)现场监测监控分中心

由设计单位、施工单位、施工监测单位共同组成,负责工程建设期间的信息上报工作,保证信息系统项目能够达到数据传送及时、准确。

3)各级用户功能需求

(1)指挥层(建设分公司相关领导)

①一目了然查看整条线路的进度、安全及预警情况,能够调阅工程信息,掌握工程监测数据情况及巡检问题、工点评估信息;

②能跟踪预警事件的整个处理过程,第一时间下达决策指示;

③一目了然查看每日巡检计划和巡检汇报信息及重大风险源跟踪信息;

④接收重大风险提示;

⑤获取推送到的每日关注的动态信息。

(2)监测监控管理中心

①安全质量部监测监控科、项目建设部

a.一目了然查看整条线路的进度、安全及预警情况,能够调阅工程信息,掌握工程监测数据情况及巡检问题、工点评估信息;

b.能跟踪预警事件的整个处理过程,第一时间下达决策指示;

c.利用施工监测数据、第三方监测数据以及现场巡视情况分析、判断工点的安全状态,通过信息系统发布预警;

d.接收重大风险提示,发布每日巡检计划;

e.监测统计、考核及监测管理。

②第三方监测单位

a.第三方监测数据上报、日常巡检及联合巡检信息上报;

b.工程动态评估、风险源评估,重大风险源及每周重点关注工程推送;

c.利用施工监测数据、第三方监测数据以及现场巡视情况分析、判断工点的安全状态,通过信息系统发布预警；

d. 上报、查阅各类工程报告及会议函件；

e. 监督施工单位、第三方监测单位等数据及时报送与数据有效性核查。

(3) 现场监测监控分中心

①施工单位

a. 查阅施工监测数据；

b. 定期报送施工工况图表；

c. 参与重大安全险情的现场会商、预警分析会议，填写处置意见；

d. 预警处置和消警。

②施工监测单位

a. 按监测频率第一时间上报施工监测数据，查阅施工监测数据；

b. 定期报送现场巡查报告；

c. 参与重大安全险情的现场会商、预警分析会议，填写处置意见。

③勘察、设计单位

a. 及时提供工程主体结构与环境保护相关的图纸、施工过程中形成的设计变更方案与图纸及设计方案，并通过信息系统上报；

b. 参与重大安全险情的现场会商、预警分析会议，填写处置意见；

c. 能够调阅权限范围的工程信息，包括：工程的监测数据、巡视信息及过程文档等信息。

4) 各参建单位日常工作

各参建单位日常工作如图 5-4 所示。

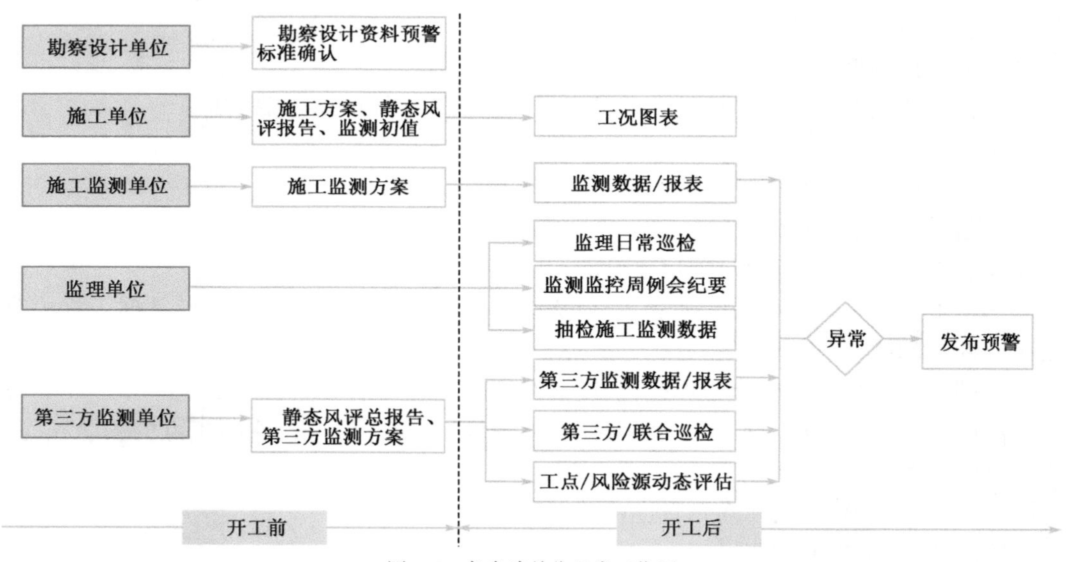

图 5-4　各参建单位日常工作图

5.1.4　系统平台功能及亮点

1) 系统平台功能

系统整合风险管理、监测管理、预警管理、监管动态、统计台账、工程数据库、现场视频接入

及基础数据维护八大模块(38 个功能),功能齐全、逻辑清晰、全新系统。

(1)风险管理

查看工点风险管理信息,包括:重大风险源评估、工程动态信息、每日工况信息、工点动态评估信息。

(2)监测管理

测点 GIS 图、监测上报日历、监测数据查看、施工监测报告、第三方监测报告、监理巡检、第三方巡检及联合巡检。

(3)预警管理

由预警信息发布、预警处置及预警历史信息查看等组成。

(4)监管动态

实现监控信息动态推送到移动端和手机端,推送信息包括:重大风险源跟踪、监控巡检计划、监控巡检汇报、监控短信。

(5)统计台账

实现监测管理工作,能对综合预警、监测数据上报情况、巡检情况及登录用户的登录情况进行考核和统计,包括:预警统计、监测统计、巡检统计、登录考核。

(6)工程数据库

实现专家团队、工程资料、会议函件、资质、监测周月报、规范文件、公告信息及通讯录信息的动态管理,包括:专家团队、工程资料、会议函件、资质管理、监测周月报、规范文件、公告管理、通讯录。

(7)现场视频接入

实现现场视频的集成。

(8)基础数据维护

包括:工点管理、测组管理、风险源管理、施工方初始值管理、第三方初始值管理、控制指标管理。

2)系统亮点

(1)亮点一:结合《宁波市轨道交通工程建设监控量测技术与管理手册》进行开发,如图 5-5 所示。

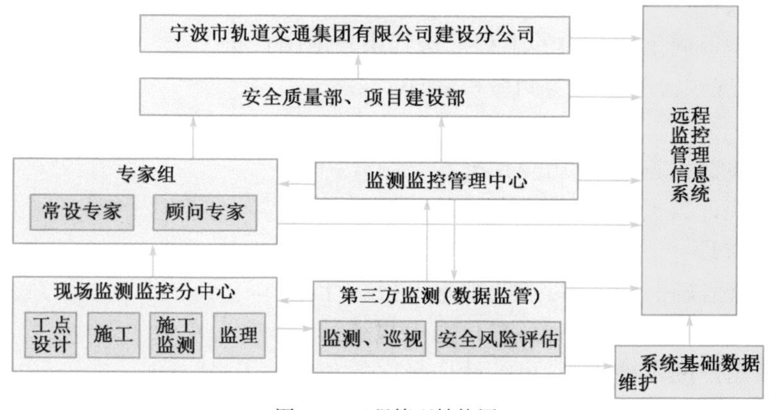

图 5-5　工程管理结构图

(2)亮点二:按照用户层级定制用户首页。

①指挥层领导

a. 定制今日关注内容,按照用户级别和权限接收不同级别的预警提示信息;

b. 重大风险源信息推送;

c. 每日监控信息的实时提示。

②非指挥层领导

a. 定制今日关注内容,按照用户级别和权限接收不同级别的预警提示信息;

b. 重大风险源信息推送;

c. 每日监控信息的实时提示;

d. 综合预警工点数量;

e. 巡检与监测异常统计;

f. 通知公告;

g. 工作任务定制。

③亮点三:地图形象展示预警、工点及风险源信息。

a. 滚动推送本周重点关注工程;

b. 显示预警列表信息;

c. 按照工程阶段分类组织线路工点列表,并显示施工阶段工点进度;

d. 支持卫星、地图或者混合模式展示工点地图分布;

e. 支持地图查询工点和风险源;

f. 地图显示工点进度、安全状态和风险源安全状态。

④亮点四:业务与宁波监测管理和技术要求相符,不同级别预警推送给不同级别的用户进行处理,实现预警全过程管理,如图 5-6 所示。

⑤亮点五:重大风险源提示和本周重点关注。

A. 重大风险源提示

a. 在重大风险源中选择重要的风险源推送到用户首页;

b. 在重大风险源提示中显示管控时间和最新评估状态。

B. 本周重点关注

从工程中选择每周重点关注的工程推送到用户地图首页。

⑥亮点六:实现预警统计与监测考核管理。

A. 预警统计

a. 实现当前预警状态统计、历史预警状态统计;

b. 根据预警统计数据,绘制综合预警柱状图。

B. 监测考核管理

a. 按照线路、标段和工点进行监测数据上报统计;

b. 按照线路、标段和工点进行巡检信息上报统计;

c. 实现登录用户的考核管理,可统计登录次数和最后登录时间;

d. 以日历方式查看第三方和施工方监测数据上报情况。

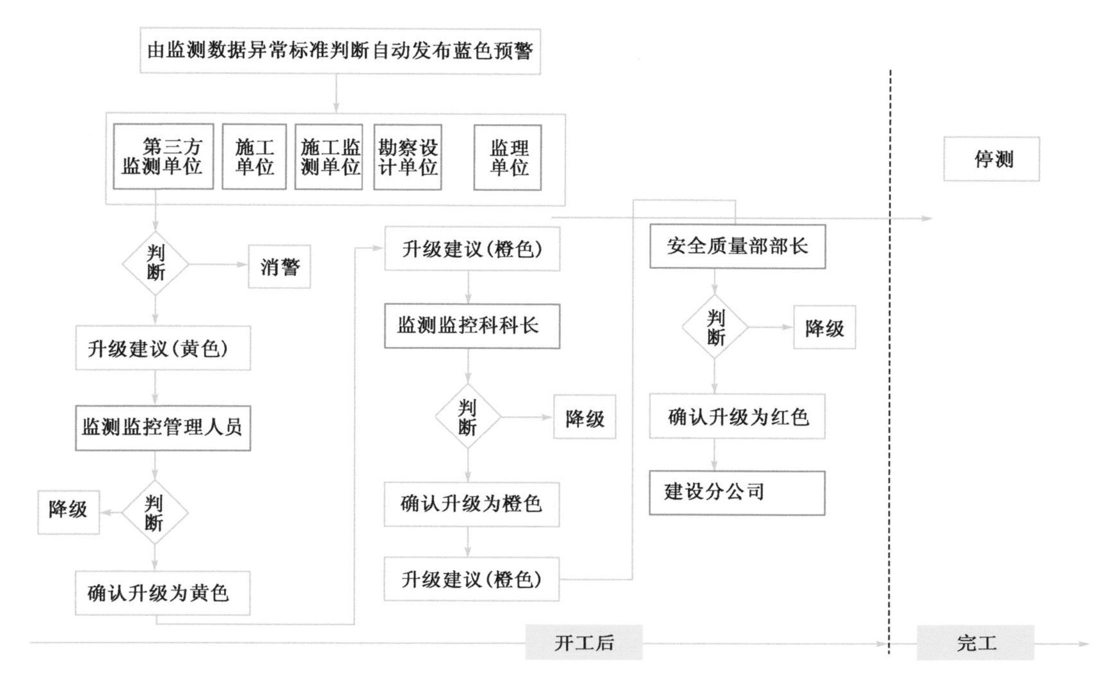

图5-6 预警全过程管理路线图

5.1.5 基础资料的录入及平台管理

1)基础资料的录入

正式应用信息平台进行施工过程监控及安全风险评估信息管理前,应向信息平台录入监控和安全风险评估、管理所需的各种基础资料信息,并按照信息平台要求进行分类整理。

基础资料信息主要包括有关勘察资料、环境调查资料、施工图设计文件、与专项施工图设计文件、风险分级清单、专项评估成果、第三方监测方案、施工监测方案、监控量测控制指标、施工组织设计文件、专项施工方案、应急预案、施工准备期安全风险评估资料等,参见表5-1。

基础资料信息及其负责提供单位表　　表5-1

序号	基础资料分类	提供单位	备注
1	岩土工程勘察资料	勘察单位	岩土详勘、补勘、专项勘察和施工勘察成果和有关资料
2	环境调查及检测、评估资料	环境调查单位	各种环境详细调查资料及现状评估成果
3	设计文件	设计单位	施工图设计、专项设计、专项评估、控制指标
4	风险分级资料	设计单位	风险识别、分级及相关评估资料
5	第三方监测方案	第三方监测单位	第三方监测实施方案
6	施工组织设计文件	施工单位	含施工监测方案及控制指标
7	施工专项方案与应急预案	施工单位	尤其针对重大风险和环境风险工程
8	施工准备期风险评估资料	施工单位	含设计安全性认识、工艺设备适应性评价和组织管理评价等评估内容

2)平台管理

(1)监控评估咨询单位负责制定轨道交通建设全网各种基础资料的内容、统一标准和相关要求,基础资料由各相关参建单位按照统一的内容和标准提供,监控管理中心监督、检查其工作。

(2)第三方监测单位负责汇总、审查或组织录入各线的基础资料信息,监控管理分中心监督、检查其工作,监控评估咨询单位提供技术支持和复核。

(3)在监控管理中心的领导下,监控评估咨询单位负责公司层和各项目管理层信息平台的建立、维护和升级管理,加强对视频监控系统的应用和管理。监控管理分中心、第三方监测单位、监理、施工单位应予协助。

5.1.6 创新探索——地铁工程问题分析与预测

1)平台架构(图5-7)

针对地铁工程问题分析与预测,建立研究平台。该平台主要包括五大模块:数值模拟系统、工程案例查询与类比分析系统、工程监测数据采集与分析系统、后台数据库系统、用户授权管理。

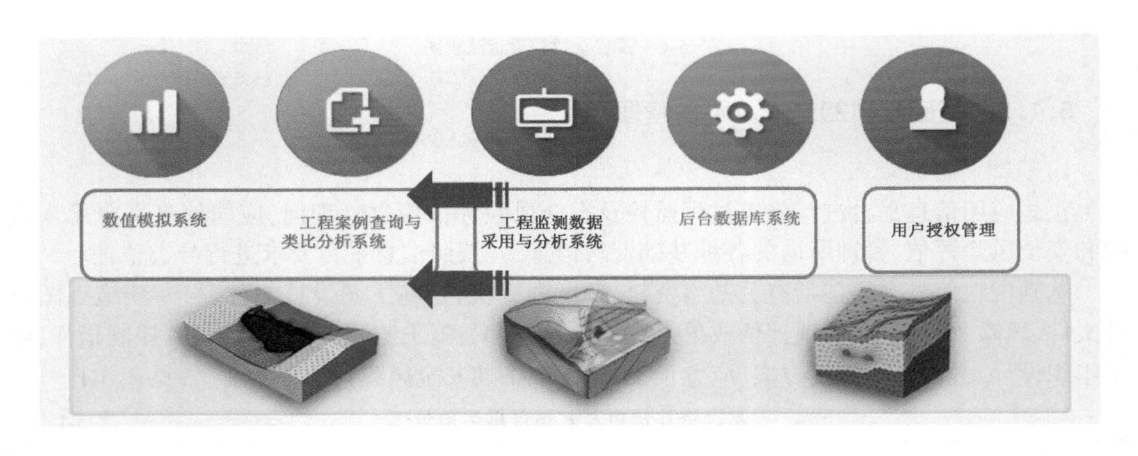

图5-7 平台架构图

(1)数值模拟系统

①用户使用目的

a. 高效数值建模——通过快速建模助手和CAD转换接口;

b. 使用多种算法——嵌入有限差分、有限元、有限体积;

c. 计算结果验证、预测变形——通过监测数据的回归优选系统;

d. 高效选取参数——建立计算参数库;

e. 自我学习——提供参数的试算反演功能、计算案例保存查询功能。

②开发定位

a. 可以提供快速建模、快速定参、结果验证的数值模拟工具;

b. 可以嵌入本构、充实案例的自学习工具；

c. 满足高端用户研究和中高端用户使用的要求（如施工全过程模拟、设计方法研究、设计成果评估、特殊条件计算）。

③系统模块

a. 前处理——轮廓制图（Auto CAD）、快速建模助手；

b. 核心计算——有限元、有限差分、有限体积；

c. 计算参数查询——土体常用参数、结构常用参数等；

d. 监测数据分析——回归分析软件；

e. 参数反演系统——ANSYS 的 optislang。

（详见前述第 3 章图 3-10 沉降监测 Peck 回归分析曲线。）

（2）工程案例查询与类比分析系统（图 5-8）

①用户使用目的

a. 工程参数的快速查询——通过调用后台数据库；

b. 工程资料快速查询——通过调用后台数据库；

c. 利用类比分析算法获取变形和数值模拟所需参数——通过嵌入类比分析软件。

图 5-8　工程案例查询与类比分析系统示意图

②开发定位

a. 可以提供通过输入少量参数而快速查询工程其他参数和资料的工具；

b. 可以提供通过输入关键参数而类比分析计算的工具；

c. 为量大面广用户提供使用服务。

（3）工程监测数据采集与分析系统

①用户使用目的

a. 具有对既有工点工程资料(勘察、设计、施工、监测)上传、分析功能;

b. 具有对正在施工工点工程资料(勘察、设计、施工、监测)上传、分析和安全风险管理功能;

c. 可为后台数据库不断提供工程资料——通过融合风险管控系统。

②开发定位

a. 为平台建设提供工程资料,不断扩充学习工具;

b. 可以作为实施风险管理的工具。

(4)后台数据库系统

①用户使用目的

a. 搜集工程监测数据库采集与分析系统的工程资料,并按工点进行分类储存和参数化处理;

b. 搜集外部资料,进行分类储存和参数化处理;

c. 用于数值计算系统和类比分析系统所需参数的调取和查询;

d. 作为整个平台系统的数据支持库。

②开发定位

a. 工程资料不断扩充的自学习工具;

b. 保证储存资料的广度(全国地铁建设的信息)——用于类比分析;

c. 保证参数化的精度(典型工程资料信息)——用于数值模拟。

2)平台研发背景

目前各高校、科研机构等对地铁建设中的研究多集中于单纯的数值模拟,具体实施缺乏工程理念和工程经验。在此背景下,高校对实际工程参数迫切需求,且目前各高校在土木工程领域也向着产、学、研相结合的方向发展。因此通过数据库的高水平建设,率先掌握核心数据,便于同高校合作承担科研项目。

3)平台评估优势

(1)项目开发的快速建模助手能根据结构、环境条件,通过输入参数的方式短时间建模。

(2)项目建设中反演的计算参数库,能够快速有效地对新建项目作为参考,有效减少参数调整时间。

(3)平台提供有限元、有限差分等多种计算方法,通过计算比较,保证计算结果的准确性。

(4)类比分析系统,为风险评估提供了另一种方法和思路,通过类比分析,可以得到相似工程的风险通过情况。

(5)评估结果不仅仅是计算分析,还包括类比分析的工程案例,从而保障了评估结果的可信度。

①建立整套的综合评估方法和技术(图 5-9)。

②实现目标——施工全过程模拟。

施工过程模拟示意图如图 5-10 所示,施工过程区划流程示意图如图 5-11 所示。

③数值模拟系统展示——参数反演流程(图 5-12)。

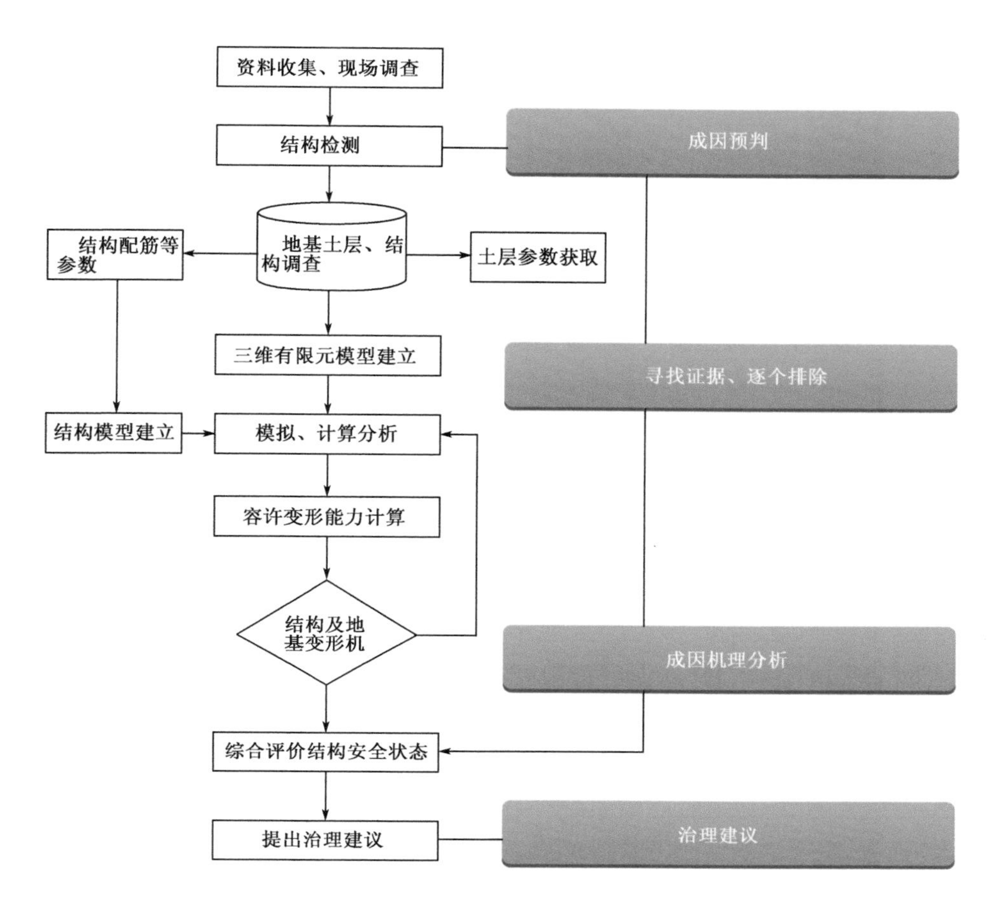

图 5-9 综合评估方法技术流程示意图

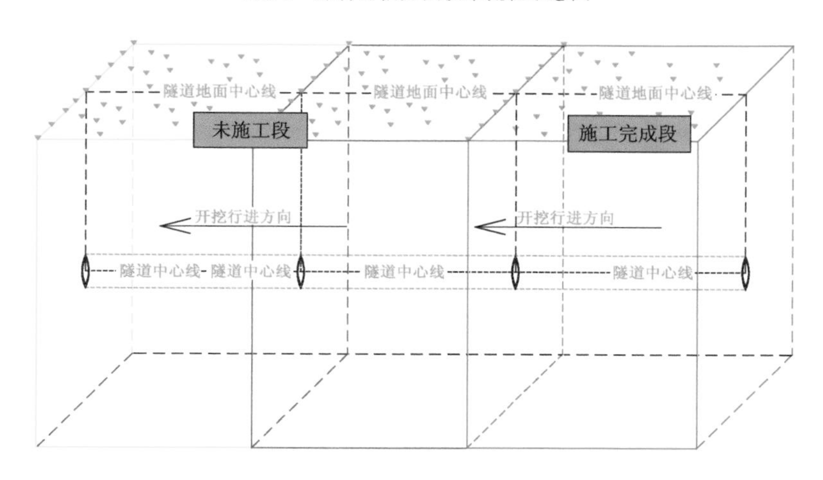

图 5-10 施工过程模拟示意图

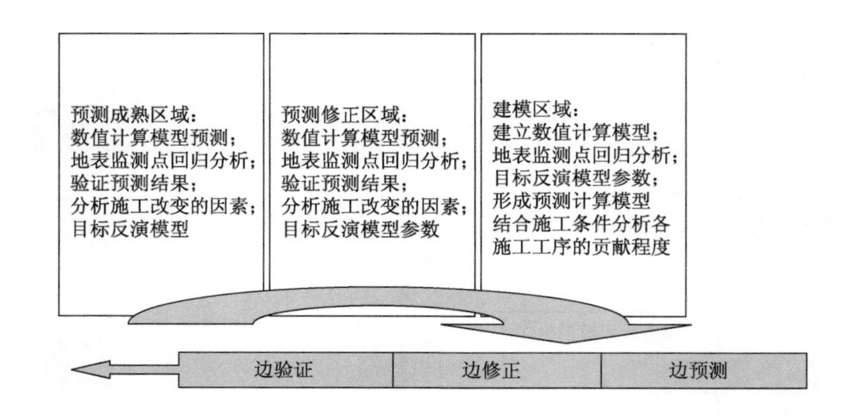

图 5-11　施工过程区划流程示意图

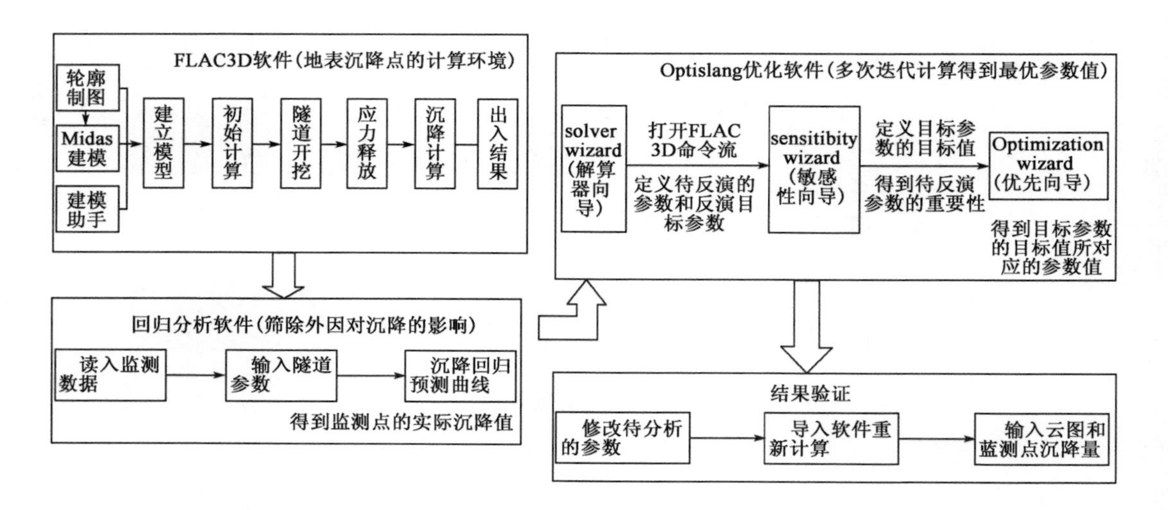

图 5-12　参数反演流程示意图

4）设计方法研究和设计成果评估

在地铁工法设计中，往往需要通过比较不同的步序来最终确定合理的设计方法。项目建成后可以满足计算和类比两种方法满足此需求。计算分析系统能够高效的建立不同的开挖模型，利用反演分析的计算参数，计算不同工法的受力和变形分布特点和变化特征，根据需要选取合理的设计方法；类比分析系统可以通过地质参数部分设计参数类比不同设计方法的成功案例，通过监测数据库的调用，比较各个案例的受力和变形情况，根据新工程的需要确定合理的设计方法。设计方法确定后，可以利用计算系统，对各设计工况进行计算评估，从而保证设计方法的合理性。

平台开展领域示意图如图 5-13 所示，平台开发思路示意图如图 5-14 所示，最终建设的服务模式示意图如图 5-15 所示。

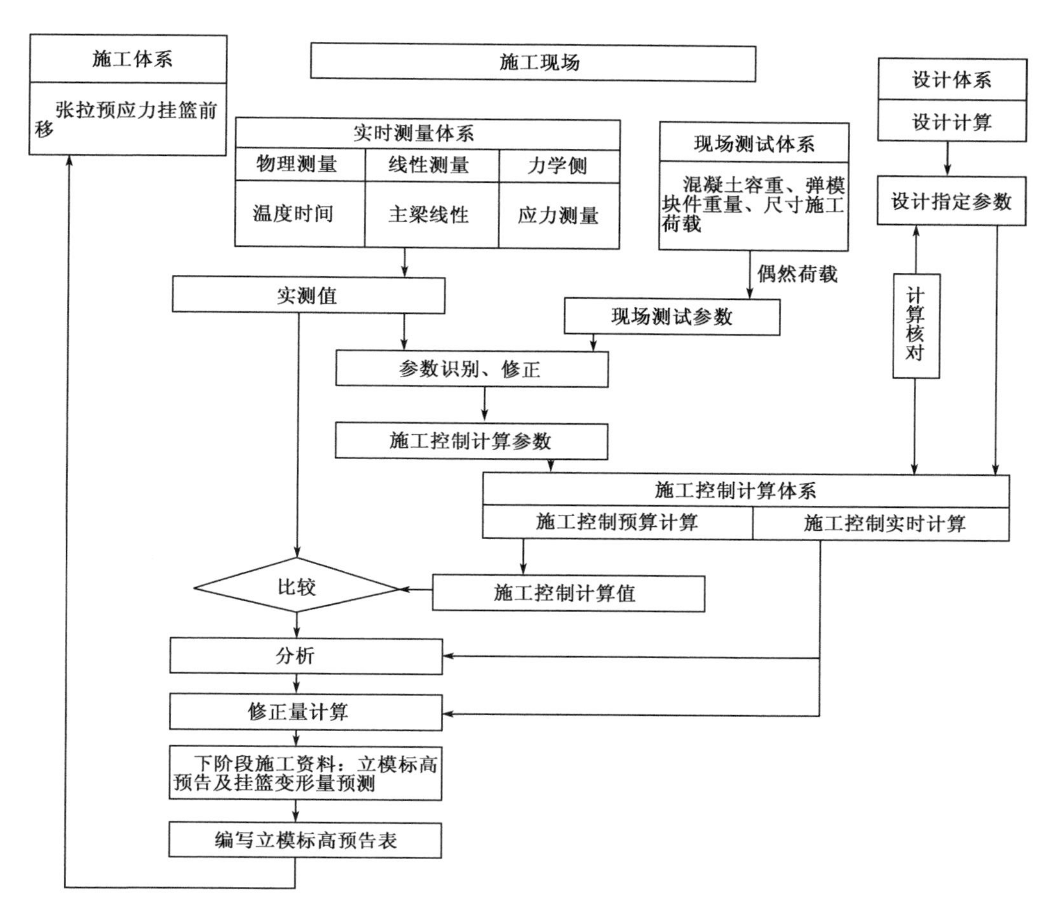

图5-13　平台开展领域示意图

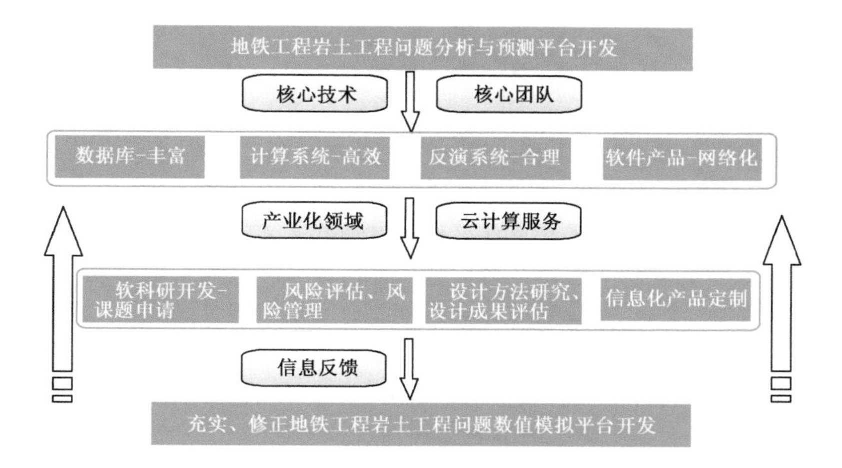

图5-14　平台开发思路示意图

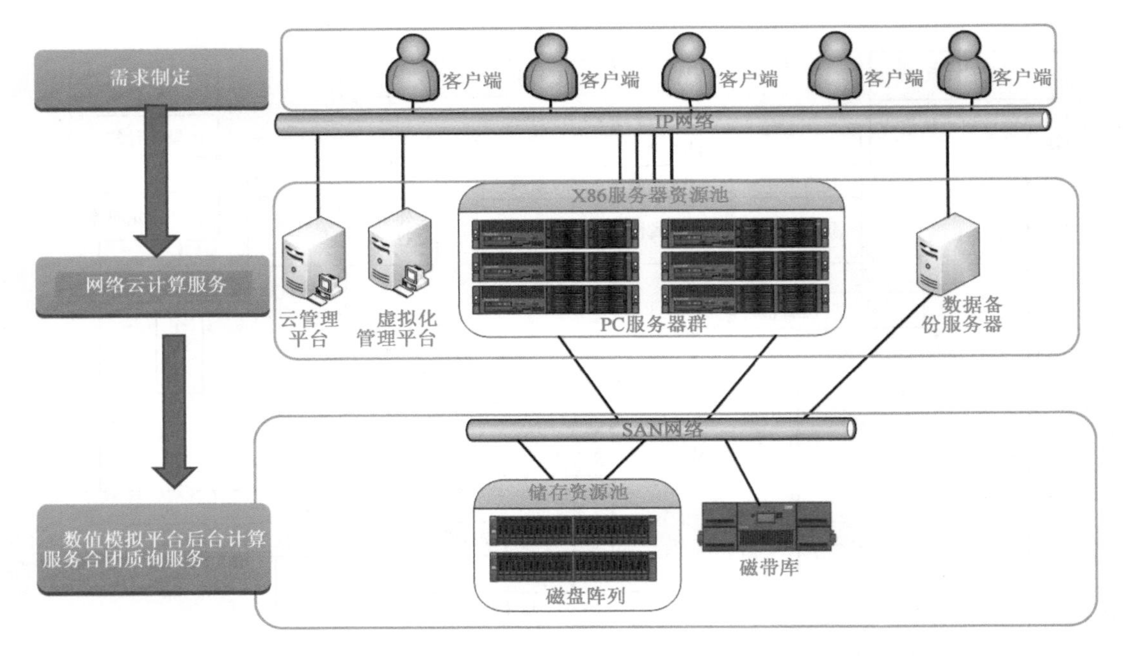

图 5-15　最终建设的服务模式示意图

5.2　自动化监测智能集成系统平台

5.2.1　背景

《城市轨道交通工程监测技术规范》(GB 50911—2013)经住房和城乡建设部第 141 号公告发布,标志着地铁监测行业逐步趋于规范化。该规范针对地下工程施工范围内有重大风险源、突发事件、重点地段和监测数据的管理等方面提出了建设性的意见。其中如下条文提倡采用自动化监测:

3.1.8　对穿越既有轨道交通、重要建构筑物等安全风险较大的周边环境,宜采用远程自动化实时监测;

3.1.9　突发风险事件时的应急抢险监测应在原有监测工作的基础上有针对性地加密测点、提高监测频率或增加监测项目,并宜进行远程自动化实时监测;

10.1.4　重要地段的城市轨道交通线路结构监测宜采用远程自动化的监测方法;

11.0.6　监测数据的处理与信息反馈宜利用专门的工程监测数据处理与信息管理系统软件,实现数据采集、处理、分析、查询和管理的一体化以及监测成果的可视化。

上述规范条款其实就是目前地铁监测行业的某些短板,因此,针对地下工程监测行业,集数据采集、数据传输、数据管理、预警服务和实时可视化的远程自动化实时在线监测系统,是信息化管理的集大成者,极大地提高了监测效率,不仅能为基坑施工和周边建筑物环境的安全保驾护航,而且还能利用大量监测数据进行系统化的分析、预测,对信息化动态施工具有工程应用价值。

5.2.2　理论分析研究

自动化监测系统是基于云物联技术的远程自动化实时在线监测系统，可进行数据采集、数据储存，数据分析，实时响应，实时报警等强大功能。

1）逻辑框架研究

自动化监测系统逻辑框架主要分为基础设施层、数据资源层、应用支撑层和用户层4个方面如图5-16所示。

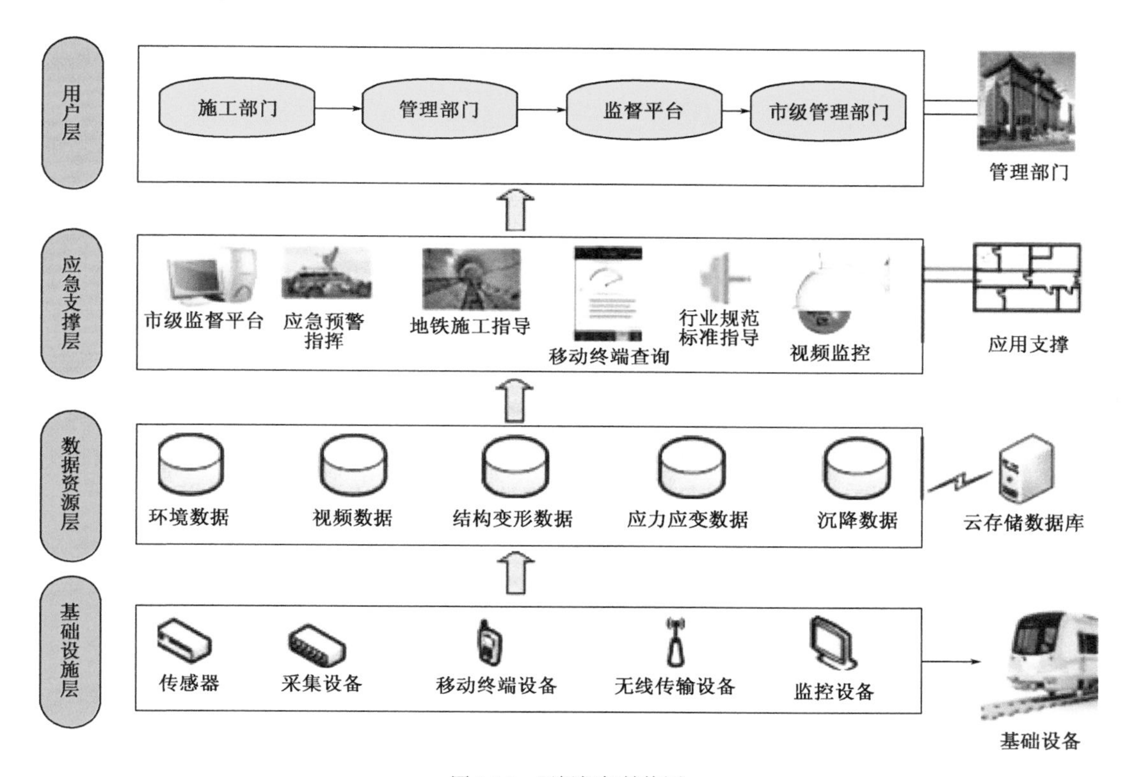

图5-16　逻辑框架结构图

基础设施层是支撑和实现地铁基坑自动化监测系统的各类硬件设备和通信网络。包括传感器、数据采集系统、无线传输系统、终端硬件设施等，主要应用在应力应变、变形、环境、振动等各系统与数据采集系统之间、监控中心与管理部门之间的数据通信。

数据资源层包括监测数据库、应力应变监测数据库、变形监测数据库、振动及结构荷载数据库，以及存储终端云计算数据存储中心。平台涵盖各监测项样本，拥有大量的科学数据，是应用支撑层和决策层的基础。

应用支撑层在整个框架中承担着承上启下的关键作用，处于用户层和数据资源层之间。实现信息共享、应用系统通用功能、业务协同工作提供技术支撑，是构建平台核心应用系统的基础。

用户层主要包括现场管理单位、技术部门、高层领导管理部门、市级区域管理部门，各级用户平台会分配不同的权限，用户可以直接通过互联网登录，查询权限内的结构安全信息。

2）物理框架研究

根据地铁基坑及周边建（构）筑物监测项目、测试手段、测点优化、信号传输等方面因素分析研究，物理结构可分 3 层，如图 5-17 所示。

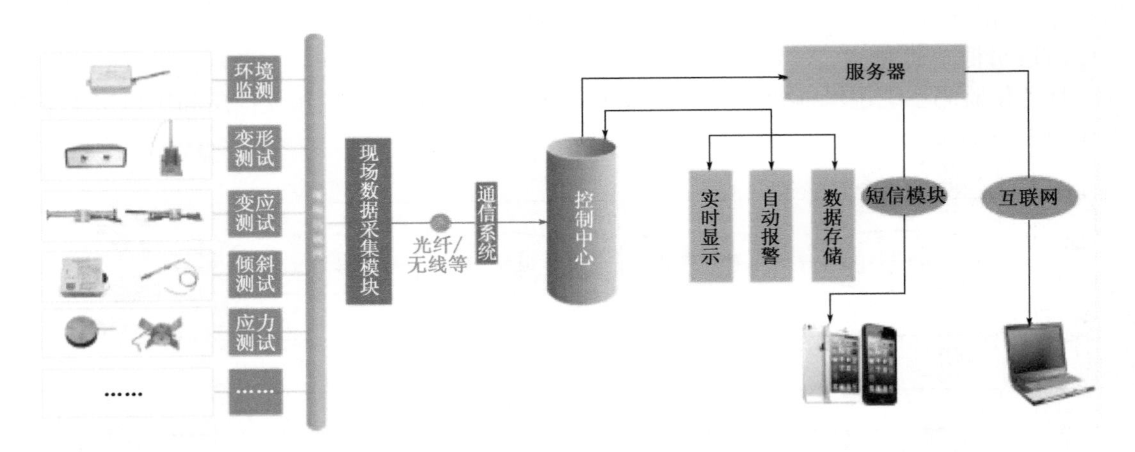

图 5-17　物理框架结构图

（1）第一层，由各个基坑前端传感系统构成；

（2）第二层，由监测外场数据采集站与通信系统构成；

（3）第三层，是监测平台中心指挥调度系统；

这种物理架构方式可以将不同参数的采集系统优化组合，以尽量缩短测量元件到采集外场站的距离，提高平台的抗干扰能力，降低平台成本。利用外场数据采集计算机系统对被测物理量量测结果进行预处理（如量测结果的修正换算，主应变计算等），并按规定的格式整理形成数据文件，数据处理功能在中心的结构健康与安全监测计算机系统内完成。

5.2.3　功能分析研究

1）传统监控量测与自动化监测技术对比（表 5-2）

自动化监测系统不仅可以完成传统人工监测的数据采集、分析和整理等功能，还具有增大采集频率、数据归档和监测数据可视化等一体化管理的功能，不仅提高了数据的质量，还提高了运用数据的效率。下面通过与传统人工监测对比的方式，简要阐述自动化监测的功能。

传统监控量测与自动化监测技术对比表　　表 5-2

技术对比	传统人工监控量测	远程自动化实时在线监测
连续性	数据连续性及可分析性差	数据连续，有利于分析变化趋势
准确性	存在系统误差和人为误差	仅在可控范围内存在系统误差
时效性	监测数据以日报/周报/月报形式反馈	5min/次的监测频率，且可实时登录安心云，查看相关数据
安全性	紧急情况下，监测人员存在安全隐患	现场采集系统自动采集，无须工作人员操作
实效性	恶劣天气条件下，很难保证数据准确	不受天气影响

2)自动化监测技术的特点及优势

(1)特点

自动化监测系统是获取基坑监测信息的工具,使决策者可以针对特定目标做出正确的决策,因此自动化监测系统必须具备如下特质。

①系统的可靠性:由于地铁施工自动化监测系统需要长期野外运行,保证系统的可靠性是获取实时连续数据的基本前提。

②系统的先进性:设备的选择、监控系统功能与现在技术成熟监控及测试技术发展水平、结构健康监控的相关理论发展相适应,具有先进和超前预警性。

③可操作和易于维护性:系统正常运行后应易于管理、易于操作,对操作维护人员的技术水平及能力不应要求过高,方便更新换代。

④具有完整和扩容功能:系统在监控过程能够使监控内容完整、逻辑严密、各功能模块之间能够即相互独立、又能相互关联;能避免故障发生时整个系统的瘫痪。

⑤以最优成本控制:利用最优布控方式做到既节省项目成本、后期维护投入的人力及物力,又能最大限度发挥出实际监控、监测的效果。

(2)优势

自动化监测系统的功能优势:

①监测数据的采集、处理、分析、查询和管理一体化;

②得出实时、连续、准确的监测数据,可分析性强;

③建设单位、施工单位和监管单位等责任部门只要通过任意安装了安心云 APP 的 PC 终端或移动终端,就能查看并下载实时数据;

④每日系统后台自动推送报表,减小了监测人员的安全风险;

⑤多重预警机制,高层管理者、技术人员会收到不同的报警级别,当监测数据超于/低于预警阈值时,系统将第一时间触发报警机制,通过短信、软件界面、声光、邮件等终端进行发布,真正做到为地铁建设保驾护航。

5.2.4 实践分析研究

1)系统组成

地铁基坑施工阶段自动化监测系统包括主要仪器设备、工地现场的自动监测系统、数据自动采集系统、数据查询与分析系统和监测数据反分析预测系统。

系统拓扑图如图 5-18 所示。

地铁自动化监测系统的拓扑结构组成可分三层:第一层由各监测内容所属的各监测项目(参数)的测量系统构成;第二层为监测外场数据采集站与通信系统外场;第三层为监控中心的结构安全系统工作站。项目现场的系统集成主要是指测点点位选取、传感器、采集系统和传输系统等布设。

(1)主要仪器设备

①监测设备

静力水准仪、全站仪、倾角仪、固定式测斜仪、轴力计、应力计等,各类传感器示意图如图 5-19所示。

②数据采集设备

静态无线数据采集仪、振弦式无线数据采集仪。

③数据传输与通信设备

通信电缆、GPRS 卡、接线盒等。

④远程监控设备

电脑与移动通信设备。

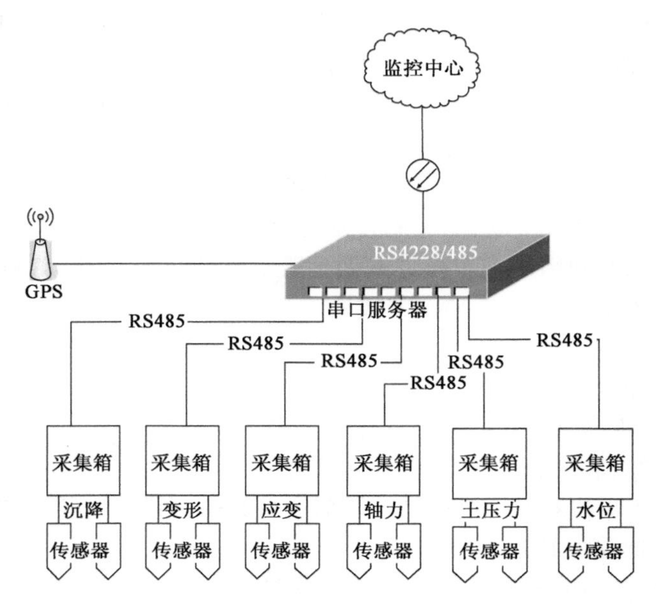

图 5-18　地铁基坑施工阶段自动化监测系统拓扑图

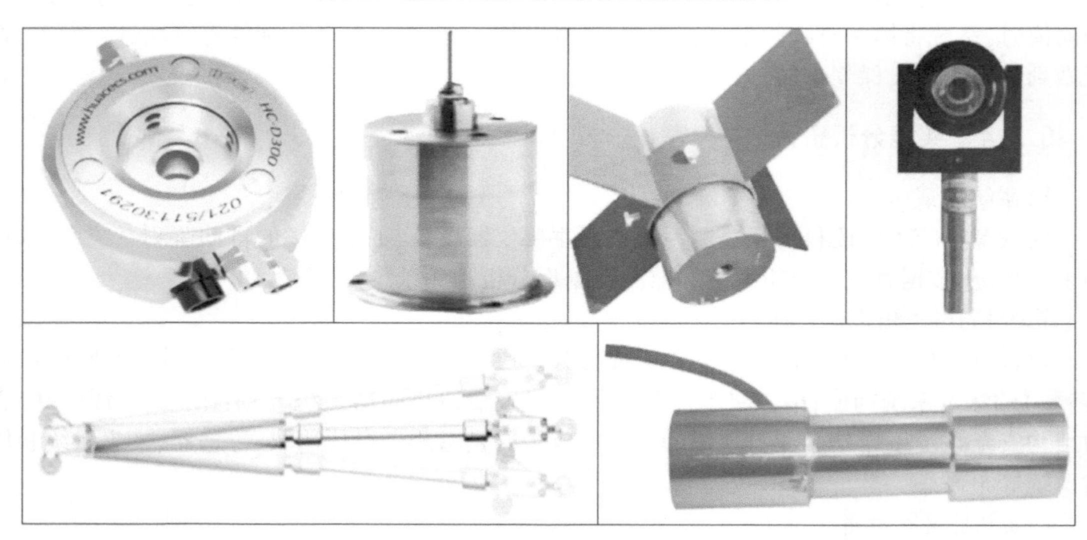

图 5-19　各类传感器示意图

(2)工地现场的自动监测系统(图 5-20)

通过在工地现场安装自动监测仪器,实现全天候、连续、网络化的自动监测工地现场的情况。具体的监测项目有:连续墙内部水平位移(测斜)、连续墙/底板钢筋应变、土压力、孔隙水压力、支撑轴力、基坑外侧土体沉降、周围重要建筑物和高架桥墩差异沉降等。自动监测仪器按照功能分为传感器和数据采集器。通过工地现场的自动监测平台,数据被采集并保存在自动监测仪器里。

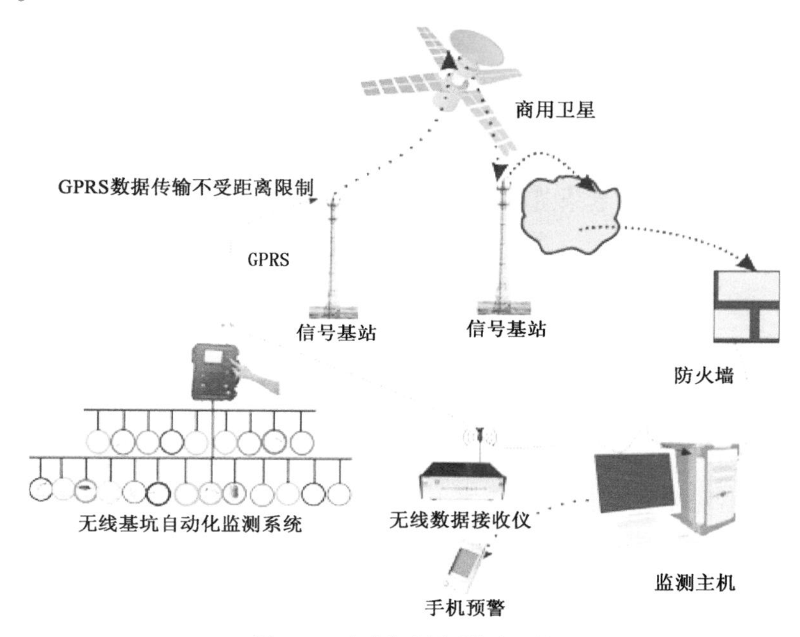

图5-20 自动化监测系统流程图

(3)数据自动采集系统

由于地铁基坑施工现场工况复杂,现有有线传输模式无法保证系统的稳定性和监测数据的连续性,因此采用分布式云智能数据采集系统是必然的趋势。

如图5-21所示为地铁基坑采用分布式云智能数据采集系统示意图。

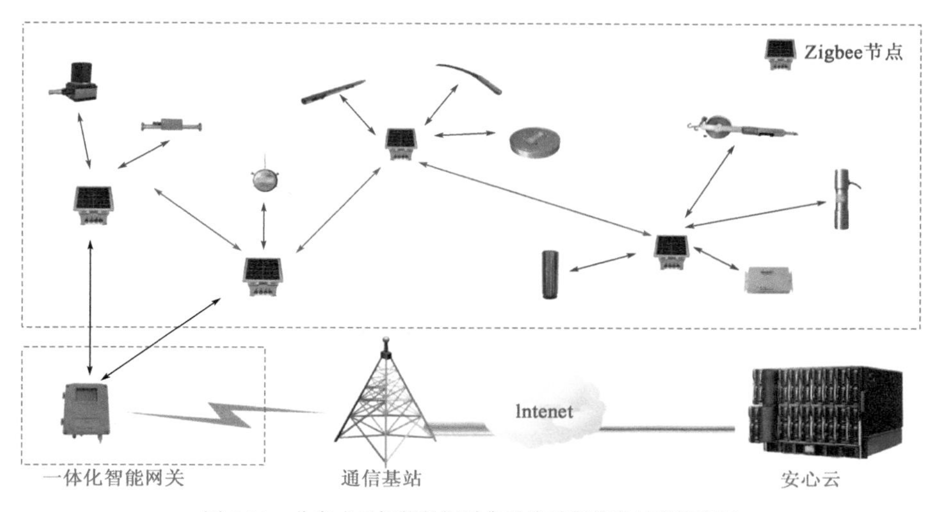

图5-21 分布式云智能数据采集系统采集传输过程示意图

从图 5-23 中可以看出自动化监测系统的采集和传输流程：

①云平台发送采集命令给一体化智能网关数据传输系统；

②一体化智能网关数据传输系统给无线节点数据采集系统发送采集命令；

③无线节点数据采集系统通过传感器采集实时数据，并传输至一体化智能网关数据传输系统；

④一体化智能网关数据传输系统把采集到的实时数据通过移动通信基站和互联网传输至云平台存储和分析。

⑤数据均由 Zigbee 和 GPRS 系统无线传输。

因此，分布式云智能数据采集系统的功能简称无线跳传功能，主要由表 5-3 中所列硬件完成现场系统集成。

所需数据采集系统和传输系统表 表 5-3

名　称	型　号	功　能
无线节点（Zigbee）	FS. iFWL. JD	通过传感器采集实时监测数据
无线网关	FS. iFWL. WG	接收云平台的采集命令，并上传采集实时数据

FS. iFWL. JD 模块是基于 Zigbee 技术的无线节点，包括采集节点和中继节点。节点内部集成了针对振弦传感器的测量电路以及数字温度传感器的测量电路，并通过开关扩展到 4 路输出。

无线节点内部置有 5AH、3.7V 锂电池作为节点电源驱动整个模块工作，同时外置太阳能电池板提供长期的续航能力。模块内部通过 DC/DC 将 3.7V 锂电池升压至 12V，可对外部低功耗的 RS485 类设备进行供电，同时 RS485 接口也支持 1 ~4 个，每个接口默认只能连接一个 RS485 设备。

采集节点内置 2MB 的存储器，用于备份采集到的数据（循环存储），当网络故障导致节点不能及时上报数据时，无线网关可以通过记录的某个节点的数据断点时间从节点（中继器）中恢复数据。中继节点需要在 Zigbee 网络中实现数据转发的功能，但不实现采集功能，故中继节点的功耗要略小于采集节点。

节点具备电量预警功能，当电量低于设定的预警值时，会提前提示电量低警告，建议预警值设置在 20% ~50% 的电量之间。

如图 5-22 所示为分布式云智能数据采集系统现场集成图。

FS. iFWL. WG 模块内置 Zigbee 协调器，用于管理附属于该协调器管辖内（同一个 Zigbee 子网号）的所有 Zigbee 节点。无线网关内置 DTU 模块，可以将 Zigbee 协调器收集上来的数据发送至安心云。

无线网关是一个内置嵌入式处理器的多功能采集模块，因为其支持的外设较多，故需要市电供电，保证其能够长期稳定工作，另外无线网关内置了储备电池，用于在现场掉电后，将故障信息、掉电信息上报给安心云。

（4）数据查询与分析系统

自动监测系统采用远程监控管理系统作为统一的信息管理平台。远程监控管理系统是一个基于先进的计算机及网络技术的智能化监控及管理系统，它通过架构在 Internet 上的分布式监控管理终端，把建筑工地和工程管理单位联系在一起，形成了高效方便的数字化信息网

络。在这个网络里,借助于 Internet 快速、及时的传输通道,能够及时把建筑工地上的各种数据、工程文档、图像等传送到工程管理单位,从而为工程管理单位及时了解工地工程进展、发生问题等提供了高效方便的途径,同时也为及时处理工地出现的问题提供了依据,使工程管理更现代化、工程事故反应更迅速、对工程问题的分析更全面。该系统可以对多个工地同时进行管理。

a)无线节点

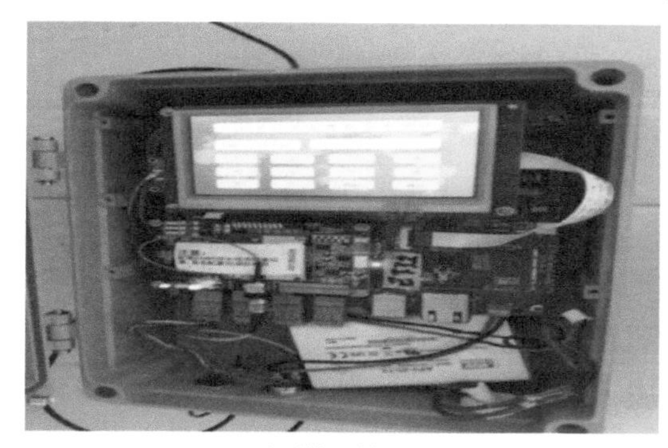

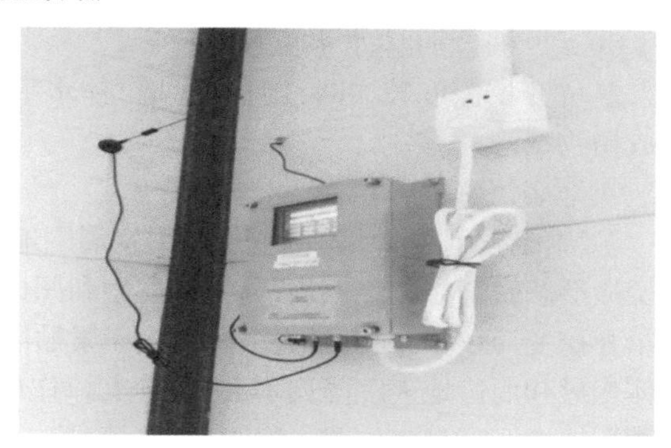

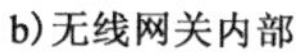

b)无线网关内部　　c)无线网关外观

图5-22　分布式云智能数据采集系统现场图

远程监控系统作为一个全面的信息管理平台,在自动化监测课题中发挥了其全面、及时、高效的特点,一方面可以及时地反映问题、发现问题;另一方面可通过全面地了解工程情况,使问题更好地得到解决。

在自动化监测系统中,只用到了远程监控系统的一部分功能。从工地上采集来的监测数据被导入数据库以后,系统将自动判断工程当前所处的状态是安全区、预警区还是警戒区,然后用醒目的、具有人性化的界面向用户显示分析结果。

当然,自动监测系统并非一个简单的数据自动采集和管理器,由于 Internet 网络的使用,大大地扩展了它的功能。无论在什么地方,什么时候,只要能连上网络,运行自动监测系统就可及时地了解工地上各种信息。如果你的权限足够,还可根据监测信息发出各种工程指令。另外,我们与电信部门合作,如有重大险情出现,系统会自动通过短消息的形式向相关人员发出报警信息,这样即使在无人值班的时候,不会错过处理突发事故的最佳时机。

(5)监测数据反分析预测系统

自动监测系统采用正反分析法进行预测,只要知道某个工况下的地层、结构、量测、施工等信息,即可得到下一施工工况下的各种信息,并依此提前调整施工参数,对基坑变形进行有针对性的控制。

由于岩土介质的复杂性和数据处理的局限性,预测的准确性还有待进一步提高,这也是我们将要重点研究和改进的地方。

2)监测项目

(1)明(盖)挖法基坑支护结构和周围岩土体监测项目

①支护桩(墙)顶竖向位移

基坑灌注桩、地下连续墙等在竖向可出现上浮和沉降两个方向的位移,基坑开挖造成的岩土体自重应力释放,可使桩(墙)体出现上浮,支撑、楼板的重量施加又会使桩(墙)体出现下沉。地下连续墙底部清孔不净存在沉渣时,也会使其出现下沉。

②支护桩(墙)顶水平位移

随着基坑的开挖,桩(墙)顶部出现向水平方向的位移。一般基坑开挖较浅时,桩(墙)顶部向基坑内部的水平位移最大,可出现悬臂式位移。有多道内支撑的深基坑,第一道支撑接近地表且内力较大时,可使桩墙)顶部出现向基坑外侧的水平位移。

③支护桩(墙)体水平位移

基坑开挖深度较大时,围护桩(墙)体水平位移逐渐增大,桩(墙)体腹部向基坑内突出,可形成抛物线形位移。

④地表沉降

基坑工程围护桩(墙)的变形可引发周围地层位移和地表沉降,地表沉降形态与围护桩(墙)的变形形态密切相关,一般可分为拱肩型和凹槽型两种。开挖初期即产生较大的围护体变形,而后续开挖变形较小,地表最大沉降发生于紧贴围护桩(墙)处,为拱肩形曲线。开挖初期产生的围护体变形和周边地表沉降均不大,后续支撑作用围护结构发生较大的深层变形,为凹槽形曲线,凹槽形地表沉降最大位置一般距离桩(墙)有一定距离,约在0.4~0.7倍开挖深度处。

⑤立柱沉降

基坑开挖过程是基坑开挖卸荷的过程,由于卸荷而引起坑底土体产生向上为主的位移,使得坑内立柱竖向位移发生变化。

⑥支撑轴力

在基坑开挖过程中,围护墙在两侧压力差的作用下产生水平位移,对坑内支撑产生挤压(拉伸)作用。

⑦坑外地下水位变化

在基坑开挖过程中,围护墙在两侧压力差的作用下产生水平位移,引起基坑周围地层移动,进而对坑外地下水位产生影响。

⑧周边建筑物(管线、道路)沉降

基坑开挖会引起周边地表的不均匀沉降,进而对建筑物(管线、道路)的安全构成威胁,不同形式的建筑物(管线、道路)对基坑开挖的反应不同。在施工之前,应对周边建筑物(管线、道路)情况进行调查,对基坑施工可能引起建筑物(管线、道路)损害的要预先采取措施,并加强施工监测,详见3.2.1节“地下工程监测内容”中表3-5。

(2)盾构法隧道管片结构和周围岩土体监测项目

详见3.2.1节“地下工程监测内容”中表3-2。

(3)矿山法隧道支护结构和周围岩土体监测项目

详见3.2.1节“地下工程监测内容”中表3-3。

(4)盾构区间联络通道监测项目

①联络通道监测包括联络通道本体结构、联络通道两侧50m范围内隧道结构和联络通道中心正上方20m半径内周边环境。

②联络通道监测项目:联络通道结构沉降、横向收敛和温度,以上监测项目联络通道施工均需监测。

③隧道结构监测项目:隧道沉降、径向收敛和水平位移,其中隧道沉降和径向收敛为必测项目,水平位移可根据现场实际情况考虑是否进行监测。

④周边环境监测项目:建(构)筑物沉降和倾斜、管线沉降、地表沉降,以上监测项目联络通道施工均需监测。

(5)各类桥梁监测项目

符合下列条件的桥梁,应对其施工过程实施监控:

①主跨大于100m(含100m)的连续刚构桥;

②主跨大于100m(含100m)的连续梁桥;

③主跨大于100m(含100m)的拱桥;

④斜拉桥;

⑤悬索桥;

⑥其他需要施工监控的桥梁。

各类桥梁监测项目应按照如表5-4所示要求执行。

桥梁监测项目　　表5-4

序　号	桥　型	主要监测项目
1	梁式桥	墩台应力、沉降
		主梁标高、应力、温度
		主梁合龙前大气温度与合龙端标高变化的对应关系
2	拱桥	主拱安装标高
		拱座标高、水平位移、沉降
		连拱中间墩柱的应力
		分段、分层施工的主拱,已成部分关键部位的应力
		中承式和下承式拱桥的吊杆索力
		肋拱桥横梁的标高
		采用斜拉扣挂施工和缆索吊装施工的拱桥,应对索塔变形、索塔应力、扣索索力、锚索索力以及环境温度进行监测
3	斜拉桥	索塔轴线、应力、沉降
		主梁标高、应力、温度
		斜拉索索力
		主梁合龙前大气温度与合龙端标高变化的对应关系

续上表

序号	桥型	主要监测项目
4	悬索桥	索塔轴线、应力、沉降
		主缆线形、索股索力、索鞍偏位、主缆温度
		主梁标高、应力
		吊杆索力、索夹位置

(6)其他监测项目

针对采用顶管及管涵施工的隧道需进行监测,监测项目如表5-5所示:

其他监测项目统计 表5-5

类别	监测项目
必测项目	施工线路地表和沿线构筑物、管线变形
	顶管隧道沉降、收敛变形
选测项目	土体位移(包括垂直和水平)
	衬砌结构内力
	地层压力
	孔隙水压力

3)平台展示

自动化监测系统设计为全智能系统,包括系统设计、传感器安装、数据采集、数据传输和数据展示。项目管理者可以通过用户名、密码登录网页进行实时数据查询。

地铁自动化监测系统是支护桩墙深层水平位移、支撑轴力、地下水位、坑底隆起回弹、地表沉降、管线沉降、支护桩墙顶位移和建筑物裂缝等各个监测项的实时连续数据存储和展示平台,包括每日现场施工工况,便于结构物变化趋势与施工工况对应分析,不仅能查看每个监测项实时数据的变化趋势,还能下载数据进行深入分析,得出评估结果,对施工现场进行实时风险控制,有利于安全高效生产。自动化监测云平台展示如图5-23~图5-25所示。

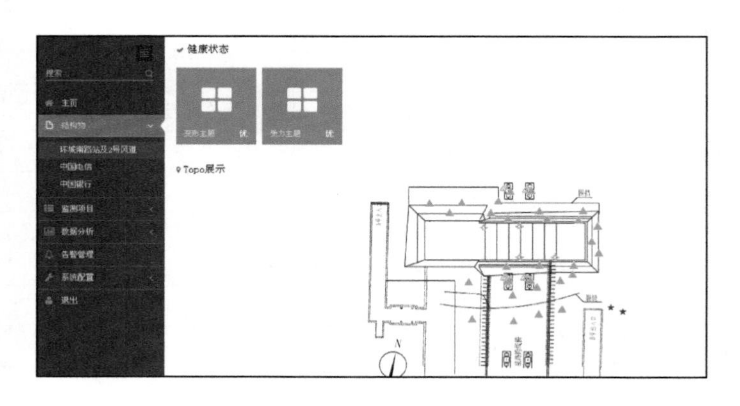

图5-23　某市地铁2号线某车站风井自动化监测云平台

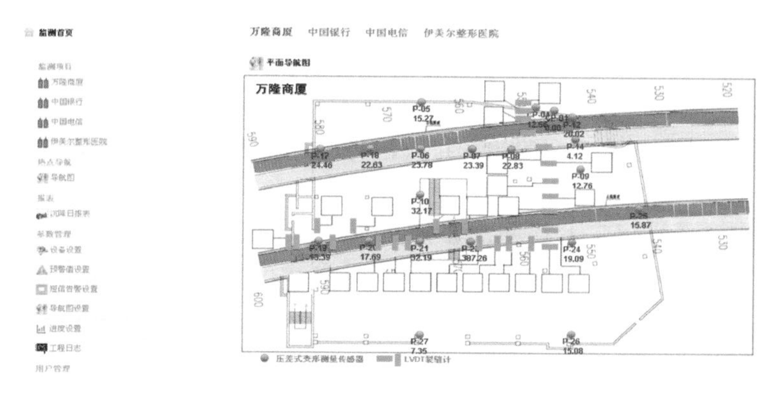

图 5-24　某市地铁 2 号线区间某建筑物自动化监测云平台

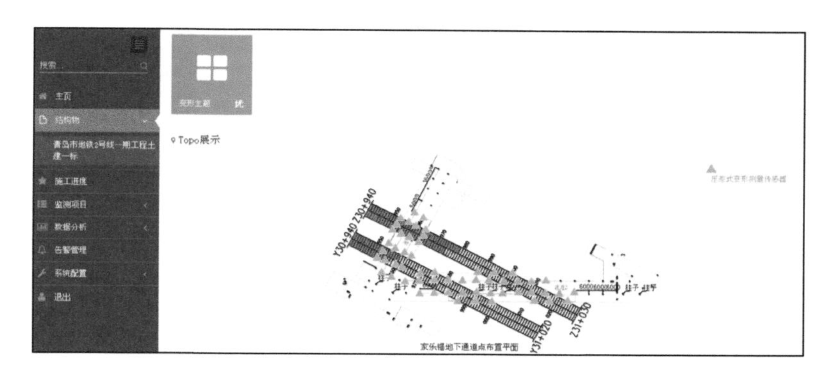

图 5-25　某市地铁 2 号线区间某过街通道自动化监测云平台

5.3　隐患排查治理信息系统

5.3.1　项目背景

为了确保城市轨道交通工程建设的顺利推进，保证施工人员的生命安全，保障工程周边建/构筑物以及市政设施的安全，国内各级领导部门和建设行政管理部门高度重视，积极推进轨道交通土建工程、机电安装和地铁运营的安全管理工作。《中华人民共和国安全生产法》、《城市轨道交通工程安全质量管理暂行办法》（建质〔2010〕5 号）、《关于加强重大工程安全质量保障措施的通知》（发改投资〔2009〕3183 号）、《国务院关于进一步加强企业安全生产工作的通知》（国发〔2010〕23 号）、《房屋市政工程生产安全重大隐患排查治理挂牌督办暂行办法》（建质〔2011〕158 号）以及宁波市《关于加强安全生产促进安全发展的意见》（甬党发〔2014〕9 号）、《2015 年全市建筑施工安全隐患排查治理工作方案的通知》（甬建发〔2015〕86 号）均要求与鼓励建设、施工等单位加强施工现场安全监控管理，建立健全隐患排查治理机制，提高事故防范能力。

宁波市轨道交通集团有限公司通过第一轮规划的建设，建立了较为完善的安全质量管理制度，建立了安全风险管理体系与质量管理体系，开展了安全风险评估与安全风险管理咨询服务等专项工作,安全工作取得了一定的成效。但随着第二轮规划线路的开工建设,宁波轨道交通将迎来线网建设期,进入建设工程和机电工程建设的高峰期,施工作业面将达上千个,三宝、四口、临边防护、消防、临电、施工机具、起重吊装等涉及人的不安全行为和物的不安全状态以及质量和管理上的缺陷等安全质量隐患的排查治理问题将变得突出,安全质量事故发生的概率将增大。

为最大限度地规避或减少上述隐患可能造成的人员伤亡、经济损失与社会影响,城市轨道交通有必要引入新的技术手段与措施,以建城市轨道交通建设工程隐患排查治理的体系和信息系统,制定隐患分级标准,建立隐患排查项目数据库,实现隐患全面排查、分级管控与闭合管理。并通过严格考核,强化施工单位、监理单位和相关主负责人员的安全责任落实的监督管理,不断提高参建各方人员的安全意识、专业技能和责任心,为轨道交通工程建设保驾护航。

5.3.2 建设目标

隐患排查治理系统设计的目标是在全面风险辨识的基础上,运用最新研发的宁波市轨道交通工程隐患信息数据库,通过标准化的、全过程的、全员参与的日常隐患排查治理活动,结合宁波市轨道交通工程隐患管理体系及隐患排查治理制度,运用该信息系统,将隐患排查治理的整个流程实现信息化、闭环式管理,同时基于系统累积的大数据实现隐患趋势分析,对高发、易发隐患类别、发生单位做到实时掌控,帮助决策层及时调整管控方向和重点,为后续工作开展提供有力支撑。

利用科学的隐患排查治理系统丰富安全管理组织架构体系与管理程序,同时提高宁波市轨道交通工程安全隐患排查治理的信息化管理水平。通过制定隐患分级标准,建立隐患排查要点数据库(包括建设工程和机电系统工程),实现隐患全面排查、分级管控与闭合治理;建立严格考核的考核机制,强化施工单位、监理单位和相关主负责人员的安全责任落实的监督管理,不断提高参建各方人员的安全意识、专业技能和责任心,最大程度减少或规避宁波市城市轨道交通建设工程的安全隐患,减少安全事故。

根据宁波市轨道交通安全隐患排查治理体系内容、工程程序、管理办法建立宁波市城市轨道交通安全隐患排查治理信息系统,将土建工程和机电系统工程安全隐患排查要点植入信息系统,并建立参建单位、部门、岗位与人员的考核程序,实现自动考核管理,实现标准化、信息化管理,从而为宁波市轨道交通集团有限公司开展隐患排查治理管控专项工作提供有力工具与手段。

5.3.3 构建原则

(1)坚持风险优先原则

以风险管控为主线,把全面辨识评估风险和严格管控风险作为安全生产的第一道防线,切实解决“认不清、想不到”的突出问题。

(2)坚持系统性原则

从人、机、环、管四个方面,从风险管控和隐患治理两道防线,从各参建主体、工程建设全过程开展工作,努力把风险控制在隐患形成之前、把隐患消灭在事故前面。

(3)坚持全员参与原则

将双重预防机制建设各项工作责任分解落实到各参建单位的各层级领导、各业务部门和每个具体工作岗位,确保责任明确。

(4)坚持持续改进原则

持续进行风险分级管控与更新完善,持续开展隐患排查治理,实现双重预防机制不断深入、深化,促使机制建设水平不断提升。

(5)坚持全方位管理原则

充分调动各级部门、单位安全智能作用,强调各层面目标和空间上的安全管理,由建设分公司统一组织协调各环节、各工序、各类人员的安全管理活动,实现建设、勘察、设计、监理、施工、监测等单位的全方位管理。

(6)坚持全过程管理原则

借助隐患排查治理信息系统,实现从施工准备、附属施工、主体施工、机电安装等各阶段,每个工序、每个环节、每个部位的全过程管理,同时强调安全管理的方法和原则,确保隐患不流入下一阶段,达到全过程管控的目的。

5.3.4 系统架构

隐患排查治理系统是为城市轨道交通工程建设隐患排查治理相关工作而研发。功能方面符合轨道交通工程建设的信息化、规范化、标准化,具有数据留痕、履约追责、数据分析、闭合管理等功能,更加具有时效性和强制性。适用工作范围广,适用单位、部门、人员多,是切实针对地铁工程建设的安全风险管控的信息化管理平台。

同时充分借鉴二维码优势特点,创造性的引入地铁工程建设,将隐患排查要点融入二维码中,研发手机APP,建立移动巡检平台,通过手机等智能设备开展现场隐患排查与上报工作,能够随时随地对隐患信息开展处置与消除工作,利用移动互联技术,加快信息的传递,实现对现场安全质量隐患的便捷式检查。

隐患排查治理系统在功能上实现隐患提示、隐患排查、隐患治理、隐患统计、隐患考核等符合宁波轨道工程建设需要的功能模块;在性能上,保证软件系统稳定、可靠、响应速度快、可操作性强;在安全性上,软件系统应防止重要数据信息的泄漏、能够保障系统运行的安全,具有数据加密与权限控制的措施。隐患排查、移动巡检以及现场巡查都是工程安全质量隐患管理的重要监控手段。

安全质量隐患排查治理信息系统架构分为4层,如图5-26所示。

1)基础设施层

配置隐患排查治理信息系统运行的基础硬件设备,包括:

(1)基本硬件设备。如网络设备、主机系统、存储备份设备、工作站及配套设备等。

(2)具有专项功能的硬件系统。如隐患排查治理信息系统配套设备等。

(3)场所所需配备的硬件设备。如供电系统、中央控制系统等。

(4)其他设备。包括便携电脑、移动设备等。

2)数据中心层

实现对信息系统所有信息与数据的集中、有序管理。包括基础文档数据、GIS地理信息系统以及管理过程产生的信息等。

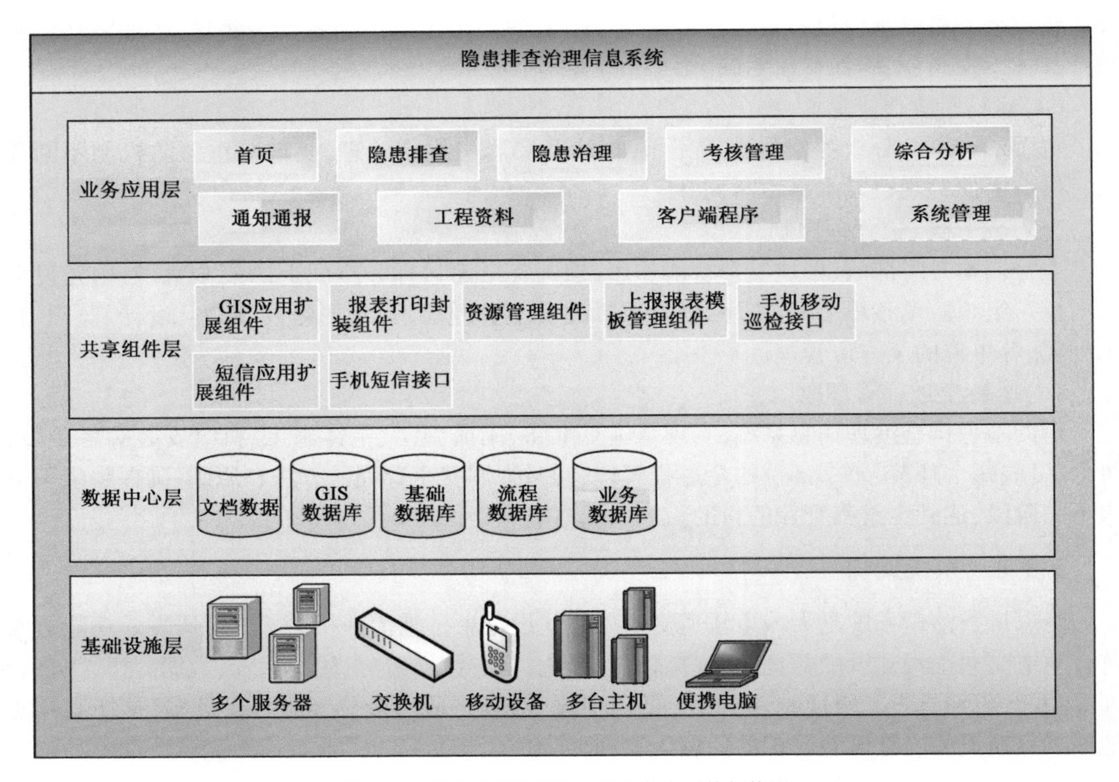

图 5-26　安全质量隐患排查治理信息系统架构图

3) 共享组件层

共享组件是基于技术组件，根据本项目系统专业业务需要，对技术组件进行扩展研发，从而形成能够为本项目系统各业务子模块研发的共享组件的集合，如 GIS 应用扩展组件，数据上报报表组件等。

4) 业务应用层

业务应用层主要是面向用户的界面层，包括首页、隐患排查、隐患治理、考核管理、综合分析、通知通报、工程资料、系统管理 8 大模块，外加移动数据终端，功能齐全、逻辑清晰。如图 5-27系统架构图、图 5-28 移动终端系统框图所示。

5.3.5　系统应用基本要求

1) 相关术语及角色

(1) 相关术语

隐患：在某个条件、事物以及事件中所存在的不稳定并且影响到个人或者他人安全利益的因素。

排查：在一定范围内进行逐个审查。

治理：通过某些途径用以处理消除隐患的机制。

核准：集团公司安全质量部、建设分公司相关人员对监理单位在系统上传的隐患排查整改审查意见，进行形式审核。

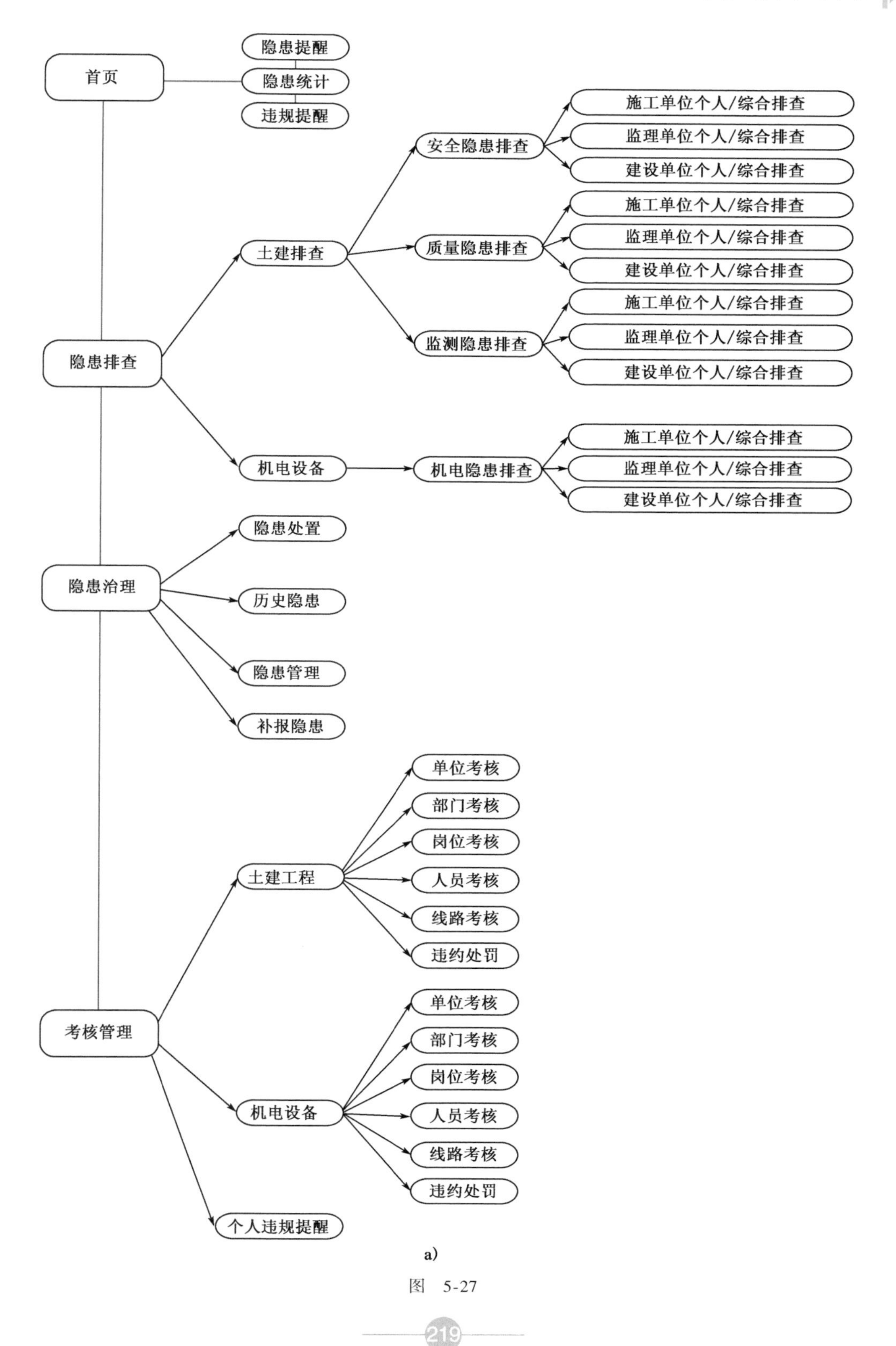
首页
隐患提醒
隐患统计
违规提醒
隐患排查
土建排查
安全隐患排查
施工单位个人/综合排查
监理单位个人/综合排查
建设单位个人/综合排查
质量隐患排查
施工单位个人/综合排查
监理单位个人/综合排查
建设单位个人/综合排查
监测隐患排查
施工单位个人/综合排查
监理单位个人/综合排查
建设单位个人/综合排查
机电设备
机电隐患排查
施工单位个人/综合排查
监理单位个人/综合排查
建设单位个人/综合排查
隐患治理
隐患处置
历史隐患
隐患管理
补报隐患
考核管理
土建工程
单位考核
部门考核
岗位考核
人员考核
线路考核
违约处罚
机电设备
单位考核
部门考核
岗位考核
人员考核
线路考核
违约处罚
个人违规提醒

a)

图 5-27

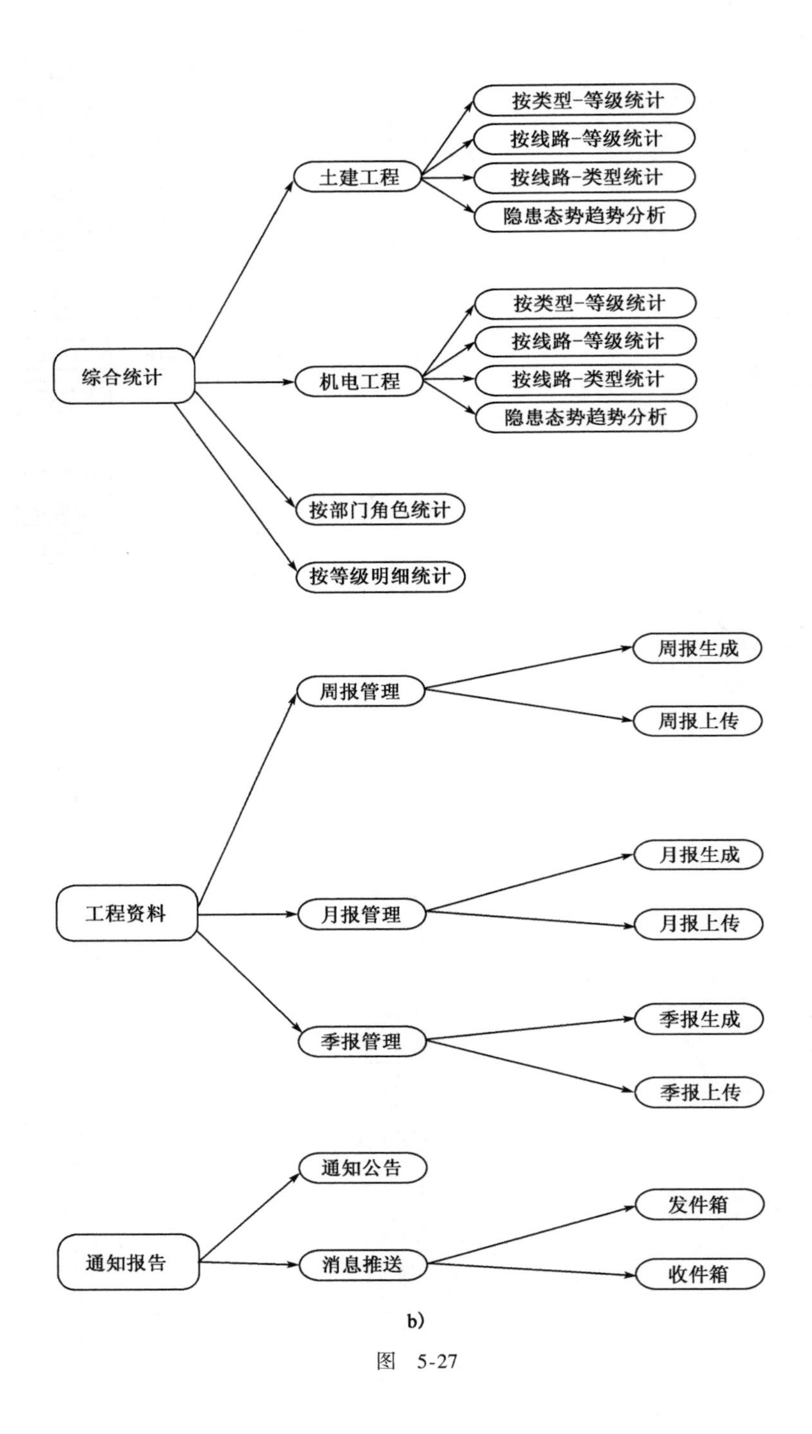
综合统计
土建工程
按类型-等级统计
按线路-等级统计
按线路-类型统计
隐患态势趋势分析
机电工程
按类型-等级统计
按线路-等级统计
按线路-类型统计
隐患态势趋势分析
按部门角色统计
按等级明细统计
工程资料
周报管理
周报生成
周报上传
月报管理
月报生成
月报上传
季报管理
季报生成
季报上传
通知报告
通知公告
消息推送
发件箱
收件箱

b)

图 5-27

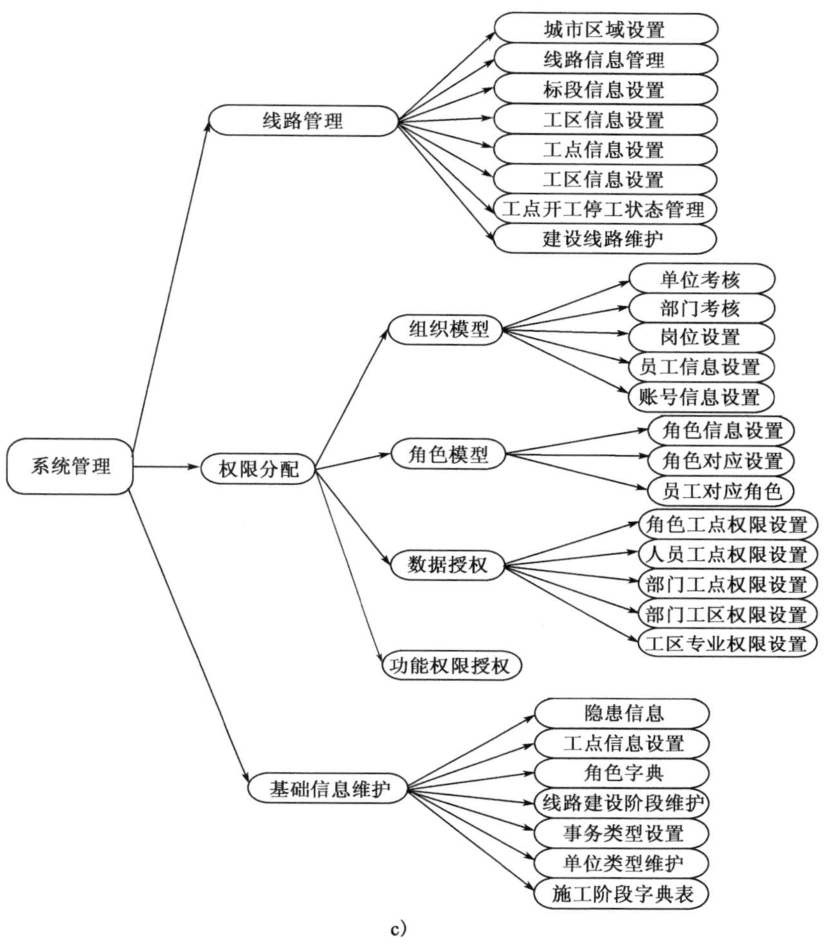

c)

图 5-27 系统架构图

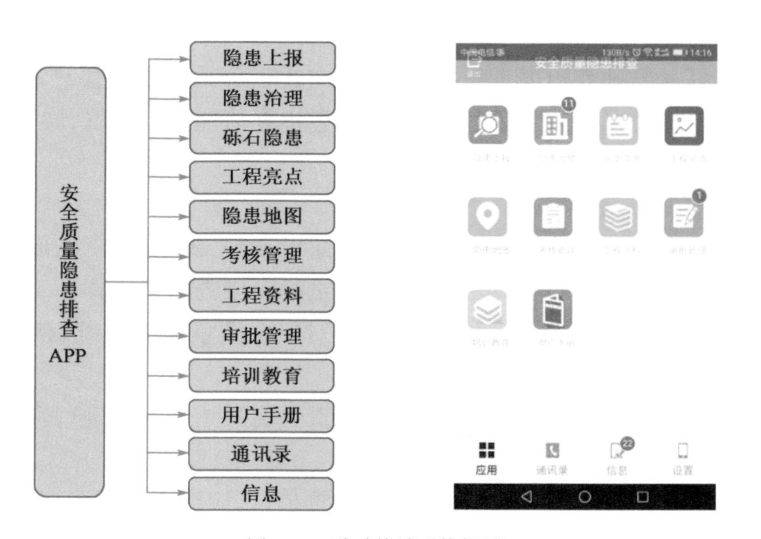

图 5-28 移动终端系统框图

(2)系统角色

集团公司领导:用户角色可根据需要确定;

安全质量部用户角色:安全质量部负责人、设备部、综合部等部门负责人、安全质量工程师;

建设分公司领导角色:用户角色可根据需要确定;

建设分公司安质部角色:安全质量部负责人(部长、副部长、科长、副科长等)、安全质量工程师;

项目建设一部、二部、三部用户角色有:部门负责人、业主代表;

土建部用户角色有:部门负责人、业主代表;

机电部用户角色有:部门负责人、业主代表;

盾构部用户角色有:部门负责人、业主代表;

施工单位用户角色:安质部、工程部、物资部等部门负责人;安质部、工程部、物资部等部门专业工程师;项目经理、安全副经理/安全总监、总工、安质部长、工区长(工序负责人)、专职安全员、质检员;

监理单位用户角色:总监理工程师、总监代表、专业监理工程师、监理员。

2)各级用户功能需求

负责统筹部署、监督管理轨道交通工程安全质量隐患排查治理工作,具体管理部门为安全质量部,其他相关部门按照工作职责划分参与隐患排查治理工作。

(1)安全质量部的职责

①负责宁波市轨道交通工程安全质量隐患排查治理体系的设计和有效运行。

②负责安全质量隐患排查要点、分级标准和管理办法等体系文件的制定、修订、宣贯和培训。负责"宁波市轨道交通工程安全质量隐患排查治理信息系统"(以下简称"系统")的建设、管理、运行维护。

③负责组织开展宁波市轨道交通工程建设过程中的安全质量隐患排查治理工作,全面掌握在建项目的安全质量隐患状态,对参建单位的安全质量隐患排查治理工作进行指导、监督和考核。

④编制安全质量隐患排查治理工作报告;定期向建设分公司安全生产领导小组报告安全质量隐患排查治理工作情况;定期组织安全质量隐患排查治理工作会议,通报在建项目的安全质量隐患排查治理情况。

(2)生产管理部门的职责

含盾构部、项目建设一部、项目建设二部、项目建设三部、机电部、土建部、综合部等部门。

①负责督促施工、监理等参建单位开展安全质量隐患排查治理工作。

②全面掌握所管辖工程的安全质量隐患状态,对安全质量隐患排查、整改、复核等情况进行监督管理。

③负责对施工单位、监理单位隐患排查治理履责情况及工作实效进行管理。

(3)施工单位的职责

①施工单位是安全质量隐患排查治理工作的主责单位,应建立健全安全质量隐患排查治理组织机构及工作制度,落实相关岗位的隐患排查治理职责,保证隐患排查治理的人员、经费投入。

②施工单位负责所承建工程的隐患排查治理工作，组织开展日常、定期、不定期和专项隐患排查，并按本办法规定对相关方排查上报的安全质量隐患进行整改及回复。

③定期组织召开隐患排查治理工作会议，对隐患排查治理工作进行总结改进。

④参加建设分公司、监理单位主持召开的隐患排查治理工作会议，汇报隐患排查治理工作情况。

⑤定期分析总结隐患排查治理工作情况，编制上报隐患排查治理周、月度工作报告。

(4) 监理单位的职责

①监理单位对所监理工程的安全质量隐患排查治理工作承担监理责任，对所监理工程的施工单位隐患排查治理工作进行监理。

②组织开展日常、定期、不定期或专项隐患排查治理工作，全面掌握所监理工程的安全质量隐患状态，并督促施工单位及时整改隐患。

③按本办法规定对相关方排查上报的安全质量隐患进行复核，对施工单位和监理单位发布的二级和三级隐患确认消除，对安全质量隐患整改复核结论负责。

④定期分析总结隐患排查治理工作情况，编制上报隐患排查治理月报。

⑤参加建设分公司召开的隐患排查治理工作会议，汇报所监理工程的隐患排查治理工作情况。

(5) 安全监理和第三方协作单位的职责

①对所负责的工程，按照合同委托的工作内容和工作计划开展安全质量隐患排查，并按规定及时通过系统上报排查情况；

②建设单位的要求开展专项安全质量隐患排查，并按规定及时通过系统上报排查情况。

(6) 其他参建单位职责

勘察单位、设计单位及其他参建单位按照合同委托的内容开展安全质量隐患排查治理工作，发现安全质量隐患应督促施工单位落实整改，并及时上报生产管理部门。

3) 隐患分类与分级

(1) 隐患分类

依据国家、省市安全质量管理相关法律、法规和技术规范、规程、标准，结合宁波市轨道交通工程施工现场实际情况，对安全质量隐患进行辨识、评价和分类。其中，土建施工安全隐患分为23类23张检查表，排查内容1438条；土建施工质量隐患分7类12张检查表，排查内容572条；机电、设备、系统安装安全质量隐患分19类19张检查表，排查内容1198条，总计3208条，其中一级隐患107条，二级隐患894条，三级隐患2207条。在具体排查过程中，排查人可结合现场实际情况进行增减和调整。

(2) 隐患分级

根据相关调研结果，项目组对工程建设安全质量隐患排查治理进行分级管理，根据安全质量隐患危害大小和整改难度，将隐患分为一级、二级、三级共三个等级，其中一级到三级隐患危害大小和整改难易程度逐级降低。

隐患分级原则如下：

①一级隐患：危害大，可能造成较大及以上生产安全事故、使用功能重大受损的质量事故，在国家、省市范围内造成不良社会影响的；隐患整改难度大、事故发生频率高，需全部或局部停工，并经过一定时间整改治理方能消除的隐患。

②二级隐患：危害较大，可能造成一般生产安全事故、质量问题及社会集中关注的安全事件，或整改难度较大，需经过一定时间整改治理方能消除的隐患。

③三级隐患：危害和整改难度不大，发现后能够立即整改消除的隐患。

4）隐患排查频次、权限及时限

（1）隐患排除频次要求（表5-6）

隐患排查拟定参与的岗位人员及频次表　　表5-6

部门及岗位 \ 检查频次		日	周	半月	月	季	半年
集团公司组织的隐患排查	集团公司主管领导						牵头
	安全质量部（安委会办公室）负责人						★
	设备部、综合部等部门负责人，建设分公司相关领导						☆
建设分公司组织的隐患排查	建设分公司主管领导						牵头
	安全质量部（安全生产领导小组办公室）负责人					★	★
	项目建设一、二、三部，机电部、盾构部、设计技术部等部门负责人					☆	☆
	安全质量部安全质量工程师					☆	
	项目建设一、二、三部，机电部、盾构部业主代表					☆	
监理单位组织的隐患排查	总监理工程师				★		
	总监代表		★		☆		
	专业监理工程师	★	☆		☆		
	监理员	★					
施工单位组织的隐患排查	项目经理				★		
	副经理、安全总监、总工、安质部、工程部、物资部等部门负责人				☆		
	副经理（安全总监）			★			
	安质部长		★	☆			
	安质部、工程部、物资部等部门专业工程师			☆			
	工区长（工序负责人）		☆	☆			
	专职安全员（质量员）	★	☆				

注：1. 牵头为综合排查的领导者或组织者，其中牵头人负责制定排查目标，统领排查队伍；
2. ★为组织开展隐患排查部门或人员，负责制定排查计划，组织排查实施，排查内容及整改要求上传隐患系统；
3. ☆为参与综合隐患排查或者联合检查的部门或人员，参与综合排查可代替排查人本日或本周的个人排查任务（无需额外执行个人排查任务）。

(2)隐患操作权限及时限(表5-7)

隐患响应时限及消除权限表

表5-7

隐患发布单位	隐患等级	隐患响应时限(小时)					隐患核准权限		隐患消除权限	
							建设分公司			
		安全质量部安全质量工程师	建设分公司安质部、项目建设部、机电部、盾构部科长及安全质量工程师、业主代表	监理单位	施工单位	集团安全质量部	安质部安全质量工程师	项目建设部、机电部、盾构部业主代表	监理单位	施工单位
集团安全质量部	一级	—	8	4	4	□	—	—	▲	—
	二级	—	12	8	8	□	—	—	▲	—
	三级	—	—	12	12	□	—	—	▲	—
建分安质部/项目建设部/机电部/盾构部	一级	—	—	4	4	—	□	□	▲	—
	二级	—	—	8	8	—	□	□	▲	—
	三级	—	—	12	12	—	□	□	▲	—
监理单位	一级	—	8	—	4	—	—	—	▲	—
	二级	—	—	—	8	—	—	—	▲	—
	三级	—	—	—	12	—	—	—	▲	—
施工单位	一级	—	—	4	—	—	—	—	▲	—
	二级	—	—	—	—	—	—	—	—	▲
	三级	—	—	—	—	—	—	—	—	▲

注:1. ▲为负责隐患消除的部门或人员。□为负责隐患消除核准的部门或人员;
2. 监理单位对集团公司安全质量部、建设分公司、施工单位发布的一级隐患,由总监理工程师予以响应;
3. 监理单位对集团公司安全质量部、建设分公司发布的二级隐患由总监代表予以响应;
4. 监理单位对集团公司安全质量部、建设分公司发布的三级隐患,由专业监理工程师(土建、机电)予以响应;
5. 施工单位对集团公司安全质量部、建设分公司、监理单位发布的一级隐患,由项目经理予以响应;
6. 施工单位对集团公司安全质量部、建设分公司、监理单位发布的二级隐患,由安全总监予以响应;
7. 施工单位对集团公司安全质量部、建设分公司、监理单位发布的三级隐患,由安质部长予以响应;
8. 施工单位隐患整改完成后,一、二、三级隐患分别由项目经理、安全总监及安质部长向监理单位提出消除申请;
9. 监理单位需对施工单位提出消除申请后的12h内对整改情况进行现场复核;
10. 集团公司安全质量部、建设分公司需在监理单位提出隐患消除核准申请后的12h内予以消除核准;
11. 集团公司安全质量部、建设分公司与监理单位发布的各级隐患以及施工单位发布的一级隐患,由监理单位负责消除;
12. 施工单位自身发布的二级隐患由安全总监负责消除;三级隐患由安全部长负责消除。

5)隐患处置基本程序

(1)第一步:隐患上报是发现现场的某一条隐患,点击相关条目的隐患按钮,在弹出的上报页面填写相关信息,上传隐患照片完成,再点保存按钮即完成隐患上报。上报隐患排查季度需要再次点击保存,系统会提示下发隐患通知单,在弹出的提示中勾选需要下发的隐患通知单,确定后再弹出页面中填写相关信息,点击保存,即隐患通知单下发成功。同时系统自动发送一条短信告知相关领导与通知施工单位落实整改,在隐患治理跟踪模块可对该条隐患的处置状态进行跟踪。

(2)第二步:整改就是对隐患进行现场消除,一般都由施工单位完成。对于影响和整改难度都比较大的隐患,整改还应包括编制方案、组织论证和申请批复方案、控制和尽力减小整改隐患造成的影响,形成整改资料等。在隐患治理提醒模块下,找到该条隐患点击落实整改,在弹出页面中,可看到该条隐患信息及处置记录,填写响应意见后,点击保存。整改隐患后即可填写消除意见 并上传整改后的照片,点击保存,隐患消除即申请成功。同时系统自动发送一条短信通知监理单位去复核。

施工单位整改隐患逾期后,升级为生产管理部门的科长落实;科长未处置或治理隐患无果后手动上报生产管理部门分管副总,需生产管理部门分管副总督促治理隐患。

(3)第三步:隐患复核是对隐患的整改情况进行现场检查,一般都由监理单位组织实施。监理单位复核人员在隐患治理提醒模块下,直接找到该条隐患点击复核,然后提交复核申请,并上传现场复核照片即完成。同时系统自动发送一条短信通知建设单位去确认。

如果施工单位整改不到位,监理单位复核人员可能将该条隐患打回,要求施工单位重新整改该条隐患。

监理单位复核隐患逾期后,升级为生产管理部门的科长落实;科长未处置或治理隐患无果后手动上报生产管理部门分管副总,需生产管理部门分管副总督促治理隐患。

(4)第四步:确认消除就是对隐患的排查、上报、整改、复核全过程及其资料的合规性与完整性进行检查、判断,对满足排查治理要求的隐患在系统上消除。建设单位在隐患治理提醒模块下,找到该条隐患 点击消除隐患,填写消除隐患意见,并上传隐患消除后的照片完成隐患消除,同时系统自动发送一条短信告知相关领导。

如果施工单位整改不到位,建设单位负责人员可能将该条隐患打回,要求施工单位重新整改该条隐患。

建设单位负责人确认隐患逾期后,升级为生产管理部门的分管副总,需生产管理部门分管副总督促治理隐患。

各单位/部门排查各级隐患处置流程如图 5-29 ~ 图 5-38 所示。

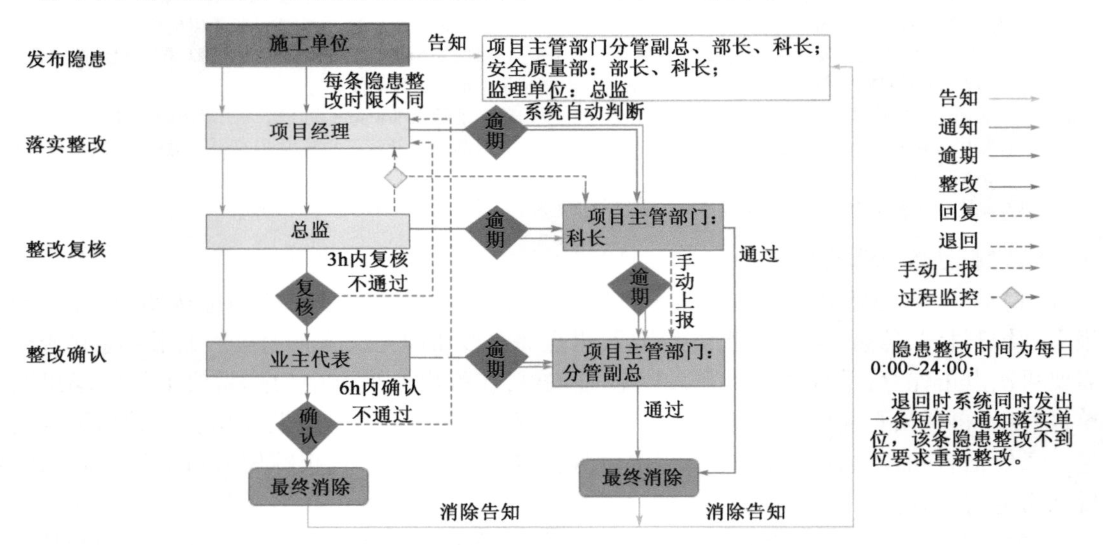

图 5-29 施工单位发布的一级隐患

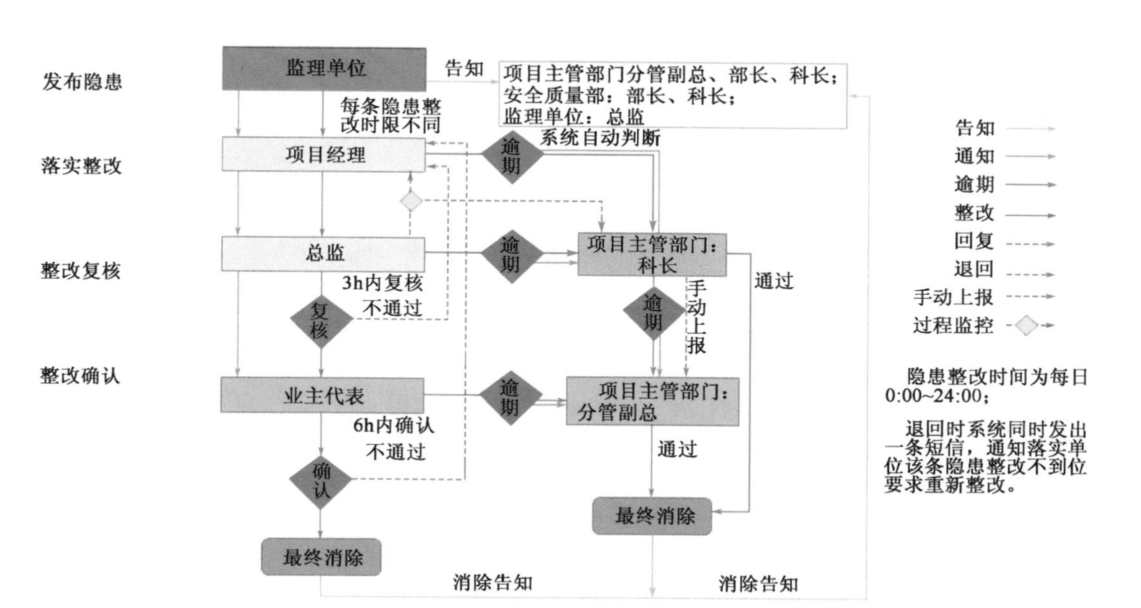

图 5-30 监理单位发布的一级隐患

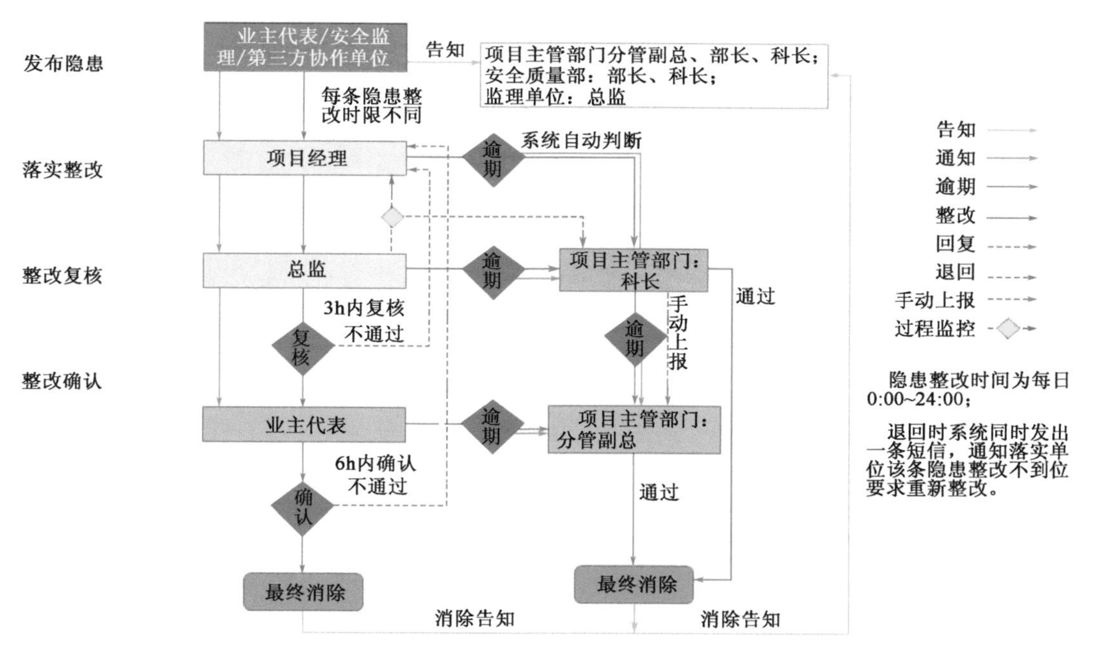

图 5-31 业主代表/安全监理/第三方协办单位发布的一级隐患

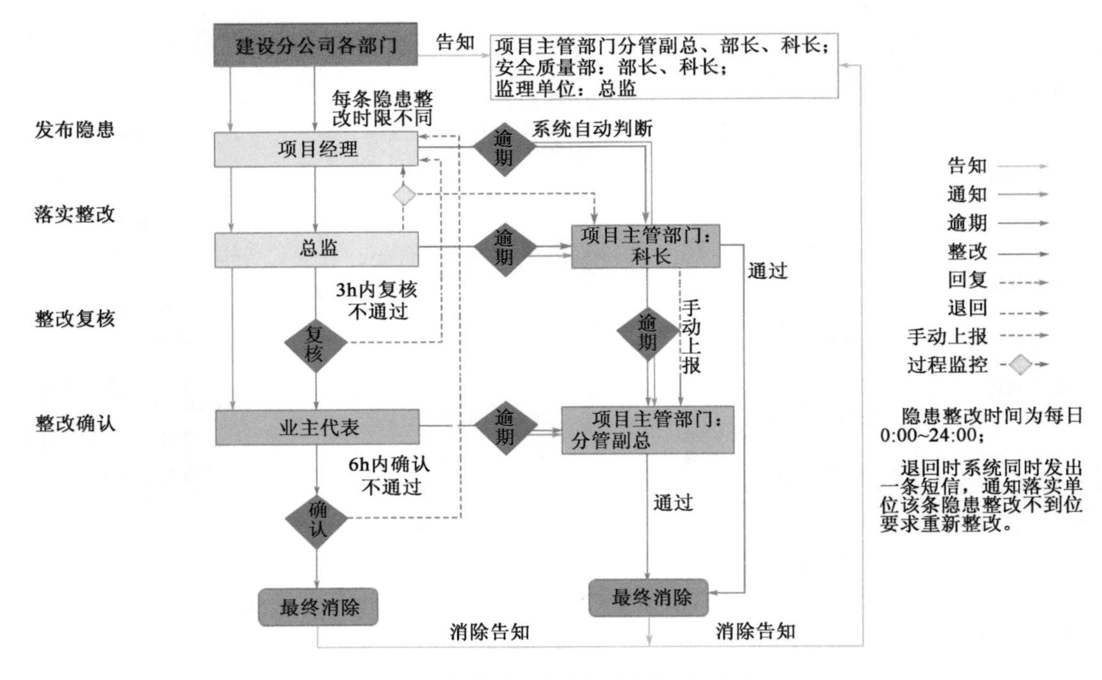

图 5-32　建设分公司各部门发布的一级隐患

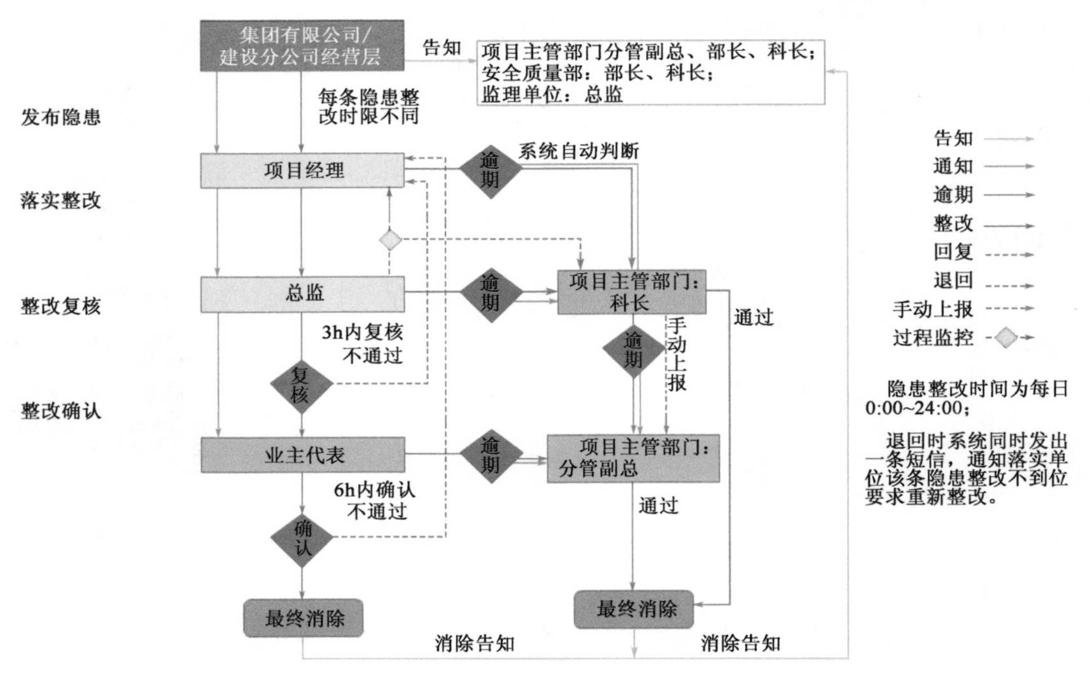

图 5-33　集团有限公司/建设分公司经营层发布的一级隐患

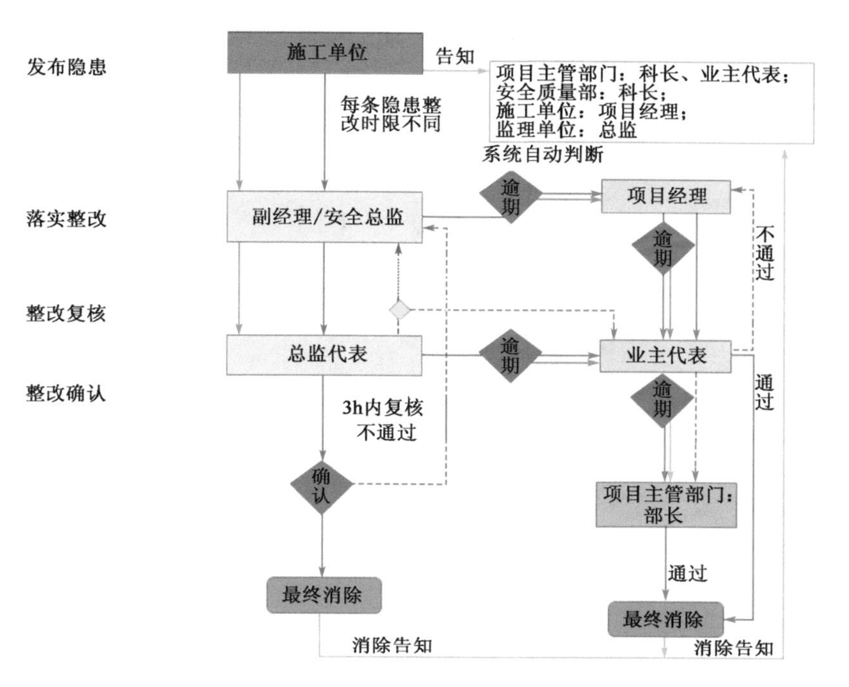

告知
通知
逾期
整改
回复
退回
手动上报
过程监控

隐患整改时间为每日8:00~18:00开始算起；

退回时系统同时发出一条短信，通知落实单位该条隐患整改不到位要求重新整改。

图 5-34　施工单位发布的二级隐患

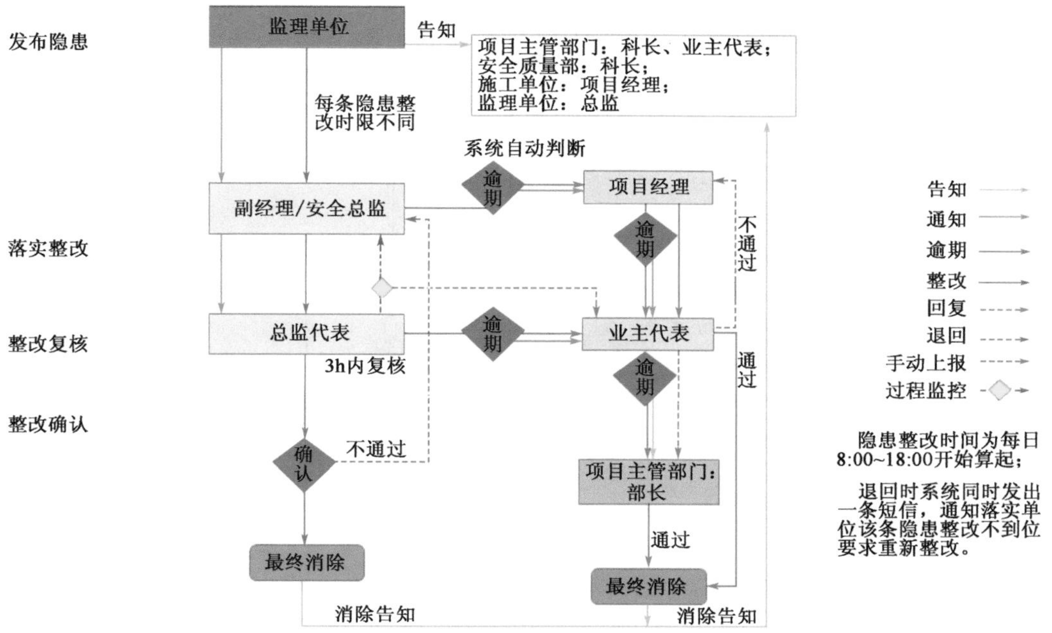

发布隐患
监理单位
告知
项目主管部门：科长、业主代表；
安全质量部：科长；
施工单位：项目经理；
监理单位：总监
每条隐患整改时限不同
系统自动判断
副经理/安全总监
逾期
项目经理
落实整改
逾期
不通过
总监代表
逾期
业主代表
整改复核
3h内复核
逾期
通过
整改确认
不通过
确认
项目主管部门：部长
通过
最终消除
最终消除
消除告知
消除告知

告知
通知
逾期
整改
回复
退回
手动上报
过程监控

隐患整改时间为每日8:00~18:00开始算起；

退回时系统同时发出一条短信，通知落实单位该条隐患整改不到位要求重新整改。

图 5-35　监理单位发布的二级隐患

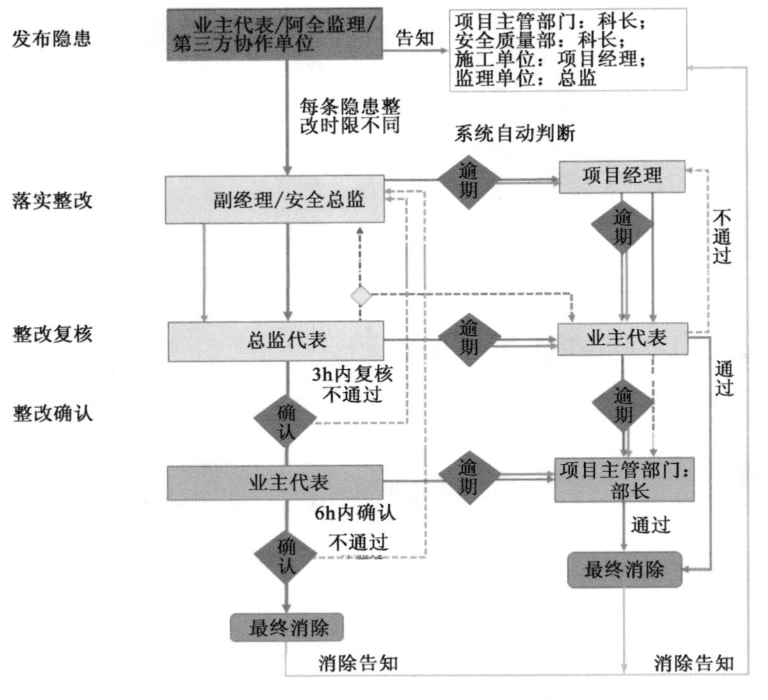

图 5-36 业主代表/安全监理/第三方协办单位发布的二级隐患

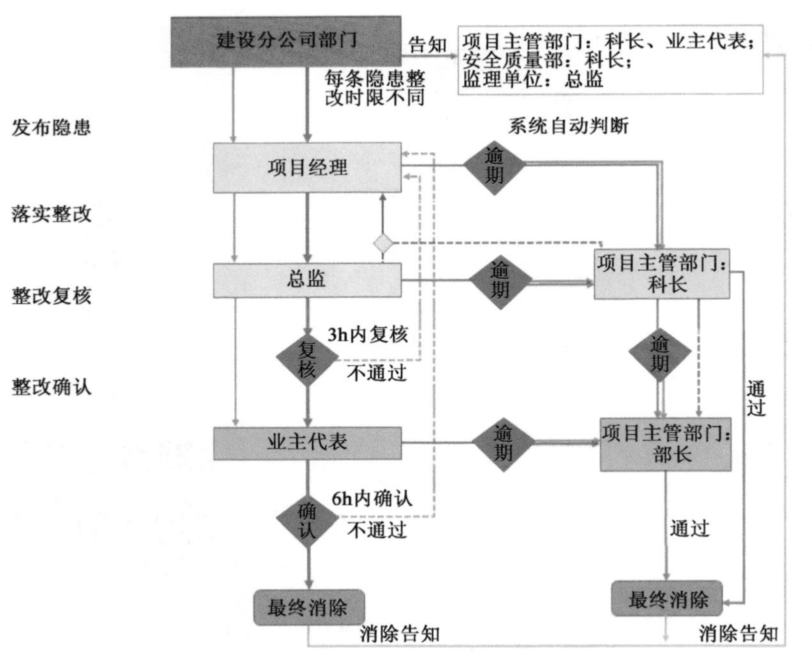

图 5-37 建设分公司各部门发布的二级隐患

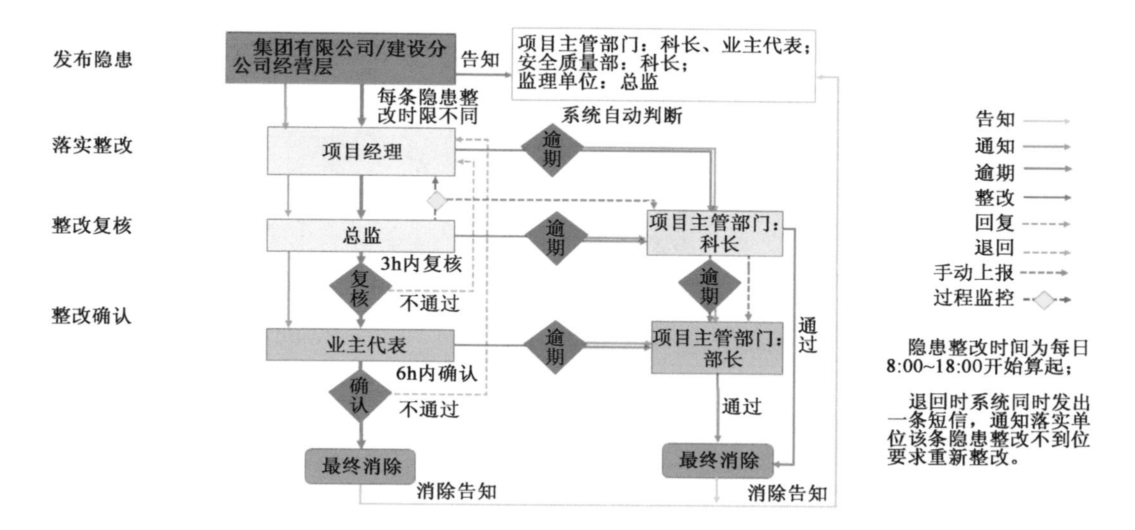

图5-38 集团有限公司/建设分公司经营层发布的二级隐患

6)隐患排查治理系统考核管理

(1)隐患排查治理系统使用违规考核项

①未排查：各单位、岗位未按隐患排查频次开展排查。

②排查不到位：政府有关部门、地铁集团安全质量部、建设分公司发现隐患但监理单位未发现隐患，或者政府有关部门、地铁集团安全质量部、建设分公司、监理单位发现隐患但施工单位未发现隐患。

③排查居后：施工单位在管辖标段内日排查所发现的隐患数量少于监理单位日排查所发现的隐患数量。

④响应超时：各单位、岗位未按响应时限进行响应。

⑤复核超时：监理单位未在施工单位提交消除申请后，在12h内提交核准申请。

⑥核准超时：集团安全质量部、建设分公司未在监理单位提出核准申请后的12h内予以核准。

⑦消除超时：监理单位未在施工单位提交消除申请后，或（需要核准项目）在集团安全质量部、建设分公司完成核准后12h消除隐患。

⑧整改超时：施工单位未按隐患项目的整改时限完成整改并在系统上提交消除申请。

⑨整改不到位：施工单位提出消除申请后，监理单位经复核后不合格，被驳回重新整改的。

(2)隐患排查治理系统使用记分考核标准（表5-8）

隐患排查治理记分考核标准 表5-8

考评单位	考评项目	扣分标准
集团公司安全质量部	未按规定进行排查、响应及核准	每一人次记2分
建设分公司（安全质量部/项目建设一、二、三部/机电部/盾构部）	未按规定进行排查、响应及核准	每一人次记2分

续上表

<table>
<tr><th>考 评 单 位</th><th colspan="3">考 评 项 目</th><th>扣 分 标 准</th></tr>
<tr><td rowspan="5">监理单位</td><td colspan="3">未按规定进行排查、响应及消除</td><td>每一人次记 5 分;监理单位每一次记 5 分</td></tr>
<tr><td rowspan="3">隐患排查不到位</td><td rowspan="3">政府有关部门、集团公司安全质量部、建设分公司发现的隐患而监理单位排查未发现</td><td>一级</td><td>每一条记 5 分</td></tr>
<tr><td>二级</td><td>每一条记 3 分</td></tr>
<tr><td>三级</td><td>每一条记 2 分</td></tr>
<tr><td colspan="3">复核或消除的安全质量隐患,集团公司、建设分公司或政府有关部门复查发现未整改的或整改不到位</td><td>每一人次记 10 分;
监理单位每一次记 10 分</td></tr>
<tr><td rowspan="8">施工单位</td><td colspan="3">未按规定进行排查、响应、整改及消除</td><td>每一人次记 5 分;施工单位每一次记 5 分</td></tr>
<tr><td rowspan="3">隐患排查不到位</td><td rowspan="3">政府有关部门、集团公司安全质量部、建设分公司发现的隐患而施工单位项目经理部自查未发现</td><td>一级</td><td>每一条记 7 分</td></tr>
<tr><td>二级</td><td>每一条记 5 分</td></tr>
<tr><td>三级</td><td>每一条记 3 分</td></tr>
<tr><td rowspan="3">隐患发生频率高、整改不到位</td><td rowspan="3">同一工点一周内连续 2 次以上发生同一隐患的,按隐患等级记分升级</td><td>一级</td><td>每一条记 14 分</td></tr>
<tr><td>二级</td><td>每一条记 7 分</td></tr>
<tr><td>三级</td><td>每一条记 5 分</td></tr>
<tr><td colspan="3">已消除的安全质量隐患,集团公司、建设分公司或政府有关部门复查发现未整改或整改不到位</td><td>每一人次记 10 分;施工单位每一次记 10 分</td></tr>
</table>

5.3.6 系统平台功能及亮点

1)系统开发原则

(1)统一规划、分步实施

本着统一规划、分步实施的原则,安全隐患排查治理信息系统研发的工作内容构成、阶段建设内容、目标进行统一规划,分阶段实施,既满足当前在建线路接入的需要,又满足后期规划、建设线路的需求拓展。

(2)实用为主、兼顾创新

工程安全隐患排查治理体系的编制及工程安全隐患排查治理信息系统的研发应从经济实用出发,建立可用、好用的满足业务需求的管理体系及软件平台,但也要兼顾创新,具备一定的先进性,并通过试点工程研究推广应用的可能性。

(3)整合资源、避免重复

从实际需求和现实基础出发,提高资源的利用效率,降低投入成本,实现运行环境硬件资源、场所等方面的有机整合,避免重复建设。

(4)统一标准、规范流程

通过工程安全隐患排查治理信息系统的建设,统一隐患排查、治理等业务工作的用表,规范各项业务工作的流程,实现工程安全隐患排查治理工作的规范化、标准化、精细化、信息化。

(5)夯实基础、兼顾拓展

在研发工程安全隐患排查治理信息系统的同时,在不影响既有结构的基础上,保证系统具有良好的可扩充能力,以适应未来线网规划、系统拓展和技术升级的需要。

2)系统功能模块

隐患排查治理系统 PC 端共分为:首页、隐患排查、隐患治理、考核管理、综合统计、工程资料、通知公告、系统管理,共计 8 个功能模块,外加移动数据终端,功能齐全、逻辑清晰。具体各个模块功能介绍如下:

(1)首页模块

综合信息模块拟定包含隐患统计和隐患提醒。是针对当前登录用户的数据便捷展示、集中处理的模块。

①隐患统计

系统可按照线路分别以站点为统计单位,按隐患级别分别统计出各站点的隐患数量和状态情况,包括当前隐患数量和已消除隐患数量,并按并采用柱状图和饼状图直观显示。

用户能够在地图上查看管辖权限内各线路、标段、工点的地理位置情况。

地图上能够显示该工点当前隐患的最高等级,其中一级隐患用闪烁的红色表示,二级隐患用闪烁的橙色表示,三级隐患用闪烁的黄色表示,绿色表示当前无隐患。

②隐患提醒

隐患提醒包含隐患排查提醒、隐患治理、已消除隐患列表等子功能。

a. 隐患排查提醒。

各参建单位的用户可查看当前排查周期内自己及下属的排查任务,并以倒计时的方式进行提醒,如每日排查、每周排查、每月排查任务等。

b. 隐患治理。

可提示当前用户有哪些隐患需要处理,以倒计时的方式进行提醒;如下。

集团有限公司/建设分公司经营层用户:响应、消除等操作;

建设分公司各部门用户:响应、消除、手动上报等操作;

业主代表/安全监理/第三方协作单位用户:响应、复核、消除、手动上报等操作;

监理单位用户:响应、复核、消除、手动上报等操作;

施工单位用户:响应、消除申请等操作;

可提示当前用户管辖范围(车站或区间)内各隐患的治理情况,提醒该隐患目前处于治理的哪个阶段,需要哪些角色响应,哪些角色提出消除申请,哪些角色去核准、哪些角色去消除。

c. 已消除隐患列表。

可提示当前用户管辖范围(车站或区间)内的已经消除的隐患的治理信息。

③违约信息提示

系统可按照设定的排查任务及时效要求,对每个角色的违规信息进行提示,用户可查看本人的以下违规形式的具体信息:未排查、排查不到位、排查据后、响应超时、核准超时、消除超时、整改超时、整改不到位。

④通知通报

系统可按照设定的排查任务及时效要求,对每个角色的违规信息进行提示,用户可查看本人的以下违规形式的具体信息：未排查、排查不到位、排查据后、响应超时、核准超时、消除超时、整改超时、整改不到位。

(2)隐患排查模块

隐患排查模块中包括个人排查与综合排查，根据建设阶段的不同，又将隐患排查入口分为土建工程隐患排查和机电设备安装工程隐患排查。

隐患排查模块具有权限限制，不同单位类型的用户登录后只能看到本单位类型的排查入口。

隐患排查模块是日常排查、周检查、月度检查、季度检查上报隐患和排查记录的入口，提供排查要点库供用户根据排查要点库对现场进行逐项排查确认，若发现安全质量隐患，可直接将隐患上报至系统。上报过程中需要填报隐患的具体位置、上传隐患照片等信息，系统会自动获取上报人的相关信息一起上传至系统。上报后根据隐患等级的不同，系统自动将隐患推送至各相关部门的相关岗位。

个人排查为排查人自己排查的信息上报系统的接口。

综合排查是联合检查时用到，由联合检查组发起人勾选检查成员，并上报隐患排查结果，该排查结果可代替检查组成员当天的排查任务，避免重复上报。

(3)隐患治理模块

隐患治理模块拟定为隐患上报至系统后，各方参建单位响应隐患、治理隐患的操作模块。根据相关的管理制度，将梳理出的隐患响应、治理流程融入到模块的功能中，实现隐患治理流程的流转。

①隐患处置

a. 响应操作

在隐患排查上报后，系统根据隐患等级不同，自动将隐患推送至各级单位需响应的岗位。用户在系统上进行响应操作，并填写整改意见。

只有与当前用户有关的隐患才会被显示在此处。

需响应的岗位根据隐患等级的不同、隐患排查单位的不同而不同。在所有需响应的岗位均响应之前，隐患不能在系统上被消除。

b. 治理操作

在隐患排查上报后，系统根据隐患等级不同、排查单位的不同，根据系统流程自动分配给施工单位相关部门整改任务；施工单位在整改后，由可操作的角色在系统上进行消除申请；根据流程若需要上级单位现进行复查，则由该单位的可操作人员在系统上进行消除或复核（各单位需响应和可操作的角色及时效要求将在隐患排查治理系统相关管理办法中规定）。

②历史隐患

根据用户各自所管辖的权限，按照线路、标段、工点查看历史已经消除的隐患信息。

③隐患管理

隐患管理功能面向系统管理员用户和系统维护人员可见，可查看所有的已上报系统的隐患信息，并可以进行新增、修改、删除等维护操作，隐患排查治理系统考核内容如图 5-39 所示。

(4)考核管理模块

考核管理模块拟定为系统上针对考核记录的统计功能的模块，拟定包括土建违规考核、机

电违规考核、个人违规提醒。

1	未排查	·各单位、岗位未按隐患排查频率开展排查
2	排查不到位	·地铁集团或政府部门发现隐患但监理单位和施工单位未发现隐患
3	响应超时	·各单位、岗位未按响应时限进行响应
4	核准超时	·项目管理公司或业主代表未在监理单位提出消除申请后的24小时内予以核准
5	消除超时	·监理单位未在施工单位提交消除申请后，或（需要核准项目）在项目管理单位完成核准后24小时消除隐患
6	整改超时	·施工单位未按隐患项目的整改时限内完成整改并在系统提交消除申请
7	整改不到位	·施工单位提出消除申请后，监理单位经复核后不合格，被驳回重新整改的
8	排查居后	·施工单位在管辖标段内日排查所发现的隐患数量少于监理单位日排查所发现的隐患数量

图5-39　隐患排查治理系统考核内容

①土建违规考核

违规考核为系统统计模块，根据集团制定的相关考核制度，针对安全质量隐患排查治理工作考核记录，统计出土建阶段各单位、各部门、各岗位以及每个人的考核违规记次情况。根据当前用户所管辖的工点（车站/区间）的不同，可根据选择的时间段对该段时间内当前用户所管辖的某单位、部门、角色、人员、线路进行违规信息进行查看。

系统实现日常安全质量隐患管理工作的过程留痕，实现各单位及岗位履行各自安全职责工作的记录，为事故的责任追究提供依据之一；系统根据隐患上报和治理的情况，自动计算并提示哪些单位需要约谈、通报批评以及对违规的单位进行经济处罚的具体信息

②机电违规考核

违规考核为系统统计模块，根据集团制定的相关考核制度，针对安全质量隐患排查治理工作考核记录，统计出机电阶段各单位、各部门、各岗位以及每个人的考核违规记次情况。根据当前用户所管辖的工点（车站/区间）的不同，可根据选择的时间段对该段时间内当前用户所管辖的某单位、部门、角色、人员、线路进行违规信息进行查看。

系统实现日常安全质量隐患管理工作的过程留痕，实现各单位及岗位履行各自安全职责工作的记录，为事故的责任追究提供依据之一；系统根据隐患上报和治理的情况，自动计算并提示哪些单位需要约谈、通报批评以及对违规的单位进行经济处罚的具体信息。

③个人违规提醒

系统上的隐患会根据治理过程中的违规操作（如整改超时、响应超时、复核超时、消除超时等）自动生成相应违约记录，并根据集团的相关考核制度，自动对每一次的违规操作进行扣分并存储至系统。

系统可按照设定的排查任务及时效要求，对每个角色的违规信息进行提示，用户可查看本人的以下违规形式的具体信息。

（5）综合统计模块

综合分析模块拟定为对隐患排查、治理情况的统计分析模块。拟定包含按部门角色统计、按等级明细统计、按线路等级统计、按类型等级统计、按线路类型统计功能。从不同的角度，对系统上已经上报和已经消除的隐患进行统计，并以表格、柱形图、饼状图等形式展示出来。供

参建各方对本单位及下属单位在一段时间内的隐患排查治理工作有明确的了解，从而对下一阶段的安全质量隐患排查治理工作进行调整。

①按部门角色统计

按照部门的角色排查出来的角色来统计隐患，按照选定的时候查看不同等级的隐患数量与级别。

②按等级明细统计

当前用户可根据管辖的工点（车站/区间）的不同，对发生在所管辖的工点（车站/区间）中的隐患按照需要在选定的时间内查看不同等级的隐患数量统计，可按表格、柱形图、饼图形式查看，并可以导出下载至本地。

③按线路类型统计

当前用户可根据管辖的工点（车站/区间）的不同，对发生在所管辖的工点（车站/区间）中的隐患按照需要在选定的时间内全部类别下各级隐患数量的统计；可按表格、柱形图、饼图形式查看，并可以导出下载至本地。

④按类型等级统计

当前用户可根据管辖的工点（车站/区间）的不同，对发生在所管辖的工点（车站/区间）中的隐患按照需要在选定的时间内查看全部或若干隐患类型的隐患数量统计，可按表格、柱形图、饼图形式查看，并可以导出下载至本地。

（6）工程资料模块

工程资料模块拟定用于周报、月报、季报的自动生成、帮助支持性文档下载等功能，各单位施工过程中的亮点展示，人员变更申请填报。以不同的参建单位类型来区分。

①工程报告

工程报告功能拟定包含隐患周报、月报、季报自动生成功能、隐患周报、月报、季报上传功能，隐患周报、月报、季报查看功能。工程报告按照不同单位类型设计多个上传入口，通过权限设置使不同单位类型的用户只能看到本单位的工程报告菜单。拟定的工程报告菜单分如下。

施工单位工程报告：提供施工单位周报、月报自动生成功能、施工单位周报、月报上传功能，施工单位周报、月报查阅、下载功能。自动生成功能拟定为根据系统上的隐患排查记录、上报记录、考核记录根据施工单位对周月报的需求自动生成在某一周的隐患排查统计分析数据至报告中，可作为施工单位编制隐患周报的基础数据模板。

监理单位工程报告：提供监理单位月报自动生成功能、监理单位月报上传功能，监理单位、施工单位周月报查阅、下载功能。自动生成功能拟定为根据系统上的隐患排查记录、上报记录、考核记录根据监理单位对月报的需求自动生成在某一月的隐患排查统计分析数据至报告中，可作为监理资单位编制隐患月报的基础数据模板。

建设分公司工程报告：提供建设分公司月报、季报、半年报、年报自动生成功能、建设分公司月报、季报、半年报、年报上传功能，建设分公司、监理单位、施工单位周报查阅、下载功能。其中月报、季报、半年报、年报自动生成功能拟定为根据系统上的隐患排查记录、上报记录、考核记录根据建设分公司的需求自动生成在某一周、某一月的隐患排查统计分析数据至报告中，可作为建设分公司编制隐患月报、季报、半年报、年报的基础数据模板。

注：根据当前用户所管辖的工点（车站/区间）对应的相关参建单位的不同，用户可查看自

己所管辖的相关单位的工程报告信息。

②亮点展示

各单位可把施工过程中的各种亮点、新闻信息以图片和文字的形式发布，进行集中展示，供其他单位学习和借鉴。

③人员变更申请

各单位如涉及参与隐患排查岗位人员信息变动，可在此模块按规范格式填报人员变动情况，由系统维护人员受理。

(7)通知通报模块

通知通报模块拟定包含公告信息、短信通告功能。主要为监管层单位服务，集团公司、建设分公司相关部门相关部门可通过系统对施工监理单位发送相关公告信息、会议通知、短信通知等，并在会议结束后，可将线下整理好的会议纪要上传至系统供参会单位查看、下载。

①公告信息

公告信息拟定只有集团公司、建设分公司相关部门的用户可见，监理单位和施工单位用户不可见该功能。集团公司、建设分公司相关部门用户可在此功能中填写需要公告的信息，以及选择可见公告的用户。公告发布后，可见公告的用户可在首页模块的通知通报中查看公告信息。

②消息推送

短信通告功能拟定只有集团公司、建设分公司相关部门的用户可见，监理单位和施工单位用户不可见该功能。集团公司、建设分公司相关部门的用户可在此功能中编辑需要发送的信息，以及选择要发送至的用户，进行短信发送。发送的短信会以系统平台的名称为名头。

隐患排查治理的短信通知由系统自动触发，并且发送顺序为按照级别自下而上，每个层级间隔5min发送。

(8)系统管理模块

系统管理模块拟定为系统管理员及系统维护人员开放，是系统运行的基础数据、用户组织机构管理、用户权限分配、隐患基础数据等信息维护的功能模块。拟定包含线路管理、权限管理、隐患信息维护、基础信息维护功能。

①线路管理功能

线路管理功能拟定系统上地铁线路、标段、工点(车站/区间)，标段及工点间关系的维护管理功能。

线路管理功能主要管理维护地铁线路基本信息、线路所属项目基本信息等。

标段管理功能主要管理维护土建标段及站后各标段的基本信息、标段所属线路、标段上各参建单位信息等。

工点(车站/区间)管理功能主要管理工点基本信息、工点所属线路信息等。

标段与工点关系管理功能主要管理维护标段与工点之间的关系。

②权限管理功能

权限管理功能拟定为系统上用户功能权限及数据权限分配的维护模块。拟定包含功能权限管理、数据权限管理功能。

功能权限管理主要是管理维护用户对功能页面的可见性。

数据权限管理主要是管理维护用户对工点（车站/区间）的隐患数据级可见、可操作性。

③隐患信息维护功能

隐患信息维护功能拟定为系统上隐患排查要点库等信息的管理维护模块。拟定包含隐患等级的维护，隐患类型、项目、分项、内容等信息的维护。

④基础信息维护功能

基础信息维护功能拟定为系统运行之前需要的基础信息的维护模块。拟定包含数据字典维护、岗位字典维护、部门岗位关系维护、单位类型维护、部门类型维护等系统运行所需的基础信息的维护功能。

（9）客户端程序

客户端程序拟定为手机客户端程序，分为 Android（安卓）版本和 IOS（苹果）版本。隐患的排查治理工作集中于施工现场，因此客户端程序以实用、便捷为主，能够满足施工现场排查隐患、治理后及时上报至系统等需求。拟定包含综合统计功能、隐患跟踪功能、隐患排查功能、隐患地图功能、工程资料功能。用户根据各自所管辖的工点（车站/区间）可在客户端查看隐患排查情况、排查上报情况、工程资料情况等。

3）系统亮点

安全生产的理论和实践证明，只有把安全生产的重点放在建立事故预防体系上，超前采取措施，才能有效防范和减少事故的发生，最终实现安全生产，推动企业安全生产标准化建设工作，建立健全安全生产长效机制，把握事故防范和安全生产工作的主动权。系统具体特点如下：

（1）隐患进行分级、分类管理

分级：根据隐患危害大小和整改难度，将隐患分为一级、二级、三级共三个等级。

分类：将隐患按安全、质量进行分类，共分 39 类，合计 2000 余条，其中安全隐患 1285 条，质量隐患 575 条，设计单位安全质量隐患 52 条，第三方监测单位安全质量隐患 41 条。

（2）“排查—治理”分离考核，从源头上鼓励发现隐患

系统对各单位的考核排名原则，不以发现隐患的多少为依据，而是从应排查而为未排查、排查不到位、排查不及时、整改不及时的角度进行考核，强化责任主体落实，鼓励自查自纠，及时完成整改。

（3）基层页面和管理页面的软件差异化展示

基层页面：基层界面主要实现隐患治理上报、整改、响应及消除等事物处理。

管理页面：管理者页面实现从宏观把握全线网隐患排查治理状态。

（4）排查责任主体任务自动推送

排查频率：根据施工、监理、建设等单位不同排查责任主体，实现日、周、月、季等不同频次排查任务自动推送。

排查内容：根据工程实际进展和排查主体岗位，实现不同的排查具体项目系统自动推送。

（5）隐患整治全流程闭合管理

从隐患排查、隐患上报、隐患更改、隐患消除实现全过程管理，确保发现的每条隐患在规定时限内得到整改消除。

（6）隐患治理全过程留痕

对发现的每条隐患系统实现整改时限、责任人、整改要求进行全过程跟踪(图5-40),做到留痕、有根可寻。

线路: 全部　标段: 全部　工点: 全部　隐患等级: 全部　单位类型: 全部　岗位: 全部　排查时间:

序号	隐患内容	工区/工点名称	排查单位	排查岗位	隐患等级	排查时间	流程状态	流程发起时间	剩余操作时间
1	5、打桩（成槽）机未挂设包含桩机（成槽）编号、负责人等内容的标牌	4号线TJ4016标/小洋江站-东钱湖车辆段区间	宁波高专建设监理有限公司	总监理工程师	三级	2017-12-02 12:13:01	待施工单位安质部长吕志落实整改	2017-12-02 12:13:01	
2	3、工地周边、出入口及道路路面、隔离栏杆等未及时清洁	奉化停车场标段/奉化停车场	乌鲁木齐铁建工程咨询有限公司	专业监理工程师	三级	2017-12-02 11:47:44	待施工单位安质部长何琦落实整改	2017-12-02 11:47:44	
3	9、使用民用插线板、卷线盘或多孔插座	奉化停车场标段/奉化停车场	乌鲁木齐铁建工程咨询有限公司	总监理工程师代表	三级	2017-12-02 10:35:03	待施工单位安质部长何琦落实整改	2017-12-02 10:35:03	
4	5、用电设备违反"一机、一闸、一漏、一箱"要求	奉化线TJFH04标 /鄞州工业园东站-甬江村站	中铁十局集团有限公司	安全员	二级	2017-12-01 20:22:29	待施工单位安全总监/副经理刘成龙,张侠落实整改	2017-12-01 20:22:29	
5	8、存在乱拉乱接或架空缆线上吊挂物品现象	5号线一期SS1HY标/海晏北路站	中铁一局集团有限公司	安质部长	三级	2017-12-01 15:24:46	待施工单位安质部长冯小龙落实整改	2017-12-01 15:24:46	
6	1、未按规定配备消防器材	4号线TJ4001标 /翠柏里站	乌鲁木齐铁建工程咨询有限公司	专业监理工程师	三级	2017-12-01 10:35:42	待建设单位科长杨桂伦 张仁豪整改复核	2017-12-01 15:59:42	无
7	8、未配置适用于电气火灾的灭火器材	4号线TJ4001标 /翠柏里站	乌鲁木齐铁建工程咨询有限公司	总监理工程师	三级	2017-12-01 10:31:59	待建设单位科长杨桂伦 张仁豪整改复核	2017-12-01 16:00:28	无
8	7、未有电工巡视维修记录、填写不真实	4号线TJ4017标/东钱湖站	建设分公司	业主代表	三级	2017-12-01 10:18:16	待建设单位业主代表张仁豪 丁立魁整改确认	2017-12-02 09:11:23	
9	2、超过一定规模的危险性较大工程专项方案未经专家论证，审批程序不符合要求	3号线一期TJ3109标段/鄞州区政府站	宁波市斯正项目管理咨询有限公司	总监理工程师	二级	2017-11-30 11:08:51	待施工单位安全总监/副经理朱明军,张三强落实整改	2017-11-30 11:08:51	
10	1、临边防护（如：工作面、上下通道、基坑、沟、槽、竖井、高架桥、屋面、建筑阳台、楼板、站台等部位）不到位	3号线一期TJ3101标段 /中兴大桥南站	上海隧道工程有限公司	总工	一级	2017-11-30 11:08:33	待施工单位项目经理仲汪洋落实整改	2017-11-30 11:08:33	

图5-40　隐患治理跟踪

(7)流程清晰、指令明确

制定的隐患排查治理办法,确定了参建各方的责任体系、隐患识别、响应、整改与消除要求与工作程序,强化与细化了施工单位的主体责任、监理单位的监理主责、建设管理单位的监督责任等。

(8)隐患整改的时效性

对于排查出的隐患,结合手机应用APP和短信息,系统按照管理办法制定的工作流程进行推送,方便快捷,能做到隐患上传至系统的同时,相关方既能收到短信通知,使得隐患能够快速的消除。

(9)隐患状态综合统计分析(图5-41)

对发现的隐患按线路、单位、类型、等级进行统计、分析,对高发、易发隐患类别、发生单位做到实时掌控,可帮助管理者及时调整管控方向和重点。

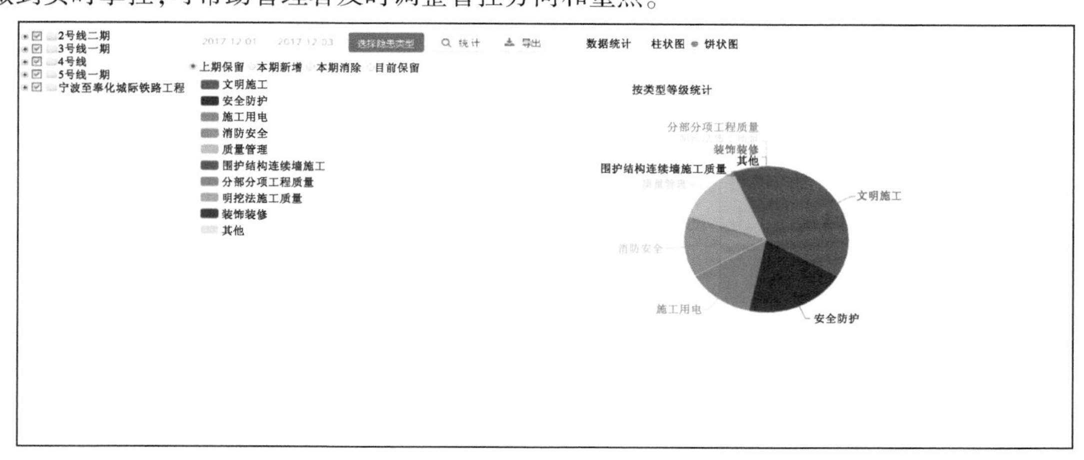

图5-41　隐患状态综合统计分析

(10)信息化、科技化隐患管理。

排查人员可采用电脑、平板及智能手机完成排查任务,及时对现场出现的隐患排查、上报、治理、消除。

5.4 HMS 物联网远程大数据监管平台

5.4.1 平台开发原则

随着物联网技术的不断发展,信息化手段、移动技术、物联网智能设备在工程施工阶段的应用不断提升,物联网远程大数据监管平台应运而生。为政府监管、企业的高效管理、质量安全防范提供有力的技术保障。

HMS 物联网远程大数据监管平台,利用无处不在的网络和先进的物联网、大数据处理技术,将独立、分散的智能视频设备和各监管类传感器进行联网,形成统一的智能物联网数据管控平台,实现跨地域、大范围的统一监控、统一管理、统一存储,为用户提供了一整套智能、直观、易用的管理平台。

目前,HMS 物联网远程大数据监管平台已在宁波轨道交通深基坑工程中部分使用。

1)平台定位

围绕建设施工过程远程管理,建立互联协同、智能生产、科学管理的施工项目信息化生态圈,并对采集到信息数据进行数据挖掘分析,提供过程趋势预测及处理预案,实现工程施工可视化、量化指标的管理,以提高工程管理智能化、信息化水平,从而逐步实现安全、质量双保障。

2)平台建设目标

通过物联网远程管理技术平台,将传感器等智能设备运行纳入管理范围。结合工程施工监控监测管理规范机制,通过建立运行管理平台标准与远程管理体系,将所有系统设备有机地结合起来,达到数据共享,系统管理,形成施工现场管理为主体,服务于施工单位、施工监理单位和业主方的综合管理体系,提高监管效果,节省人力,降低监控管理成本,提升管理效率。实现对现场施工质量安全以及施工人员工作情况的动态掌控。

运用信息化手段,为监管部门、企业等实现对分布不同地域、分散生产经营的铁路建设项目生产过程实施远距离、集约化、指标量化的智能监管。

运用物联网技术,对项目建设过程进行动态、实时多角度、全方位的监督与管理,实现数字化质量安全监督。

(1)实现工程质量安全远程信息化管理

①基于云计算的数据中心

依托强大的 HMS 支撑平台和云端分布式存储,对前端设传感器采集并传回的数据进行智能分析、统计,同时进行海量数据存储。

②满足工程管控平台功能要求的应用系统

实现智能视频监控监测、工程施工影像日志存储、环境侦测、人员考勤管理、超视野盲区监

控、移动单兵执法等等应用服务。满足施工单位、施工监理单位和业主方、监管机构的管理需求。

(2)实现施工现场重大危险源质量安全实时在线远程智能化监管

运用物联网、云计算技术，依靠云服务平台和安全终端为支撑，以安全高速传输网络和大数据挖掘分析为基础，以运营服务为核心理念，构建新一代重大危险源实时在线监管系统，管理人员可在办公室就能清晰的掌握现场实际情况，实现现场检查的"规范化、透明化、可视化、数据化、智能化"。

(3)实现移动、远程协同管理

利用物联网、移动通信技术实现施工现场检查、远程操作指导、现场执法、远程协同办公等行为数据化、可视化。管理部门、企业、机构等可组织多部门相关人员远程查看检查过程、联合执法场景及数据。

(4)实现大数据分布式云端存储

除了现场视频、监测等数据实时传输给管理后台以外，支持安全生产质量控制大数据分布式云端海量保存，充分保证数据的规范、安全以及可追溯，智能终端和后台建立的实时监控通道，提供前后台实时协同分析功能。

5.4.2 平台技术架构(图5-42)

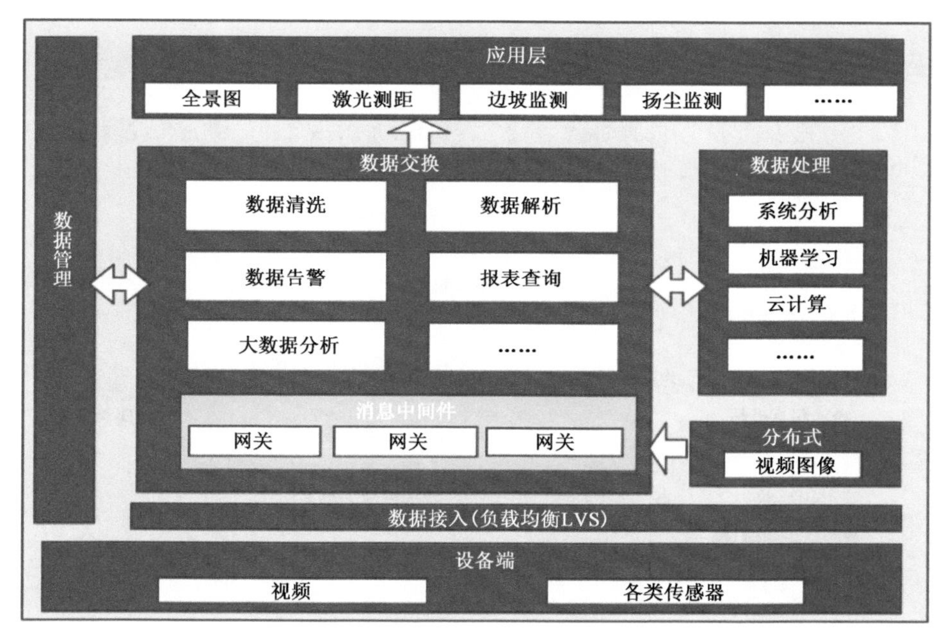

图5-42 技术流程示意图

1)数据接入

数据接入时，传感器或者采集终端通过无线或者有线的方式发送到平台端，平台端通过软负载均衡(LVS)或者硬负载均衡(F5等)将流量均匀的负载到各个可水平扩展的网关。数据接入协议分两个层次，在通讯层次上，支持TCP、UDP、HTTP和WEBSOCKET等通信协议；在数据协议层次上,支持 MQTT、JSON、SOAP 和自定义二进制协议。通过这两个层次的互相搭配,可以轻松实现任何物联网终端、任何协议的数据接入。

2)数据存储

平台使用了分布式存储引擎作为数据存储的主要方式,并能够远程支持数据的备份、恢复和迁移,可以很好地支持海量物联网终端的历史数据的查询和数据分析的结果等。

3)数据处理

数据处理服务主要实现对物联网数据的清洗、解析、报警等实时的处理,并对物联网数据做日/周/月/年等多个时间维度做报表分析和数据挖掘,并将结果输出到关系数据库中。

4)平台安全

物联网安全日益重要,HMS 平台从链路安全、接入安全、网络安全、存储安全和数据防篡改这几个方面来保证物联网安全。

(1)通过 SSL 和 TLS 保证链路安全;

(2)通过秘钥鉴权对数据的访问有效进行控制;

(3)通过防火墙等硬件设备防止网络攻击;

(4)通过副本冗余保证数据的存储安全;

(5)通过每 512 字节进行 CRC 校验的机制保证数据的防篡改。

5.4.3 平台各子系统功能概述

平台应用结构组成及功能,如图 5-43 所示。

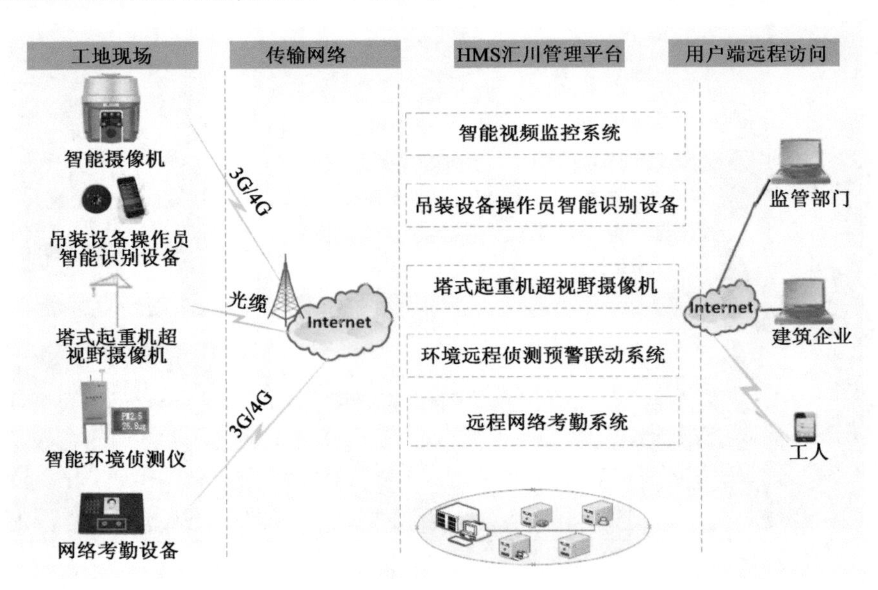

图 5-43　平台结构及功能示意图

采用先进的物联网技术,主要有前端信息采集层、网络传输层、信息存储与处理层、用户远程访问层组成。将施工现场视频图像、监测监控目标数据、塔式起重盲区作业视频、人员考勤、现场施工环境等等产生的实时动态情况及时上传到综合管理平台,同时建立满足监管人员的

监控监测需求的服务系统和大规模海量、高效的云端分布式存储系统，实现工程建设管理系统的升级换代，有效提升安全质量科学管理水平。

1)智能远程视频监控监测系统

(1)系统组成

智能远程视频监控监测系统由三部分组成：监控监测终端、网络传输链路、中心管理平台。结构示意图如图5-44所示。

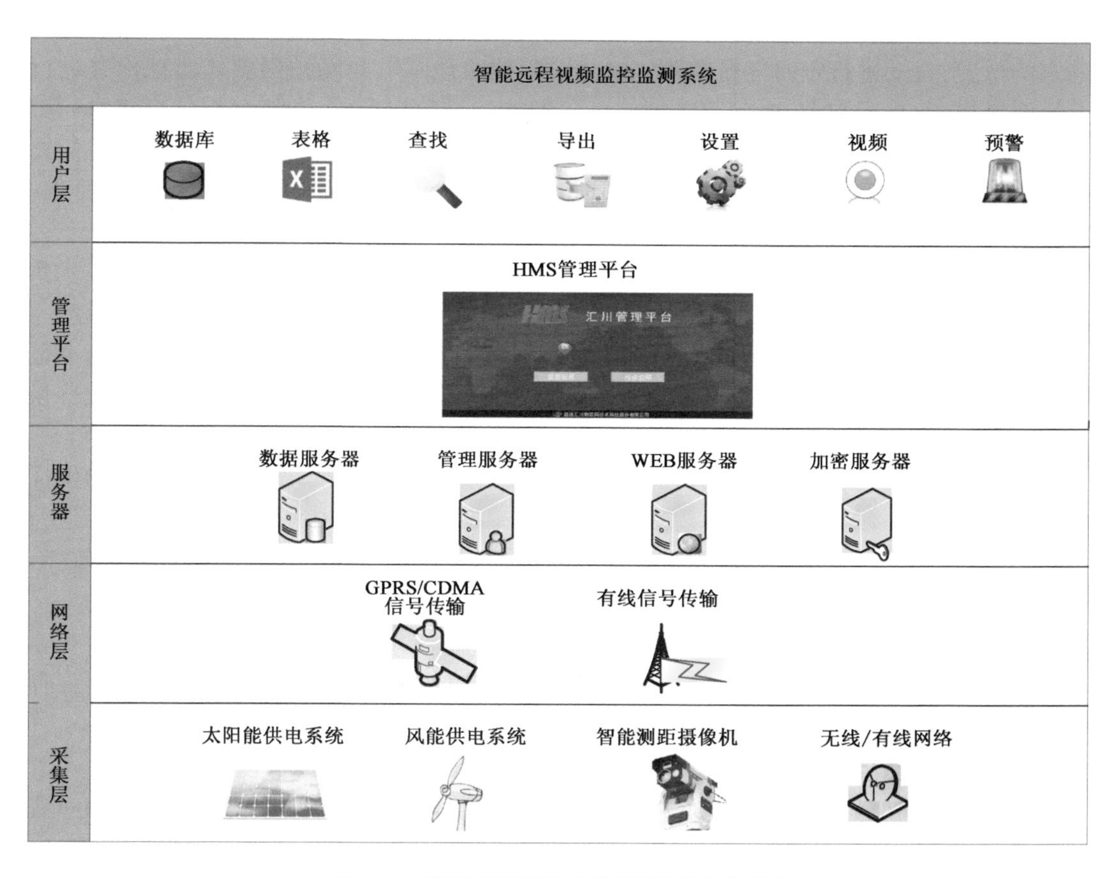

图5-44　智能远程视频监控监测系统结构示意图

监控监测终端：由智能测距摄像机(图5-45)(视频监控测量仪)和智能服务器组成。是基于新一代物联网信息技术，利用高精密云台、图像传感器、激光距离传感器、光栅角度传感器等信息传感设备和网络化自动控制技术，对目标物体的数据信息进行采集，通过融合视频图像和三维空间集成算法，进行信息交换和通信，按约定的协议与互联网相连接，实现对监控目标的远程智能化测量、监控和管理。

网络传输链路：兼容有线（光纤宽带）和无线传输（3G/4G）。

图5-45　智能测距摄像机示意图

（2）系统介绍

智能远程视频监控监测系统具备远程控制、设备自动定位、预置位自动监测（由监管人员预选定的位置，自动进行定时巡航监测、采集数据、拍照截图）、自动拍摄整体监控面并进行自动全景图拼接（含项目名称、时间等基础信息）、智能扫描数据存储、智能分析处理、数据存储、检索等功能，可对目标物任意点的空间坐标（如三维坐标、经纬度等）进行测定，可对目标物位移变化量进行监测，可计算出目标物的尺寸（如测量空间任意两点之间的距离）、面积、体积等。

本系统在远程视频监控的基础上实现了激光测距和巡航、扫描功能，借助物联网技术实现了对基坑、边坡等监控区域的位移远程实时监测。对位移变化情况进行统计、分析、预警。

相比于传统测量方法，本系统设备无须人员进入危险源实地测量，可通过前期在远离危险源处安装智能测距摄像机。整个过程只须一次安装便可实现对于远程对基坑、边坡位移量的自动化监控。

系统采用远程网络化监控监测，通过子母机联机数据共享机制实现了对于目标物坐标数据和图像信息的同时采集，测量过程无须再去现场，管理者可随时利用网络对监测监控进行查询，也可对于各个不同地域的任意点进行实时随机抽检、抽测、监控，极大的提升管理效能，同时也保证了数据的真实性与准确性。

（3）系统功能

①利用互联网远程操作对需要监测的位置通过实时视频设置预置点，系统设备会保存该点的信息（包括角度、距离等）；

②将多个预置点编辑成测量运动轨迹，轨迹中预置点的先后顺序可以任意设置；

③开启轨迹巡航后，设备会在轨迹中预置的几个预置点不间断地做巡航监测，巡航过程中系统自动采集检测到的预置点监测数值，监测数值变化时，系统通过区域点位移分析算法，判断监测点位移变化，超出设定阈值时系统会发出告警提示；

④实时查看告警监测点的告警信息和实时图像信息；

⑤检测数据实时保存在管理平台，数据安全可靠；

⑥通过系统在实时视频监控区域上设定自动扫描范围，系统会进行全区域自动扫描采集相关数据，系统按时间序列进行存储。

（4）效果（图5-46～图5-50）

a)

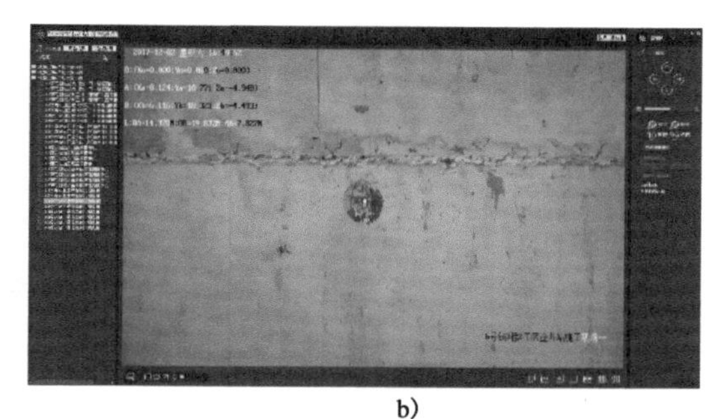

b)

c)

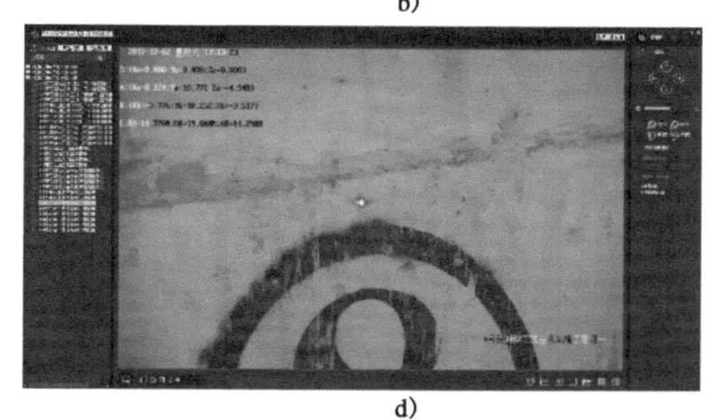

d)

图 5-46 效果图(1)

图 5-47 效果图(2)

图 5-48 效果图(3)

图 5-49　监测实景

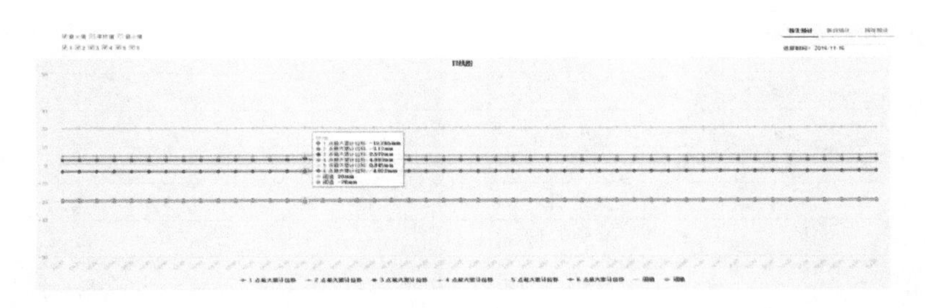

图 5-50　监测点位移曲线示意图

2)施工影像日志系统

(1)系统组成

施工影像日志系统由三部分组成：监控监测终端、网络传输链路、云端分布式存储管理平台。结构示意图如图 5-51 所示。

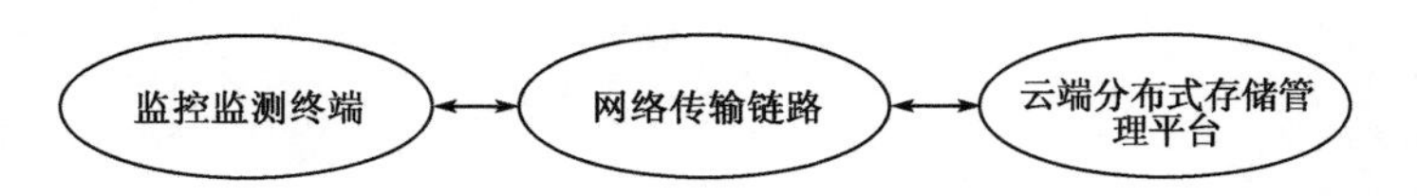

图 5-51　施工影像日志系统结构示意图

(2)系统介绍

施工影像日志系统是在智能视频监控监测系统实时监控及自动定位测量的基础上，研发的具备自动形成施工过程全景影像功能和云端分布式存储的新型系统。

通过带激光视频测控功能的智能监控系统，在实时进行远程监控和测量的同时，利用全区域自动扫描采集的相关数据，进行节点截图并自动拼接融合成施工现场全景大图，自动形成施工项目实体施工过程影像日志(施工现场全景和施工节点)，系统按时间序列进行存储。可随时按时间检索全景图，在全景图上点击需检查的部位，调阅相应部位节点细节图。质量安全管理人员可随时回溯查看历史上某一天的项目实体现场大全景和任意节点施工情况，同时也可回溯查看某地理位置的节点形成历史及情况，并可进行测量，便于事中事后监督管理。

(3)效果(图 5-52-图 5-53)

3)超视野安全操作移动监控系统

(1)系统组成(图 5-54)

系统由前端视频监控系统、无线通讯链路、智能管理平台三部分组成。结构示意图如图 5-55所示。

图5-52 影响日志系统

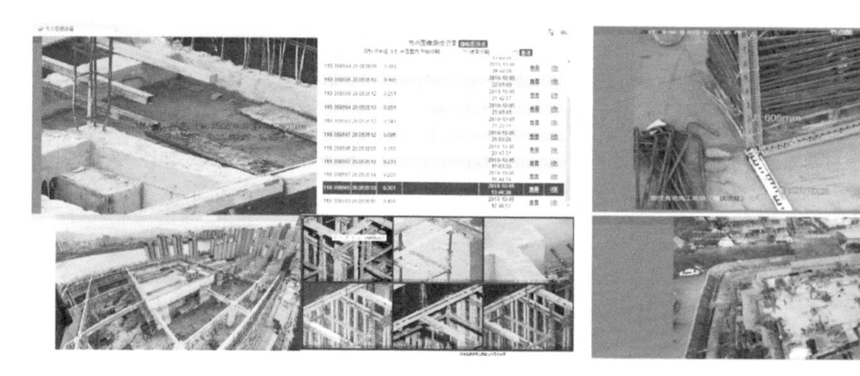

图5-53 施工影像日志

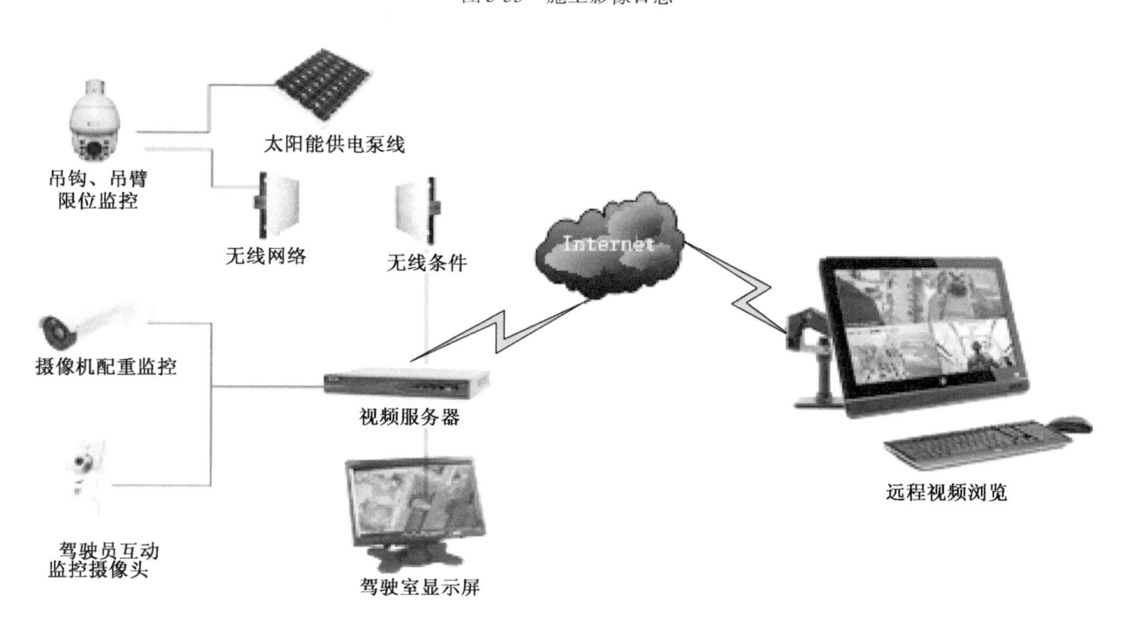

图5-54 超视野操作监控系统组成

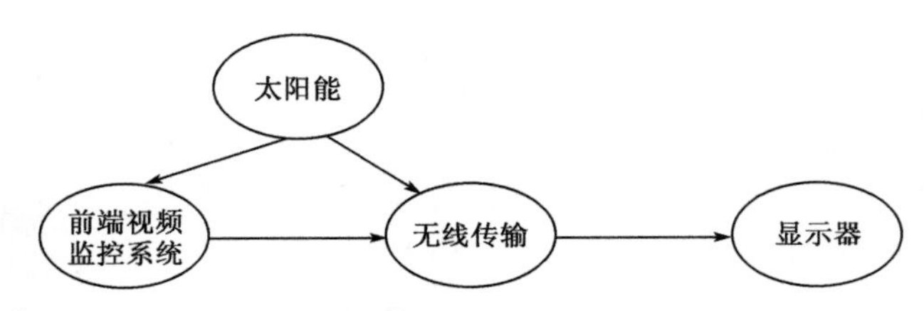

图 5-55　超视野安全操作移动监控系统结构示意图

前端视频监控系统：由太阳能供电系统、无线传输系统、高清摄像机、显示器组成。在驾驶室安装 7 寸显示器，塔吊驾驶员可通过显示器清晰的了解吊臂下方的情况。

无线通讯链路：系统采用无线网桥传输 + 互联网传输模式。塔吊上通过无线网桥将视频传输至地面机柜后通过互联网传输至平台。

智能管理平台：可实现对塔吊操作起吊情况的实时监控，同时可通过手机客户端与塔吊驾驶员实现语音通话。

（2）系统介绍

随着我国在建筑工程结构越来越新颖，建筑高度不断攀高，塔式起重机在施工现场使用越来越广泛的情况下，每个施工现场的塔吊在施工过程中都存在一定的盲区，通过超视野安全操作移动监控系统，塔吊起重机操作员可通过驾驶室内的显示屏查看吊钩周边情况，提前预判、准确落点、防止碰撞，以提高施工效率，减少施工成本，增加施工过程的安全系数，杜绝事故发生。

（3）效果（图 5-56 ~ 图 5-58）

图 5-56　安装效果图

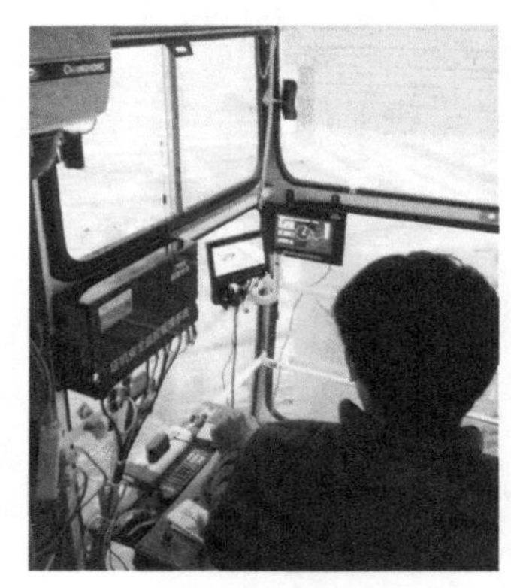

图 5-57　塔吊驾驶室效果图

图 5-58　吊钩监控画面

4）吊装设备操作员智能识别系统

（1）系统组成（图5-59）

系统采用分体式身份认证设备，包括遥感控制器、智能手机身份识别APP。设备安装于塔吊驾驶舱或施工升降机驾驶舱内。

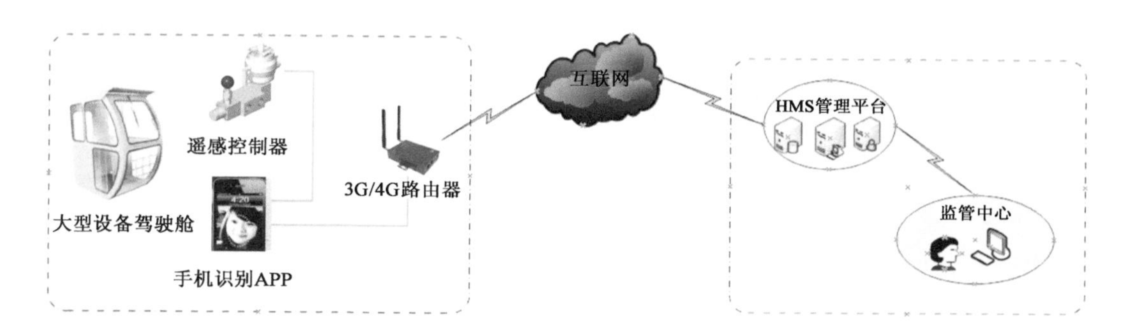

图5-59 吊装设备操作员智能识别系统组成

身份识别APP：通过采集操作人员的脸部生物特征并与数据区备案人员信息进行比对；

遥感控制器：通过蓝牙与手机连接，认证通过开启控制器。

管理平台：对操作人员身份进行管理备案，对异常情况进行预警功能。

（2）功能介绍

利用具备身份识别APP的手机设备，对上机操作的人员，进行人脸活体身份认证，经过身份验证的人员可通过手机蓝牙控制安装在塔吊驾驶舱或升降机驾驶舱内的遥感控制器进而控制吊装设备操纵杆行程开关或电源开关，系统实时登记操作和离岗时间。未进行备案的人员无法通过身份验证，无法开动机具设备。快速、便捷、正确的验证大型设备的操作人员是否持证上岗，使建筑工地实现安全运营管理。

（3）效果（图5-60）

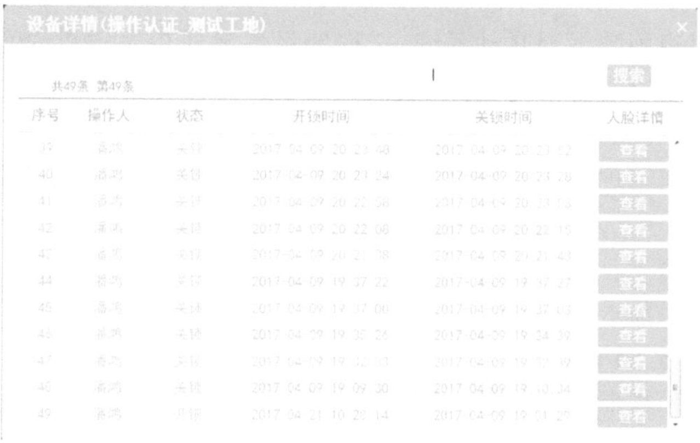

图5-60 吊装设备操作员智能识别系统效果图

5）环境远程侦测预警联动系统

（1）系统组成（图5-61）

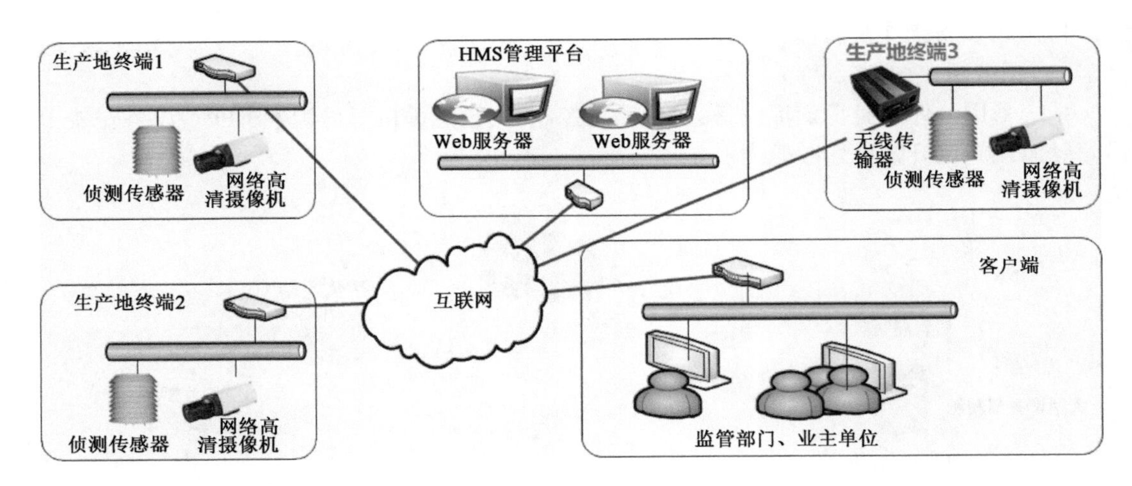

图5-61　环境远程侦测预警联动系统组成

系统由现场智能终端、传输通信链路、中心管理平台三部分组成。结构示意图如图5-62所示。

图5-62　环境远程侦测预警联动系统结构示意图

现场智能终端：包含环境侦测仪、LED显示屏、网络高清摄像机，环境侦测仪通过环境传感器采集施工现场环境动态，进行分析后显示在施工现场LED屏上。网络高清摄像机记录施工现场场景；

传输通信链路：施工现场环境侦测仪通过无线4G或者有线网络接入互联网；

中心管理平台：对采集到的数据进行统计、分析，并将预警信息实时发布。

(2)系统介绍

通过环境远程侦测预警报警联动系统，工程项目各参建单位能够全面、有效、实时的了解建设施工现场环境的实时动态情况，以细颗粒物(PM2.5)和可吸入颗粒物(PM10)治理为突破口，抓住扬尘等关键环节；健全企业自我监督机制；实行区域联防联控，深入实施大气污染防治行动计划。同时避免施工现场人员同管理或执法人员“躲猫猫”，有效解决了依靠人工巡查，很难抓住现行的情况。

(3)效果(图5-63)

6)远程网络考勤系统

(1)系统组成(图5-64)

系统由考勤数据采集器、通讯链路、智能管理平台三部分组成。

工地考勤终端：人脸考勤机或手机人脸考勤APP(通过识别人脸特征进行人员识别)；

传输网络：工地、手机和监控中心之间采用互联网传输；

中心管理平台：具备网络化异地管理、考勤记录一站查询、多班次设定(可根据用户实际情况定制对应的考勤报表)。

a)马尾中建海峡广场项目

b)宁德逸涛侨苑项目

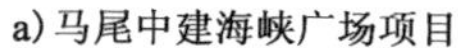

图5-63　项目实景图

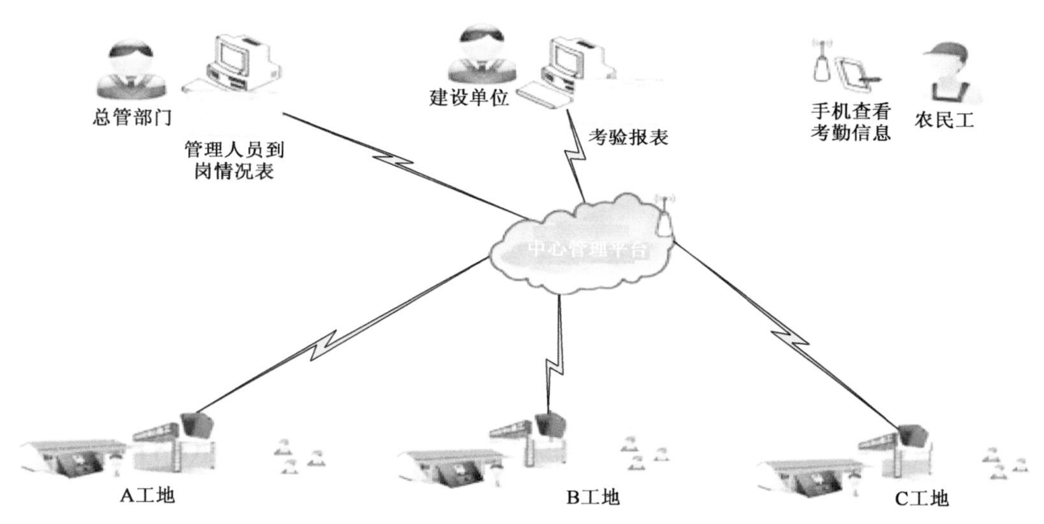

图5-64　远程网络考勤系统组成

(2)系统介绍

传统的施工现场考勤存在着代打卡、考勤管理不及时、不透明、管理难度大等问题。运用远程网络进行人脸活体考勤,可轻松实现考勤记录实时查询,考勤管理及时、透明化,更符合企业管理的人性化定制开发,人员管理不再受地域限制。与传统的识别方法比较,突出的优势表现在活体人脸生物特征可以从根本上杜绝现场人员伪造和窃取,从而具有更高的可靠性、安全性和实用性。

图5-65　管理人员考勤安装效果图

(3)效果(图5-65～图5-67)

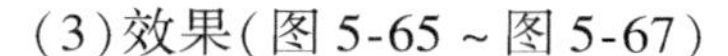

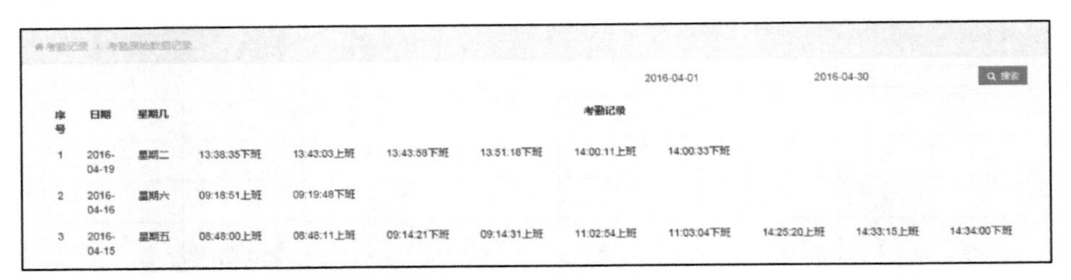

2016-04-01 2016-04-30 搜索

序号	日期	星期几	考勤记录								
1	2016-04-19	星期二	13:38:35下班	13:43:03上班	13:43:58下班	13:51:18下班	14:00:11上班	14:00:33下班			
2	2016-04-16	星期六	09:18:51上班	09:19:48下班							
3	2016-04-15	星期五	08:48:00上班	08:48:11上班	09:14:21下班	09:14:31上班	11:02:54上班	11:03:04下班	14:25:20上班	14:33:15上班	14:34:00下班

图 5-66　考勤统计报表

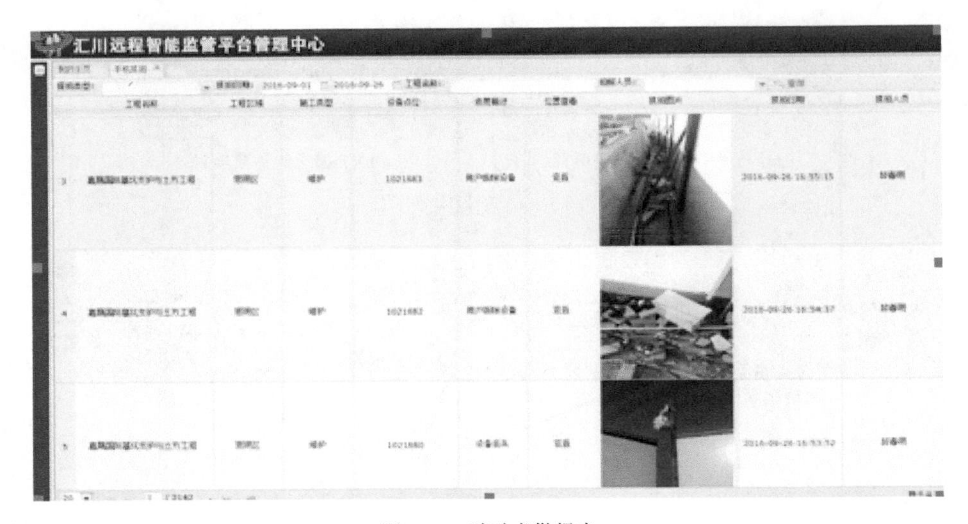

图 5-67　移动考勤报表

7）移动单兵执法系统

（1）系统组成

系统由移动执法终端、手机客户端、执法系统组成（图 5-68）。

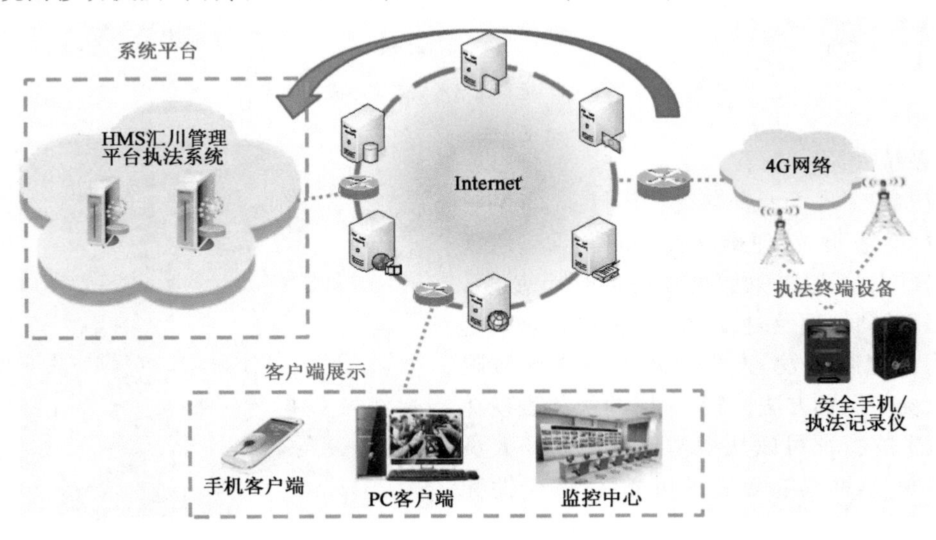

图 5-68　移动单兵执法系统组成

系统采用手机外接执法记录仪的方式，通过手机4G网络上传实时视频给平台；执法记录仪和安全手机之间采用USB连接，保证带宽和稳定性；安全手机和系统平台之间采用4G无线网路，满足视频带宽需求。

(2)系统介绍

目前通常的现场检查过程记录采用手机录像形式采集音视频，无法做到管理者异地实时跟踪同步查看、交流以及音视频大量长时间存储，运用物联网技术，移动执法系统，依靠云音视频云服务平台和双域安全终端，以安全高速传输网络为基础，除了现场音视频实时传输给管理后台以外，同步支持安全生产检查数据服务云端和本地保存，充分保证数据的规范以及安全隐患记录可追溯：执法终端和后台建立的实时监控通道，管理部门可组织多部门相关人员远程查看检查过程。实现现场检查的"规范化、透明化、可视化、信息化"，便于安全生产管理和领导决策。

(3)效果(图5-69)

a)

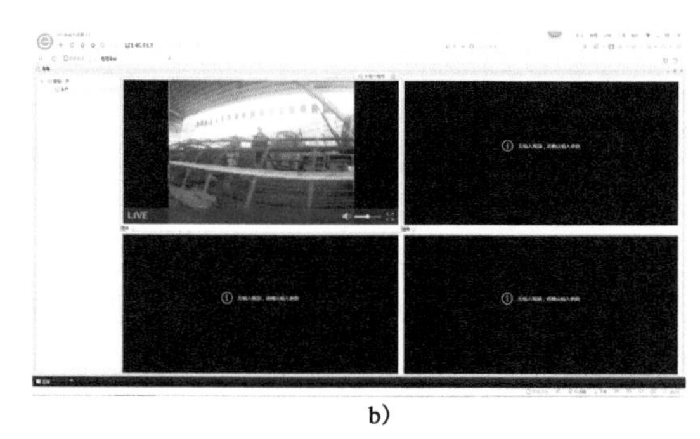

b)

图5-69 移动单兵执法系统效果图

8)分布式云存储系统

(1)系统组成(图5-70)

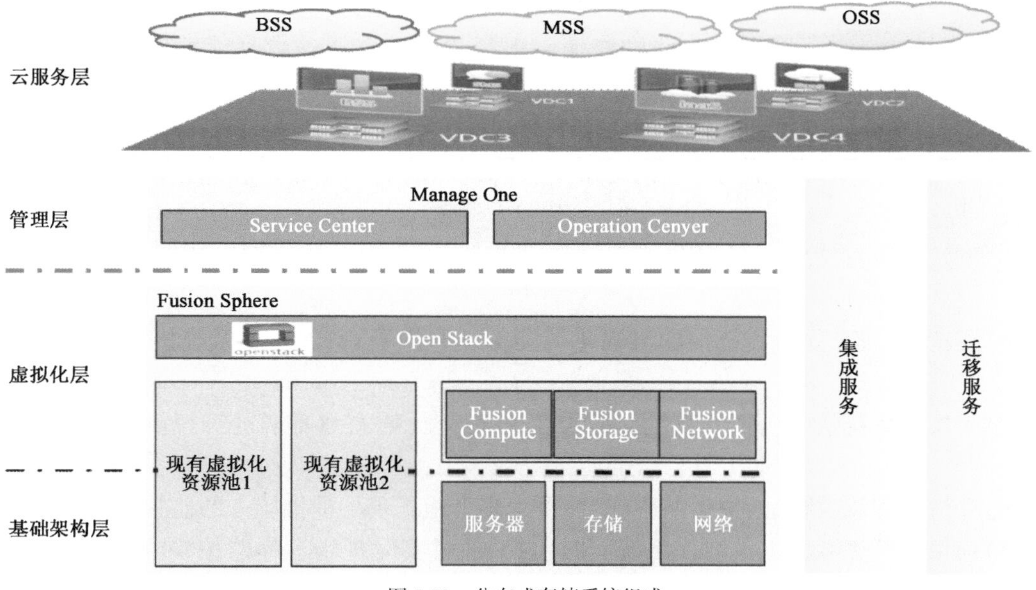

图5-70 分布式存储系统组成

(2)系统介绍

建设行业目前以文档、图纸类为主存储模式,随着信息化水平提升,迫切需要以大数据数字(如图片,音、视频等)存储模式,集中式存储无法突破海量存储瓶颈,分布式(云)存储为实现大数据存储、集中管理、智能处理(如统计、分析)提供解决方案。

分布式云存储是一种利用大规模低成本运算单元通过IP网络相连而组成的运算系统,用以提供各种计算和存储服务。利用各地运营商既有机房布设的数据节点集群进行存储,通过管理服务器实现集中管理、远程访问,大数据智能调取、分析,有效解决大数据永久存储难题,是未来发展趋势。

由于其具有高性能、低成本、可平滑扩展等优势,是IT技术发展新的技术手段和业务模式,不仅为建筑企业降低了建设和维护成本,更为企业技术、业务和管理创新带来了新的契机。

分布式云存储针对目前集中式存储存在的主节点单一所导致系统单点失效,使系统的容错性较低的问题。通过多个主节点一同分摊,保证主节点失效后系统稳定,系统荷载得以分摊,提高了系统容量。从而实现了安全可靠的业务服务,同时支持以业务为中心,按需的虚拟资源池,大大减少了建设企业的管理和投入成本。

(3)效果

建立分布式云存储系统,通过将现场的数据迁移至云端,节约了存储管理上的成本,在同一个界面下进行管理维护,无须再处理数据管理的繁琐工作。同时具备强大的扩展性,可随时增加存储服务器来满足现有的存储需求,还能降低安全风险。

5.4.4 平台亮点

HMS物联网远程大数据智能监管平台涵盖了数据接入、计算、云端分布式存储、交换和管理。用户基于这个平台,实现典型的物联网应用场景:

(1)物联网安全,解决了从数据接入到最终展现给用户的每个环节的安全防护;

(2)实时接入,十万级别的物联网终端以很高的频率发送的数据能够实时的接入到系统中;

(3)当前状态,十万级别的物联网终端中快速地获取到某个终端的当前的状态;

(4)历史状态,十万级别的物联网终端中快速地获取到某个终端在过去的某个时间段内的状态参数;

(5)下发指令,可以给一个或者多个物联网终端下发指令,从而可以实现远程控制和参数调校等;

(6)支持统一管理平台:统一的可视化智能工地监管平台,预留多系统接口,系统可逐步升级;

(7)支持多系统接入:多子系统对建设工程安全质量关键要素进行智能感知和云计算接入;

(8)支持管理流程再造:数据共享融合,可为多个施工现场提供统一的监管决策支撑;

(9)项目从开工到竣工被纳入系统实时监控,通过实时现场远程监控检测数据结合建设工程安全质量管理模式,提升科学管理水平。

5.4.5　应用案例

1)案例背景

智能远程视频监控监测系统在福州市轨道交通工程2号线福州大学站的应用。

福州大学站为福州市轨道交通工程2号线第5个站,位于乌龙江大道上,沿乌龙江大道南北向设置站位。

福州大学站为双层岛式车站,起点里程为DK14+911.309,终点里程为DK15+111.309,长200m。本站基坑采用明挖法施工,开挖深度约16.0~18.1m,基坑围护结构采用0.8m厚连续墙加4道竖向内支撑的围护体系结构。

车站基坑所处地层主要岩土层从上到下主要为填土、粉质黏土、淤泥、淤泥夹砂、粉细砂、中粗砂、淤泥质土及卵石。

基坑开挖影响范围内,地下水类型主要为潜水、承压水。

潜水:水位埋深1.40~4.20m,水位标高4.54~6.97m,含水层主要为粉细砂、粗中砂层,含水层底板主要为淤泥质土层。

承压水:水位埋深4.50m,水位标高4.50m,承压水水头20.75~24.07m,含水层主要为卵石层。

现场监测布置情况如图5-71所示。

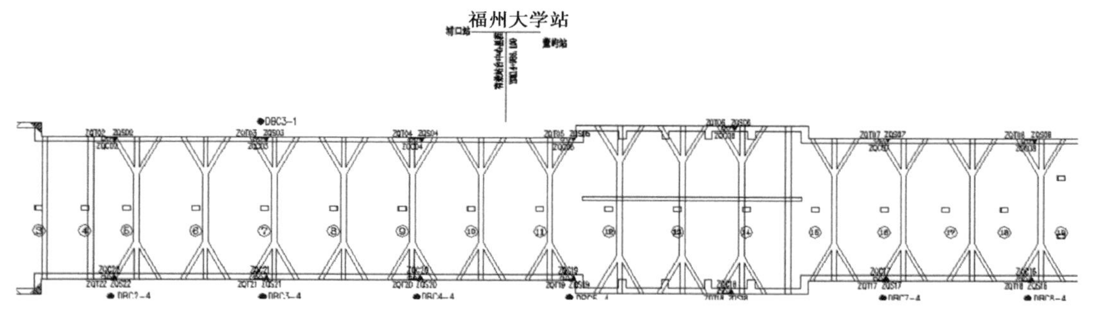

图5-71　现场测点布置示意图

现场对基坑南侧通视情况较好的墙顶水平/竖向位移监测点(编号ZQC2~ZQC7、ZQS2~ZQS7)同时采用远程视频测量和传统人工测量两种方式,实时比对两种方式所测数据。

为增强两种数据对比的可靠性,测量时间一般为上午8:00,该措施有效降低了因现场施工工况、周边环境、天气与温度等条件不同造成的数据差异。

2)墙顶水平位移监测(图5-72~图5-77)

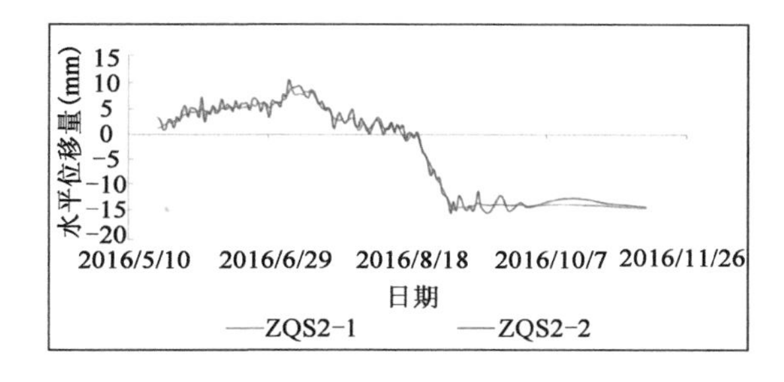

图5-72　ZQS2墙顶水平位移时程曲线对比图

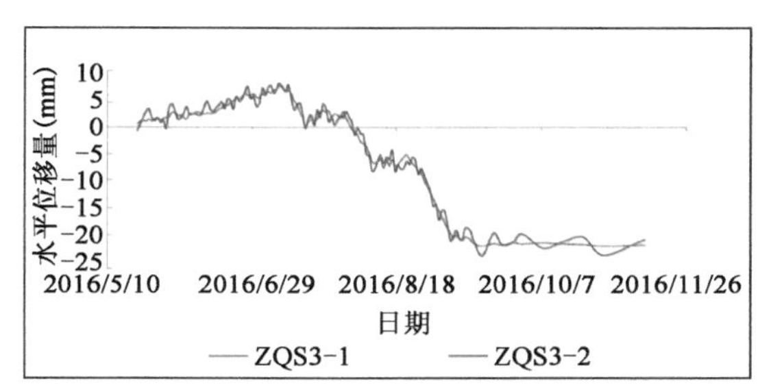

图5-73　ZQS3墙顶水平位移时程曲线对比图

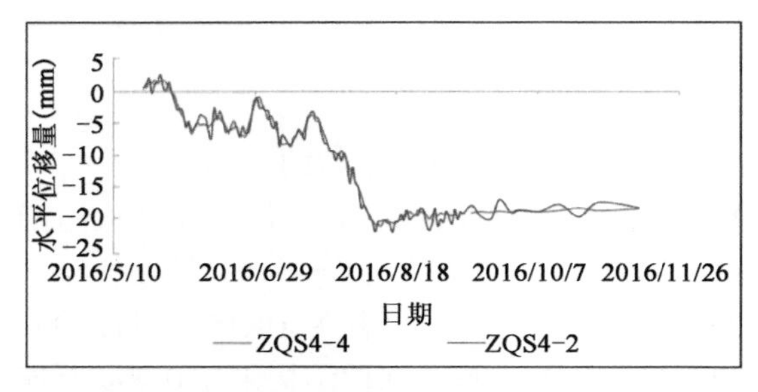

图 5-74　ZQS4 墙顶水平位移时程曲线对比图

图 5-75　ZQS5 墙顶水平位移时程曲线对比图

图 5-76　ZQS6 墙顶水平位移时程曲线对比图

图 5-77　ZQS7 墙顶水平位移时程曲线对比图

注：以上位移时程曲线图中 X-1 为采用传统人工的测量方法所测数据；X-2 为采用远程视频测量的方法所得数据。

3）墙顶竖向位移监测（图 5-78 ~ 图 5-83）

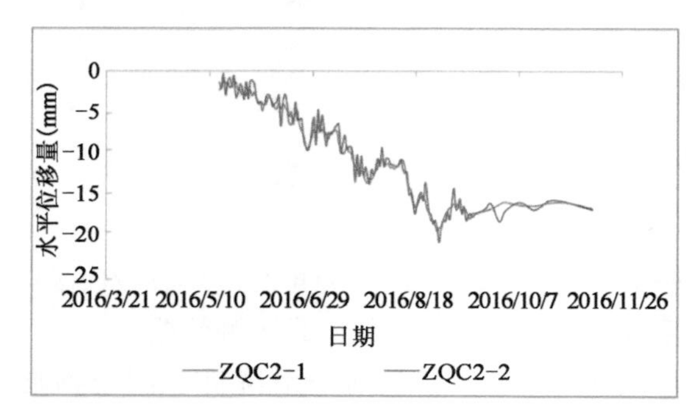

图 5-78　ZQC2 墙顶竖向位移时程曲线对比图

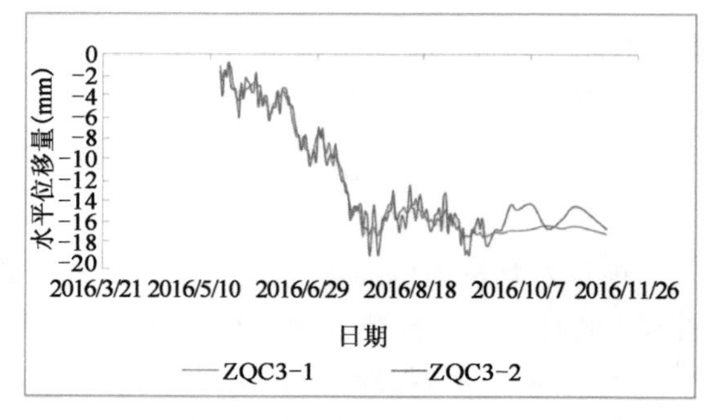

图 5-79　ZQC3 墙顶竖向位移时程曲线对比图

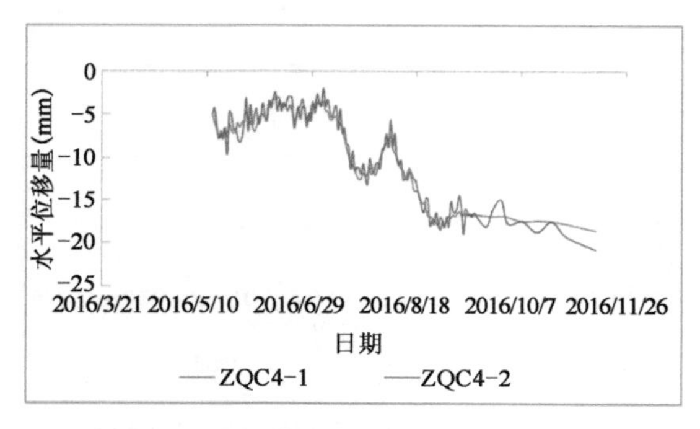

图 5-80　ZQC4 墙顶竖向位移时程曲线对比图

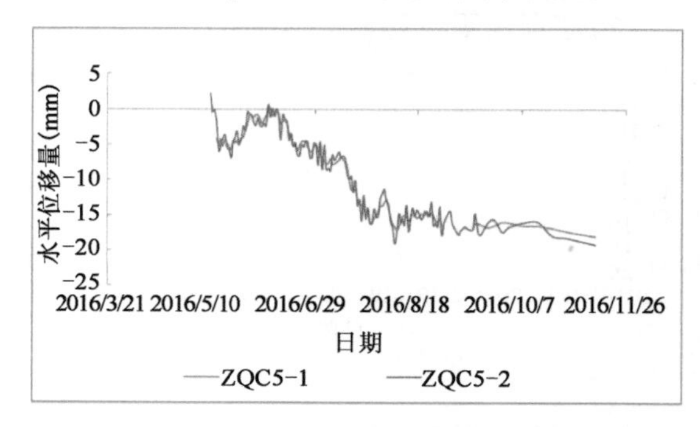

图 5-81　ZQC5 墙顶竖向位移时程曲线对比图

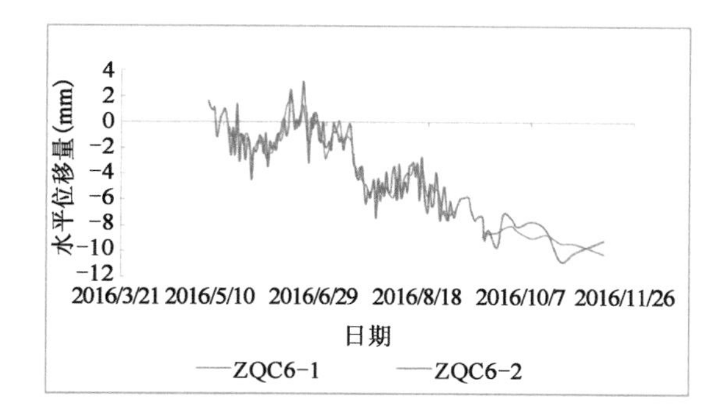

图 5-82　ZQC6 墙顶竖向位移时程曲线对比图

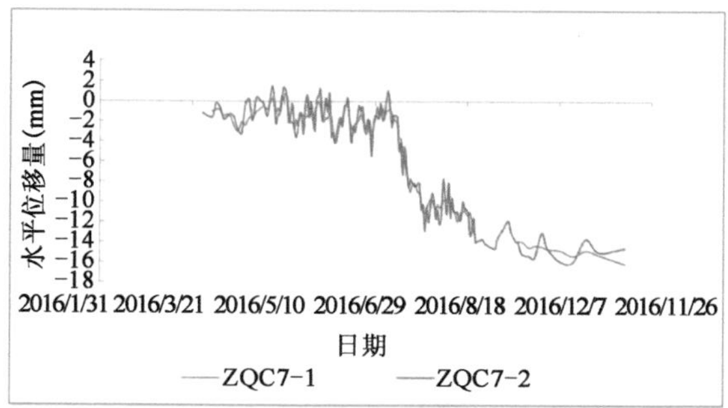

图 5-83　ZQC7 墙顶竖向位移时程曲线对比图

注:以上位移时程曲线图中 X-1 为采用传统人工的测量方法所测数据;X-2 为采用远程视频测量的方法所得数据。

4)案例总结

福州轨道交通 2 号线福州大学站基坑墙顶水平/竖向位移现场测试,通过两种测量方式的相互对比,验证了远程视频监控测量的先进性。相比较传统的测量方法,远程视频监控测量具有明显的优势,尤其是在现场值守急缺或抢险状态,远程视频监控测量可做到连续测量、远程可视化、随时异地访问,不受频次影响,大大提高工作的效率。

第6章　地下工程安全风险管控智能反馈技术

6.1　地下工程中的反分析简述

地下工程中的反分析是指通过地下工程实体试验或施工监测岩土体实际表现性状所得数据,反求地下工程相关技术参数的方法。它与室内试验、原位测试一起,构成了求取岩土参数的三种手段。反分析结果不仅可以用于验证当前工程的设计计算、查验工程效果、预测后续工况,还可用来分析事故的技术原因并为周边类似工程的计算模拟提供更为合理的参数取值信息。由于反分析方法具有较强的工程应用价值,许多学者和工程师开始关注和研究反分析理论与方法。目前,反分析研究已成为岩土工程学科的一个重要分支,也初步形成了岩土工程反演理论体系。

反分析按求解方法的不同又可分为逆反分析法和正反分析法。正反分析法实质是一种试探方法,首先对给定参数的试探值进行正演计算,通过迭代和误差函数的优化技术,求得计算位移最接近实际位移时的参数最佳值。相比于逆反分析法,正反分析法对于复杂的地下工程问题更具适用性,是目前研究的主要方向。实现正反分析应具备三个要素:实测数据、正演方法和反演算法。求解地下工程问题所运用的解析法、数值法和半解析半数值法都可作为正分析方法,反分析的适用性和计算效率很大程度上取决于这些正演方法本身的性能。反演算法是反分析的核心技术,它是基于各种最优化理论寻找使误差函数达到最小时的计算参数的方法。反演算法有最小二乘法、单纯形法等传统算法,而随着计算机技术的发展以及人工智能研究的深入,新型智能方法也被逐步引进。

近年来,地下工程监测技术逐渐从依靠人力的静态监测向自动化实时监测发展,反分析研究中也产生了与之相应的更为高效的反分析方法。动态、智能、便捷的反分析技术进一步促进了其在地下工程(如基础工程、基坑工程、隧道工程等)中的应用。国内外重大工程中都可以见到反分析技术的运用,反分析已经成为实现地下工程信息化施工和动态设计所不可或缺的技术手段之一。

6.2 反分析中的智能算法

6.2.1 人工神经网络算法

1)人工神经网络法简介

人工神经网络是基于模仿大脑神经元网络及其活动规律而形成的一种大规模非线性自适应信息处理系统。人工神经网络的信息处理由神经元之间的相互作用来实现;知识和信息的存储表现为网络元件互连间分布式的物理联系;网络的学习和识别决定于各神经元连接权系的动态演化过程。更通俗而言,人工神经网络就是在输入与输出之间构建一个“暗箱”,通过试验样本的学习和记忆,找出输入和输出之间的联系,即两者的映射关系。

整个神经网络由输入层、隐含层和输出层构成,其中隐含层可为多层,且每个隐含层又包含多个神经元。图6-1为单个神经元结构示意图,它一般是一个多输入、单输出的非线性元件,输入和输出之间的关系可表达为:

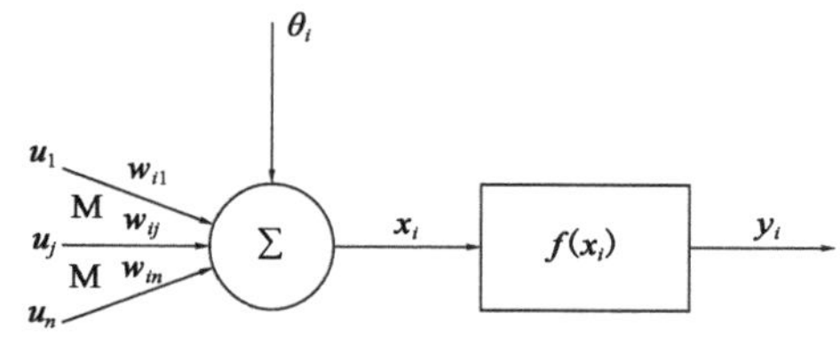

图6-1 神经元结构示意图

$$y_i = f\left(\sum_{i=1}^{n} w_{ij}u_j - \theta_i\right) \tag{6-1}$$

式中:y_i——神经元 i 的输出值;

u_j、θ_i、w_{ij}——上一层第 j 个神经的输出值(即神经元 i 的第 j 个输入值)、神经元 i 的阈值和上一层第 j 个神经元至该层第 i 个神经元的连接权值,它们共同构成该层第 i 个神经元的内部状态;

f——激活函数(即转换函数,有直线型函数、S型函数等),它以神经元内部状态为变量,影响着神经元的输出性能。

不难看出,人工神经网络就是通过内部连接权值、阈值及激活函数的转换能力来表现输入和输出之间的复杂关系,而神经网络确立的关键就是确定这些变量。

人工神经网络经过几十年的发展,形成了众多网络模型,而它们之间的主要不同点正是在于内部连接权值、阈值的确定方法,或称为训练学习方法。在众多网络模型中,应用最为广泛的当属误差反向传播神经网络(BP神经网络)。图6-2为基于BP算法的神经网络结构模型。

BP算法的学习过程是由正向传播和反向传播两个过程组成。在正向传播过程中,从输入层输入的信息经隐含层逐层传递和处理直至输出层,每一层神经元的状态只影响下一层神经元的状态。如果输出层不能得到期望的输出,则转入反向传播过程,将误差信号沿原来的连接通路返回,通过梯度下降法等训练法修改各层间连接权的值,直至输入层。通过这两个过程的反复运用使得误差不断减小,最终满足要求。

2)BP神经网络法的改进

尽管BP神经网络具有处理复杂非线性问题的能力,但由于网络训练是一种非线性优化,即有可能陷入局部极值问题,无法保证结果收敛到全局最优解;一个神经网络的构建存在许多待定的参数,如隐含层及其内部神经元(节点)数,梯度下降法的学习率,激活函数的选择等,它们的选择影响着方法的精度和效率;另外,从人工神经网络的运行机制不难发现,神经网络计算的准确性不仅取决于网络结构,还依赖于训练样本。针对传统 BP 人工神经网络法的内在不足,有如下改进方法。

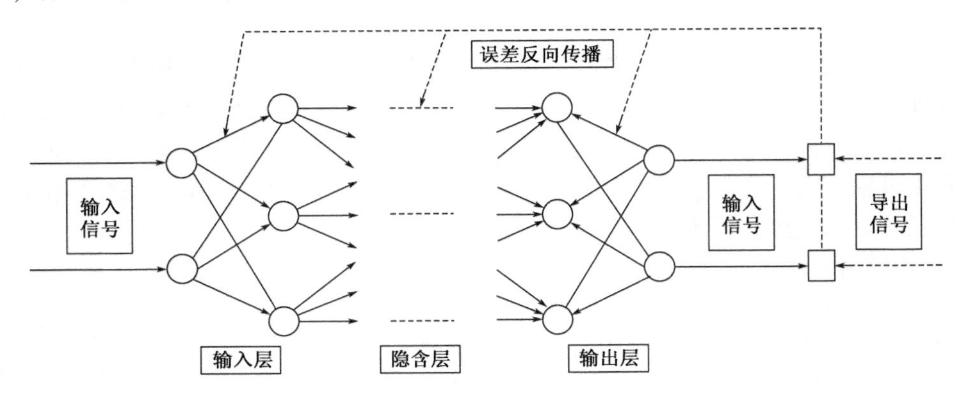

图 6-2　BP 神经网络结构示意图

(1)利用遗传算法寻找神经网络中的连接权值

遗传算法具有良好的全局搜索能力,可以快速地将解空间中的全体解搜索出,而不会陷入局部最优解的快速下降陷阱,可用于解决 BP 神经网络采用梯度下降法等训练方法而导致的易陷入局部极值的问题。优化过程仍依照遗传算法基本流程进行,其中关键是建立问题的适应度函数。一般以网络输出值与样本输出值之间误差平方根的倒数作为适应度函数。

(2)利用正交试验法选择训练样本

正交试验设计是研究多因素多水平的一种设计方法,利用正交试验法能够获得涵盖参数的取值范围和对应的解空间的典型的训练样本,训练后的神经网络所构建的输入与输出之间的关系就更接近于真实情况。

(3)利用交叉验证法确定隐含层神经元数

研究表明,隐含层神经元数过多可能导致网络对权值的过度拟合,过少则网络很难完成对训练样本的准确学习。采用交叉验证法将训练样本进行分组,一部分作为训练集,另一部分作为验证集,用训练集对网络进行训练,再利用验证集来测试训练得到的模型,以此作为评价网络性能的指标。

3)基于神经网络法的动态反馈分析技术

基于神经网络法的动态反馈分析技术的实现流程见图 6-3,主要步骤为:

(1)根据设计、监测等相关文件及现场实际情况,选择正分析方法并构建计算模型;

(2)进行参数敏感性分析,确定反演参数并选择合适的正交实验方案;

(3)结合正交试验方案和计算模型,获得当前工况神经网络的训练样本;

(4)将训练样本输入神经网络进行训练,得到训练后的神经网络;

(5)将当前工况的监测数据输入训练后的神经网络,得到当前工况的反演参数;

(6)将反演参数代入计算模型,获得当前工况的优化位移与下一工况预测位移;

(7)比较下一工况预测位移与侧移报警值,若两者接近则发出预警,将现场采取的措施引入有限元模型重新预测;若预测位移较小则建议正常施工;

(8)返回步骤(5),获取下一工况实测位移,进行下一阶段反分析;

(9)动态反馈分析结束,地下工程施工结束。

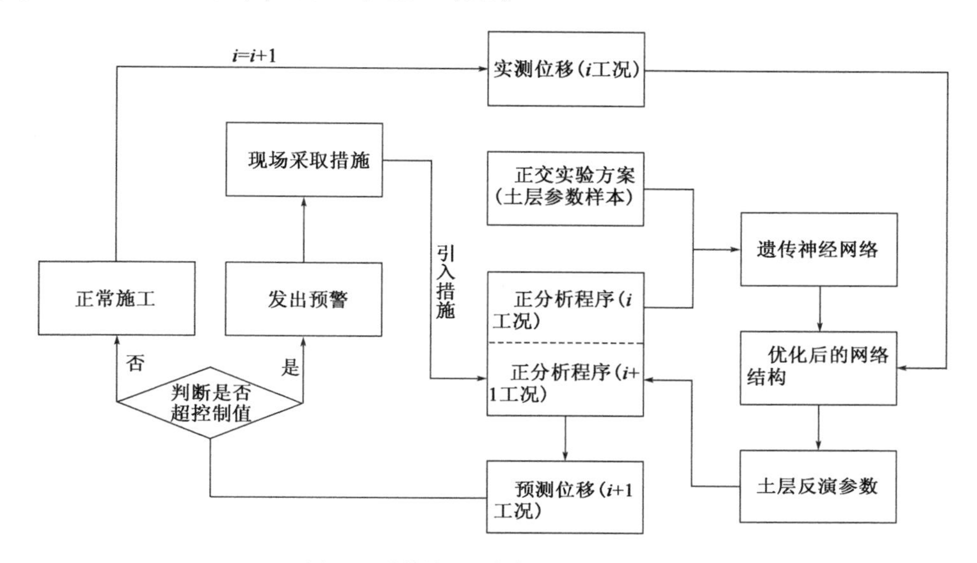

图6-3 遗传神经网络位移反分析流程图

由上可知,利用人工神经网络进行位移反分析的流程与常规的反分析流程略有不同,在同样确定了分析用的力学模型、外部条件及数学方法后,首先需要形成大量的网络训练样本,即在事先设定的参数取值范围内选定多组试验用参数,将多组参数代入正演方程,求出对应的多组位移值。在获得了训练样本后,以位移值为输入样本,以参数值为输出样本,放入神经网络进行训练,得到训练后的神经网络。以上神经网络实际上已形成了问题中位移－参数的对应关系,此时将实测位移值作为输入值重新代入训练后的神经网络,那么输出值即为反演参数值。

人工神经网络反分析技术规避了正反分析中重复调用正演方程而造成繁重的迭代工作量。考虑到目前许多商用计算软件还未提供与外部反演算法程序的接口,两者在交互上仍存在困难,采用人工神经网络法进行位移反分析显得更为简便可行。

6.2.2 差异进化算法

1)差异进化算法简介

差异进化算法是一种容易理解、结构简单、可调参数少、稳定性强的新颖的启发式智能搜索算法。该方法将需要优化问题解向量作为进化的基本个体,采用随机方法产生若干个解个体并组成群体;在群体中通过施加个体间加权差异产生新的个体和群体,进而达到进化目的。差异进化算法基本步骤包括种群初始化、变异、交叉和选择等操作,算法基本流程见图6-4。

(1)种群初始化

差异进化算法采用实数编码形式,直接将优化问题的解组成 n 维待优化设计变量(解向量)，每个解向量就是进化的基本个体，在一次进化过程中产生的所有解向量称为一个种群。对于一个优化问题，第 N 次进化中的第 i 个 n 维解向量可表示为：

$$X_i^N = (x_{i1}^N, x_{i2}^N, \cdots, x_{ij}^N, \cdots, x_{i(n-1)}^N, x_{in}^N) \tag{6-2}$$

式中：$i = 1 \sim NP, j = 1 \sim n, N = 0 \sim N_{\max}$；

NP——种群规模；

$N_{\max}$——最大进化代数；

x_{ij}^N——解向量中的单个变量个体，有 $x_{ij,\min} \leqslant x_{ij} \leqslant x_{ij,\max}$，其中 $x_{ij,\max}$、$x_{ij,\min}$ 分别为单个变量个体的上、下界。

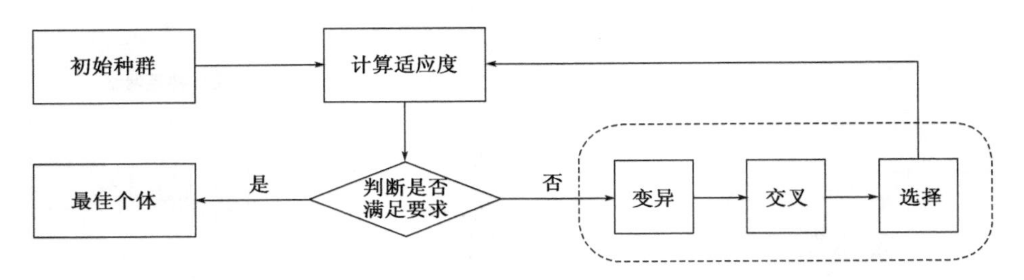

图 6-4　差异进化算法流程图

初始种群的产生采用随机的方法，单个变量个体按下式在其对应的界限范围内均匀初始化：

$$x_{ij}^0 = x_{ij,\min} + \text{rand}(0,1)(x_{ij,\max} - x_{ij,\min}) \tag{6-3}$$

式中：rand(0,1)——在[0,1]上服从均匀分布的随机数。

(2)变异操作

差分进化算法在发展过程中出现了很多变异策略，其主要涉及变异操作中基向量的选择方法以及差分向量的数量。一般变异操作可表示为基向量加上差分向量，以 DE/rand/1 策略为例，其变异方式为：

$$v_{ij}^N = x_{r_1j}^N + F(x_{r_2j}^N - x_{r_3j}^N) \tag{6-4}$$

式中：x_{r_1j}、x_{r_2j}、x_{r_3j}——种群中随机选择的三个解向量中的第 j 个变量个体，$r_1 \neq r_2 \neq r_3 \neq i$；

F——变异因子，通常在[0,1]内取值。

(3)交叉操作

此步通过将变异操作产生的变异向量 $V_i^N = (v_{i1}^N, v_{i2}^N, \cdots, v_{ij}^N, \cdots, v_{i(n-1)}^N, v_{in}^N)$ 与父向量 X_i^N 进行离散杂交操作得到试验向量 $U_i^N = (u_{i1}^N, u_{i2}^N, \cdots, u_{ij}^N, \cdots, u_{i(n-1)}^N, u_{in}^N)$。通过二项式杂交算子得到的第 i 个解向量的第 j 个个体可表示为：

$$u_{ij}^N = \begin{cases} v_{ij}^N & \text{rand}(0,1) \leqslant C_R \quad 或 \quad j = j_{\text{rand}} \\ x_{ij}^N & \text{rand}(0,1) > C_R \end{cases} \tag{6-5}$$

式中：C_R——交叉概率；

j_{rand}——[1,n]内的随机整数。

(4)选择操作

通过初始化、变异、杂交操作产生子代新群体以后，再利用一对一贪婪选择的方法将子个体向量与相对应的上一代父个体向量比较，淘汰不良个体，保留优良个体遗传到下一代。通常求解最小化优化问题时，算法的选择操作可表示为：

$$X_i^{N+1}=\begin{cases}U_i^N & f(U_i^N)\leqslant f(X_i^N)\\ X_i^N & f(U_i^N)>f(X_i^N)\end{cases} \tag{6-6}$$

式中：$f(X)$——评价函数。

差异进化算法和遗传算法一样，也属于进化算法的范畴，但与后者相比的显著优点是：不需进行编码和解码操作，对初值无要求，收敛速度快，对各种非线性函数适应性强，具有并行运算特性，尤其适应于多变量复杂问题寻优。

2）差异进化算法的改进

尽管差异进化算法在处理很多复杂问题时非常的高效和稳定，但还是存在一定的局限性。如对于特定的问题，必须预先设定运行的控制参数，且这些参数的设置对于其性能有着重要的影响。另外，随着求解问题复杂度的增加，种群的搜索空间增大，求解难度势必会加大，可能会影响算法的稳定性和收敛速度。针对传统差异进化算法的内在不足，有如下改进方法。

（1）对主要控制参数及个体生成策略的自适应调整

自适应控制策略的基本思想是在初始化阶段随机设置参数的值，或者是设计一组常用的参数值，同时将控制参数编码到解个体当中，并经历进化操作，在进化过程中好的合适的适应值对应着好的合适的参数，这些参数就会保留下来以便生成更好的参数值。除对主要控制参数的自适应调整外，还有对个体生成策略的自适应调整，它能够在不同的进化时刻采用不同的个体重组策略以提高算法的性能。

（2）引入逆向学习方法提升算法性能

根据概率理论，一个点有50%的可能性比它相应的逆向点获得更好地适应值。将广义逆向学习方法应用到差分算法中，可以有效利用群体和逆向群体的信息，提高了对种群的原搜索空间的利用能力，可以在不增大种群搜索空间的前提下，增加找到全局最优解的可能性，有效避免了在解决高维优化问题中算法搜索难度大、操作复杂的问题。

3）基于差异进化算法的动态反馈分析技术

基于差异进化算法的动态反馈分析技术的实现流程见图6-5，主要步骤为：

（1）根据设计、监测等相关文件及现场实际情况，选择正分析方法并与反演算法耦合；

（2）进行参数敏感性分析，确定反演参数；

（3）将当前工况实测位移输入反分析程序，获得反演参数；

（4）将反演参数代入计算模型，获得当前工况的优化位移与下一工况预测位移；

（5）比较下一工况预测位移与位移报警值，若两者接近则发出预警；将现场采取的措施引入分析模型重新预测；若预测位移较小则建议正常施工；

（6）返回步骤（3），获取下一工况实测位移，进行下一阶段反分析；

（7）动态反馈分析结束，地下工程施工结束。

采用差异进化算法进行反分析时需要重复调用正分析程序，为保证反分析的效率，正分析软件的选择十分重要。建议选择可提供外部程序接口的正分析软件通过二次开发以实现正分析方法与差异进化算法耦合。

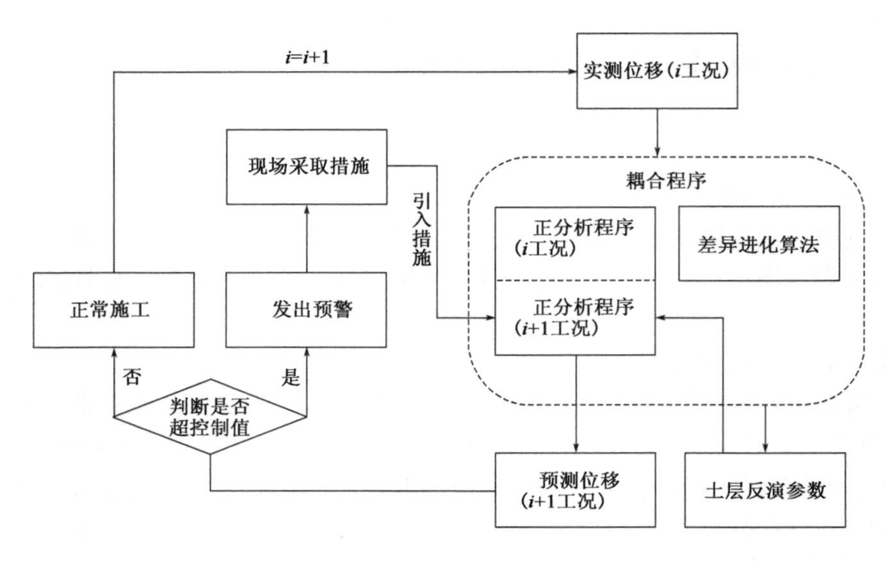

图 6-5　差异进化算法反分析流程图

6.2.3　其他智能算法

除以上介绍的人工神经网络法、差异进化算法外，还有如遗传算法、蚁群算法、模拟退火算法、粒子群算法等众多智能算法。由于各种算法都各有优劣，通过取长补短，两种及多种方法组合产生的改进方法仍被不断提出并得到应用。智能算法的发展带动了地下工程动态反馈分析技术的不断进步。

6.3　地下工程中的动态智能反馈分析实例

6.3.1　宁波市轨道交通双东路站主体基坑工程

1)工程概况

宁波轨道交通 4 号线土建工程 TJ4001 标段双东路站位于宁波市海曙区双东路与环城北路交叉口。双东路站长 214.6m，宽度约 22.6 ~ 24.8m，为地下二层车站。车站标准段基坑深度 17.5m，端头井基坑深度 19.5m。车站主体基坑围护形式拟采用 800mm 地下连续墙，标准段围护深度 39m、端头井围护深度 40m，坑底以下 3m 进行土体加固，坑底以上做水泥土弱加固。桩基(抗拔桩)拟采用 Φ800 钻孔灌注桩，有效桩长 35m。主体结构拟采用明挖顺作法施工。双东路别墅区距离车站最近 15.2m，地上 2 ~ 3 层；其下无地下室，基础形式为满堂基础，埋深 2m。双东路站基坑支护平面图与基坑支护结构剖面图分别见图 6-6、图 6-7。

2)计算模型和施工过程模拟

根据基坑围护横剖面图与工程实际情况，借助有限元分析软件，采用平面应变条件下的有限元模型作为计算模型，模拟各工况对围护结构受力与变形的影响。模型的计算范围：基坑开挖区域宽度取为 24m，开挖深度 $h = 17.5$m(标准段)，水平向远端边界距坑边 86m，模型深度为 80m。计算模型边界条件：左右边界 x 方向位移约束，下边界 x、z 方向位移约束，其他边界位移自由。计算模型中的初始计算参数见表6-1和表6-2。依据设计的施工工况(表6-3),采用多工序连续计算方法来模拟基坑的实际施工情况。有限元模型见图6-8。

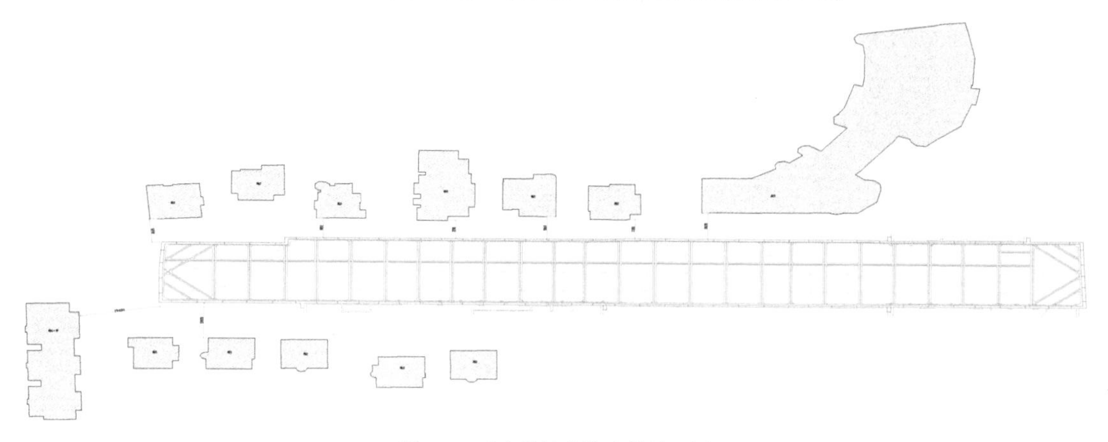

图6-6　双东路站基坑支护平面图

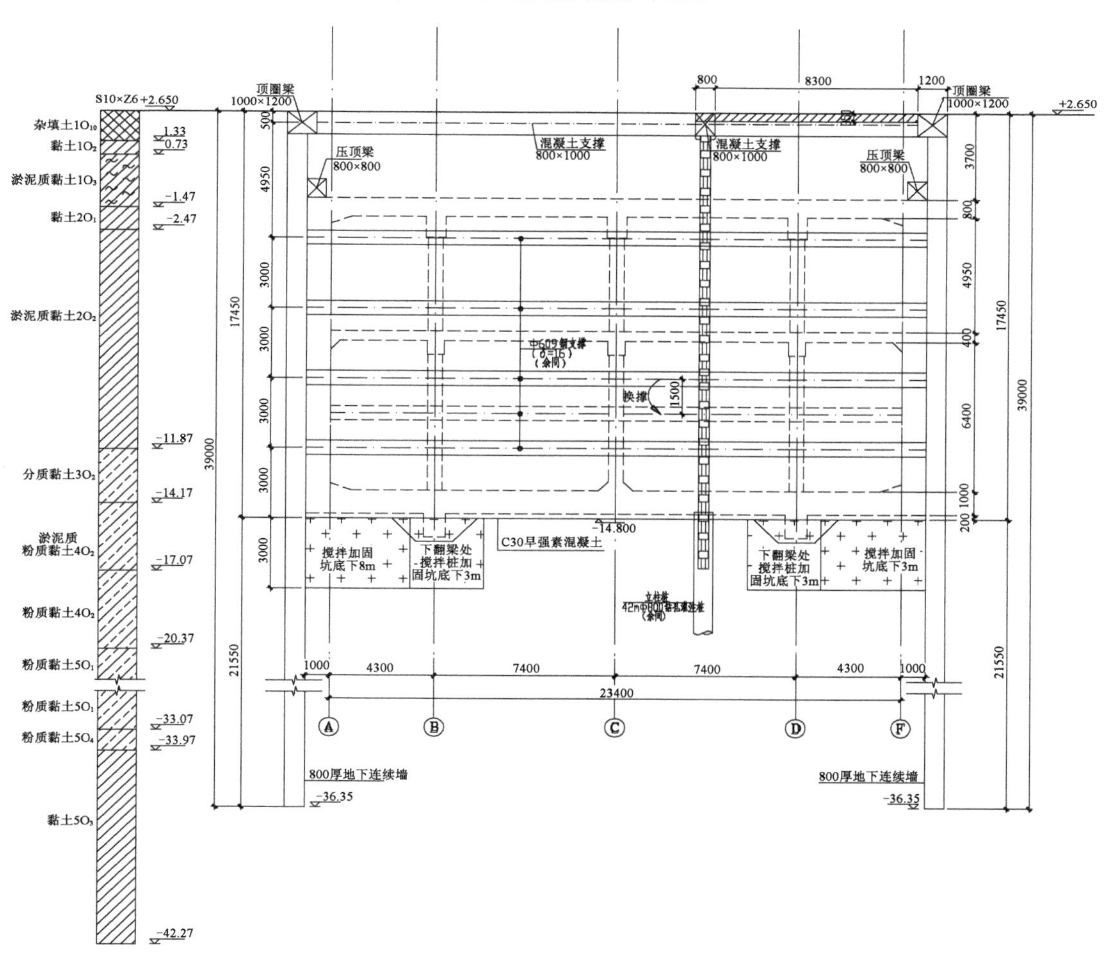

图6-7　双东路站基坑支护结构剖面图(尺寸单位:mm,高程单位:m)

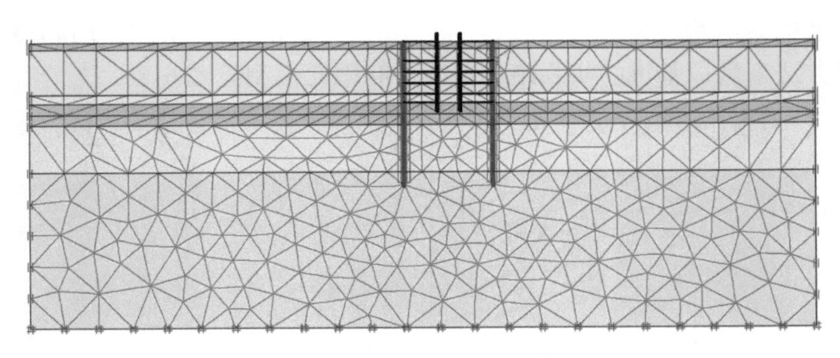

图 6-8　双东路站基坑有限元模型图

支护结构及周边建筑参数　　表 6-1

位　置	结构名称	截面尺寸(mm)	材　料	本构关系	备　注
车站围护	地下连续墙	厚度:800	C30 混凝土	弹性	梁单元
	被动区加固土	—	水泥土	弹性	—
	混凝土支撑	800 × 1000	C30 混凝土	弹性	梁单元
	钢管支撑	Φ609 × 16	钢材	弹性	梁单元
双东路小区别墅区 1 ~ 5#楼	满堂基础	等效厚度:300	C30 混凝土	弹性	梁单元
	砌体承重墙	厚度:240	C30 混凝土	弹性	梁单元
	混凝土梁板	等效厚度:200	C30 混凝土	弹性	梁单元

双东路站土层初始计算参数　　表 6-2

参　数	1 杂填土	2-2b 淤泥质黏土	3-2 粉质黏土	4-1b 淤泥质粉质黏土	4-2b 粉质黏土	5-1 黏质粉土	6-3a 黏土
重度 γ(kN/m^3)	18.0	17.0	18.9	18.0	18.2	18.9	18.2
黏聚力 c (kPa)	5.0	9.2	15.9	10.1	11.3	20.7	18.3
内摩擦角 φ(°)	10.0	12.9	17.4	14.7	17.2	37.1	35.4
切线刚度 E_{oed}^{ref}(MPa)	2.00	1.77	3.95	2.21	2.68	4.82	4.30
割线刚度 E_{50}^{ref}(MPa)	2.00	1.77	3.95	2.21	2.68	4.82	4.30
卸/加载刚度 E_{ur}^{ref}(MPa)	6.00	5.31	11.85	6.63	8.04	14.46	12.90

基坑设计工况　　表 6-3

编号	工　况	开挖深度(m)	简　述
1	初始应力场计算	—	本工况是岩土工程分析的第一步,在整个分析模型内只有岩石、土体
2	双东路别墅施工	—	一次性施工双东路小区别墅
3	支护结构施工	—	施工车站基坑周圈地下连续墙及坑内土体加固
4	设置第一道支撑		设置第一道钢筋混凝土支撑
5	第一次开挖	5.5	开挖至第二道支撑底

续上表

编号	工　况	开挖深度(m)	简　述
6	设置第二道支撑		设置第二道钢支撑
7	第二次开挖	8.5	开挖至第三道支撑底
8	设置第三道支撑		设置第三道钢支撑
9	第三次开挖	11.5	开挖至第四道支撑底
10	设置第四道支撑		设置第四道钢支撑
11	第四次开挖	14.5	开挖至第五道支撑底
12	设置第五道支撑		设置第五道钢支撑
13	第五次开挖	17.5	开挖至坑底

3)动态反馈分析

硬化土模型能考虑土体的硬化特征、能区分加荷和卸荷的区别,且其刚度依赖于应力历史和应力路径,适合于敏感环境下的基坑开挖数值分析。因此,本工程采用这一模型模拟土体的本构关系。其中,硬化土模型中的模量参数是基坑开挖变形的敏感参数。为合理减少反演参数的数量,保证反演顺利进行,在参考相关文献的基础上,对土层的三个模量的初始比例关系作如下假定:$E_{ur}^{ref}=3E_{50}^{ref}$,$E_{50}^{ref}=E_{oed}^{ref}=E_s$。在确定了模量间的比例关系后,实际只需对模量$E_{ur}^{ref}$进行反演即可,初始计算参数见表6-2。实际反演中针对地下连续墙深度范围内的6层土的卸载/加载模量E_{ur}^{ref}进行,采用6因素5水平正交试验方案获得训练样本,正交试验表见表6-4。

6因素5水平正交表$L_{25}(6^5)$　　表6-4

列号＼试验号	X1	X2	X3	X4	X5	X6
1	1	1	1	1	1	1
2	1	2	2	2	2	2
3	1	3	3	3	3	3
4	1	4	4	4	4	4
5	1	5	5	5	5	5
6	2	1	2	3	4	5
7	2	2	3	4	5	1
8	2	3	4	5	1	2
9	2	4	5	1	2	3
10	2	5	1	2	3	4
11	3	1	3	5	2	4
12	3	2	4	1	3	5

续上表

列号 \ 试验号	X1	X2	X3	X4	X5	X6
13	3	3	5	2	4	1
14	3	4	1	3	5	2
15	3	5	2	4	1	3
16	4	1	4	2	5	3
17	4	2	5	3	1	4
18	4	3	1	4	2	5
19	4	4	2	5	3	1
20	4	5	3	1	4	2
21	5	1	5	4	3	2
22	5	2	1	5	4	3
23	5	3	2	1	5	4
24	5	4	3	2	1	5
25	5	5	4	3	2	1

本案例主要针对基坑16号测斜孔(CX16)实测侧向位移动态反馈分析,基本流程参见本章6.2.1节。

4)反演结果分析

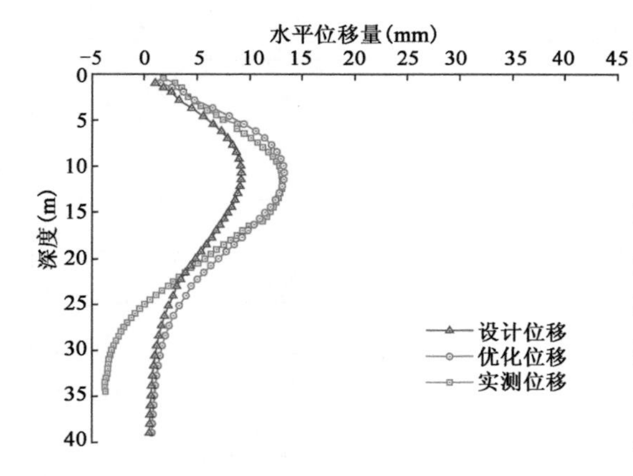

图6-9　墙体位移曲线(工况6)

图6-9给出了工况6实测位移曲线、原设计位移曲线和经反演后重新计算得到的优化曲线。由图可知,实测位移要大于设计位移,说明现场施工中由于时空效应等因素的影响,实际条件要劣于设计条件;而优化位移曲线与实测位移曲线基本吻合,说明反演得到的模量参数可综合反映现场情况,可用于进行下一工况的预测。

将反演得到的模量参数输入有限元分析软件,计算得到工况8的位移预测结果见图6-10。由图可知,预测最大水平位移约25mm大于设计控制值。根据预测情况,向现场提前预警。现场积极采取限制坑外重车荷载、加快施工进度、减小无支撑暴露时间等措施,实际设置第三道支撑后,土体最大侧移控制在20mm左右,小于设计控制值。同样,对工况8实测位移进行反分析,该工况下实测位移曲线与优化后曲线基本吻合。

再次将反演得到的模量参数输入有限元分析软件,计算得到工况10的位移预测结果见图6-11。由图可知,预测最大水平位移约28mm仍大于该工况的设计控制值。但是,实际工况

10施工期间,现场由于受地墙鼓包凿除等因素影响,未能及时架设钢支撑,导致基坑无支撑暴露时间加长。2017年10月30日CX16累计值最大值为27mm,大于预警标准(墙体深层水平位移累计值±23mm),宁波市轨道交通工程监测监控管理中心发出蓝色预警。现场于2017年10月31日第四道支撑设置完毕,此后测斜数据趋于稳定。

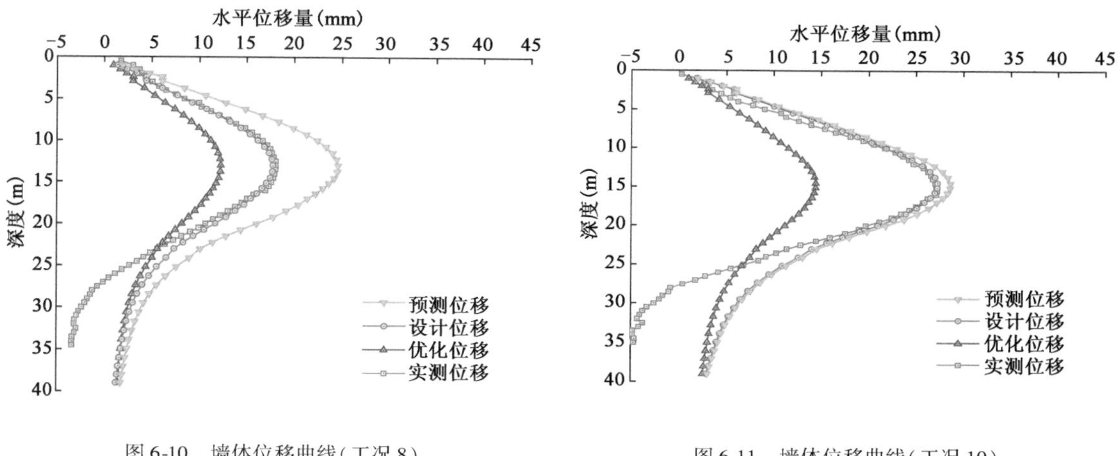

图6-10　墙体位移曲线(工况8)

图6-11　墙体位移曲线(工况10)

本案例中,通过对不同工况进行参数反演,获得了后续工况的预测值,并基于预测结果,及时、动态地调整设计与施工。后续各工况的变形值仅略大于设计控制值,动态反馈分析技术的实施为深基坑安全、顺利完工提供了保障。

6.3.2　宁波市轨道交通翠柏里站附属结构C号出入口基坑工程

1)工程概况

宁波市轨道交通4号线土建工程TJ4001标段翠柏里站C号出入口为地下一层钢筋混凝土箱型结构。C号出入口基坑净长76m,宽度为7.9m,标准基坑深度约9.33m,落底坑最深为12.15m。基坑采用明挖顺作法施工,围护结构采用Φ850mm@600SMW工法桩结合内支撑的形式,其中第一道采用钢筋混凝土支撑,其余两道均采用Φ609钢支撑,局部落底处设一道临时支撑。翠柏里站C号出入口基坑支护平面图与基坑开挖纵剖面图分别见图6-12和图6-13。

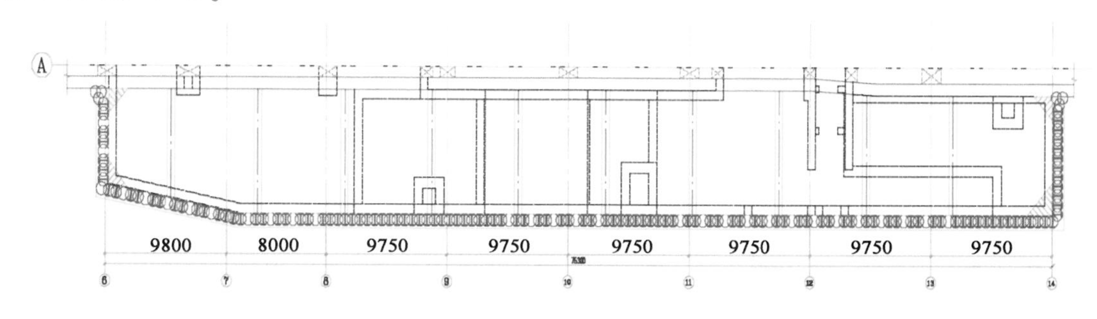

图6-12　翠柏里站C号出入口基坑支护平面图(尺寸单位:mm)

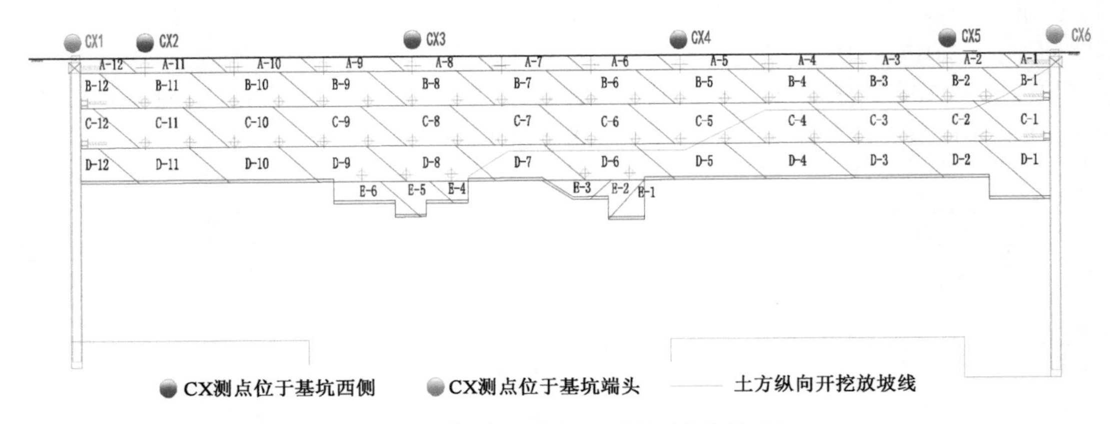

图 6-13　翠柏里站 C 号出入口基坑开挖纵剖面图

2)计算模型和施工过程模拟

根据基坑围护横剖面图(图 6-14)与工程实际情况,采用平面应变条件下的弹性地基梁模型作为计算模型,并根据增量法理论模拟各工况对围护结构受力与变形的影响。采用增量法计算时,外荷载为从上一阶段施工到现阶段时所产生的荷载增量,所求得的支护结构的位移与内力相当于前一阶段施工完成后的增量,当围护墙刚度不发生变化时,与前一施工阶段完成后的墙体位移及内力相叠加,可以计算出当前施工阶段完成后支护结构的实际总位移与总内力。计算模型中的初始土层参数及各设计工况分别见表 6-5 和表 6-6。

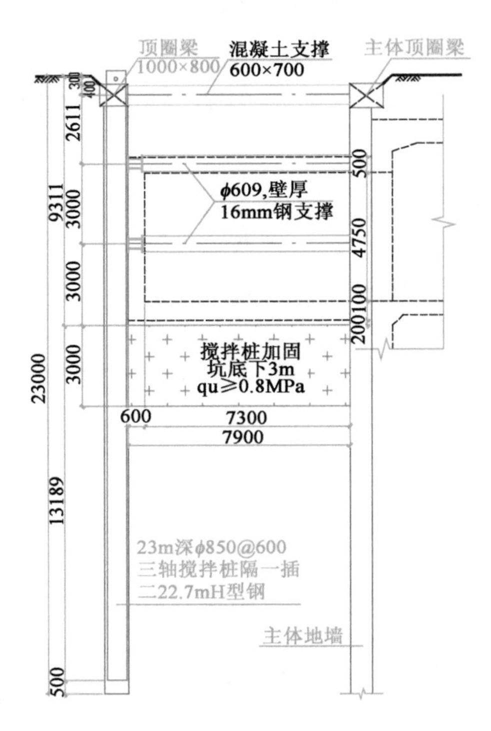

图 6-14　翠柏里站 C 号出入口基坑围护横剖面图(尺寸单位:mm)

初始土层计算参数　　表 6-5

层　　号	土　　类	层厚(m)	重度(kN/m³)	黏聚力(kPa)	内摩擦角(°)	m 值(kN/m⁴)
①1	杂填土	2.4	18.5	5.0	15.0	3500
①3	淤泥	3.1	16.7	12.7	7.1	1570
②2	淤泥质黏土	9.6	17.3	13.4	8.0	1820
③2	粉质黏土	1.2	18.4	14.9	11.0	2810
④1	淤泥质粉质黏土	3.6	17.4	15.7	8.8	2240
④2	黏土	2.7	18.9	19.4	10.5	3100
⑤2	粉质黏土	9.3	19.4	29	15.3	6050

基坑设计工况　　表 6-6

工况编号	工况类型	开挖深度(m)	支撑参数(mm)
1	开挖至第一道支撑	1.2	
2	设置第一道支撑	0.7	600×700 钢筋混凝土
3	开挖至第二道支撑	2.8	
4	设置第二道支撑	3.3	Φ609 壁厚 16 钢管
5	开挖至第三道支撑	5.8	
6	设置第三道支撑	6.3	Φ609 壁厚 16 钢管
7	开挖至坑底	9.3	
8	设置垫层和底板	8.8	

3)动态反馈分析

由基坑开挖纵剖面图(图 6-13)可知,土方开挖考虑"时空效应"原理,采用纵向分段,台阶式开挖,每段开挖长度 5~6m。其中 5 号测斜孔(CX5)位置为最后开挖,基坑暴露时间长,实例中主要针对该位置实测侧移进行动态反馈分析。

本实例采用了将差异进化智能算法与弹性地基梁法相结合的反分析技术,编制了智能位移反分析程序,根据施工中 CX5 位置各工况下实测侧向位移,反推地基土水平抗力系数 m,并预测下一工况的侧向位移,实现动态反馈分析,具体流程参见本章第 6.2.2 节。主要工况下的测斜孔水平位移实测结果见图 6-15。

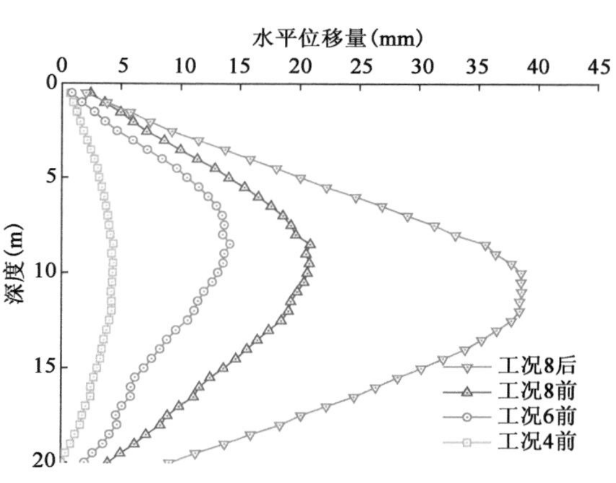

图 6-15　主要工况下 CX5 测斜数据

差异进化算法的初始参数为:种群规模 50,最大进化代数 100;优化变量(m 值)7 个,m 值变化范围取 0 到初始 m 值的 10 倍;目标函数为位移实测值与相应的计算值之差的平方和。图 6-16 为针对工况 8 的反演过程中目标函数(误差)的收敛图。随着进化代数的增加,误差趋向于零,即反演得到的侧移曲线与实测曲线趋于一致,反演效果较好。

图 6-17 给出了工况 4 实测位移曲线、原设计位移曲线和经反演后重新计算得到的优化曲

线。由图可知,设计位移曲线与实测位移曲线并不一致,其中最大设计位移与最大实测位移在量值和深度上相差较大,说明现场实际情况与设计条件存在差异;设计位移曲线与实测位移曲线基本吻合,证明反演结果较为理想,反演得到的 m 值实际上已成为了体现施工现场多种影响因素的综合性参数。

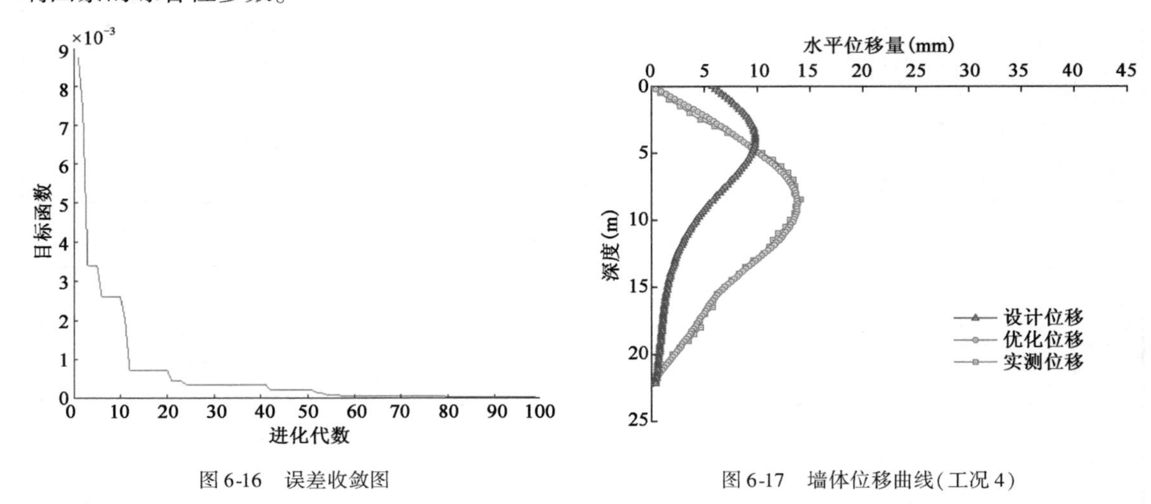

图 6-16　误差收敛图

图 6-17　墙体位移曲线(工况 4)

4)反演结果分析

将反演得到的 m 值代入正分析程序,得到工况 6 的位移预测结果见图 6-18。由图可知,预测最大水平位移约 30mm 大于设计控制值。根据预测情况,向现场提前预警。现场积极采取限制坑外重车荷载、加快施工进度、减小无支撑暴露时间等措施,实际设置第三道支撑后,土体最大侧移控制在 20mm 左右,略大于设计控制值。同样,对工况 6 实测位移进行反分析,该工况下实测位移曲线与优化后曲线基本吻合。

再次将反演得到的 m 值代入正分析程序,得到工况 8 的位移预测结果见图 6-19。由图可知,预测最大水平位移约 40mm 仍大于该工况的设计控制值,根据前后两工况的挖土时间,推测变形速率亦大于报警值。由于实际挖土已接近坑底,现场应对仍以加快施工为主,以期尽快浇筑垫层和底板。

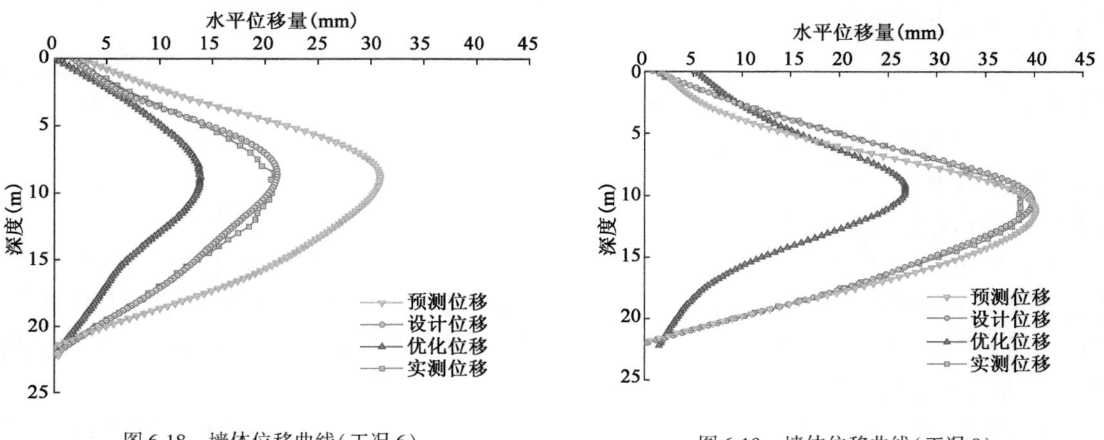

图 6-18　墙体位移曲线(工况 6)

图 6-19　墙体位移曲线(工况 8)

2017 年 11 月 9 日 CX5 累计值最大值为 30.25mm，变形速率最大为 11.58mm/d；远大于预警标准（墙体深层水平位移累计值 ±17mm；变化速率 ±3mm/d），宁波市轨道交通工程监测监控管理中心发出蓝色预警。现场于 2017 年 11 月 10 日完成基坑坑底垫层浇筑，并架设临时钢支撑，此后测斜数据趋于稳定。

本案例中通过动态反馈分析方法，在施工早期即预见了后续变形过大问题，并提前采取了处理措施，避免了基坑变形过大过快增长，尽管工程施工中发出一次蓝色预警，但由于前期变形控制得当，后续变形并未对施工及周边环境安全造成过大影响，工程顺利完工。

第7章　地下工程安全风险智能化监测管控实例

7.1　宁波轨道交通翠柏里站自动化监测实例

7.1.1　工程概况

翠柏里站为宁波轨道交通4号线工程自北向南第11座车站，北接双东路站，南接大卿桥站，车站位于通途路与翠柏路交叉口东北侧，东侧为空地，北侧为繁景花园与东方幼儿园，西侧为钱东社区，南侧为通途路。车站沿翠柏路设置。本站与规划6号线车站换乘，车站周边目前是比较成熟的区域，周边有钱东社区、繁景花园、翠柏中学、甬江中学等(图7-1)。

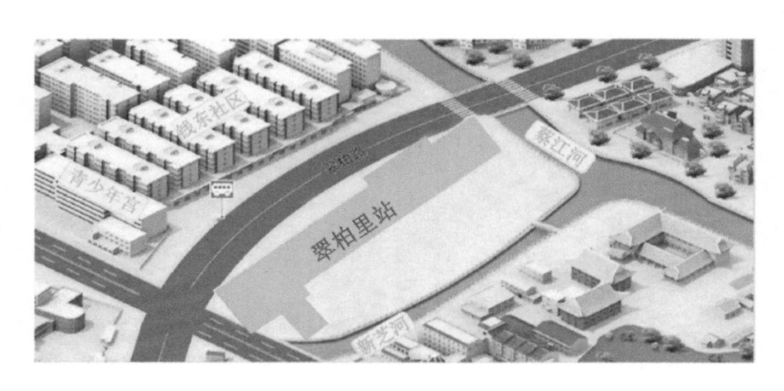

图7-1　翠柏里站平面位置示意图

工程包含翠柏里车站及其附属工程。本工程由宁波市轨道交通工程建设指挥部开发，上海市隧道工程轨道交通设计研究院设计，乌鲁木齐铁建工程咨询有限公司监理，中铁一局集团有限公司承建。

1)围护结构概况

车站为地下二层结构，车站净长223m，基坑净宽24.3～25.3m，南北端头井基坑深分别为17.97m、18.42m；标准段基坑深16.18～16.53m。围护结构采用800mm厚地下连续墙，钢筋混凝土+钢管内支撑体系。车站地下连续墙1～9轴内外侧均采用ϕ650@400mm三轴搅拌桩进行槽壁加固，搅拌桩加固体与围护墙之间空隙采用ϕ800@500mm旋喷桩填充，基坑坑底以

下 3m 采用 $\phi850@600$mm 搅拌桩抽条加固。基坑内设格构柱（兼抗拔桩）、抗拔桩，桩底为 $\phi800$mm 钻孔灌注桩。

2）工程地质与水文地质条件

场地所见土层自上而下依次为①1-1 层：杂填土、①2 层：黏土、①3 层：淤泥质黏土、②1 层：黏土、②2 层：淤泥质黏土、③1 层：含黏性土粉砂、黏质粉土、③2 层：粉质黏土夹粉砂、④1 层：淤泥质粉质黏土、④2 层：黏土、⑤1 层：黏土、⑤1T 层：黏质粉土、⑤2 层：粉质黏土、⑤4 层：粉质黏土、⑥1 层：黏土、⑥2 层：黏土、⑥3 层：黏土、⑦1 层：黏土、⑧1 层：粉砂、中砂、⑧3 层：砾砂、圆砾、⑧3T 层：粉质黏土、⑨1 层：粉质黏土、⑨1T 层：粉砂、⑨2 层：粉质黏土、⑨2T 层：粉砂。

车站主体基坑坑底土层：南、北端头井均位于④1 层淤泥质粉质黏土层；标准段位于③2 层粉质黏土夹粉砂与④1 层淤泥质粉质黏土层。

根据本次勘察资料及区域水文地质资料，本场地地下水可分为二类：

（1）孔隙潜水：主要赋存于表部①1 层杂填土、①2 层黏土层及①3 层淤泥质黏土层中。赋存于杂填土中的孔隙潜水，因填土的性质差异较大，其富水性差异也较大。其中部分填土以粗颗粒为主，其富水性和透水性均较好，水量较大。赋存于表部黏土、淤泥质黏土层中的孔隙潜水，富水性及透水性均较差。水位受气候条件等影响，季节性变化明显，潜水位变幅一般在 0.5～1.0m 之间。

（2）孔隙承压水：主要赋存于中部第⑤、⑥层承压含水层和深部第⑧、⑨层承压含水层中，分属于宁波市第Ⅰ、Ⅱ含水层，其中第Ⅰ含水层组又分为Ⅰ1 和Ⅰ2 承压水。

浅部孔隙承压水：浅部孔隙承压水主要赋存于③1 层含黏性土粉砂、黏质粉土和③2 层粉质黏土夹粉砂层中，透水性一般，水量相对较小，水位埋深一般在 0.5～1.0m，地下水基本不流动。

深部孔隙承压水：深部孔隙承压水赋存于⑧层粉砂、砾砂和圆砾层中，透水性好，水量丰富，含水层顶板埋深一般为 50.0～57.0m 左右，层位稳定，水位埋深 5.5～6.5m，基本不流动。

7.1.2 自动化监测系统概述

1）监测内容

本工程为宁波市轨道交通 4 号线工程翠柏里站的基坑结构监测系统的实施，包括以下内容：

（1）按照宁波市轨道交通 4 号线工程翠柏里站的基坑结构监测系统技术要求，负责监测系统的深化设计，负责所有设施设备的采购、运输、安装、调试及缺陷责任期的维护；

（2）开发和维护结构监测系统（含结构初始基准数据模型、评估体系的建立、缺陷责任期内的系统运行维护）。

2）目标及功能要求

宁波市轨道交通 4 号线工程翠柏里站的基坑结构监测系统要达到的目标：

（1）技术先进、性能优良、长期稳定和经济合理；

（2）系统能长期、实时、同步、连续地采集数据，所有数据采集操作均在同一时标下进行，数据采集过程严格同步；

(3)系统具有强大的数据传输、处理、显示、存档和远程共享能力；

(4)系统具有自检、校准、控制功能；

(5)能够根据评价系统的指令，为其提供指定格式、内容的数据和处理结果，并调整数据采集与处理工况参数；

(6)系统具有良好的可更换性和升级能力。

宁波市轨道交通4号线工程翠柏里站的基坑结构监测系统功能包括：

(1)报告基坑的支撑轴力、围护墙墙顶水平位移和沉降、深层土体水平位移、地下水位等数据；

(2)监视分析工程施工周围土体在施工过程中的动态变化，明确工程施工对原始地层的影响程度及可能产生失稳的薄弱环节；

(3)掌握围护体系的受力和变形状态，并对其安全稳定性进行评价；

(4)记录附近施工的影响状况，包括地铁隧道施工、大型地产项目施工等；

(5)验证各监测项目自动化监测实施效果及方案可行性，为开展基坑自动化监测进行项目实践；

(6)报告主要结构与构件是否有损伤或破坏；

(7)实现异常状态下(包括荷载、爆破、结构位移、结构受力)的预警；

(8)在线结构安全状况评估。

7.1.3 监测资料整理与成果分析

1)光纤光栅自动化监测

光纤光栅数据于2016年9月25日开始取值，此时基坑已完成第一层土方开挖，分段开挖第二、三层土方。DCX2所在的基坑南侧21轴附近工况：于9月23日完成第三层土方开挖，9月30日第四层土方开挖，10月9日第五层土方开挖，10月14日，第四道支撑架设完成，11月7日第五层土方开挖完成，11月10日垫层完成浇筑。表7-1为测斜管(21轴)附近现场施工工况，表7-2为地下连续墙内测斜孔DCX2最大累计水平位移统计表，图7-2为地下连续墙内测斜孔DCX2应变分布曲线，图7-3为地下连续墙内测斜孔DCX2深层水平位移分布曲线，图7-4为地下连续墙内测斜孔DCX2典型位置深层水平位移时程曲线。

测斜管(21轴)附近现场施工工况 表7-1

时　间	施工工况	备　注
2016年9月11日	21轴第一层土方开挖	DCX2在试验段21轴位置附近
2016年9月25日	21轴第二层土方开挖	
2016年10月3日	21轴第三层土方开挖	
2016年10月6日	21轴第四层土方开挖	
2016年11月5日	21轴第五层土方开挖	
2016年11月9日	21轴垫层浇筑	

DCX2 最大累计水平位移统计表

表 7-2

人工监测		自动化监测		产生日期	附近相应工况
最大水平位移量（mm）	对应深度（m）	最大水平位移量（mm）	对应深度（m）		
0	0	0	0	9月25日	第二层土方开挖
2.7	20	1.39	8	9月27日	第二道支撑架设
4.54	20	4.22	4.5	9月28日	
4.62	19.5	5.61	4.5	9月29日	
5.6	19.5	5.35	8.5	9月30日	
8	20	6.02	8.5	10月2日	
9.86	14	6.82	8.5	10月3日	第三层土方开挖
—	—	8.39	8.5	10月4日	第三道支撑架设
—	—	8.13	8.5	10月5日	
—	—	6.74	13.5	10月6日	第四层土方开挖
9.86	14	7.14	13.5	10月7日	
—	—	10.50	13	10月8日	第四道支撑架设
—	—	10.65	13	10月9日	
—	—	16.24	13	10月10日	
10.55	14	17.31	13	10月11日	
—	—	20.15	13	10月12日	
—	—	20.74	12.5	10月13日	
15.97	14.5	20.42	13	10月14日	
15.17	14.5	19.78	13	10月15日	
15.31	14.5	18.92	13	10月16日	
15.31	14.5	15.15	13.5	10月17日	
15.47	14.5	14.41	14	10月18日	
15.73	14.5	14.76	14	10月19日	
15.66	14.5	15.06	13.5	10月20日	
15.96	14.5	14.71	14	10月21日	
15.96	14.5	15.64	14	10月22日	
15.83	14.5	15.34	14	10月23日	
15.45	14.5	15.45	13.5	10月24日	
16.34	14.5	15.88	14	10月25日	
16.55	14.5	16.03	13.5	10月26日	
16.29	14.5	16.69	14	10月27日	

续上表

人 工 监 测		自动化监测		产 生 日 期	附近相应工况
最大水平位移量（mm）	对应深度（m）	最大水平位移量（mm）	对应深度（m）		
16.89	14.5	16.40	14	10 月 28 日	
17.06	14.5	17.18	14	10 月 29 日	
17.5	14.5	17.12	13	10 月 30 日	
17.81	14.5	17.11	14	10 月 31 日	
17.61	14.5	17.40	13	11 月 1 日	
18.03	14.5	18.46	13.5	11 月 2 日	
18.25	14.5	17.14	13	11 月 3 日	
18.68	14.5	18.92	13	11 月 4 日	
18.91	14.5	16.67	14	11 月 5 日	
17.27	14.5	16.59	15	11 月 6 日	
20.11	15.5	27.53	13.5	11 月 7 日	
21.09	15.5	28.75	15.5	11 月 8 日	
21.01	15.5	33.17	15.5	11 月 9 日	
21.54	15.5	34.82	16	11 月 10 日	
21.67	15.5	35.73	16.5	11 月 11 日	
22.35	16.5	35.97	16.5	11 月 12 日	
—	—	35.19	16	11 月 13 日	
—	—	34.61	16	11 月 14 日	
—	—	33.52	16	11 月 15 日	
—	—	33.70	16	11 月 16 日	
—	—	33.16	16	11 月 17 日	
—	—	32.24	16	11 月 18 日	
—	—	32.09	16	11 月 19 日	
—	—	31.83	16	11 月 20 日	
	—	31.40	16	11 月 21 日	

由表 7-2 DCX2 最大累计水平位移统计数据可知，随着基坑开挖并完成支撑架设，深层水平位移最大值出现先增大后减小的特征，最大水平位移发生位置随开挖深度增大而往下发展，当垫层完成浇筑后，深层最大水平位移逐渐收敛。对比自动化监测数据和人工监测数据，可知自动化监测数据大于人工监测数据。分析其原因主要为现场实际监测时，测斜仪探头的下放过程中，若测斜管附近土体填充不实，测斜管管型在测量过程中会发生变化，且测斜结果受人为因素影响较大。

由图 7-2 可知，采用光纤光栅测试地下连续墙内应变，当支撑架设后，随基坑开挖往下，支撑架设位置应变为向基坑外突变点，且逐渐增大，与工程实际比较吻合，垫层位置为向基坑内突变，说明主动土压力大于垫层反力。

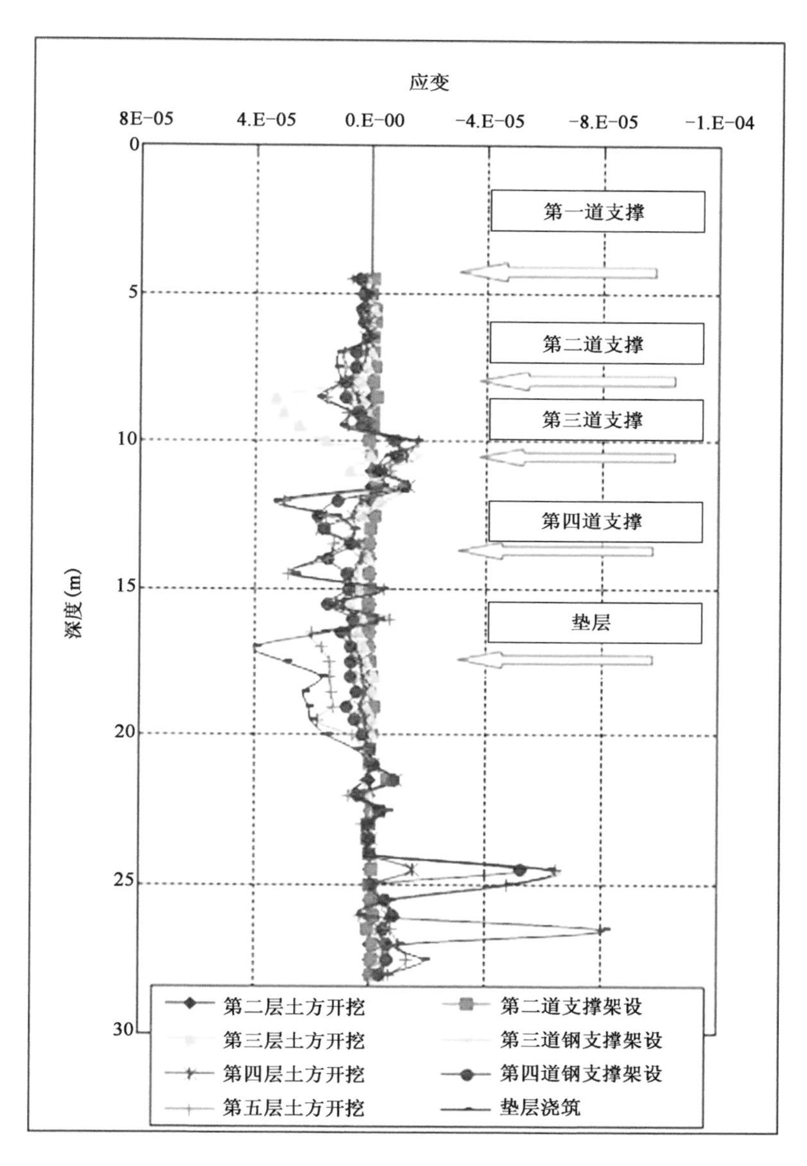

图 7-2 地下连续墙内测斜孔 DCX2 自动化监测应变分布曲线

由图 7-3 中八种工况下的测斜自动化监测数据曲线可知，在第二层开挖完成并施加钢支撑后，连续墙上部的位移偏向基坑的外侧，随着开挖的持续进行，墙顶位移有逐渐向坑内发展的趋势。且随着基坑开挖深度的加大，主动土压力表现十分显著。当开挖到底，四层钢支撑都施加上以后，墙顶向基坑内侧位移得到控制。随着基坑开挖的进行，连续墙墙身水平位移值不断增大。产生测斜最大的深度随着开挖加深逐步下移(一般呈大肚状)；已加支撑处的变形小；开挖时变形速率增大，有支撑时，侧向变形速率小或测斜保持稳定不变。由图 7-4 可知，随开挖进行，支撑架设位置水平位移向基坑内侧逐渐发展，当支撑架设完成后，水平位移出现先增大后减小的趋势，且自动化监测数据能更好地反映此规律。

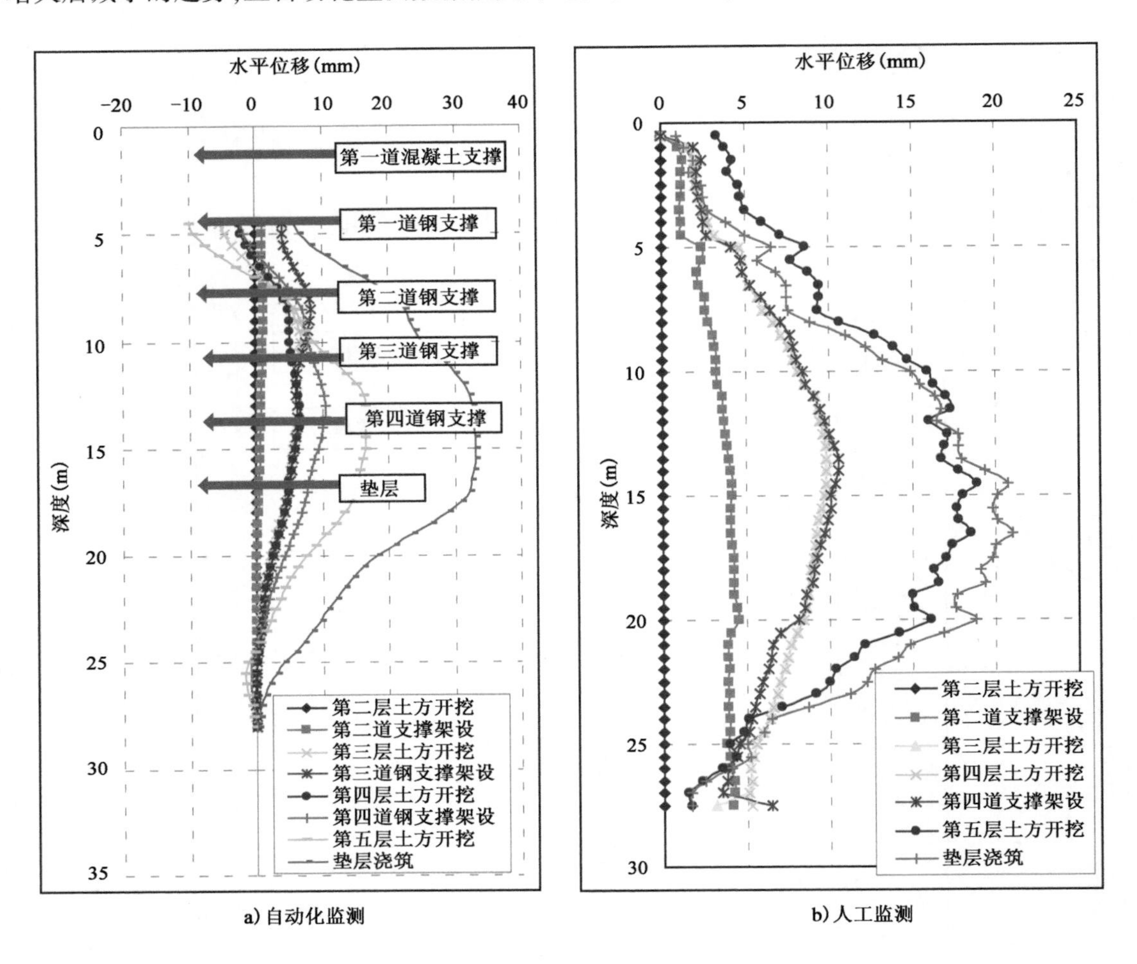

图 7-3　地下连续墙内测斜孔 DCX2 深层水平位移分布曲线

智能测斜管在室内试验的基础上，通过在宁波市轨道交通 4 号线翠柏里站主基坑中的应用，得到如下的结论：

(1) 通过分析光纤光栅测试地下连续墙内测斜管的应变，可知支撑架设位置为应变向基坑外突变位置，且随着开挖往下，主动土压力增大，支撑反力增大，支撑位置应变逐渐增大。

(2) 随着基坑开挖并完成支撑架设，深层水平位移最大值出现先增大后减小的特征，最大水平位移发生位置随开挖深度增大而往下发展，当垫层完成浇筑后，深层最大水平位移逐渐收敛。

(3) 将连续墙水平位移光纤光栅测试结果与传统测斜仪测试结果对比，得出光纤光栅监测所得的连续墙身水平变形趋势与测斜仪测得的连续墙身水平变形趋势大体上是一致的，且最大值发生的位置基本一致。

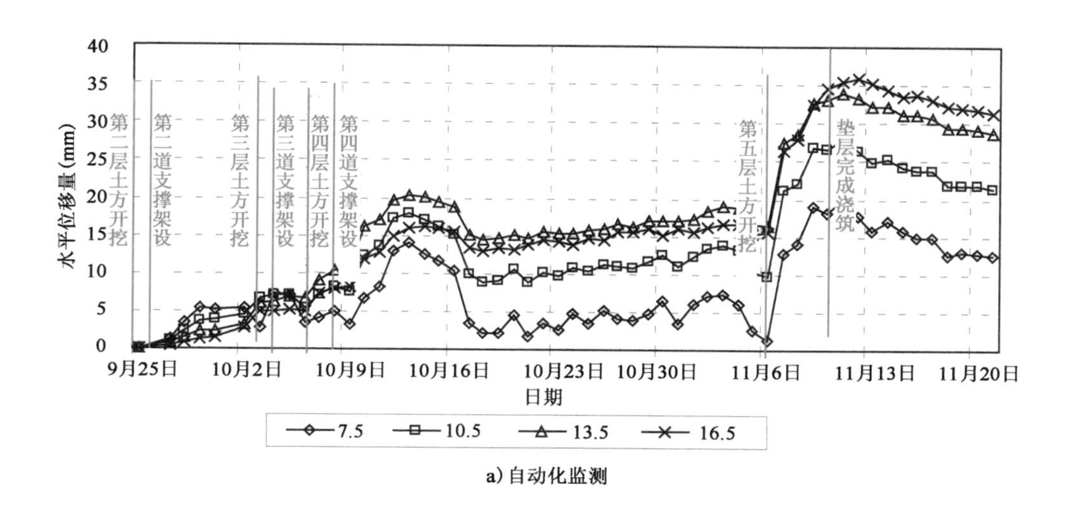

a)自动化监测

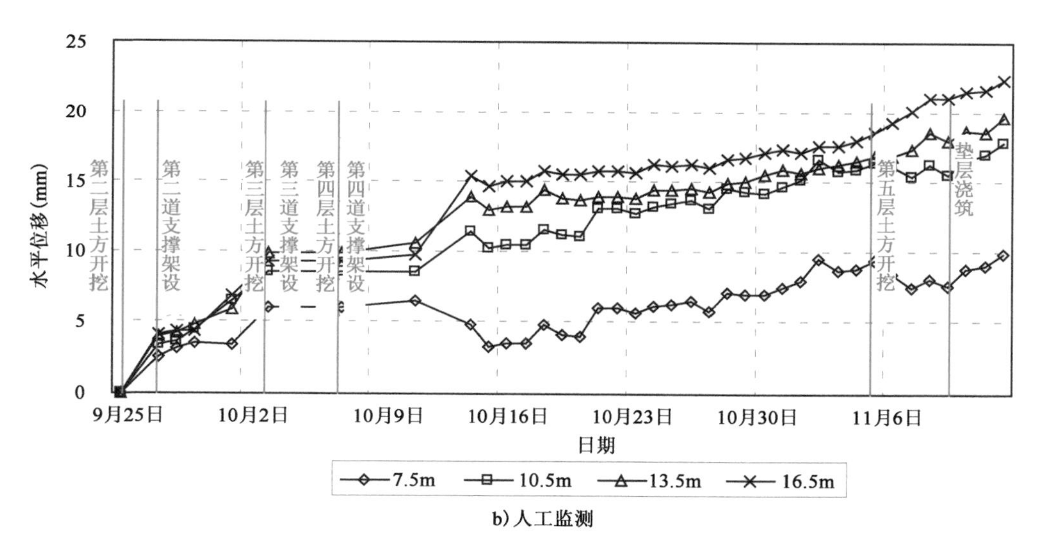

b)人工监测

图7-4 地下连续墙内测斜孔DCX2典型位置深层水平位移时程曲线

2)光电式双向位移计自动化监测

2016年9月23日翠柏里站试验段完成光电式双向位移计的现场安装,并进行调试,共计6套仪器。编号分别为ID1~5,对应人工监测点DQc2~6。自动化数据采集界面如图7-5所示。

基坑开挖期间,根据现场施工进度同步开展人工、自动化监测工作,墙顶沉降/水平位移自动化监测采用JPLD-1000光电式双向位移计进行数据采集,采集频率约为180s/次,人工监测频率为1d/次。

根据图7-6~图7-9所示曲线可以看出:光电式双向位移计测试的墙顶沉降和水平位移变化曲线基本一致,光电式测试沉降和水平位移夜间变化很平缓,白天有较大波动,且沉降最大值在中午12:00~14:00之间,初步分析为温度引起的波动。

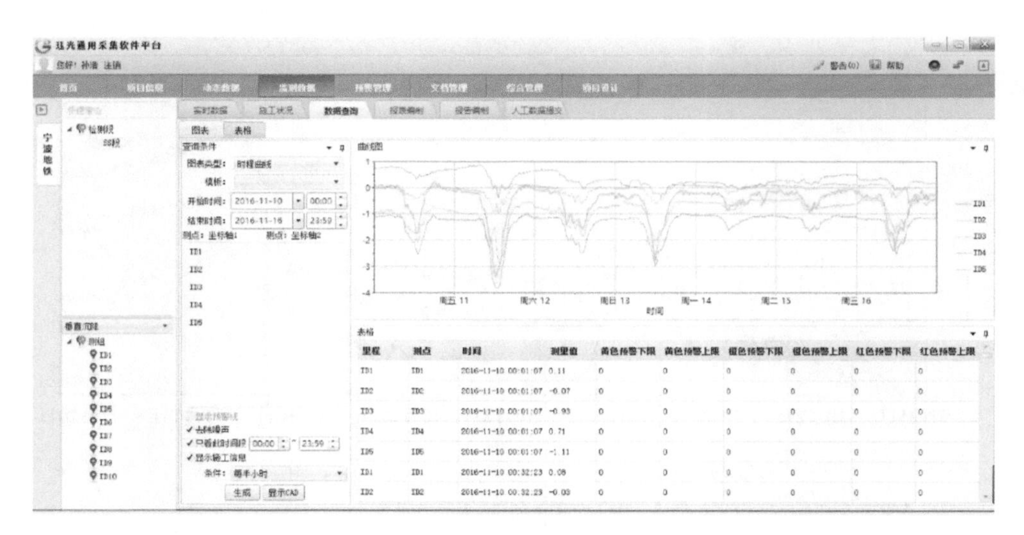

图 7-5　光电式双向位移计数据采集界面

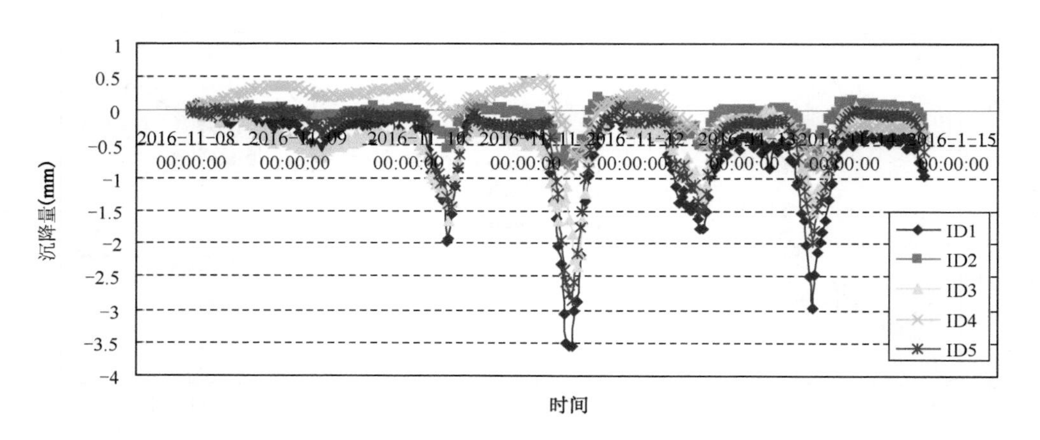

图 7-6　11 月 8 日至 14 日光电式双向位移计测试墙顶沉降时程曲线

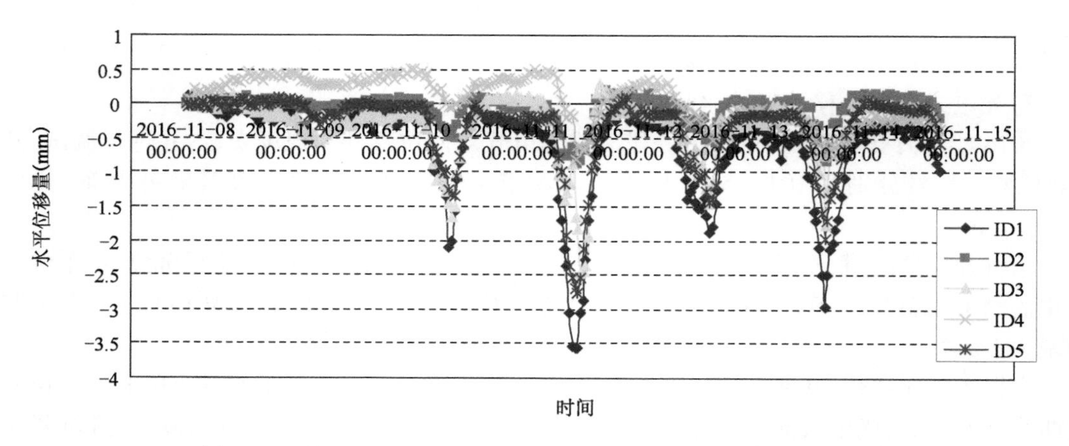

图 7-7　11 月 8 日至 14 日光电式双向位移计测试墙顶水平位移时程曲线

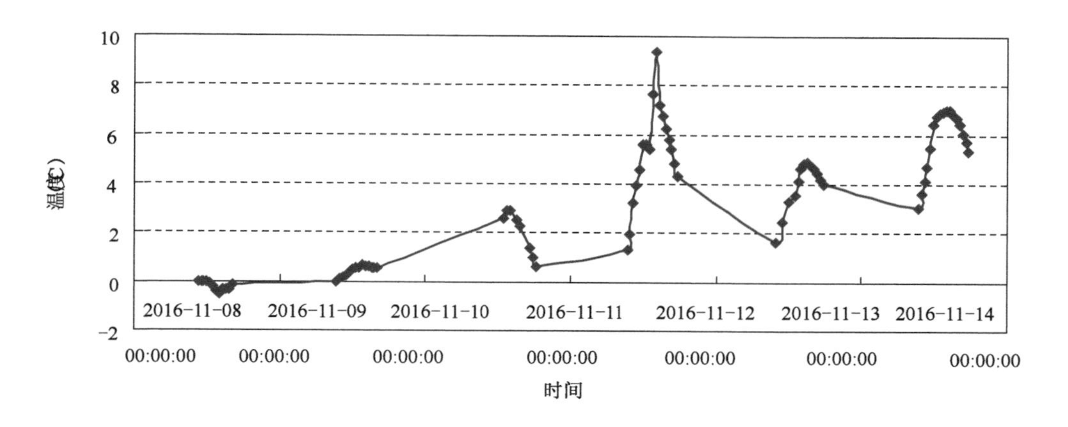

图7-8 应变计内测温光栅温度变化时程曲线图

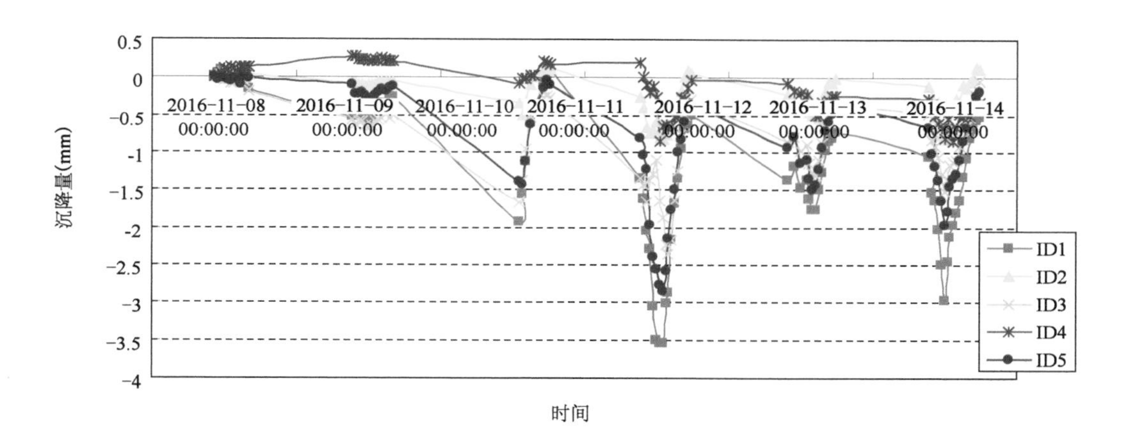

图7-9 光电式双向位移计测试墙顶沉降时程曲线

试验前期对温度的监测仅在支撑轴力测试中的测温光栅有相关记录，将11月8日至11月14日测温光栅测得的温度变化曲线在图7-8内展示，相应时间点光电式双向位移计测试的沉降变化如图7-9所示。由图7-8和图7-9可得，光电式双向位移计测试沉降与温度基本成正相关关系，随温度升高，相对沉降量增大。

因测温光栅测试的温度为光纤光栅应变计内温度，受太阳照射等因素影响，应变计内温度与环境温度有差异，该测试温度不宜作为光电式双向位移计测试沉降与温度的相关性的定量参数。建议下一步工作中增加人工监测环境温度，分析沉降量与温度的相关系数关系。

鉴于光电式双向位移计受温度影响较大，故选取温度相对稳定的21:00－24:00的平均沉降作为当天的沉降，将自动化测得的数据与人工数据进行对比，图7-10为ID3(QC4)相对于ID2(QC3)的沉降变化时程曲线图，从图中可以看出，光电式双向位移计测量的墙顶沉降变化较为平缓。

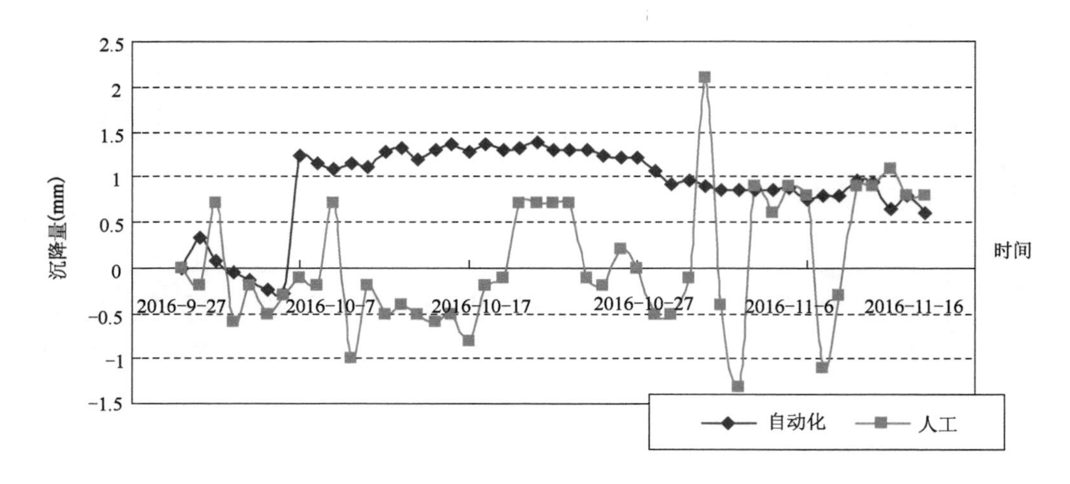

图 7-10　ID3 相对于 ID2 沉降变化时程曲线图

7.1.4　总结

本案例托宁波市轨道交通 4 号线翠柏里站主体基坑工程,在基坑正常人工监测的基础上开展自动化监测试验,通过和人工数据进行对比分析,得到以下结论:

(1)墙体水平位移自动化监测与人工监测在开挖面附近数据一致性较好,光纤光栅智能测斜管在基坑开挖期间灵敏度较高,坑边重型机械堆载、支撑复加轴力等施工均可能对光纤光栅测斜管产生影响;

(2)光电式双向位移计测试墙顶沉降与温度基本成正相关关系,随温度升高,相对沉降量增大;自动化监测数据与人工数据进行对比,当温度相对稳定时,光电式双向位移计测量的墙顶沉降变化较为平缓。

建议如下:

(1)进一步分析光纤光栅智能测斜管、光电式双向位移计的影响因素,建立适合宁波轨道交通的自动化监测体系;

(2)加强对现场自动化监测仪器的保护力度,确保基坑施工过程中仪器不被破坏。

7.2　宁波地铁 3 号线高塘桥—句章路区间自动化监测实例

7.2.1　工程概况

宁波轨道交通地铁 3 号线一期工程高塘桥站—句章路站明挖区间明挖区间基坑标号为 TJ3112,全长 565m,宽 10.55 ~ 19.75m,开挖深度 13.9 ~ 16.4m。如图 7-11 所示。

从图 7-11 中可以看出,该明挖区间由封堵墙分为三个基坑,从左到右的编号依次为 1#、2# 和 3#。综合考虑相邻标段的施工总体筹划,本标段先施工两端,即先施工 1#、3#基坑,再施工

2#基坑,与相邻标段的工筹互相衔接。

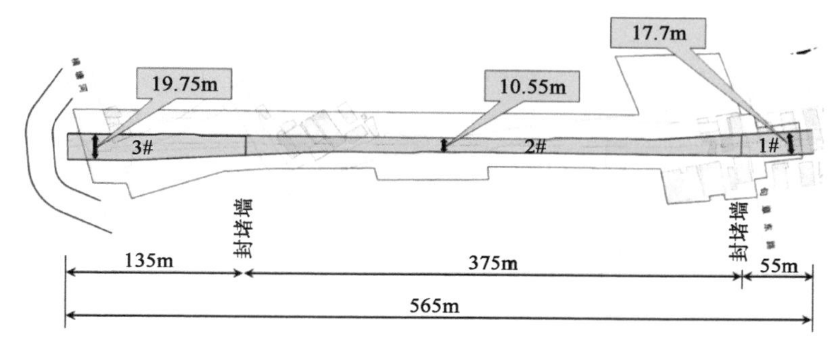

图 7-11 高塘桥站—句章路站明挖区间基坑总平面图

本工程围护结构根据区间主体的中隔墙数量分为两种形式。只有一道中隔墙的范围(中间约 250m),采用 600mm 厚地下连续墙,支撑自上而下分别为一道混凝土支撑 + 三道钢支撑 + 换撑。

有两道中隔墙的范围(两端约 315m),采用 800mm 地下连续墙,支撑自上而下分别为一道混凝土支撑 + 四道钢支撑。支护结构如图 7-12 所示。

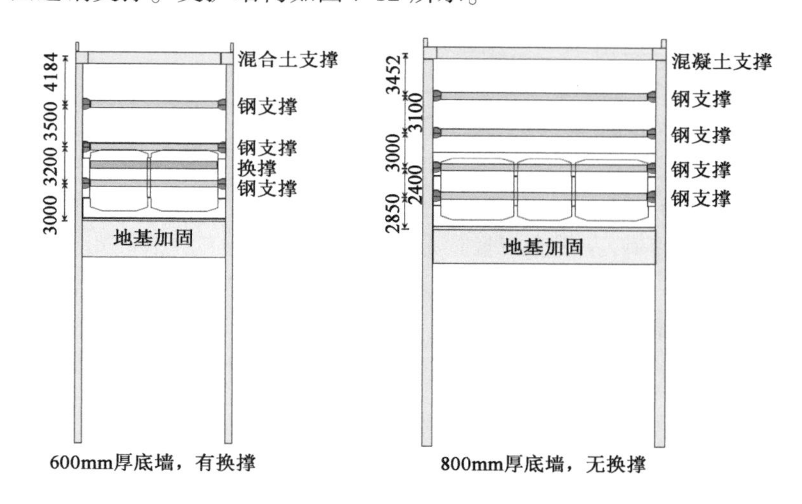

a) 横断面示意图

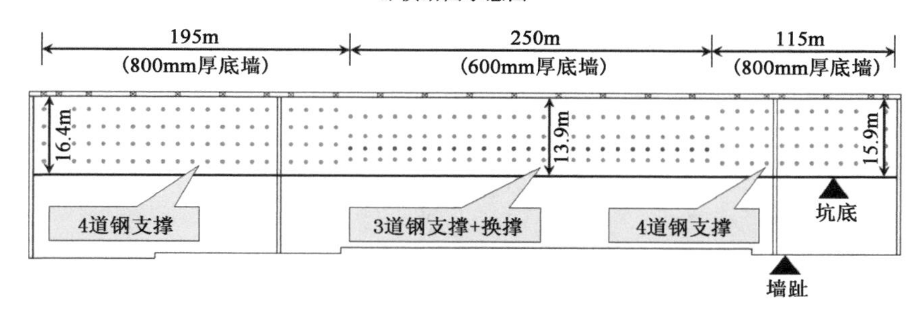

b) 纵断面示意图

图 7-12 高塘桥站—句章路站明挖区间基坑支护结构示意图(尺寸单位:mm)

7.2.2 自动化监测系统概述

1)监测内容

以宁波市轨道交通工程为依托,开展地铁基坑施工期钢支撑轴力监测、坑底隆起(回弹)监测和自动化监测技术的科学研究。目的是利用先进的物联网技术和云平台技术,寻求一种更为科学、先进和精确的监测方法,得出准确、连续和实时的现场实测数据。

针对钢支撑安装工艺缺陷导致的偏心受压和传感器机理导致的数据不准,以及软土地基条件下地铁基坑施工中的坑底隆起监测项实施复杂且精度有限等实际工程问题为出发点,本科研课题的重点研究内容如下:

(1)研究钢支撑轴力实测不准的影响因素和轴力计的优化改型等;

(2)研究基于压差传感技术的坑底隆起监测新方法;

(3)研究钢支撑轴力和坑底隆起监测项基于物联网科技的自动化监测平台接入技术,实现2个监测项的全天候实时在线监测,给地铁车站基坑施工提供更优质、更完善的安全监测服务。

2)设计和依据

自动化监测系统是获取基坑监测信息的工具,使决策者可以针对特定目标做出正确的决策。本方案主要从下面几个方面作为编制原则:

(1)保证系统的可靠性:由于围护结构安全监控系统是长期野外实时运行,保证系统的可靠性。否则先进的仪器,在系统损坏的前提下也发挥不出应有的作用及效果。

(2)保证系统的先进性:设备的选择、监控系统功能与现在技术成熟监控及测试技术发展水平、结构健康监控的相关理论发展相适应,具有先进和超前预警性。

(3)可操作和易于维护性:系统正常运行后应易于管理、易于操作,对操作维护人员的技术水平及能力不应要求过高,方便更新换代。

(4)具有完整和扩容功能:系统在监控过程能够使监控内容完整、逻辑严密、各功能模块之间能够即相互独立、又能相互关联;能避免故障发生时整个系统的瘫痪。

(5)以最优成本控制:利用最优布控方式做到既节省项目成本、后期维护投入的人力及物力,又能最大限度发挥出实际监控、监测的效果。

涉及相关规范主要如下所示:

(1)《工程测量规范》(GB 50026—2007);

(2)《建筑变形测量规范》(JGJ8—2007);

(3)《城市轨道交通地下工程建设风险管理规范》(GB 50652—2011);

(4)《城市轨道交通工程监测技术规范》(GB 50911—2013);

(5)《地铁工程监控量测技术规程》(DB11/490—2007);

(6)《电气装置安装工程施工及验收规范》(GB 50254—96);

(7)业主提供相关勘察文件、施工图、设计图纸文件等资料。

3)测点布设

综合考虑相邻标段的施工总体筹划,TJ3111 标(句章路站)先进行北段盾构井施工,TJ3113 标(高塘桥站)先进行其封堵墙以南部分,本标段 TJ3112 标先施工两端,即先施工 1#、3#基坑,再施工 2#基坑,与相邻标段的工筹互相衔接。出于时间效益考虑,选取 1#基坑开展钢

支撑轴力和坑底隆起监测项的科研。

依据《城市轨道交通工程监测技术规范》(GB 50911—2013),得出地铁基坑施工阶段的钢支撑和坑底隆起监测项点位布置图如图7-13所示。坑底隆起监测项辅助系统中镀锌管的布设示意图如图7-14所示。

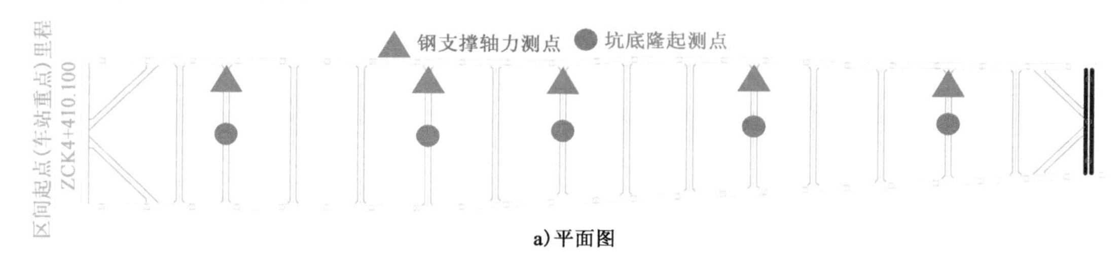

a)平面图

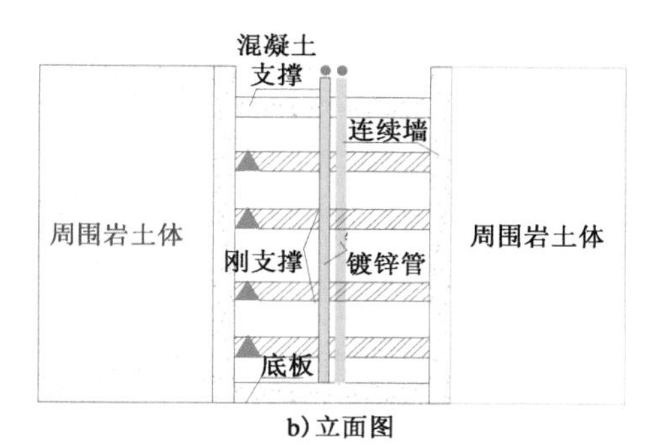

b)立面图

▲支撑轴力检测项 ●坑底隆起监测项

图7-13　测点位置示意图

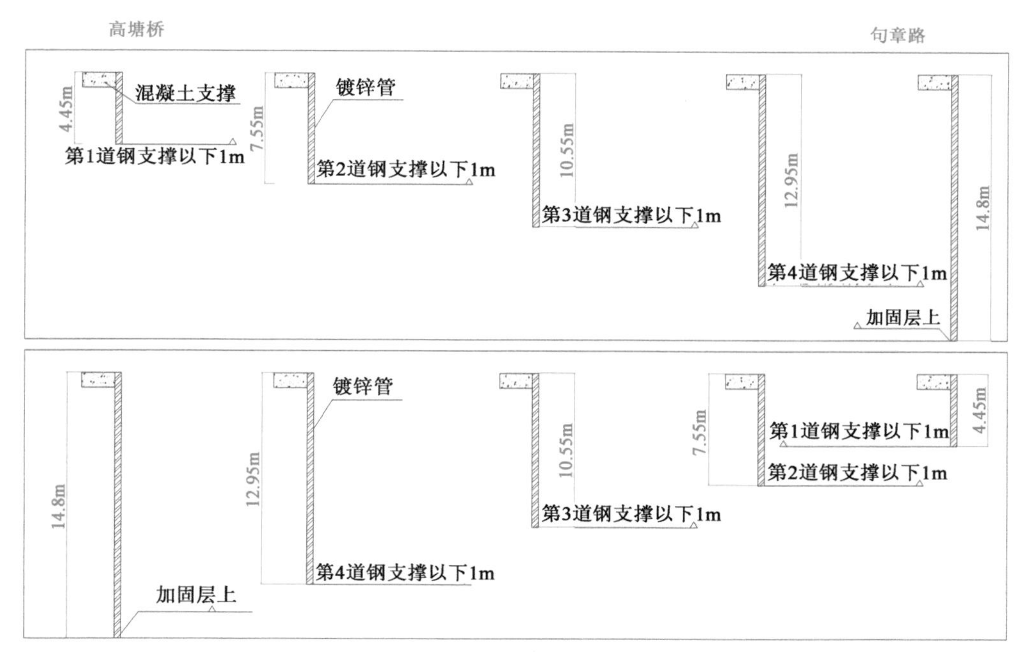

图7-14　镀锌管布设示意图

从图7-13中可以看出,传感器布置在5个断面上,钢支撑共有20个测点,采用三弦轴力计;坑底隆起共有10个测点,5个基点,采用压差传感系统。

从图7-14可以看出,采用交错的布设方法,不仅可以监测开挖面的隆起值,还能适应多种开挖模式。

4)传感器选型

传感器是感知层的基础,要保证整个系统稳定、高效的运行,一定要严控传感器的质量以及选型,传感器的选择应遵守如下原则:

(1)稳定性

监测用传感器必须具备稳定性,在正常使用期限内传感器的量程、精度、线性度等指标不发生变化,避免由于传感器的稳定性带来的不精确的安全评估信息。

(2)适用性

传感器的选择应选取合适的量程、精度和线性度等指标,不能比结构测试的要求低,也不必强求高精度,应根据实际情况选择合理的指标,以保证性价比。

(3)耐久性

由于施工环境较为恶劣,所以,选择的传感器应该具有防雷、防尘、防潮和防振等抗外界环境干扰的能力。

根据以上3个选取原则,各监测项传感器见表7-3。

各监测项传感器 表7-3

监测项	产品型号	外形尺寸(mm)	量程(kN)	精度(F.S)	图片
钢支撑轴力	FS-ZL30A	$\Phi158 \times 120$	1~3000	0.1%	
坑底隆起	FS-LTG-Y500	$\Phi27 \times 128$	1~500	0.1%	

5)拟投入的设备

表7-4为钢支撑轴力和坑底隆起监测项科研实施所拟投入的设备清单。

主要材料、设备清单 表7-4

序号	监测项	设备名称	型号	单位	数量	备注
1	支撑轴力	三弦轴力计	FS-ZL30A	个	20	—

续上表

序号	监测项	设备名称	型号	单位	数量	备注
2	坑底隆起	压差式变形测量传感器	FS-LTG-Y500	个	15	—
		储液罐	常规	个	5	—
		储液罐安装支架	常规	个	5	—
		传感器安装支架	常规	个	15	—
		连接水管	12×18mm	m	200	—
		温湿度传感器	FS-WSD120	个	1	—
		镀锌管	—	根	80	长度2m,直径80mm
		抱箍	内径略大于80mm	个	20	—
3	传输设备	无线节点	FS-iFWL-JD	个	15	含安装支架、太阳能供电
		无线网关	FS-iFWL-WG	台	1	—
		SIM卡	—	张	1	自备
		传感器信号线缆	FS-SL04(P)	m	300	—
4	软件	数据采集系统V1.0	FS	套	1	—
		综合管理系统V1.0	FS	套	1	—

7.2.3 监测资料整理与成果分析

1)钢支撑轴力监测项

本次科研项目钢支撑轴力监测采用的是三弦轴力计,三弦轴力计仍采用经典弦原理,结合三根均匀分布的钢弦采集的频率得出3个不同的值,并做算术平均而得监测值。

(1)偏心受压的多样性和连续性

图7-15为2016年7月1日(当日现场无施工),ZL1-1中3根钢弦的频率时程曲线图。

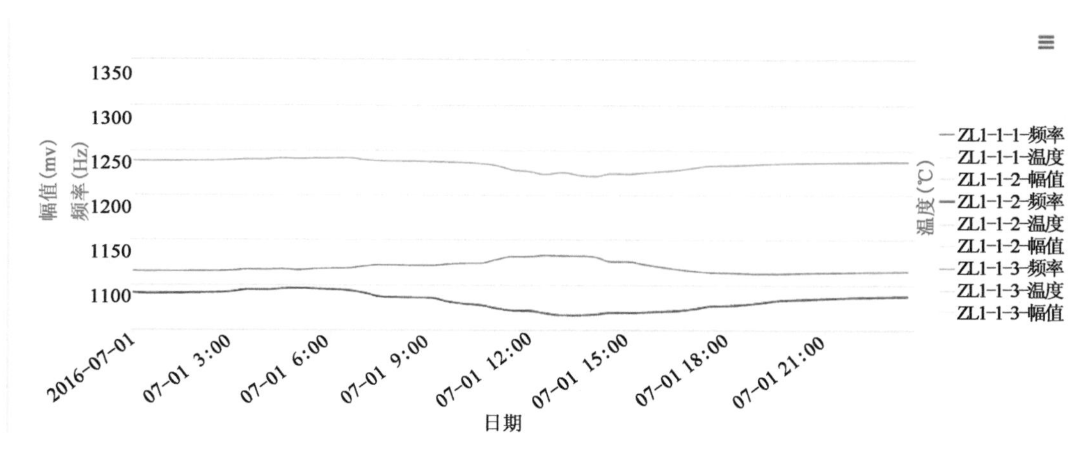

图7-15 ZL1-1中每根弦的频率时程曲线图

从图7-15中可以看出,在无施工的1天内,3根弦的频率并不固定,从凌晨~13:00这个时间段,ZL1-1-1的频率如蓝线呈增大趋势,力值减小;ZL1-1-2的频率如红线呈减小趋势,力值增大；ZL1-1-3 的频率如黄线呈减小趋势，力值增大；可以看出偏心受压状态随时间变化，说明三弦轴力计处于连续的、变化的偏心受压状态下。表 7-5 为 ZL1-1 测点在 7 月 1 日的偏压参数统计表。

7 月 1 日 ZL1-1 的偏压参数表 表 7-5

线　序	凌晨频率	凌晨力值	13 点频率	13 点力值
1-1-1	1114Hz	2033kN	1132Hz	1807kN
1-1-2	1090Hz	1662kN	1066Hz	1951kN
1-1-3	1237Hz	264kN	1225Hz	429kN
标准差	—	762kN	—	686kN
均值	—	1320kN	—	1396kN
偏压系数	—	0.58	—	0.49

注：标定系数为 0.005582，初始频率按线序分别为 1267 Hz、1219 Hz 和 1256 Hz。

从表 7-5 中可以看出，三弦轴力计 3 根弦测得的力值不尽相同，说明了偏心受压的存在；且凌晨均值较小，正午均值较大，在没有施工的情况下，显然是钢支撑受温度影响发生热胀效应，而两端又受限于连续墙，无法释放温度应力而导致的轴力增大现象。

当三弦轴力计在全截面均匀受压荷载下，3 根弦的力值应相等，标准差应为 0。三根弦的标准差越大，说明偏压越严重，可以选用变异系数来作为三弦轴力计偏压程度的指标，称为偏压系数，如式(7-1)所示：

$$\text{偏压系数} = \text{变异系数} = \frac{\text{标准差}}{\text{均值}} \tag{7-1}$$

从上式中可以看出，全截面均匀受压，即不发生偏压的偏压系数为 0；偏压程度越严重，偏压系数越大；表 7-5 中可以看出，在温度应力作用下，中午的偏压程度小于凌晨。

(2)偏心受压下数据的准确性

根据材料力学变形协调理论，假设钢支撑和连续墙均受自身材料特性影响，产生温度效应；假设连续墙不向围岩测发生变形，则钢支撑轴力的计算公式根据理论推导如式(7-2)。表 7-6为根据宁波项目的参数取值表。

$$F_{1℃} = \frac{\mu_1 \times L_2 + 2 \times \mu_2 \times L_2}{\dfrac{2 \times L_1}{A_1 \times E_2} + \dfrac{L_2}{A_2 \times E_1}} \times 10^{-3} \tag{7-2}$$

温度效应参数取值表 表 7-6

参　数	物理意义	取　值	单　位
$F_{1℃}$	温度升高 1℃轴力增大值	37.95	kN
μ_1	钢材线性膨胀系数	12.2	℃
μ_2	混凝土线性膨胀系数	10	℃
L_1	连续墙厚度	0.8	m
L_2	基坑宽度	20	m
A_1	钢支撑端头面积	0.29	m^2

续上表

参数	物理意义	取值	单位
A_2	钢支撑横截面面积	0.015	m^2
E_1	钢材弹性模量	2	Pa
E_2	混凝土弹性模量	3	Pa

按表7-6中参数取值，代入式(7-2)中可知，在20m宽的基坑内，温度升高1℃，钢支撑轴力增加37.95kN，在钢支撑长度一定的情况下，温度增量与钢支撑轴力增量呈线性关系。三弦轴力计内置有温度传感器，采集粒度与钢支撑轴力相同，均为30min，因此可以对温度和钢支撑轴力这2个参数进行Polynomial一阶线性拟合，得出拟合优度R^2和线性函数斜率K。

为使得钢支撑和轴力计内置温度传感器处于同一温度场内，即避免阳光直晒造成的温度场不一致，选取18点～次日6点的温度和钢支撑轴力数据进行一阶线性拟合，图7-16为ZL1-1在8月10日～13日4天内18点～次日6点的散点数据拟合图。

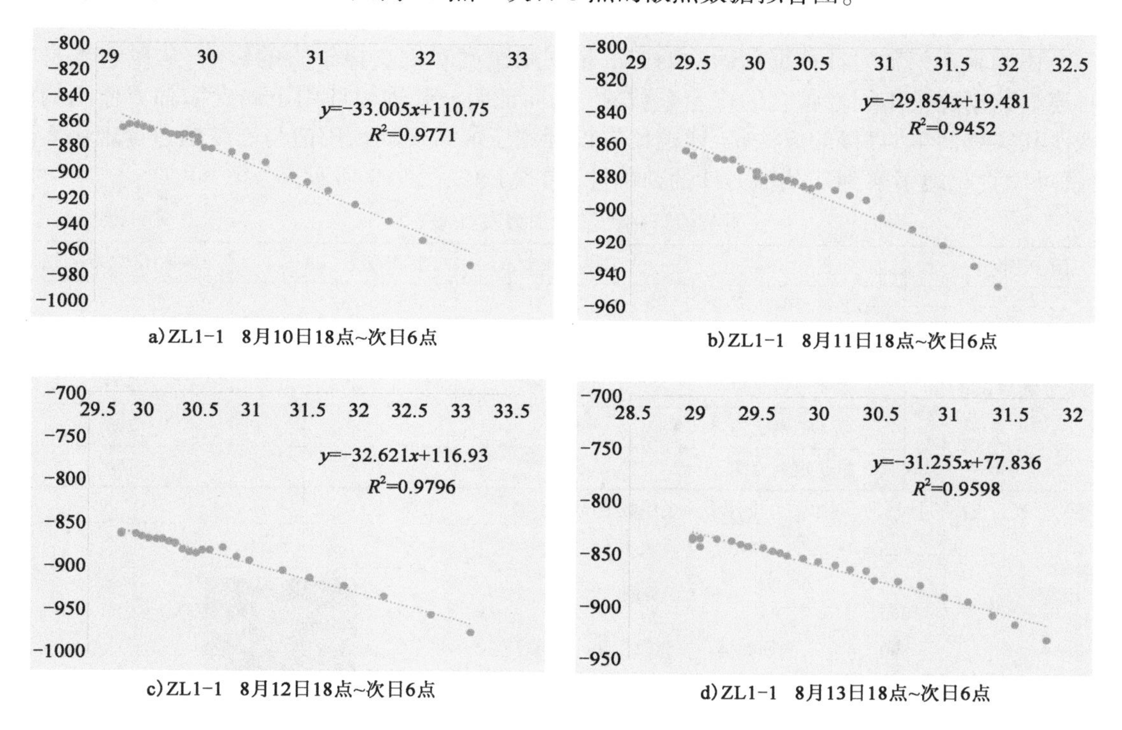

图7-16 ZL1-1一阶线性拟合图

从图7-16中可以看出，横坐标为温度，纵坐标为钢支撑轴力，以负为压力，对上述拟合优度R^2和K值做统计见表7-7。

ZL1-1线性拟合参数统计表 表7-7

日期	R_2	K
8月10日	0.9771	-33.005
8月11日	0.9452	-29.854

续上表

日期	R_2	K
8月12日	0.9796	-32.621
8月13日	0.9598	-31.255
平均值	0.9654	-31.68

从表7-7中可以看出，温度和钢支撑轴力拟合优度的平均值高达0.9654，再一次证明了温度增量和钢支撑轴力增量的线性关系；拟合得到的一阶函数的斜率K值的平均值为-31.68，其物理意义为：温度升高1℃，钢支撑轴力增大31.68kN，与理论推导值37.95kN相差6.27kN，即误差为16.5%，即ZL1-1在发生偏压的情况下，三弦轴力计测量温度引起的钢支撑轴力时存在16.5%的误差。

同理可认为，在基坑土方开挖过程中，由土体压力导致的钢支撑轴力监测的误差也可以控制在16.5%以内，基于对自动化监测系统中温度和钢支撑轴力实施连续数据的分析可以得出结论：通过3弦取平均值的方法，即三弦轴力计可大大提高基坑建设过程中钢支撑轴力监测的准确性。

上述检验三弦轴力计数据精确性的方法是利用温度对钢支撑轴力的影响，从系统本身的实时连续数据反推出线性拟合的确定系数R^2，从而证明三弦轴力计用于钢支撑轴力监测的精确性。其实更简单、直接的方法是：通过比较设计预压值或现场预压值与三弦轴力计现场实测值，就可以直观地了解到三弦轴力计的精确性，如图7-17，表7-8所示。

支撑设计轴力及预加力表(kN/m)　　表7-8

围护形式	支撑	设计轴力(kN/m)	标准轴力(kN/m)	预加压力(kN/m)
地下连续墙800mm	第1道混凝土支撑	229	183	
	第2道钢支撑	530	424	250
	第3道钢支撑	621	497	300
	第4道钢支撑	446	357	200
	第5道钢支撑	290	232	150

注：上表为支撑设计轴力，斜撑轴力设计值为表中数值的1.4倍。

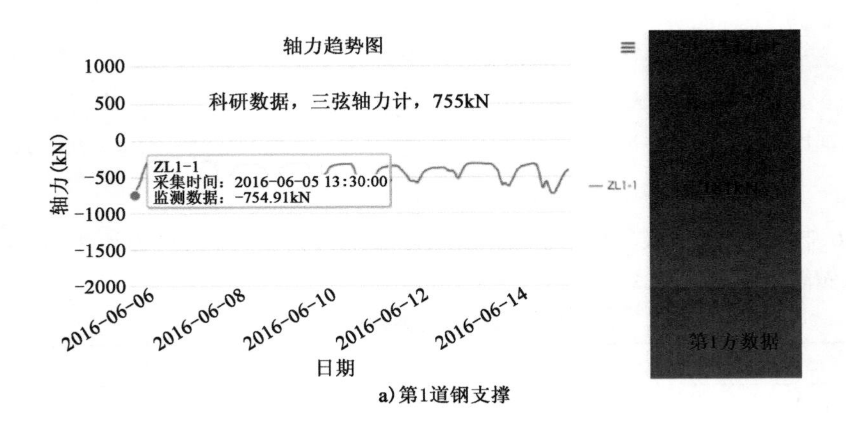

a)第1道钢支撑

图 7-17

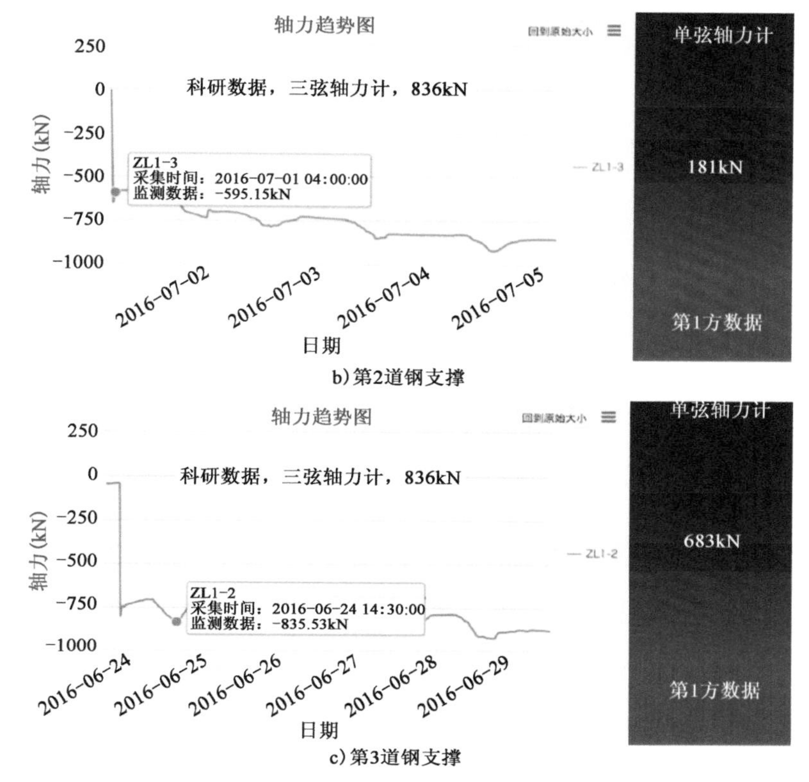

b）第2道钢支撑

c）第3道钢支撑

图7-17 各层钢支撑预压值与实测轴力值对比图

从表7-8中可以看出，4道钢支撑的设计预压力值从上到下（钢支撑间距为3m）依次为750kN、900kN、600kN和450kN。从图7-17a）、图7-17b）和图7-17c）中可以看出，三弦轴力计的现场实测值与设计力值基本吻合，误差基本在5%以内。

（3）轴力值与现场工况匹配

软土地区地铁基坑开挖一般采用连续墙、混凝土支撑和钢支撑的支护体系，随着基坑的开挖，土体发生卸荷效应，连续墙外的土体对连续墙有较强的作用力，因此，钢支撑轴力能在一定程度上反应坑外土体对连续墙的作用强度，钢支撑轴力实测数据可作为现场施工和设计优化的参考依据。图7-18为各断面开挖过程中钢支撑轴力值实时连续趋势分析图。

从图7-18a）中，可以看出5月31日第1层土开挖完后，ZL1-1上线，设计预压轴力750kN；6月21日第2层土开挖，轴力值增大为1250kN；6月30日第3层土开挖，轴力值增大为1450kN；7月11日第4层土开挖，轴力值减小至1200kN；7月20日第5层土开挖轴力值减小至1000kN。

从图7-18b）中，可以看出5月31日第1层土开挖完后，ZL2-1上线，设计预压轴力750kN；6月18日第2层土开挖，轴力值增大为1300kN；7月3日第3层土开挖，轴力值为1300kN；7月13日第4层土开挖，轴力值减小至1000kN；7月24日第5层土开挖轴力值减小至800kN。

从图7-18c）中，3#断面正下方的第2层土与6月16日进行开挖，由于传递位移用镀锌管破坏，坑底隆起值无法采集；ZL3-1在正下方土方开挖前已经有轴力增大趋势，16日正下方土方开挖时轴力增大速率最大，第2层土开挖完后，ZL3-1轴力稳定在1500kN（凌晨），增大了约300kN。

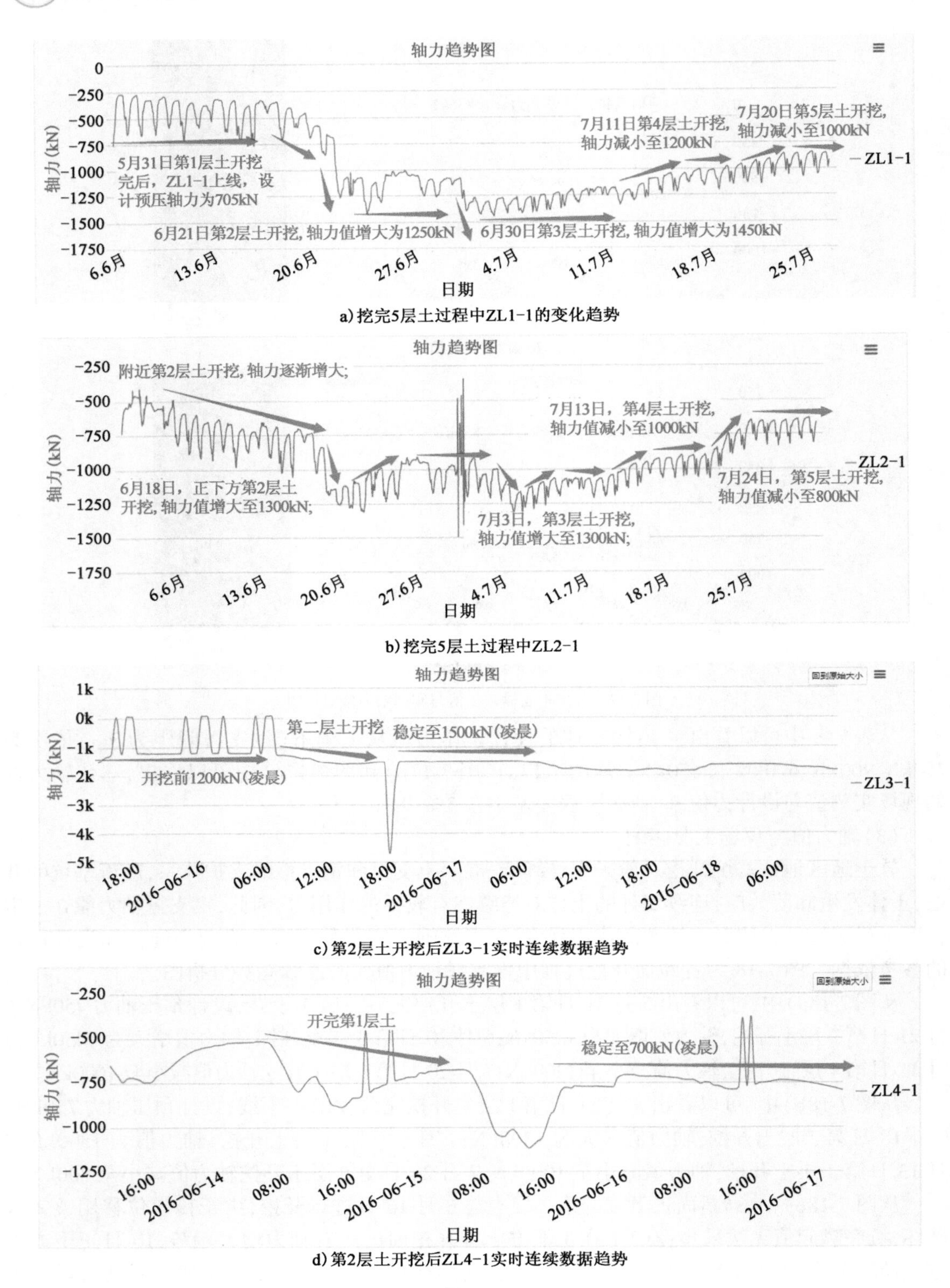

a) 挖完5层土过程中ZL1-1的变化趋势

b) 挖完5层土过程中ZL2-1

c) 第2层土开挖后ZL3-1实时连续数据趋势

d) 第2层土开挖后ZL4-1实时连续数据趋势

图 7-18

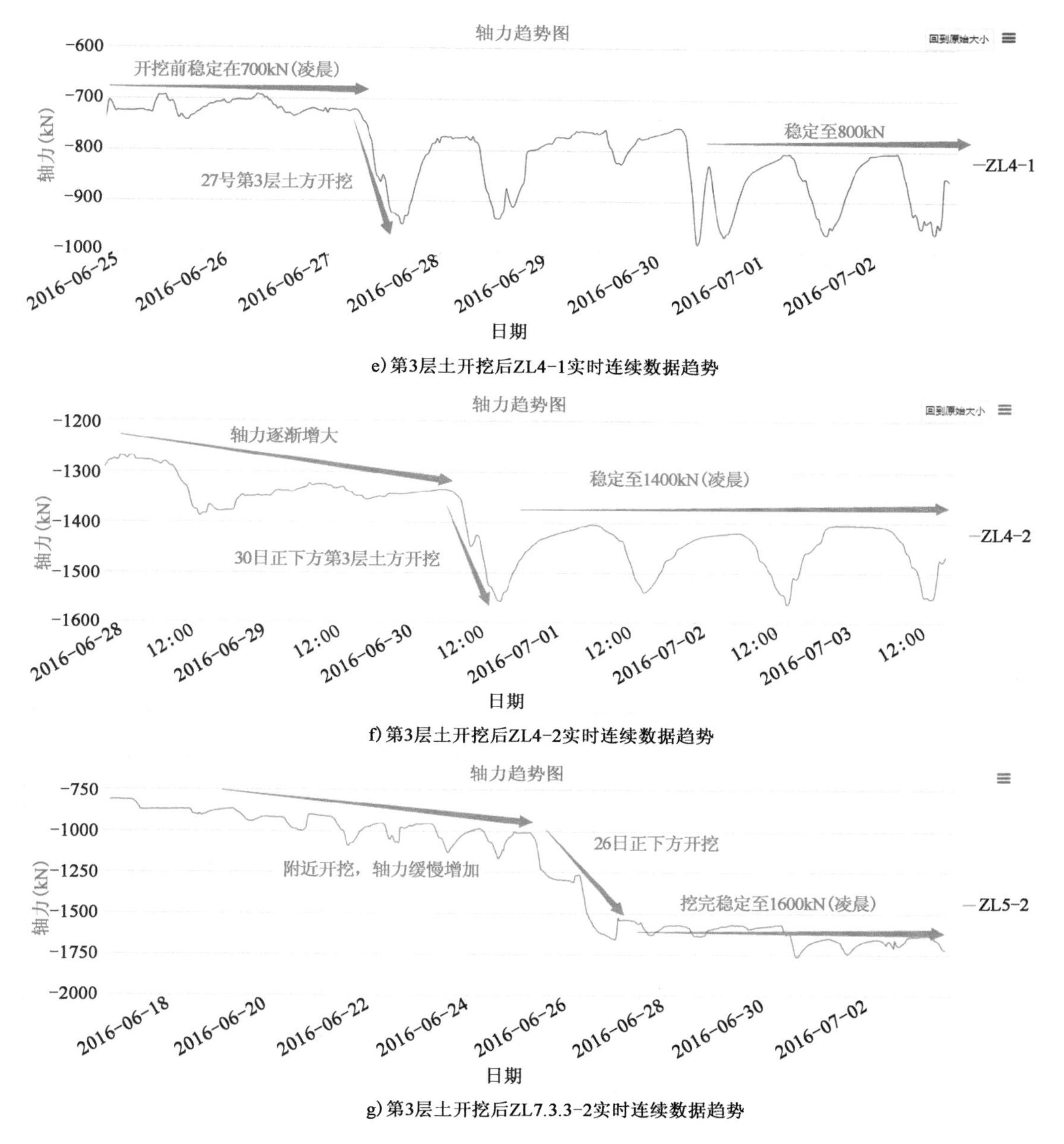

e)第3层土开挖后ZL4-1实时连续数据趋势

f)第3层土开挖后ZL4-2实时连续数据趋势

g)第3层土开挖后ZL7.3.3-2实时连续数据趋势

图7-18 各断面轴力监测趋势图

从图7-18d)图7-18e)图7-18f)中,ZL4-1在14日正下方土方开挖时轴力增大速率最大,第2层土开挖完后,ZL4-1轴力稳定在700kN(凌晨),增大了约200kN。第3层土于6月28日开始部分开挖,第3层土开挖完后,ZL4-1轴力稳定在800kN(凌晨),增加了约100kN,ZL4-2轴力从1300kN增至1400kN,增大了约100kN。

从图7-18g)中,轴力ZL7-2在之前已经有逐渐增大的趋势,26日正下方土方开挖时轴力增大速率最大,第3层土开挖完后,ZL7-2轴力稳定在1600kN(凌晨),增加了约800kN。

2）坑底隆起监测项

基于压差传感技术的坑底隆起监测新方法由主系统和辅助系统组成，相比钢尺悬吊挂钩法和全站仪测量立柱竖向位移的方法，不仅提高了监测精度还增大了监测频率。

（1）系统的稳定性和数据的准确性

《城市轨道交通工程监测技术规范》（GB 50911—2013）中规定："监测等级为1级的基坑坑底隆起的'监测点测站高差中误差'应小于等于0.6mm"。监测点测站高差中误差是指相应精度与视距的几何水准测点单程一测站的高差中误差，对于远程自动化在线监测系统，测站中误差可以等效为实时连续数据的标准差。

以BH1-1测点的实时连续数据计算基于压差传感系统的坑底隆起监测新方法采集到的实时连续数据的标准差，暨验证自动化监测系统的准确性和稳定性。表7-9为2016年5月30日至6月21日共3周的实时连续数据统计参数。

BH1-1实时连续数据特征值统计表 表7-9

时间段	均值（mm）	标准差（mm）	是否服从正态分布	备注
5月30日21:00～5月31日6:30	0.152	0.24	符合	上线第1晚
5月31日7:00～5月31日16:00	1.93	2.6	符合	断面正下方土方开挖，挖完第1层土
5月31日剩余时间	5.83	0.23	符合	坑底隆起稳定期
6月1日	5.86	0.56	符合	秩和检验（置信度0.05），这3天的数据无显著区别，坑底稳定
6月2日	5.85	0.69	符合	
6月3日	5.88	0.63	符合	
6月4日	6.01	0.79	符合	断面附近无土方开挖
6月5日	6.9	0.60	符合	断面附近无土方开挖
6月6日	7.73	0.69	符合	断面附近无土方开挖
6月7日	8.06	0.70	符合	高考停工
6月8日	8.11	0.50	符合	高考停工
6月9日	7.95	0.45	符合	断面附近无土方开挖
6月10日	8.6	0.83	符合	断面附近无土方开挖
6月11日	8.68	0.36	符合	断面附近无土方开挖
6月12日	8.51	0.64	符合	断面附近无土方开挖
6月13日	8.17	0.45	符合	断面附近无土方开挖
6月14日	7.16	0.83	符合	断面附近无土方开挖
6月15日	9.70	0.92	符合	断面附近无土方开挖
6月16日	8.62	0.45	符合	断面附近无土方开挖
6月17日	8.81	0.56	符合	断面附近无土方开挖
6月18日	8.88	0.45	符合	附近第2层土方开挖
6月19日	7.18	0.60	符合	附近第2层土方开挖

续上表

时 间 段	均值（mm）	标准差（mm）	是否服从正态分布	备 注
6月20日	9.78	1.00	符合	附近第2层土方开挖
6月21日	10.96	2.59	符合	附近第2层土方开挖
标准差均值	去除施工期受扰动较大时的标准差，其余标准差的均值为0.58			

从表7-9中可以看出，去除施工期受扰动较大时的标准差，其余天的标准差均值为0.58mm，满足规范要求。

另外运用Matlab中的ranksum函数对6月1日～3日的实时连续数据进行Mann. Whitney秩和检验（置信度0.05），得出结论：这3d的数据无显著区别。表明土方开挖后，坑底隆起时效性很强，开挖完后，坑底重新趋于稳定状态。

运用Matlab中的kstest函数对表7-9中的实时连续数据进行Kolmogorov. Smirnov检验，如表中第4列所示，均接受原假设，即认为所检验数据均服从置信度为0.05的正态分布。图7-19为从21d中选取了若干天数据的正态概率图。

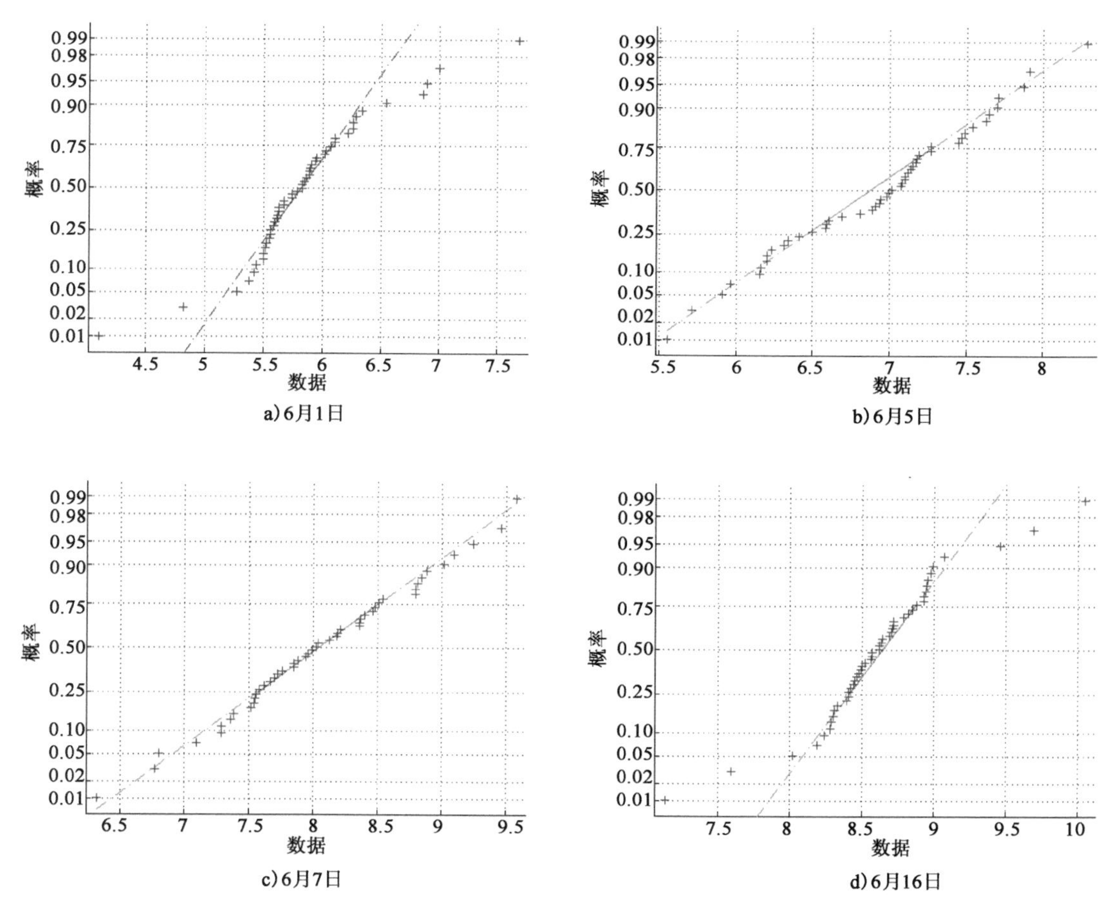

a)6月1日　b)6月5日　c)6月7日　d)6月16日

图 7-19

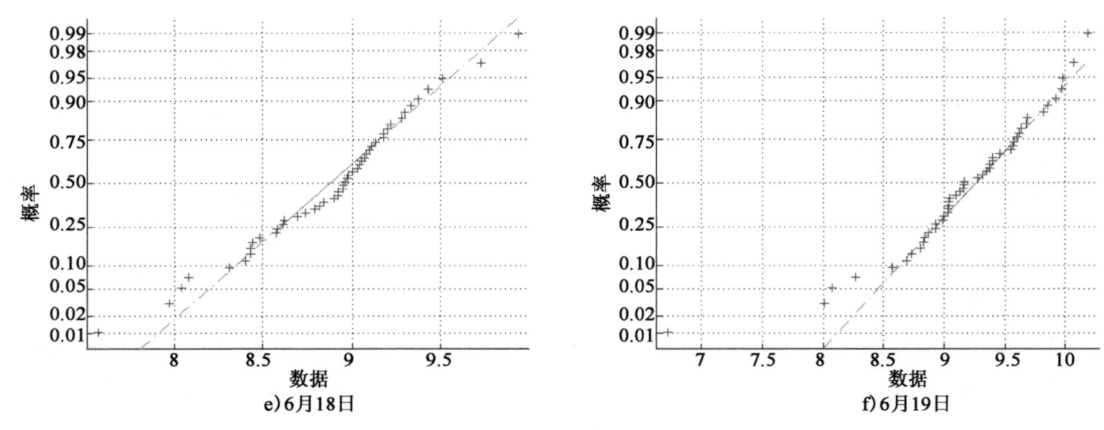

图 7-19　若干天数据正态概率图

从图 7-19 中可以看出，测点 BH1-1 在不同工作日的正态概率图中除了左下角和右上角有若干个异常点之外，其余“ + ”均在一条红色直线附近，表现出良好的正态分布特性。其他时间点的正态概率图就不一一赘述了。

关于实时连续数据呈正态分布，李德毅对正态分布下了一个定性的总结：

“如果决定某一随机变量结果的是：大量微小的、独立的、随机的因素之和，并且每一因素的单独作用相对均匀的小，没有一种因素可以起压倒一切的主导作用，那么这个随机变量一般近似于正态分布。”

可以认为基于压差传感系统的坑底隆起自动化监测系统在自然环境、现场施工环境、和坑底隆起等因素的影响下，监测数据仍然呈正态分布，说明坑底隆起自动化监测系统稳定性良好；另外，在系统误差和偶然误差作用下，实时连续数据的精度为 0.58mm，在 0.6mm 以内，说明坑底隆起监测数据的准确性良好；综上所述，系统稳定性和数据准确性均良好。

(2) 基点监测数据复核

坑底隆起自动化监测系统中有 1 个基点布置在冠梁处，来消除储液箱中液面变化对坑底隆起监测系统的影响效应。但是不排除支护墙体本身发生竖向位移的可能，因此，有必要对基点传感器进行高程复核，复核结果如图 7-20 所示。

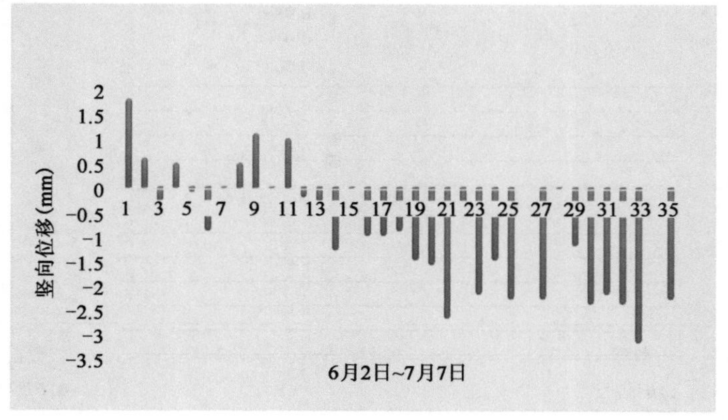

图 7-20　6 月 2 日 ~7 月 7 日 BH1-1 基点复核数据图

从图7-20中可以看出,6月2日~7月7日的BH1-1基点复核数据,共35d,29个数据,因为在某些时间点,如6月9日由于现场机械遮挡,无法进行复核工作。运用Matlab对上述基点复核数据进行均值为-0.997mm,标准差为1.288mm的正态分布检验,得出的结果见表7-10。

正态性检验结果(显著性水平为0.05) 表7-10

函数名	检验结论	检验的 p 值
jbtset	接受原假设	0.3555
kstest	接受原假设	0.6167
lillietest	接受原假设	0.1844

从表7-10中可以看出,在显著性水平为0.05下,3个函数的检验结论都是接受原假设,所以可以认为BH1-1基点复核数据服从均值为-0.997mm、标准差为1.288mm的正态分布。通过上述统计分析,可以认为BH1-1基点的高程变化值在1mm以内,相比土方开挖引起的坑底隆起值可以忽略不计。

(3)坑底隆起值与现场工况匹配

高塘桥站—句章路站区间明挖1#基坑坑底隆起自动化监测系统,共5个断面,每个断面由1套坑底隆起监测系统组成,因此需要传感器15个。图7-21为测点位置示意图。从图中可以看出,每个断面包括2个坑底隆起测点。系统集成均在基坑西边完成。

图7-21b)中的左下角为测点BH1-1,右上角为测点BH5-1,为最长的2根管子(14.8m),分别于7月20日和7月26日,达到预期工作寿命,退出工作,累积工作时间分别为52d和59d。截至2016年7月27日,TJ3112标所有的坑底隆起测点均已达到预期工作寿命,退出工作状态。这2个测点的全寿命周期监测趋势图如图7-22所示。

图7-22a)为测点BH1-1的全寿命周期监测趋势分析图,从中可以看出:

①5月31日,第1层土开挖后,坑底隆起值稳定至8mm;

②6月21日,第2层土开挖后,坑底隆起值稳定至15mm;

③6月23日,第3层土部分开挖后,坑底隆起值稳定至21mm;

④6月30日,第3层土剩余部分开挖后,坑底隆起值稳定至47mm;

⑤7月11日,第4层土开挖后,坑底隆起值持续增大到88mm;

⑥BH1-1自5月30日上线,7月20日挖至第5层土时,达到预期工作寿命,退出工作,累计工作时间52d。

图7-22b)为测点BH5-1的全寿命周期监测趋势分析图,从中可以看出:

①6月13日,第2层土开挖后,坑底隆起值稳定至12mm;

②6月26日,第3层土开挖后,坑底隆起值稳定至49mm;

③7月20日,第4层土开挖后,坑底隆起值持续增大到81mm;

④BH5-1自5月29日上线,7月26日挖至第5层土时,达到预期工作寿命,退出工作,累计工作时间59d。表7-11为每层土开挖完后累计坑底隆起量统计表。

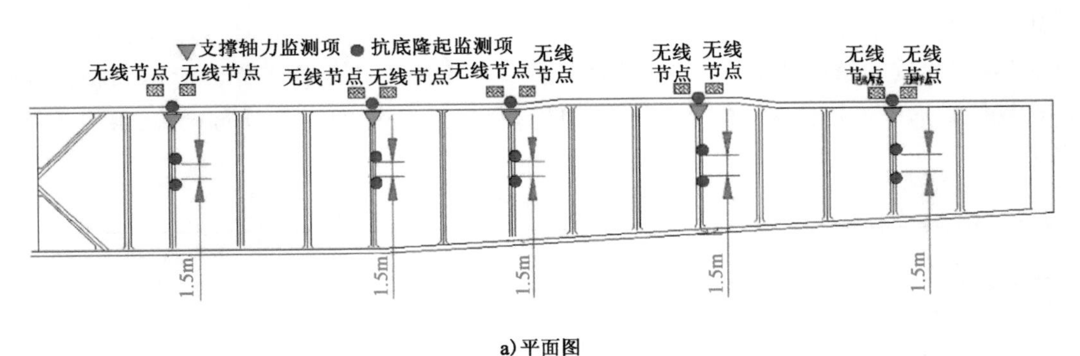

a）平面图

高塘桥

句章路

混凝土支撑

镀锌管

4.45m

7.55m

10.55m

12.95m

14.8m

第1道钢支撑以下1m

第2道钢支撑以下1m

第3道钢支撑以下1m

第4道钢支撑以下1m

加固层上

14.8m

12.95m

镀锌管

10.55m

7.55m

4.45m

第1道钢支撑以下1m

第2道钢支撑以下1m

第3道钢支撑以下1m

第4道钢支撑以下1m

加固层上

b）镀锌管立面图

图 7-21　坑底隆起测点位置示意图

坑底隆起累计值表

表 7-11

测　　点	第 1 层土后	第 2 层土后	第 3 层土后	第 4 层土后
BH1-1	8mm	15mm	47mm	88mm
BH5-1	—	12mm	49mm	81mm

3）无线采集传输系统

宁波地铁 3 号线一期工程 TJ3112 标 1#基坑共布设 20 个三弦轴力计，和 10 个压力传感器，设置采集粒度均为 30min，即 30min 采集 1 次数据，表 7-12 为 5 个断面钢支撑轴力测点和坑底隆起测点采集时间段和实际采集次数统计表。

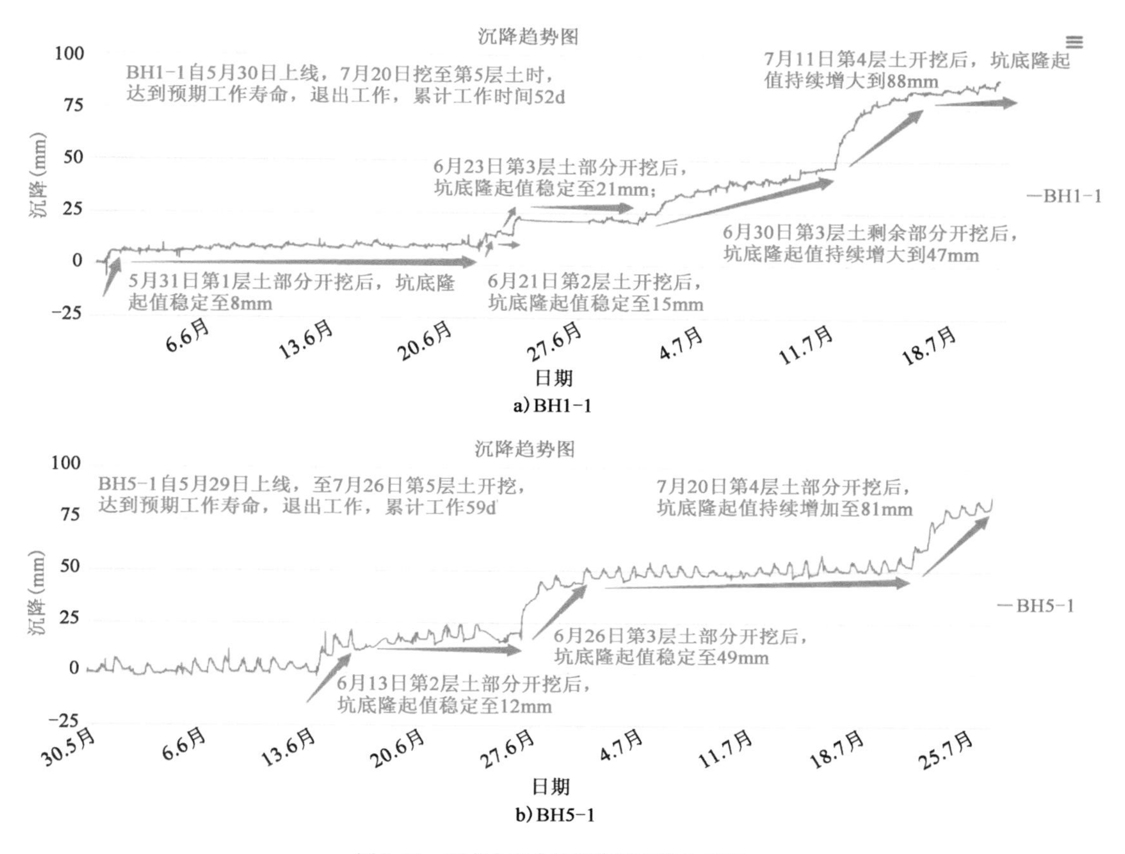

a) BH1-1

b) BH5-1

图7-22　测点全寿命周期监测趋势分析图

采集频次统计表　　表7-12

测　点	采集时期	理论次数	实际次数	实际采集粒度(min)
ZL1-1	6月5日～10月23日	6672	6700	29.8
ZL1-2	6月24日～10月10日	5232	5280	29.7
ZL1-3	7月2日～9月5日	3168	3197	29.7
ZL1-4	7月12日～8月9日	1392	1402	29.8
ZL2-1	5月31日～11月3日	7536	7501	30.1
ZL2-2	6月27日～10月10日	5088	5099	29.9
ZL2-3	7月9日～9月11日	3120	3088	30.3
ZL2-4	7月23日～8月14日	1104	1114	29.7
ZL3-1	5月31日～11月7日	7728	7798	29.7
ZL3-2	6月18日～9月17日	4416	4452	29.8
ZL3-3	7月7日～9月17日	3504	3659	28.7
ZL3-4	7月25日～8月22日	1392	1399	29.8

续上表

测　点	采集时期	理论次数	实际次数	实际采集粒度(min)
ZL4-1	5月27日~11月14日	8256	8295	29.9
ZL4-2	6月18日~11月10日	7008	7090	29.7
ZL4-3	7月16日~9月26日	3504	3537	29.7
ZL4-4	8月1日~8月23日	1104	1107	29.9
ZL5-1	5月25日~11月14日	8352	8560	27.3
ZL5-2	6月17日~11月11日	7104	7111	30.0
ZL5-3	6月28日~9月8日	3504	3544	29.7
ZL5-4	7月23日~9月8日	2304	2328	29.7
BH1-1	5月30日~7月19日	2400	2215	32.5
BH1-2	5月30日~7月19日	2400	2341	30.8
BH2-1	6月3日~7月18日	2208	1865	35.5
BH2-2	6月3日~7月18日	2208	1959	33.8
BH3-1	6月20日~11月01日	6480	6488	30.0
BH4-1	5月30日~11月04日	7632	7574	30.2
BH4-2	5月30日~7月25日	2736	2620	31.3
BH7-1	5月30日~7月25日	2736	2819	27.1
BH5-2	5月30日~11月4日	7632	7695	29.8
均值	—	—	—	30.3

从表7-12中可以看出,对云分布无线采集传输系统进行采集参数设定时,采集粒度为30min,在地铁基坑施工现场复杂的环境下,基于Zigbee的无线采集传输系统运行良好,实际采集粒度为30.3min,说明数据连续性优秀。

在高频率的数据采集前提下,可进行的深入挖掘分析工作大大增加,比如钢支撑轴力监测中三弦轴力计偏心受压的多样性和连续性、偏心受压状态下监测数据的准确性自验证和轴力值与现场工况的实时匹配等;另外,坑底隆起监测项中的系统稳定性和数据准确性自验证和坑底隆起值与现场工况的实时匹配等。

综上所述,无线采集传输系统能适应地铁基坑施工期的复杂工况,是钢支撑轴力和坑底隆起自动化监测系统不可或缺的一部分,为后续钢支撑轴力和坑底隆起监测数据的深入挖掘和分析提供了坚实的基础和有力的保障。

4)现场预警案例

2016年7月15日,第1方监测数据显示TJ3112标1#基坑出现连续墙深层水平位移预警,图7-20为科研测点和第1方测点对应布置图。

从图7-23中可以看出,科研断面共5个,每个断面包括2个坑底隆起测点和4个钢支撑轴力测点。表7-13数据为第1方监测从7月11日~7月17日的围护结构深层水平位移。

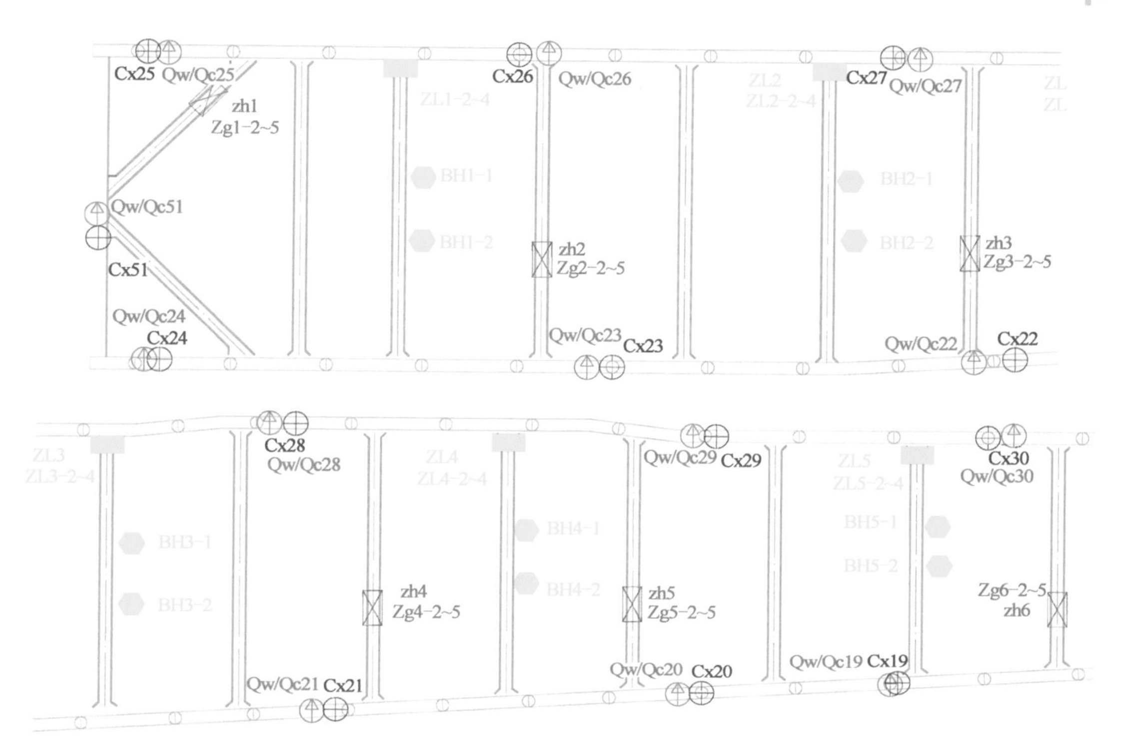

图 7-23 科研测点和第 1 方测点对应布置图

7 月 11 日～17 日第 1 方监测围护墙体深层水平位移最大日变化量和最大累计值统计表

表 7-13

围护墙体深层水平位移	本次最大变化量			累计最大变化量			报警值
	点号	日变量(mm/d)	累计值(mm)	点号	日变量(mm/d)	累计值(mm)	连续 2 天 3mm/d，累计 ±30mm
7 月 11 日	CX23-19.5m	2.97	32.06	CX26-16.0m	1.27	36.8	累计值报警
7 月 12 日	—	—	—	—	—	—	—
7 月 13 日	CX23-18m	2.98mm	37.01	CX26-16.5m	1.55	39.54	累计值报警
7 月 14 日	CX26-24m	12.71	50.42	CX26-17.5m	11.16	50.42	日变化量和累计值报警
7 月 15 日上午	CX23-20.5m	8.56	47.31	CX23-17.0m	7-85	47.31	日变化量和累计值报警
7 月 15 日下午	CX22-20.0m	2.54	47.31	CX23-17.0m	0	47.31	累计值报警
7 月 16 日上午	CX26-29.5m	2.62mm/0.5d	22.86	CX26-17.0m	1.34mm/0.5d	49.85	累计值报警
7 月 16 日下午	CX21-18.0m	3.18mm/0.25d	22.86	CX26-17.5m	0.55mm/0.25d	50.19	累计值报警
7 月 16 日晚上	CX23-33.5m	1.97mm/0.375d	22.86	CX26-17.5m	1.65mm/0.375d	51.84	累计值报警
7 月 17 日上午	CX23-21.5m	2.14mm/0.375d	43.3	CX26-17.5m	−0.01mm/0.375d	51.82	累计值报警
7 月 17 日下午	CX26-20.5m	2.32mm/0.375d	49.77	CX23-17.0m	1.93mm/0.25d	53.7	累计值报警

地铁基坑施工期各监测项数据都会互相关联，对1#断面的钢支撑轴力测点和坑底隆起测点进行简要数据分析验证关联性。图7-24为1#断面开挖后坑底隆起值的变化趋势图。

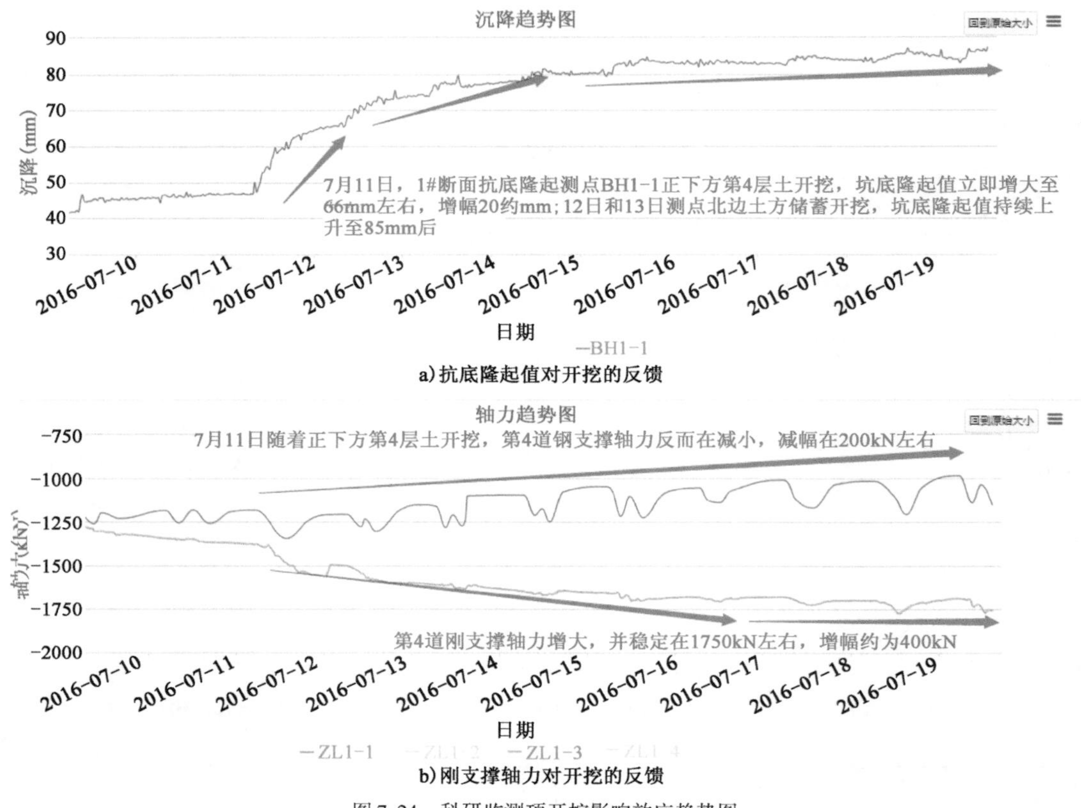

a)抗底隆起值对开挖的反馈

b)刚支撑轴力对开挖的反馈

图7-24　科研监测项开挖影响效应趋势图

从图7-24a)中坑底隆起的整体趋势可以看出，7月11日正下方第4层土开挖后，紧接着12日和13日挖到2#断面后停止土方开挖，对BH1-1的坑底隆起值有持续的作用效果，体现在直到15日坑底隆起值持续增大至85mm。

从图7-24b)中钢支撑轴力的整体趋势可以看出，随着7月11日正下方第4层土的开挖，紧接着12日和13日挖到2#断面后停止土方开挖，第1到钢支撑ZL1-1的轴力呈减小趋势，减幅为200kN左右，第3道钢支撑ZL1-3的轴力呈显著增大趋势，增幅为400kN。

从表7-13中可以看到，7月14日测到的维护墙体深层水平位移发生在日最大变化量为CX26测斜管的24m深处，定性推测是由于12号和13号的连续开挖，对其造成的影响。大部分围护墙体深层水平位移预警都发生在CX26和CX23中，CX26测斜管离BH1-1测点的距离约为8m，从图7-23中可以看出，这2个测斜孔就在1#断面附近，即就在开挖断面处。

综上所述，根据科研监测项钢支撑轴力和坑底隆起实时连续数据的变化趋势，不难定性一个结论：在7月11日~13日的第4层土方开挖过程中，造成了周边岩土体和基坑围护结构的应力重分布，直接表现在第1方监测的围护墙体深层水平位移数据报警上。

目前，规范中坑底隆起监测项暂无预警值，钢支撑轴力的预警值取80%的设计值，表7-14为7月11日~7月15日1#断面钢支撑轴力最大值统计。

7月11日~7月15日1#断面钢支撑轴力最大值　　表7-14

轴力测点	7月11日(kN)	7月12日(kN)	7月13日(kN)	7月14日(kN)	7月15日(kN)	7月16日(kN)	7月17日(kN)	预警值(80%设计值)(kN)
ZL1.1	1343	1303	1281	1247	1222	1136	1165	1272
ZL1.2	1810	1785	1823	1819	1856	1943	1799	1490
ZL1.3	1564	1601	1635	1671	1705	1709	1728	1070
ZL1.4	—	—	—	—	—	—	—	696

从表中可以看出,如果采用80%的设计值作为钢支撑轴力的报警值的话,1#断面的3个钢支撑轴力基本都要预警。因此钢支撑轴力和坑底隆起自动化监测可以及时、高效地掌握由于施工引起的状态变化,多监测项的综合考虑,可以帮助了解现场基坑的真实受力变形情况,为下一步施工计划提供参考依据。

7.2.4　总结

地铁基坑钢支撑轴力和坑底隆起自动化监测技术与分析方法科研项目依托宁波地铁TJ3112标1#基坑,得出了一些有结论。

1)钢支撑轴力监测

第1个钢支撑轴力监测数据于2016年5月24日上线,到2016年11月15日采集到最后一个数据,通过对这176d的实时、连续数据进行分析,得出结论:基于自动化监测技术和三弦轴力计的钢支撑轴力自动化监测系统初步解决了地铁基坑建设过程中钢支撑轴力监测数据准确性差和温度效应的难题,主要体现在以下6点:

(1)运用有限元分析软件Midas,对三弦轴力计进行偏心受压状态和全截面均匀受压状态的受力模拟计算,得出了三弦取平均的方法可以有效减小偏心受压的影响,使监测结果更接近实际值。

(2)通过钢支撑轴力自动化监测系统的现场实施,对实时、连续的钢支撑轴力监测数据进行挖掘分析,发现了施工现场轴力计偏心受压状态的普遍性与多样性。即由于装配工艺的缺陷,施工现场安装的轴力计基本都处于偏心受压状态;另外,钢支撑由于本身材料热胀冷缩的特性,即温度效应,因此轴力计偏心受压还存在多样性,每天各个时段的偏心受压状态不尽相同。

(3)通过钢支撑轴力自动化监测系统采集到的实时、连续、对应的钢支撑轴力数据和温度数据的一阶线性拟合,得出拟合优度达96.5%,拟合K值为-31.68kN,与理论值-37.95kN,相差16.5%;三弦轴力计在偏心受压情况下,仍能把监测误差控制在16.5%以内,说明了三弦轴力计具有抵抗偏心受压的能力。

(4)采用钢支撑轴力数据与温度数据进行一阶线性拟合,得出的K值与理论值-37.95kN对比,可以验证监测数据的准确性,如果K值越接近-37.95kN,则说明监测数据的准确性越高;反之,则相反。

(5)通过自动化监测技术,可以实时查看钢支撑轴力数据,发现由于温度或是基坑开挖引起的轴力值规律性增大和减小,均能在安心云平台中有所体现,如,第1、2层开挖时,第1道钢支撑轴力呈增大趋势,第3、4层土开挖时,第1道钢支撑轴力呈减小趋势;紧邻钢支撑以下的土体开挖,钢支撑轴力必增大等;这些可视化的变化趋势有利于及时掌握现场的钢支撑轴力值和变化趋势。

(6)通过对监测数据的连续性分析,钢支撑轴力值采集粒度稳定在设定值30min左右。发现采用分布式云智能采集传输系统,即无线节点、无线中继和无线网关等组成的无线系统可以很好地适应地铁基坑复杂的施工环境,传输质量良好。

2)坑底隆起监测

第1个坑底隆起监测数据于2016年5月29日上线,到2016年7月26日采集到最后一个数据,通过对这59d的实时、连续数据进行分析,得出结论:基于压差传感技术的自动化监测系统基本解决了地铁基坑施工期坑底隆起监测方法和监测精度有限的难点,主要体现在以下5点:

(1)通过试验分析研究,对压差传感系统的集成走线方式进行优化,并设计了基于压差传感技术的坑底隆起自动化监测系统,使其精度从2mm提高至0.5mm,满足了一级监测基坑竖向位移监测精度0.6mm的要求。

(2)通过现场实施分析研究,由竖向位移传递系统、压差传感系统和无线采集传输系统等组成的坑底隆起自动化监测系统在自然环境(主要指温度)、现场施工环境和坑底隆起等因素的影响下,监测数据呈正态分布,说明了坑底隆起自动化监测系统稳定性良好。

(3)通过特征值分析,在系统误差和偶然误差作用下,坑底隆起监测系统中实时连续数据的精度为0.58mm,在规范要求的0.6mm以内,说明了坑底隆起监测数据的准确性良好。

(4)通过自动化监测技术,可以实时查看坑底隆起数据,发现基坑开挖引起的坑底隆起值规律性增大,如,在开挖深度较小时,坑底隆起与基坑开挖同时发生,同时结束;但是随着基坑开挖深度的不断增加,坑底隆起与基坑开挖同时发生,并不同时结束,而是在开挖结束后,仍然会有持续的坑底隆起;开挖相同厚度的土层,深度越深,所引起的坑底隆起越大,坑底土体重新稳定所需要的时间越长;1#断面和5#断面的测点分别监测到开挖到第4层土时,坑底隆起累计值分别为88mm和81mm;坑底隆起随时间的趋势变化图可以在安心云平台中查看,有利于及时掌握现场的坑底隆起值和变化趋势。

(5)通过对监测数据的连续性分析,坑底隆起值采集粒度稳定在设定值32min左右。得出采用分布式云智能采集传输系统,即无线节点、无线中继和无线网关等组成的无线系统可以很好地适应地铁基坑复杂的施工环境,传输质量良好。

7.3 TJ3105标明楼站车站基坑自动化监测实例

7.3.1 工程概况

宁波市轨道3号线一期工程TJ3105标明楼站设于通途路北侧,沿中兴路呈南北走向,车站横穿蒋家河,车站为地下两层单柱双跨钢筋混凝土箱型结构。其中地下一层为车站站厅层,地下二层为车站站台层。车站中心里程YDK17+434.000,车站基坑宽44.6m,长约153.60m。南、北端头井基坑深分别为19.514m、17.207m;标准段基坑深约17.76m,基坑采用明挖顺作法

施工,围护形式为800/1000mm厚地下连续墙。

标准段沿基坑深度布置一道钢筋混凝土支撑+四道钢支撑;南、北端头井基坑沿基坑深度布置一道钢筋混凝土支撑+五道钢支撑。本站设4个出入口、2组风亭,其中A号,B号出入口为地下一层结构,C号出入口及2号风亭均为地下两层结构,D号出入口及1号风亭均为地下三层结构。本工程施工总包单位为中铁十局集团有限公司,监理单位为上海地铁咨询监理科技有限公司,设计单位为上海市隧道工程轨道交通设计研究院,勘察单位为上海市政工程设计研究总院(集团)有限公司。

明楼站标准段底板埋深为17.76m,围护结构采用800mm厚地下连续,墙深36m;沿基坑深度设置5道支撑,其中第一道混凝土支撑截面800×1000mm,顶圈梁截面为1200×1000mm,其余各道均为$\Phi609(t=16\text{mm})$钢支撑。南端头井:基坑深约19.514m,采用800mm厚地下连续墙,墙深40m;沿基坑深度设置6道支撑,其中第一道混凝土支撑截面800×1000mm,顶圈梁截面为1200×1000mm,第五道为$\Phi800(t=16\text{mm})$钢支撑,其余各道均为$\Phi609(t=16\text{mm})$钢支撑。北端头井:基坑深约17.207m,采用800mm厚地下连续墙和1000mm厚地下连续墙(北侧端墙部分),墙深40m;沿基坑深度设置6道支撑,其中第一道混凝土支撑截面800×1000mm,顶圈梁截面为1200×1000mm,其余各道均为$\Phi800(t=16\text{mm})$钢支撑,明楼站平面图如图7-25所示。

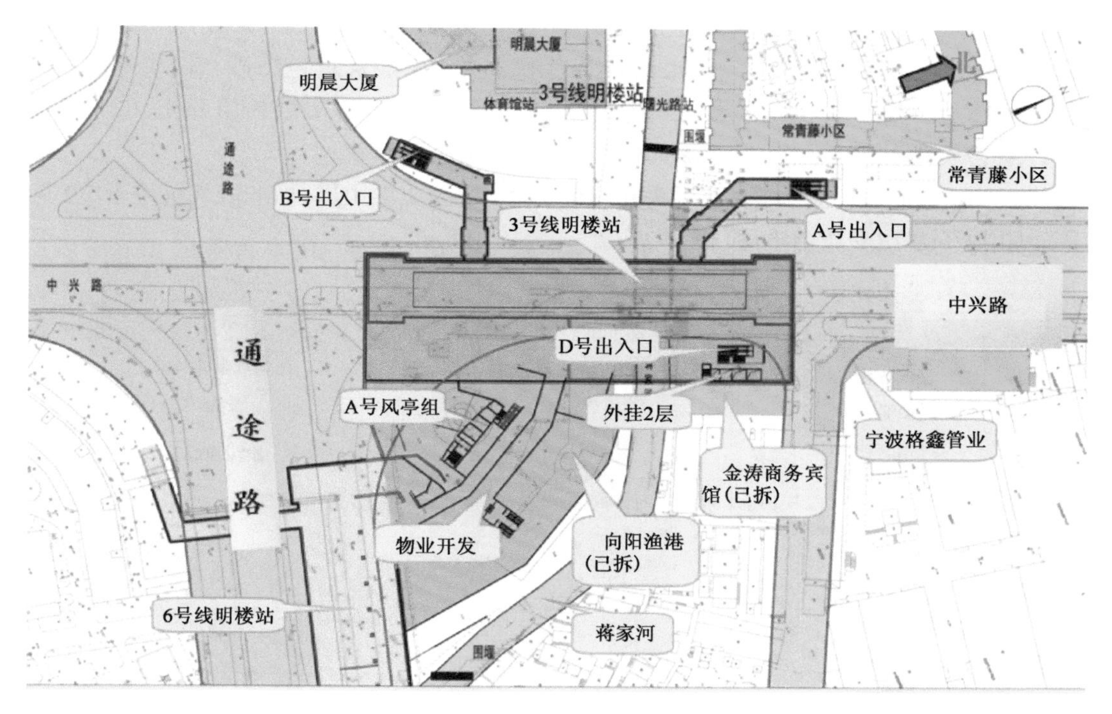

图7-25 明楼站平面图

车站范围为五柱六跨矩形框架结构,车站顶板厚800mm,顶纵梁$b\times h=800\times1600\text{mm}$,中板厚400mm,中纵梁$b\times h=700\times1000\text{mm}$,底板厚1000mm,底纵梁$b\times h=900\times2160\text{mm}$,负二层、负一层结构边墙厚800mm(图7-26)。

图 7-26　明楼站施工顺序示意图

拟建场地处于宁波断陷盆地，属滨海冲湖积型平原地貌类型，地形平坦，第四纪覆盖层厚度大于 80m，按其成因可分为 9 层，并细分为 17 个工程地质亚层。所见土层自上而下依次为①1 层填土、①2 层灰黄色黏土、①3 层灰色淤泥质黏土、②2 层灰色淤泥质黏土、②2T 层淤泥、③2 层粉质黏土、④2 层黏土、⑤1 层褐黄灰黄色黏土、⑤1T 层灰黄色粉砂、⑤2 层粉质黏土、⑤3层黏质粉土、⑥2 层灰色粉质黏土、、⑥2T 层灰色黏质粉土、⑦1 层粉质黏土、⑧1 层粉细砂、⑧1t 层粉质黏土、⑨1 层蓝灰色粉质黏土、⑨1B 层灰色中粗砂。

站主体基坑坑底土层为：南、北端头井均位于④2 层粉质黏土层；标准段基坑位于②2 层淤泥质黏土层及④2 层粉质黏土层(图 7-27)。

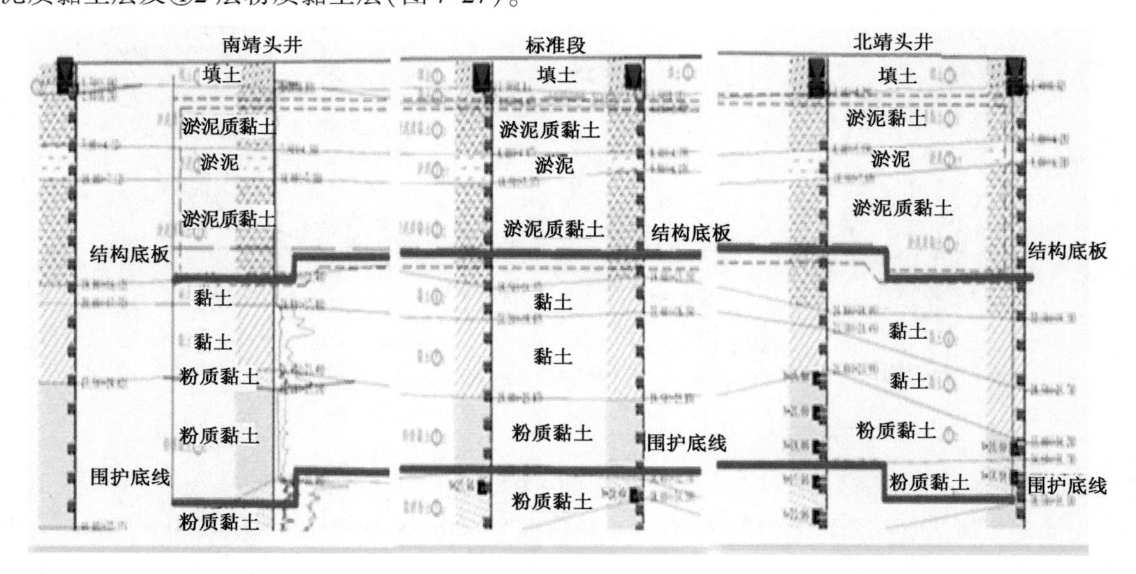

图 7-27　明楼站地质纵剖面图表

7.3.2 自动化监测系统概述

1)监测内容

通过在宁波轨道交通3号线明楼站车站明挖基坑工程对单弦轴力计的人工采集和三弦轴力计的自动化采集方式所生成的监测数据对比,对钢支撑轴力监测方法进行优化,结合先进的自动化监测技术,得到准确、实时和连续的实测数据。

2)设计和依据

自动化监测系统是获取基坑监测信息的工具,使决策者可以针对特定目标做出正确的决策。本方案主要从下面几个方面作为编制原则:

(1)保证系统的可靠性:由于围护结构安全监控系统是长期野外实时运行,保证系统的可靠性。否则先进的仪器,在系统损坏的前提下也发挥不出应有的作用及效果。

(2)保证系统的先进性:设备的选择、监控系统功能与现在技术成熟监控及测试技术发展水平、结构健康监控的相关理论发展相适应,具有先进和超前预警性。

(3)可操作和易于维护性:系统正常运行后应易于管理、易于操作,对操作维护人员的技术水平及能力不应要求过高,方便更新换代。

(4)具有完整和扩容功能:系统在监控过程能够使监控内容完整、逻辑严密、各功能模块之间能够即相互独立、又能相互关联;能避免故障发生时整个系统的瘫痪。

(5)以最优成本控制:利用最优布控方式做到既节省项目成本、后期维护投入的人力及物力,又能最大限度发挥出实际监控、监测的效果。

涉及相关规范主要如下所示:

(1)《工程测量规范》(GB 50026—2007);

(2)《建筑变形测量规范》(JGJ 8—2007);

(3)《城市轨道交通地下工程建设风险管理规范》(GB 50652—2011);

(4)《城市轨道交通工程监测技术规范》(GB 50911—2013);

(5)《地铁工程监控量测技术规程》(DB 11/490—2007);

(6)《电气装置安装工程施工及验收规范》(GB 50254—96);

(7)业主提供相关勘察文件、施工图、设计图纸文件等资料。

3)测点布设

出于时间效益考虑,选取明楼站车站基坑北端端头井开展钢支撑轴力自动化监测。依据《城市轨道交通工程监测技术规范》(GB 50911—2013),得出地铁基坑施工阶段的钢支撑轴力监测项点位布置图如图7-28所示。

从图7-28a)中可以看出,由于北端端头井率先开挖,从北至南,图中共有9个断面需要架设钢支撑,施工方钢支撑测点分别布设在基坑西边的第4个钢支撑断面(斜撑)和第8个钢支撑断面(横撑)上;钢支撑轴力自动化监测系统测点分别布设在基坑东边的第4个钢支撑断面(斜撑)、第7个钢支撑断面(横撑)和第9个钢支撑断面(横撑)上,因此传感器布置在3个断面上。

从图7-28b)中可以看出,斜撑断面布设5个测点;2个横撑处分别布置4个测点,共13个测点;均采用三弦轴力计。无线节点则布置在断面附近冠梁上。

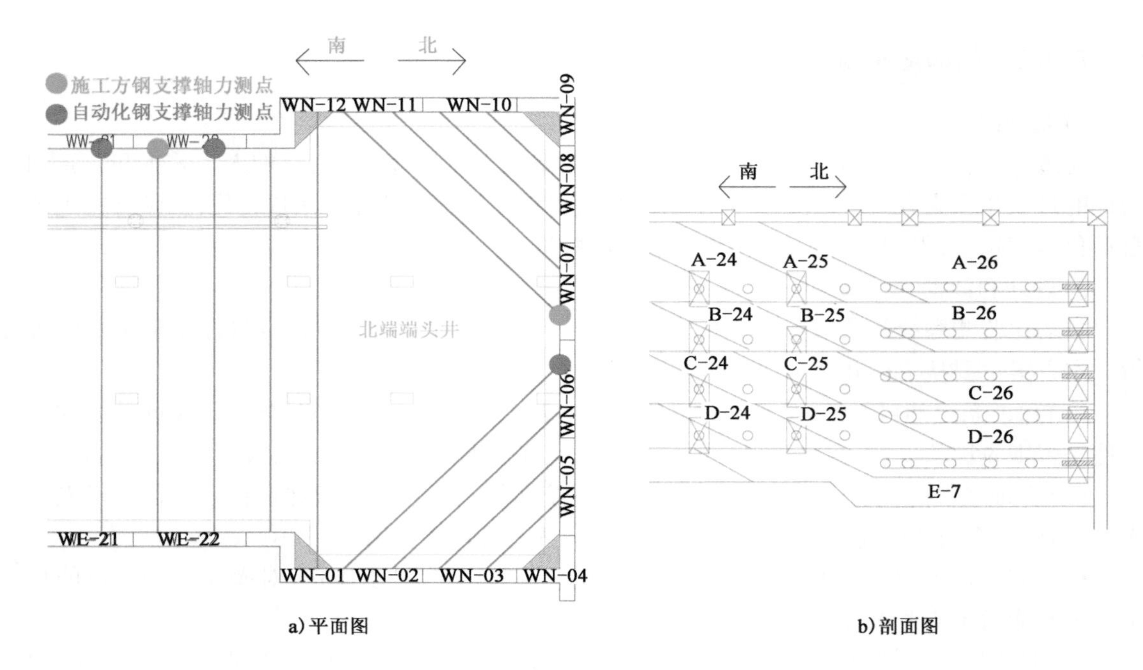

图 7-28　钢支撑轴力测点布设图

4)拟投入的设备

传感器是感知层的基础,要保证整个系统稳定、高效的运行,一定要严控传感器的质量以及选型,传感器的选择应遵守如下原则:

(1)稳定性

监测用传感器必须具备稳定性,即在正常使用期限内传感器的量程、精度、线性度等指标不发生变化,避免由于传感器的不稳定带来错误的安全评估信息。

(2)适用性

传感器的选择应选取合适的量程、精度等指标,不能比结构测试的要求低,也不必强求高精度,应根据实际情况选择合理的指标,以保证最优的性价比。

(3)耐久性

由于施工环境较为恶劣,所以,选择的传感器应该具有防雷、防尘、防潮和防振等抗外界环境干扰的能力。

根据以上传感器选型原则,针对钢支撑轴力监测项,采用 FS-ZL30A 三弦轴力计,如图 7-29所示,其技术指标见表 7-15。

FS-ZL30A 轴力计技术指标　　表 7-15

产品型号	技术指标			温度参数		
FS-ZL30A	外形尺寸(mm)	量程(kN)	分辨率(F.S)	量程(℃)	精度(℃)	工作(℃)
	Φ158×120	1~3000	0.1%	-50/120	±0.5	-20/80

从图 7-29 中可以看出,基于经典弦原理的三弦轴力计的 3 根钢弦分别等间距分布在轴力计承压面外围。可以有效避免由于偏心受压导致的监测数据不准。

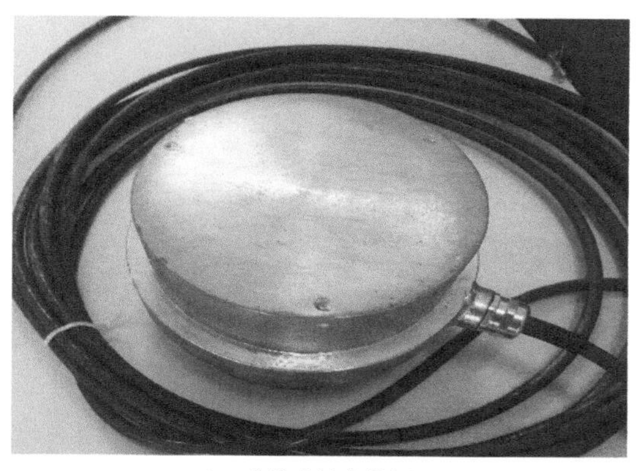

a)三弦轴力计实物图

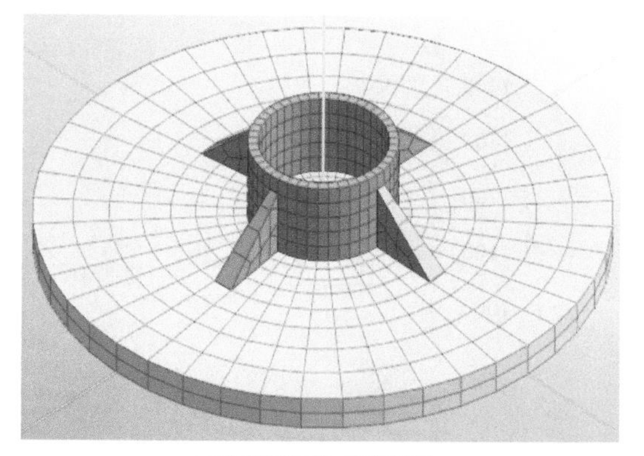

b)配套固定法兰模型图

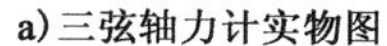

图 7-29　三弦轴力计

7.3.3　监测资料整理与成果分析

1)偏心受压的普遍性：

钢支撑现场安装工艺和设计缺陷导致轴力计工作时大多处于偏心受压状态，图 7-30 为各测点在一整天的工时内 3 根弦的频率时程曲线图。

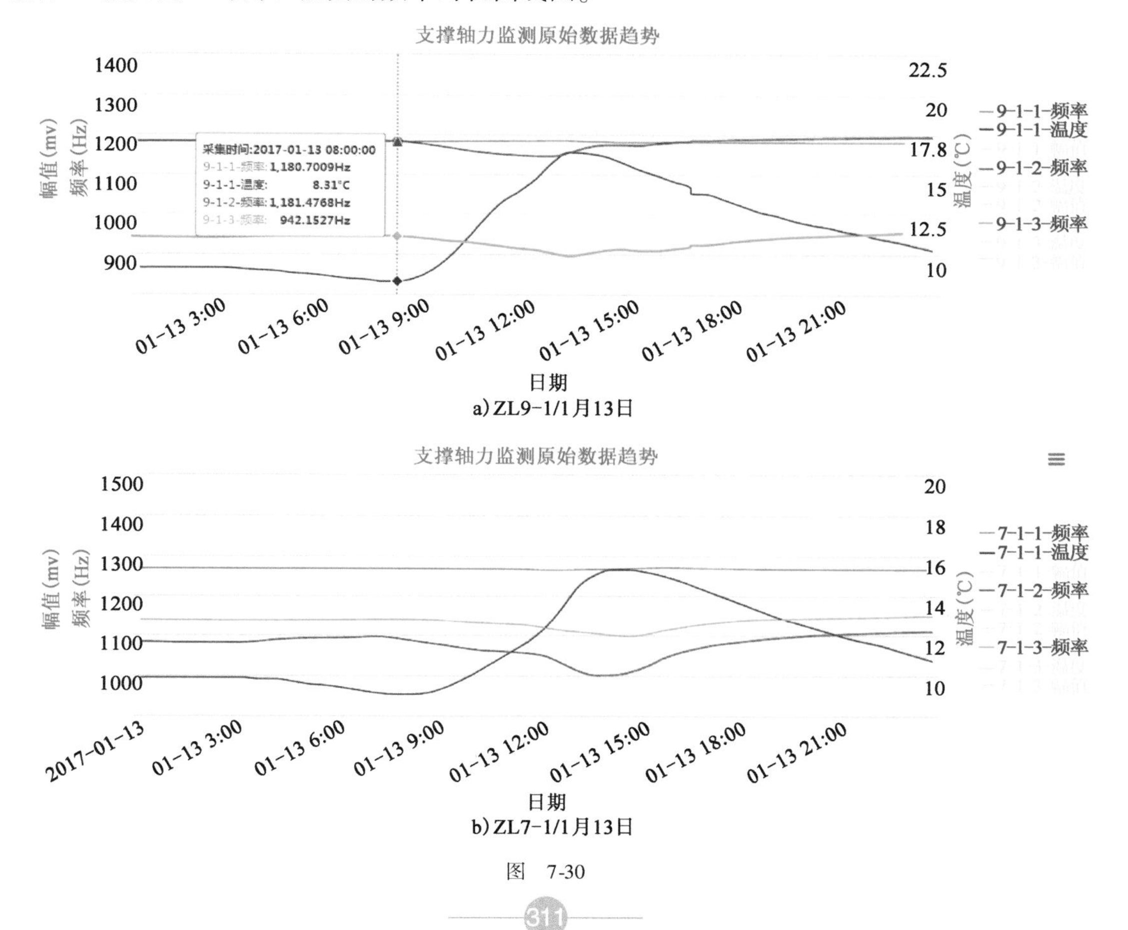

a)ZL9-1/1月13日

b)ZL7-1/1月13日

图　7-30

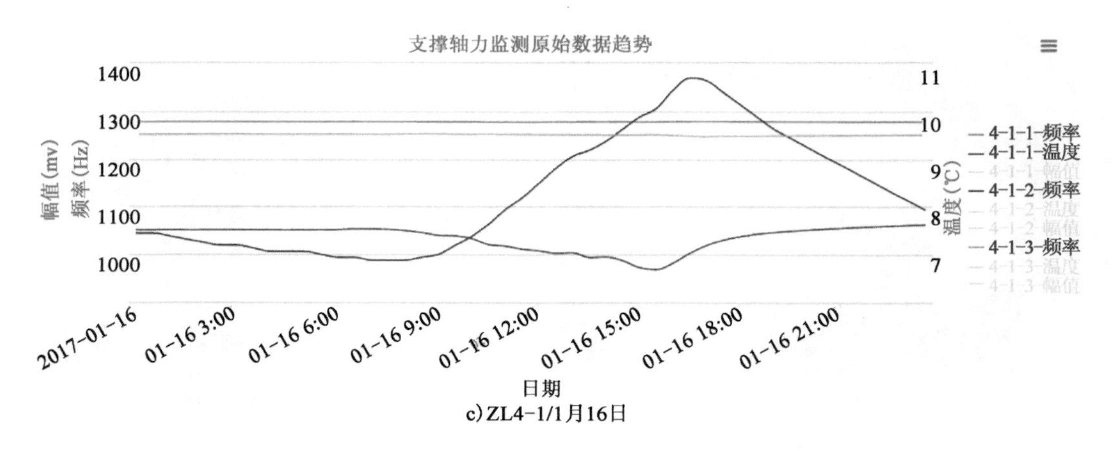

c) ZL4-1/1月16日

图 7-30　各测点 3 根钢弦的频率时程曲线图

从图 7-30 可以看出，趋势图中的蓝色线代表钢弦 1，红色线代表钢弦 2，橙色线代表钢弦 3，黑色线代表温度。早上 8 点的气温最低，而 13 点的气温最高，由于材料的热胀冷缩特性，三弦轴力计 3 根钢弦的频率随着温度变化而变化，且每根弦所受的力不相等，说明了偏心受压的普遍存在，如表 7-16 所示。

各测点 3 根钢弦的力值统计表　　表 7-16

钢　弦	K 值(kN/Hz^2)	初始频率(Hz)	8 点频率(Hz)	8 点力值(kN)	13 点频率(Hz)	13 点力值(kN)
9-1-1	0.0044899	1240.02	1180.7	-644.7	1183.48	-615.2
9-1-2	0.0044899	1223.97	1181.48	-458.9	1154.41	-742.8
9-1-3	0.0044899	1160.03	942.15	-2056.5	893.84	-2454.7
7-1-1	0.0045423	1240.17	1267.75	314.2	1265.81	291.9
7-1-2	0.0045423	1255.92	1087.31	-1794.6	1010.57	-2525.9
7-1-3	0.0045423	1255.75	1139.4	-1265.8	1108.28	-1583.6
4-1-1	0.0043827	1240.17	1278.28	420.6	1277.87	416.1
4-1-2	0.0043827	1255.92	1049.6	-2084.7	1003.7	-2497.8
4-1-3	0.0043827	1255.75	1252.3	-37.9	1250.71	-55.4

注：本表中 ZL9-1 和 ZL7-1 所对应时间为 2017 年 1 月 13 日，ZL4-1 对应时间为 2017 年 1 月 16 日，与图 7-30 中时间对应；力值中负为压力，正为拉力。

从表 7-16 中可以看出，不管是“8 点力值”还是“13 点力值”，三弦轴力计中 3 根弦的力值都不相等，说明偏心受压的普遍存在，特别是 7-1-1 和 4-1-1 已经出现了拉力，说明发现了较大的偏心受压；另外，随着温度的变化，3 根弦的力值也随着变化，说明偏心受压状态受温度影响，偏心受压存在普遍性还具有连续性。

2）轴力值与现场工况匹配

在附近第 2 层土未开挖前，相应测点轴力数据区域稳定，当附近土方开挖时，第 1 道钢支撑轴力呈增大趋势，如图 7-31 所示。

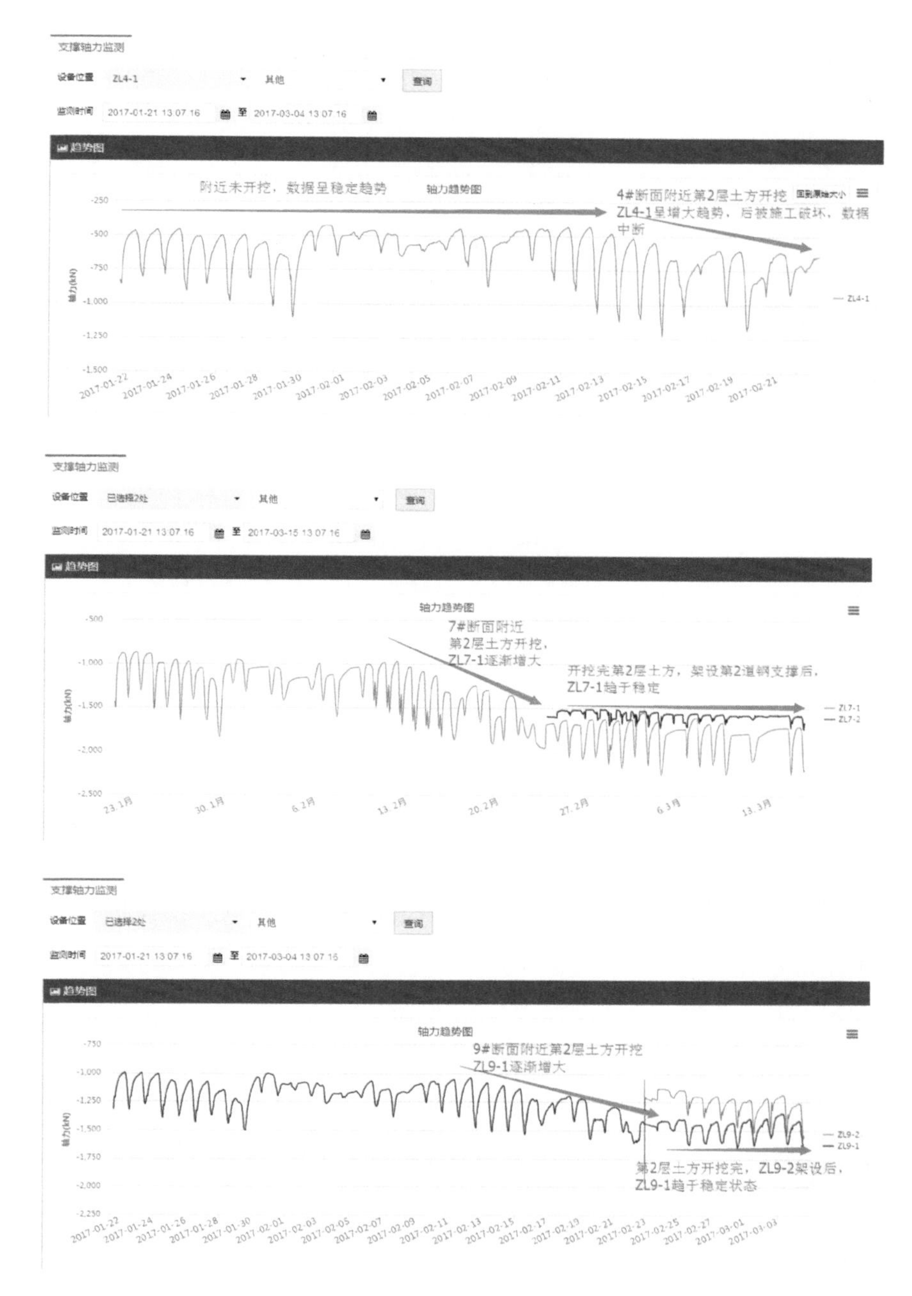

图 7-31　第 1 道钢支撑轴力值与现场工况匹配趋势图

从图 7-31 中可以看出，第 1 道钢支撑在周边土体开挖第 2 层土时，轴力会逐渐增大，直到附近第 2 层土方开挖完成，同一断面假设第 2 道钢支撑后，轴力计才趋于稳定。

3）与施工方数据对比

施工方采用单弦轴力计，监测频率为 1d/次，采集时间为每日上午 9 点，表 7-17 为 ZG6-2 和 ZG7-2 的轴力统计表。

施工方监测数据表 表 7-17

第一方轴力数据(kN)									备注
	1月10日	1月11日	1月12日	1月13日	1月14日	1月15日	1月16日	1月17日	
ZG6-2			145.40	152.59	133.16	122.36	347.98	228.55	预加力值 885.6kN 在 7-1 和 9-1 之间
ZG7-2				336.28	310.90	283.34	303.13	306.66	预加力值 932kN 与 4-1 对称

注:力值中正为压力,负为拉力。

从表 7-17 中可以看出,ZG6-2 和 ZG7-2 也是出于偏心受压状态,导致实测值远小于预加力值,最大误差率分别为 85.7% 和 69.6%(取 1 月 15 日数据计算)。远大于 ZL9-1 的 10.4%、ZL7-1 的 17.5% 和 ZL4-1 的 39%,单弦轴力计抵抗偏心受压的能力远小于三弦轴力计。表 7-18为预加力值与三弦轴力计现场实测力值对比表。

预加值与实测值对比表 表 7-18

系统	测点	预加力值(kN)	实测力值(kN)	误差率
三弦轴力计	ZL9-1	-1162	-1041	10.4%
	ZL7-1	-1107	-913	17.5%
	ZL4-1	-932	-569	39%
单弦轴力计	ZG6-2	-885.6	-122.36	85.7%
	ZG7-2	-932	-83.34	69.6%

图 7-32 ZL4-1 现场加载后偏心受压图

综上所述,由于现场施工工艺影响,轴力计在工作过程中不可避免地在偏心受压状态下进行工作,三弦轴力计在一定程度上能抵抗偏心受压,如 ZL9-1 和 ZL7-1 都存在偏心受压,但是误差率都只为 10.4% 和 17.5%,相比单弦轴力计准确性大大提高。而对于存在明显、严重偏心受压的 ZL4-1,如图 7-32 所示,三弦轴力计抵抗偏心受压后,存在 39% 的误差,但仍优于单弦轴力计。

4)数据准确性分析

TJ3105 标明楼站基坑所用钢支撑均为 Q235 钢,根据《碳素结构钢》(GB/T700—2006),Q235 钢材从 0℃ 升到 20℃ 时的线性膨胀系数约为 $10.0\times10^{-6}/℃$,弹性模量约为 200GPa,通过下式可以求出钢支撑轴力随温度升高的规律。

$$F_{1℃}=\alpha\times E\times A\times1℃$$

$$=10.0\times\frac{10^{-6}}{℃}\times200\times10^{9}\mathrm{N/m^{2}}\times0.25\times\pi\times(609^{2}-593^{2})\times$$

$$10^{-6}\mathrm{m^{2}}\times1℃=2.0\mathrm{MPa}\times0.015\mathrm{m^{2}}=30.0\mathrm{kN}$$

式中：$F_{1℃}$——温度上升1℃，钢支撑轴力理论增大值；

α——Q235钢材从0℃升到20℃时的线性膨胀系数，取10.0×10^{-6}/℃；

E——Q235钢材的弹性模量；

A——钢支撑横截面积，外径为609mm，壁厚为16mm。

从上式中可以看出，温度升高1℃，钢支撑应力增大2.0MPa，轴力值应增大30kN。为避免日照直射造成的钢支撑和温湿度传感器不在同一温度场，选取ZL4-1、ZL7-1和ZL9-1在1月24日19点到24点～1月25日0点到6点的钢支撑轴力数据与温度数据进行一阶线性拟合。图7-33为拟合曲线图。

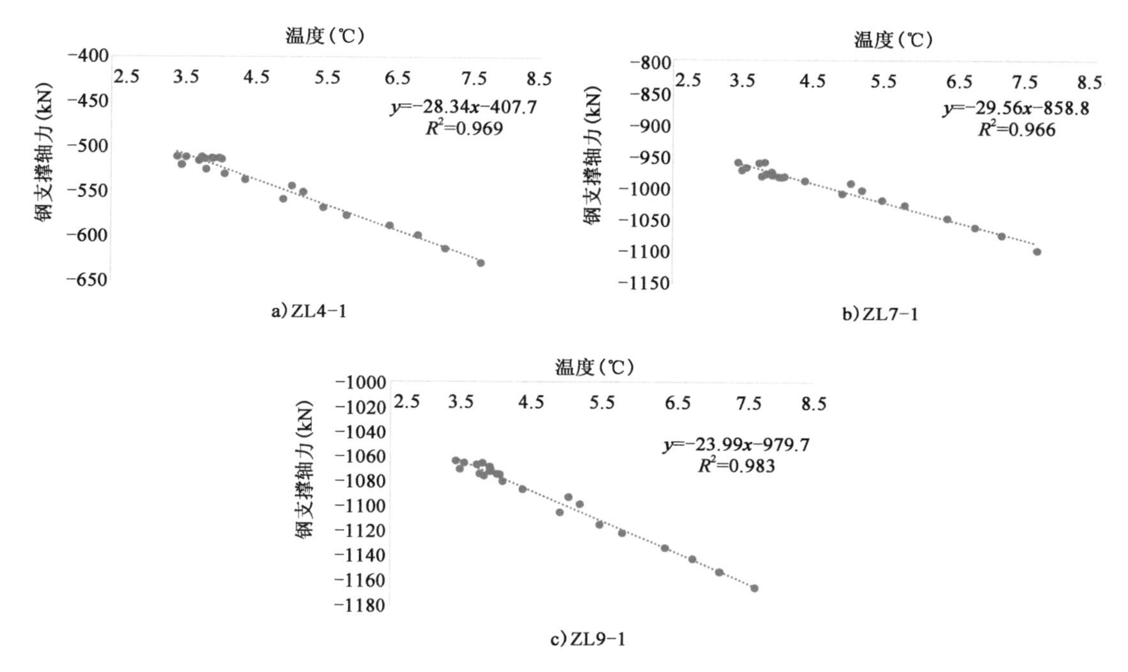

图7-33　钢支撑轴力各测点与温度进行一阶线性拟合图

从图7-33中可以看出，横坐标为温度，竖坐标为钢支撑轴力值，R^2为线性拟合优度，约平均达到0.97左右，可以认为测得的钢支撑轴力与温度呈显著线性相关；拟合直线的斜率K值的物理意义是：温度升高1℃，轴力增大值，ZL4-1、ZL1-1和ZL9-1分别为－28.3kN、－29.6kN和－24.0kN，与理论值－30kN的误差分别为5.6%、1.3%和20%，均值9.0%。

图7-34为测点ZL7-1在1月21日～1月30日每天19点～次日6点时间段内的230个轴力数据与相对应的230个温度数据的拟合趋势图。

从图7-34中可以看出，在19点～次日6点内，可以消除日照对钢支撑温度场和轴力计内置传感器温度场不一致对拟合结果的影响，使钢支撑轴力和三弦轴力计处于同一温度场，钢支撑轴力测点ZL1-1在温度作用下，温度每升高1℃，轴力增大－27.9kN，与理论值－30kN存在约7%的误差。采用三弦轴力计的前提下，采用固定法兰套筒的测点误差率7%低于采用传统轴力计支座测点的16.7%，因此可以得出结论：采用固定法兰套筒有利于提高钢支撑轴力监测准确性。

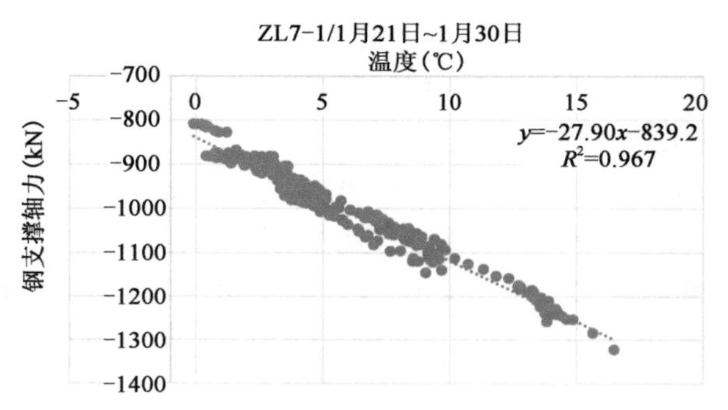

图 7-34　钢支撑轴力各测点与温度进行一阶线性拟合图

5）三弦轴力计偏压破坏

在严重偏心受压状态下，三弦轴力计会发生局部塑形变形，导致仪器损坏，无法正常工作，如图 7-35 所示，为 ZL4-2 现场加载图。

a）三弦轴力计与钢垫板之间缝隙

b）塞尺

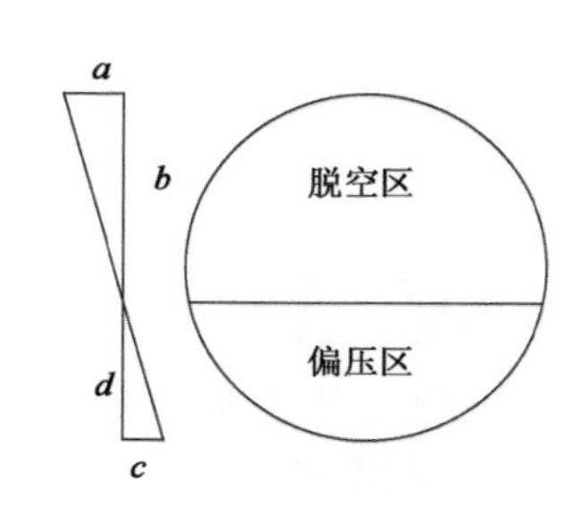

c）偏心受压示意图

图 7-35　测点 ZL4-2 偏心受压概况图

从图 7-32 中可以看出，在三弦轴力计与垫板间出现了肉眼可见的缝隙 a，用塞尺现场测量后约 1.7mm，脱空区深度 b，用直尺测量约为 8.4cm，三弦轴力计可近似为直径 14cm、高 12.2cm的圆柱体，因此如图 7-35c）所示，通过相似三角形原理可以算出偏压区最大变形 $c = \frac{a}{b} \times d = \frac{1.7}{8.4} \times 5.6 = 1.13\text{mm}$；偏压区面积则为 0.00575m^2，约为 1/3 设计承压面。由于存在严重的偏心受压，三弦轴力计破坏，无法正常工作，现就此工况，运用 Midas-GTS 软件进行数值模

拟，验证此次严重偏心受压状态下三弦轴力计发生破坏。

运用 Midas-GTS-NX 对三弦轴力计进行模型建立，1/3 面积受压情况下的荷载施加以及边界条件的定义，如图 7-36 所示。

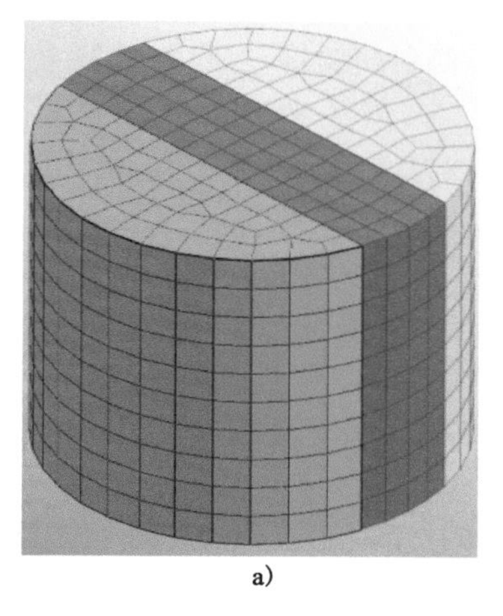

a)

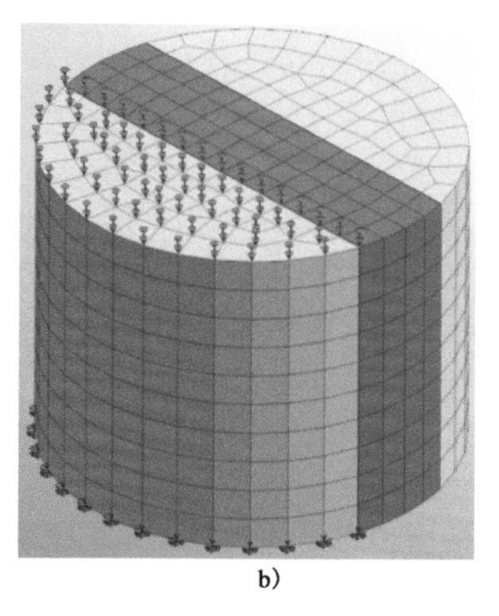

b)

图 7-36 三弦轴力计模型图

从图 7-36 中可以看出，根据现场实际情况，在液压表读数为 28MPa 时，假设三弦轴力计只有 1/3 面积受压，三弦轴力计最大处变形为 1.13mm，作为本次数值计算的强制位移荷载值。

图 7-37 为数值计算后模型的应力云图。

从图 7-37 中可以看出，在液压表读数为 28MPa 时，轴力计在偏心受压较大的工况下，钢弦附近的压应力达到了 614MPa，远远超过了三弦轴力计原材料 45#钢的屈服强度 355MPa，导致三弦轴力计破坏。

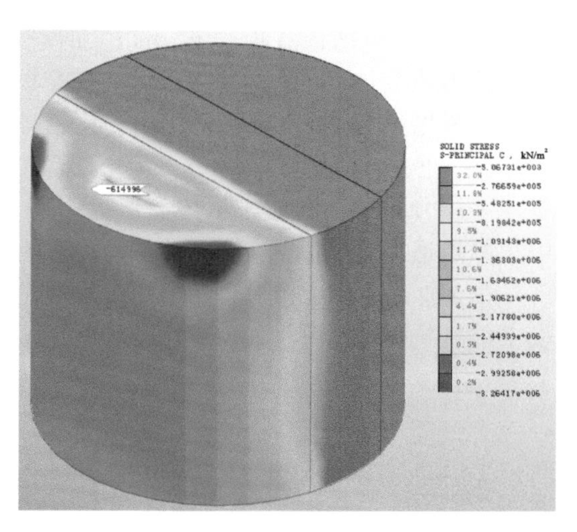

图 7-37 三弦轴力计应力云图

实际预加载过程中，ZL4-2 在千斤顶读数约为 14MPa 时，即出现破坏特征，但是无法采集到当时的缝隙宽度 a 和深度 b，因此计算最大变形量 c 和偏压区面积，但定性分析可知，在 14MPa 时的偏压区面积小于 28MPa，而三弦和轴力计可认为是弹性、均质和各项同性的材料，因此，假设偏压区面积变为 1/4 设计受压面积，则 14MPa 时三弦轴力计钢弦附近的应力应该是 28MPa 时的 2/3，也就是 368MPa，大于屈服强度 355MPa，造成三弦轴力计的破坏。

在 ZL4-2 预加载 28MPa 后，经过现场工作人员测量，出现深约 84mm、宽约 1.7mm 的缝隙，通过计算得出只有约 1/3 面积受压，存在严重的偏心受压。即在预加压强达到 28Mpa 时，最大变形为 1.13mm，通过 Midas 计算得出钢弦附近最大压应力为 614Mpa，超过了三弦轴力计原材料 45#钢的屈服强度 355MPa，会导致三弦轴力计破坏；预加压强达到 14Mpa 时，钢弦附近最大压应力为368Mpa；大于45#钢屈服强度355MPa，与现场实际加载到14MPa即发生三弦轴力计破坏相符。

7.3.4 总结

TJ3105标明楼站车站基坑钢支撑轴力自动监测科研验证科研项目，基本按既定研究方向进行，完成了科研项目，得出了一些结论。

（1）运用有限元分析软件Midas和Ansys，对轴力计进行改型研究，得出结论：加肋法兰能增加钢支撑—三弦轴力计系统的稳定性。

（2）通过钢支撑轴力自动化监测系统的现场实施，对实时、连续的钢支撑轴力监测数据进行挖掘分析，发现了施工现场轴力计偏心受压状态的普遍性与多样性。即由于装配工艺的缺陷，施工现场安装的轴力计基本都处于偏心受压状态；另外，钢支撑由于本身材料热胀冷缩的特性，即温度效应，因此轴力计偏心受压还存在多样性，每天各个时段的偏心受压状态不尽相同。

（3）通过钢支撑轴力自动化监测系统采集到的实时、连续、对应的钢支撑轴力数据和温度数据的一阶线性拟合，得出拟合优度达0.97，拟合K值为－27.9kN/℃，与理论值－30kN/℃，相差7%。采用固定法兰套筒的测点误差率7%低于采用传统轴力计支座测点的16.7%，因此可以得出结论：采用固定法兰套筒有利于提高钢支撑轴力监测准确性。

（4）采用钢支撑轴力数据与温度数据进行一阶线性拟合，得出的K值与理论值－30kN对比，可以验证监测数据的准确性，如果K值越接近－30kN，则说明监测数据的准确性越高；反之，则相反。

（5）通过自动化监测技术，可以实时查看钢支撑轴力数据，发现由于温度或是基坑开挖引起的轴力值规律性增大和减小，均能在安心云平台中有所体现，如，第2层开挖时，第1道钢支撑轴力呈增大趋势，这些可视化的变化趋势有利于及时掌握现场的钢支撑轴力值和变化趋势。

（6）通过对监测数据的连续性分析，钢支撑轴力值采集粒度稳定在设定值30min左右。发现采用分布式云智能采集传输系统，即无线节点、无线中继和无线网关等组成的无线系统可以很好地适应地铁基坑复杂的施工环境，传输质量良好。

（7）轴力计在工作过程中不可避免地在偏心受压状态下进行工作，三弦轴力计在一定程度上能抵抗偏心受压，如ZL9-1和ZL7-1都存在偏心受压，但是误差率远小于单弦轴力计。

参 考 文 献

[1] 夏明耀,曾进伦.地下工程设计施工手册[M].2版.北京:中国建筑工业出版社,2014.
[2] 吴发红,邓成发,胡广伟.基于有限元及神经网络的土体参数反分析[J].城市轨道交通研究,2012,(2):79-83.
[3] 郭士朋,郭利刚,何山.隧道工程联络通道施工信息化管控[J].建筑安全,2014,29(11):15-21.
[4] 何山,周利伟,孙浩,等.直接量距法测定围护结构深层水平位移[J].工程技术(7):186-187.
[5] 彭军龙,张学民,阳军生,等.地铁深基坑支护的遗传神经网络位移反分析[J].岩土力学,2007,28(10):2118-2122.
[6] 何山.海-福区间隧道变形监测与反演计算分析[J].城市道桥与防洪,2016(8):241-243.
[7] 吴才德,章玉明,田领川,等.基于改进神经网络的地铁车站深基坑位移反分析[J].科技通报,2017,33(1):142-146.
[8] 王洪德,曹英浩,朱贵东.基于差异进化算法的土层多参数动态反分析[J].地下空间与工程学报,2016,12 (2):464-470.
[9] 刘昌芬,韩红桂,乔俊飞.广义逆向学习方法的自适应差分算法[J].智能系统学报,2015,10(1):131-137.
[10] Qin A K,Huang V L,Suganthan P N. Differential Evolution Algorithm With Strategy Adaptation for Global Numerical Optimization[J]. IEEE Transactions on Evolutionary Computation,2009,13(2):398-417.
[11] 何山.盾构区间联络通道融沉注浆施工对管片沉降的影响[J].城市道桥与防洪,2016(9):192-194.
[12] 何山.深基坑首道混凝土支撑受力分析及风险管控应用[J].铁道勘察,2017(6):53-56.
[13] 刘维宁,张弥,邝名明.城市地下工程环境影响的控制理论及其应用[J].土木工程学报,1997,30(5).
[14] 王梦恕.我国地下铁道施工方法综述与展望[J].地下空间,1998,18(2).
[15] 钱七虎.岩土工程的第四次浪潮[J].地下空间,1999,19(4).
[16] 刘天泉,钱七虎.城市地下岩土工程技术发展动向[J].煤炭科学技术,1999,27(1).
[17] 刘宝琛.急待深入研究的地铁建设中的岩土力学课题[J].铁道建筑技术,2000,(3).
[18] 吴波.复杂条件下城市地铁施工地表沉降研究[D].成都:西南交通大学,2003.
[19] 吴波.城市地铁车站施工对近邻桥基的影响研究[D].北京:北京交通大学,2006.
[20] 朱瑶宏.宁波轨道交通土建工程初期建设的关键技术[M].同济大学出版社.2014.
[21] 何山,张世华,张晓乐,等.软土区受地铁基坑开挖影响的古建筑沉降预测研究[J].路基工程,2015(4):114-119.
[22] 吴波.管廊建设要关注的十大防水问题[M].中国建材工业出版社,2017.
[23] 孙钧,等.城市环境土工学[M].上海:上海科学技术出版社,1999.